Konrad Reif (Hrsg.)

Fahrstabilisierungssysteme und Fahrerassistenzsysteme

Konrad Reif (Hrsg.)

Fahrstabilisierungssysteme und Fahrerassistenzsysteme

Mit 199 Abbildungen

Bosch Fachinformation Automobil

VIEWEG+
TEUBNER

Bibliografische Information der Deutschen Nationalbibliothek
Die Deutsche Nationalbibliothek verzeichnet diese Publikation in der Deutschen Nationalbibliografie; detaillierte bibliografische Daten sind im Internet über <http://dnb.d-nb.de> abrufbar.

Der Inhalt dieses Buches erschien bisher unter den Titeln:
Fahrstabilisierungssysteme
Fahrerassistenzsysteme
herausgegeben von der Robert Bosch GmbH, Plochingen

1. Auflage 2010

Lektorat: Christian Kannenberg | Elisabeth Lange

Vieweg+Teubner Verlag ist eine Marke von Springer Fachmedien.
Springer Fachmedien ist Teil der Fachverlagsgruppe Springer Science+Business Media.
www.viewegteubner.de

Umschlaggestaltung: KünkelLopka Medienentwicklung, Heidelberg
Technische Redaktion: Gabriele McLemore
Satz: FROMM MediaDesign, Selters/Ts.
Druck und buchbinderische Verarbeitung: MercedesDruck, Berlin
Gedruckt auf säurefreiem und chlorfrei gebleichtem Papier.
Printed in Germany

ISBN 978-3-8348-1314-5

Vorwort

Die Technik im Kraftfahrzeug hat sich in den letzten Jahrzehnten stetig weiterentwickelt. Der Einzelne, der beruflich mit dem Thema beschäftigt ist, muss immer mehr tun, um mit diesen Neuerungen Schritt zu halten. Mittlerweile spielen viele neue Themen der Wissenschaft und Technik in Kraftfahrzeugen eine große Rolle. Dies sind nicht nur neue Themen aus der klassischen Fahrzeug- und Motorentechnik, sondern auch aus der Elektronik und aus der Informationstechnik. Diese Themen sind zwar für sich in unterschiedlichen Publikationen gedruckt oder im Internet dokumentiert, also prinzipiell für jeden verfügbar; jedoch ist für jemanden, der sich neu in ein Thema einarbeiten will, die Fülle der Literatur häufig weder überblickbar noch in der dafür verfügbaren Zeit lesbar. Aufgrund der verschiedenen beruflichen Tätigkeiten in der Automobil- und Zulieferindustrie sind zudem unterschiedlich tiefe Ausführungen gefragt.

Gerade heute ist es so wichtig wie früher: Wer die Entwicklung mit gestalten will, muss sich mit den grundlegenden wichtigen Themen gut auskennen. Hierbei sind nicht nur die Hochschulen mit den Studienangeboten und die Arbeitgeber mit Weiterbildungsmaßnahmen in der Pflicht. Der rasche Technologiewechsel zwingt zum lebenslangen Lernen, auch in Form des Selbststudiums.

Hier setzt die Schriftenreihe „Bosch Fachinformation Automobil" an. Sie bietet eine umfassende und einheitliche Darstellung wichtiger Themen aus der Kraftfahrzeugtechnik in kompakter, verständlicher und praxisrelevanter Form. Dies ist dadurch möglich, dass die Inhalte von Fachleuten verfasst wurden, die in den Entwicklungsabteilungen von Bosch an genau den dargestellten Themen arbeiten. Die Schriftenreihe ist so gestaltet, dass sich auch ein Leser zurechtfindet, für den das Thema neu ist. Die Kapitel sind in einer Zeit lesbar, die auch ein sehr beschäftigter Arbeitnehmer dafür aufbringen kann.

Die Basis der Reihe sind die fünf bewährten, gebundenen Fachbücher. Sie ermöglichen einen umfassenden Einblick in das jeweilige Themengebiet. Anwendungsbezogene Darstellungen, anschauliche und aufwendig gestaltete Bilder ermöglichen den leichten Einstieg. Für den Bedarf an inhaltlich enger zugeschnittenen Themenbereichen bietet die siebenbändige broschierte Reihe das richtige Angebot. Mit deutlich reduziertem Umfang, aber gleicher detaillierter Darstellung, ist das Hintergrundwissen zu konkreten Aufgabenstellungen professionell erklärt. Die schnelle Bereitstellung zielgerichteter Information zu thematisch abgegrenzten Wissensgebieten sind das Kennzeichen der 92 Einzelkapitel, die als pdf-Download zur sofortigen Nutzung bereitstehen. Eine individuelle Auswahl ermöglicht die Zusammenstellung nach eigenem Bedarf.

Im Laufe der Neukonzeption dieser Schriftenreihe ist es nicht möglich, alle Produkte gleichzeitig inhaltlich neu zu bearbeiten. Dies geschieht demnach Zug um Zug.

Der vorliegende Band „Fahrstabilisierungssysteme und Fahrerassistenzsysteme" behandelt Fahrsicherheit im Kraftfahrzeug, Grundlagen der Fahrphysik, Systeme zur Fahrzeugstabilisierung, automatische Bremsfunktionen und zugehörige Sensoren. Ferner werden Grundlagen der Fahrerassistenzsysteme, Mensch-Maschine-Interaktion, Sensorik für Fahrzeugrundumsicht, Einparksysteme, Adaptive Cruise Control (ACC), Sicherheitssysteme, Fahrzeugnavigation, videobasierte Systeme und Nachtsichtsysteme behandelt. Er setzt sich aus den früheren gelben Heften „Fahrstabilisierungssysteme" und „Fahrerassistenzsysteme" in der bisherigen Form zusammen. So kommt es an manchen Stellen zu Überschneidungen und Redundanzen. Eine inhaltliche Neubearbeitung wird folgen. Neu erstellt wurde das Stichwortverzeichnis, um die Inhalte dieses Buchs rasch zu erschließen.

Friedrichshafen, im Juni 2010 — Konrad Reif

Inhaltsverzeichnis

Fahrsicherheit im Kraftfahrzeug
Sicherheitssysteme 10
Grundlagen des Fahrens 12

Grundlagen der Fahrphysik
Reifen 20
Kräfte und Momente am Fahrzeug 23
Fahrzeuglängsdynamik 30
Fahrzeugquerdynamik 32

Antiblockiersystem ABS
Systemübersicht 34
Anforderungen an das ABS 36
Dynamik des gebremsten Rades 37
ABS-Regelkreis 38
Typische Regelzyklen 42

Antriebsschlupfregelung ASR
Aufgaben 50
Funktionsbeschreibung 50
Struktur des ASR 52
Typische Regelsituationen 53
ASR für allradgetriebene Fahrzeuge 54

Elektronisches Stabilitäts-Programm ESP
Anforderungen 58
Aufgaben und Arbeitsweise 59
Fahrmanöver 60
Gesamtregelkreis und Regelgrößen 68

Automatische Bremsfunktionen
Übersicht 74
Standardfunktion 76
Zusatzfunktionen 78

Sensoren
Einsatz im Kraftfahrzeug 84
Raddrehzahlsensoren 86
Hall-Beschleunigungssensoren 90
Mikromechanische Drehratesensoren 92
Lenkradwinkelsensoren 94

Hydroaggregat
Entwicklungsgeschichte 96
Aufbau 97
Druckmodulation 100

Fahrerassistenzsysteme
Motivation für den Einsatz von Fahrerassistenzsystemen ... 104
Klassifizierung von fahrerunterstützenden Systemen ... 107
Das sensitive Auto ... 109
Ausblick ... 112
Entwicklung von Fahrerassistenzsystemen ... 116

Mensch-Maschine-Interaktion bei Fahrerassistenzsystemen
Interaktionskanäle ... 122
Mensch-Maschine-Interface ... 123
Aspekte von Anmeldungen ... 127
Entwicklung für das HMI künftiger FAS/FIS ... 129

Sensorik für Fahrzeugrundumsicht
Übersicht ... 130
Ultraschalltechnik ... 131
Radartechnik ... 133
Lidar ... 141
Videotechnik ... 142
Range-Imager-Technik ... 145

Systeme zur Fahrzeugstabilisierung
Fahrstabilisierungssysteme ... 146
Automatische Bremsfunktionen ... 150

Einparksysteme
Einparkhilfe ... 152
Einparkassistent ... 155

Adaptive Cruise Control (ACC)
Systemübersicht ... 158
Systemverbund ... 160
Sensorik für ACC ... 162
Detektion und Objektauswahl ... 163
ACC-Funktion ... 167
Bedienung und Anzeige ... 169
Funktionsgrenzen ... 172
Sicherheitskonzept ... 174
Weiterentwicklungen ... 175

Sicherheitssysteme
Insassenschutzsysteme ... 176
Prädiktive Sicherheitssysteme (PSS) ... 188
Fußgängerschutz ... 191

Fahrzeugnavigation
Navigationsgeräte ... 192
Ortung ... 193
Zielauswahl ... 196
Routenberechnung ... 197
Zielführung ... 198
Digitale Karte ... 199
Verkehrstelematik ... 200

Videobasierte Systeme
Bildverarbeitungssystem ... 204
Spurverlassenswarner und Spurhalteassistent ... 206
Verkehrszeichenerkennung ... 207
Videobasierte Systeme – Ausblick ... 208

Nachtsichtsysteme
Fern-Infrarot-System (FIR) ... 210
Nah-Infrarot-System (NIR) ... 211
HMI-Lösungen für Nachtsichtsysteme ... 213

Abkürzungen ... 214
Sachwortverzeichnis ... 217

Autorenverzeichnis

Fahrstabilisierungssysteme

Autoren

Dipl.-Ing. Friedrich Kost (Grundlagen der Fahrphysik),
Dipl.-Ing. Heinz-Jürgen Koch-Dücker (Antiblockiersystem, ABS),
Dr.-Ing. Frank Niewels und
Dipl.-Ing. Jürgen Schuh (Antriebsschlupfregelung),
Dipl.-Ing. Thomas Ehret (Elektronisches Stabilitäts-Programm),
Dipl.-Ing. (FH) Jochen Wagner (Automatische Bremsfunktionen),
Dipl.-Ing. (FH) Ulrich Papert (Raddrehzahlsensoren),
Dr.-Ing. Frank Heinen und Peter Eberspächer (Hydroaggregate)

Fahrerassistenzsysteme

Autoren und Mitwirkende

Prof. Dr.-Ing. Peter Knoll (Fahrerassistenzsysteme, Sensorik für Fahrzeugrundumsicht, Einparksysteme, Adaptive Fahrgeschwindigkeitsregelung, Prädiktive Sicherheitssysteme, Videobasierte Systeme, Nachtsichtsysteme),
Dr. Dietrich Manstetten (Fahrerzustanderkennung),
Dr. Gerd Gottwald (Fahrzeug-Infrastruktur-Kommunikation),
Dr. Winfried König (Entwicklung von Fahrerassistenzsystemen, Mensch-Maschine-Interaktion),
Dipl.-Ing. (FH) Alfred Strehle,
Dipl.-Ing. Günter Barth,
Dipl.-Ing. Thomas Ehret (Fahrstabilisierungssysteme),
Dipl.-Ing. (FH) Jochen Wagner (Automatische Bremsfunktionen),
Dr. rer. nat. Alfred Kuttenberger (Insassenschutzsysteme),
Dipl.-Betriebsw. Kerstin Lemm (Fußgängerschutz),
Dipl.-Ing. Ernst-Peter Neukirchner (Fahrzeugnavigation)

Soweit nicht anders angegeben, handelt es sich um Mitarbeiter der Robert Bosch GmbH, Stuttgart.

Fahrsicherheit im Kraftfahrzeug

Neben den Komponenten des Antriebsstrangs (Motor, Getriebe), die für den Vortrieb des Kraftfahrzeugs sorgen, übernehmen auch die Fahrzeugsysteme, die den Vortrieb begrenzen und das Fahrzeug abbremsen, eine wichtige Rolle. Erst sie machen das sichere Bewegen des Fahrzeugs im Straßenverkehr möglich. Aber auch Systeme, die die Insassen bei Unfällen schützen, werden immer wichtiger.

Sicherheitssysteme

Auf die Fahrsicherheit im Straßenverkehr haben viele Größen einen Einfluss:

- der Zustand des Kraftfahrzeugs (z. B. Ausrüstungsgrad, Reifenzustand, Verschleißerscheinungen),
- die Wetter-, Straßen- und Verkehrsverhältnisse (z. B. Seitenwind, Straßenbelag oder Verkehrsdichte) sowie
- die Qualifikation des Fahrers, also seine Fähigkeiten und Befindlichkeiten.

Leistete früher – natürlich neben der Fahrzeugbeleuchtung – im Wesentlichen nur die Bremsanlage mit dem Bremspedal, den Bremsleitungen und den Radbremsen einen Beitrag zur Fahrsicherheit, so kamen immer mehr Systeme hinzu, die in die Bremsanlage eingreifen. Diese Sicherheitssysteme werden wegen ihres aktiven Eingriffs auch als *Aktive Sicherheitssysteme* bezeichnet.

Fahrsicherheitssysteme, wie sie in Fahrzeugen nach dem neuesten Stand der Technik integriert sind, verbessern in hervorragender Weise die Fahrsicherheit des Fahrzeugs.

Die Bremse ist eine wichtige Komponente im Kraftfahrzeug. Sie ist für das sichere Bewegen des Kraftfahrzeugs im Straßenverkehr unverzichtbar. Bei den niedrigen Geschwindigkeiten und der geringen Verkehrsdichte in der Anfangszeit der Automobilgeschichte waren die Ansprüche an die Bremsanlage im Vergleich zu heute wesentlich geringer. Im Lauf der Zeit wurde die Bremsanlage immer weiterentwickelt. Letztendlich sind die hohen Geschwindigkeiten, die heute mit den Autos gefahren werden können, nur deshalb möglich, weil zuverlässige Bremsanlagen das Fahrzeug auch in Gefahrensituationen sicher abbremsen und zum Stillstand bringen können. Die Bremsanlage ist damit ein wichtiger Bestandteil der Sicherheitssysteme im Kraftfahrzeug.

Wie in allen Bereichen des Kraftfahrzeugs hat auch bei den Sicherheitssystemen die Elektronik Einzug gehalten. Die mittlerweile an die Sicherheitssysteme gestellten Anforderungen können nur noch mit elektronischer Hilfe erfüllt werden.

1 Sicherheit im Straßenverkehr (Begriffe und Einflussgrößen)

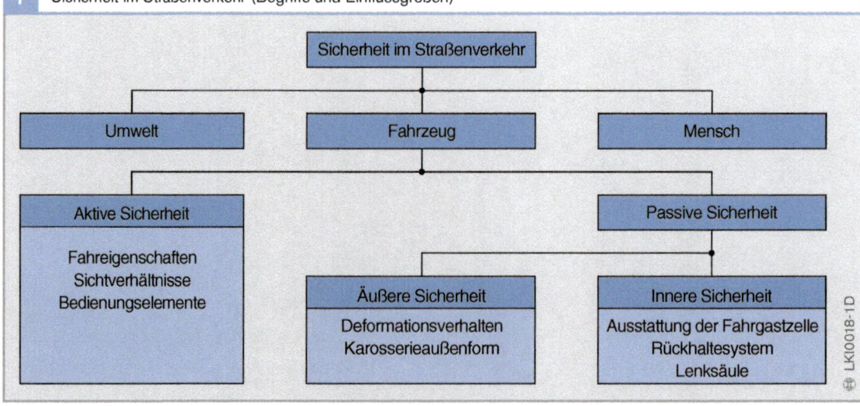

Tabelle 1

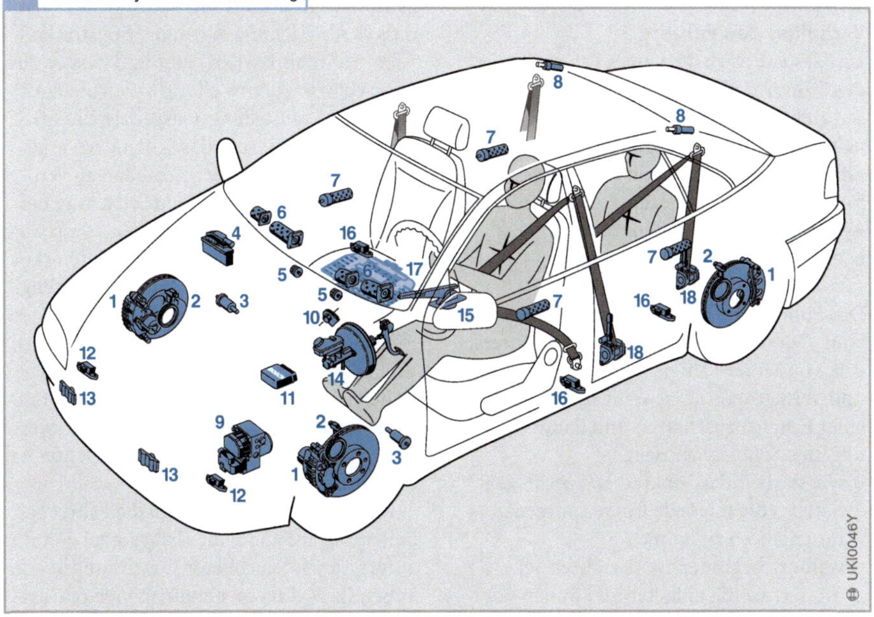

1 Sicherheitssysteme im Kraftfahrzeug

Aktive Sicherheitssysteme

Diese Systeme helfen, Unfälle zu vermeiden und tragen damit vorbeugend zur Sicherheit im Straßenverkehr bei. Beispiele für die aktiven Fahrsicherheitssysteme sind

- das ABS (**A**nti**b**lockier**s**ystem),
- die ASR (**A**ntriebs**s**chlupf**r**egelung) und
- das ESP (**E**lektronische **S**tabilitäts-**P**rogramm).

Diese Sicherheitssysteme stabilisieren das Fahrzeug in kritischen Situationen und erhalten dabei deren Lenkbarkeit.

Systeme wie die adaptive Fahrgeschwindigkeitsregelung (ACC, **A**daptive **C**ruise **C**ontrol) leisten neben dem Beitrag zur Fahrsicherheit im Wesentlichen einen Beitrag zum Fahrkomfort, indem der Abstand zum vorderen Fahrzeug durch automatisches Gaswegnehmen oder auch durch aktive Bremseingriffe eingehalten wird.

Passive Sicherheitssysteme

Diese Systeme dienen dem Schutz der Insassen vor schweren Verletzungen im Fall eines Unfalls. Sie senken die Verletzungsgefahr und mildern die Unfallfolgen.

Beispiele für passive Sicherheitsausrüstung sind der gesetzlich vorgeschriebene Sicherheitsgurt sowie der Airbag, der inzwischen an verschiedenen Stellen innerhalb der Fahrgastzelle als Front- oder Seitenairbag zu finden ist.

Bild 1 zeigt ein Fahrzeug mit den Sicherheitssystemen und ihren Komponenten, wie sie in Fahrzeugen nach dem jetzigen Stand der Technik zu finden sind.

Grundlagen des Fahrens

Verhalten des Fahrers

Um das Fahrverhalten eines Fahrzeugs an den Fahrer und sein Fahrvermögen anpassen zu können, ist es notwendig, das Verhalten des Fahrers zu analysieren. Grundsätzlich wird das Handeln des Fahrers folgendermaßen unterteilt:

- das Führungsverhalten und
- das Stabilisierungsverhalten.

Das Führungsverhalten ist gekennzeichnet vom „Vorausschauen können" des Fahrers, d. h. von seiner Fähigkeit, die Bedingungen und Verhältnisse des jeweiligen Moments einer Fahrt abzuschätzen und daraus z. B. folgende Schlüsse zu ziehen:

- wie stark er das Lenkrad einzuschlagen hat, um die folgende Kurve spurgenau durchfahren zu können,
- wann er beginnen muss zu bremsen, um rechtzeitig anhalten zu können oder
- wann er den Beschleunigungsvorgang einleiten muss, um gefahrlos überholen zu können.

Lenkradeinschlag, Bremsen und Gasgeben sind wichtige Führungselemente, die umso exakter eingesetzt werden können, je größer die Erfahrung des Fahrers ist.

Während der Fahrer das Fahrzeug stabilisiert (Stabilisierungsverhalten), stellt er fest, dass es Abweichungen von der Sollstrecke (dem Fahrbahnverlauf) gibt und dass er die abgeschätzte Voreinstellung bzw. Vorsteuerung (Lenkradstellung, Gaspedalstellung) korrigieren muss, um das Schleudern oder das Abkommen von der Fahrbahn zu verhindern. Je besser also die Abschätzung des Fahrers im Führungsverhalten ist, desto weniger muss er nachträglich stabilisieren (korrigieren), desto stabiler bleibt das Fahrzeug. Solche Korrekturen werden immer geringer, je besser Voreinstellung (Lenkradeinschlag) und Fahrbahnverlauf übereinstimmen, da sich das Fahrzeug bei geringfügigen Korrekturen „linear" verhält (Fahrervorgaben werden proportional ohne große Abweichungen auf die Straße übertragen).

Der erfahrene Fahrer kann die Fahrzeugbewegung anhand seiner Fahrvorgaben und aufgrund vorhersehbarer Einwirkungen von außen (z. B. Kurven, herannahende Baustellen o. Ä.) wirklichkeitsnah abschätzen. Beim unerfahrenen Fahrer dauert dieser Anpassungsvorgang länger und ist mit größeren Unsicherheitsfaktoren belastet. Daraus folgt für den unerfahrenen Fahrer, dass der Schwerpunkt seines Fahraufwands im Stabilisierungsverhalten liegt.

1 Gesamtsystem „Fahrer – Fahrzeug – Umwelt"

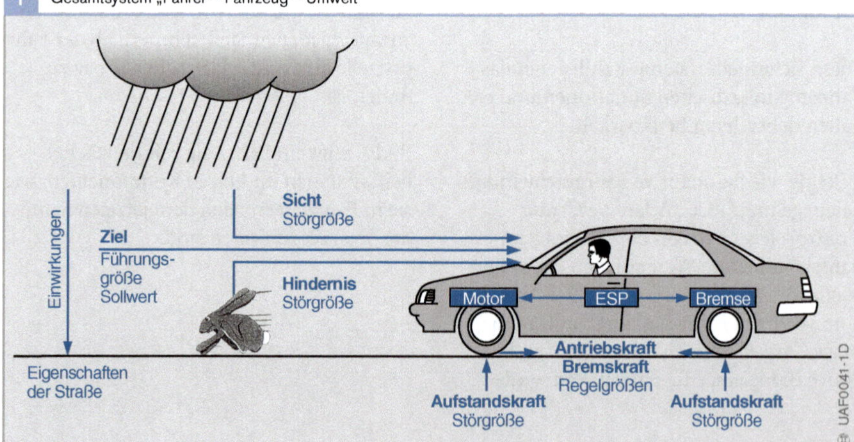

Tritt für Fahrer und Fahrzeug ein unvorhergesehenes Ereignis ein (z. B. unerwartet scharfe Kurve bei gleichzeitig behinderter Sicht o. Ä.), so kann der Fahrer falsch reagieren und in der Folge das Fahrzeug ins Schleudern geraten. Das Fahrzeug verhält sich dann nichtlinear, d. h. für den Fahrer nicht mehr vorhersehbar, und bewegt sich im physikalischen Grenzbereich. In dieser Situation sind sowohl der erfahrene als auch der unerfahrene Fahrer mit der Fahrzeugbeherrschung überfordert.

Unfallursachen und Unfallverhütung

Im Straßenverkehr ist der überwiegende Teil aller Unfallursachen bei „Unfällen mit Personenschaden" auf personenbezogenes Fehlverhalten zurückzuführen. Unfallstatistiken zeigen, dass dabei eine nicht angepasste Geschwindigkeit die Hauptunfallursache ist. Weitere Ursachen sind

- falsche Straßenbenutzung,
- Abstandsfehler,
- Vorfahrts-/Vorrangfehler oder
- falsches Abbiegen und
- Fahren unter Alkoholeinfluss.

Technische Mängel (Beleuchtung, Bereifung, Bremsen usw.) bzw. fahrzeugbezogene Ursachen wurden in nur geringem Maße registriert. Andere, vom Fahrer nicht beeinflussbare, unfallbezogene Ursachen (z. B. Wetter) waren dagegen schon häufiger festzustellen.

Anhand dieser Fakten wird deutlich, dass die Sicherheitstechnik eines Fahrzeugs (in besonderem Maße die dafür notwendige Elektronik) immer weiter verbessert werden muss, um

- den Fahrer in Extremsituationen bestmöglich zu unterstützen,
- Unfälle zu vermeiden oder
- Unfallfolgen zu mildern.

In fahrkritischen Situationen gilt es deshalb, das Fahrzeugverhalten in Grenzbereichen und extremen Fahrsituationen für den Fahrer „vorhersehbar" zu machen. Die Erfassung verschiedener Parameter (Drehzahl der Räder, Querbeschleunigung, Giergeschwindigkeit usw.) und deren elektronische Weiterverarbeitung in einem oder mehreren Steuergeräten hilft, die Vorgänge in extrem kurzer Zeit durch geeignete Maßnahmen „beherrschbarer" zu machen.

Folgende Situationen oder Gefahren sind Beispiele für mögliche Erfahrungen mit Grenzbereichen:

- sich verändernde Straßen-/Witterungsverhältnisse,
- Konflikte mit anderen Verkehrsteilnehmern,
- Konflikte mit Tieren bzw. Hindernissen auf der Fahrbahn oder
- ein plötzlicher Schaden (geplatzter Reifen) am Fahrzeug.

Kritische Situationen im Straßenverkehr

Kritische Situationen im Straßenverkehr zeichnen sich dadurch aus, dass sich die Verkehrssituation sehr schnell ändert, etwa durch ein plötzlich auftauchendes Hindernis oder plötzlich wechselnden Fahrbahnzustand. Hinzu kommt oft auch ein Fehlverhalten der Autofahrer, die mangels Erfahrung in kritischen Situationen bei zu hoher Geschwindigkeit oder wegen Unaufmerksamkeit falsch reagieren.

In der Regel erkennt der Fahrer nicht, inwieweit er mit Ausweich- oder Bremsmanövern in kritischen Fahrsituationen einen physikalischen Grenzbereich berührt, da er fast nie in derart kritische Fahrsituationen gerät. Er erkennt nicht, inwieweit er das zur Verfügung stehende Kraftschlusspotenzial zwischen Reifen und Fahrbahn bereits „aufgebraucht" hat oder ob das Fahrzeug gerade an der Grenze zur Manövrierunfähigkeit bzw. zum Schleudern steht. Demzufolge ist er in solchen Momenten unvorbereitet und reagiert deshalb falsch oder zu heftig. Unfälle oder Situationen, die andere Verkehrsteilnehmer gefährden, sind die Folge.

Unfälle können aber auch über die bereits genannten Unfallursachen hinaus, z. B. durch eine nicht angepasste Technik oder mangelhafte Infrastruktur (schlechte Verkehrswegekonzepte, veraltete Verkehrsleitführung), verursacht werden.

Verbesserungen des Fahrverhaltens eines Fahrzeugs und der Fahrerunterstützung in kritischen Situationen können nur dann als solche gewertet werden, wenn sie nachhaltig sowohl Unfallzahlen als auch -folgen senken. Um eine solche kritische Situation zu entschärfen bzw. zu bewältigen, sind schwierige Fahrmanöver notwendig, z. B.

- schnelles Lenken und Gegenlenken,
- Fahrspurwechsel in Verbindung mit einer Vollbremsung,
- Spurhalten bei beschleunigter Kurvenfahrt oder wechselndem Fahrbahnbelag.

Die Folge davon ist fast immer ein fahrdynamisch kritisches Verhalten des Fahrzeugs, d. h., es verhält sich wegen zu geringer Haftung der Reifen nicht mehr so, wie es den Erwartungen des Fahrers entspricht und weicht vom gewünschten Kurs ab.

Der Fahrer ist aufgrund mangelnder Erfahrung in solchen Grenzsituationen häufig nicht mehr in der Lage, das Fahrzeug zu einer kontrollierten Bewegung zurückzuführen. Oft gerät er dadurch sogar in Panik und reagiert falsch oder zu stark. Hat er beispielsweise bei einem Ausweichmanöver das Lenkrad zu heftig eingeschlagen, lenkt er noch heftiger in die Gegenrichtung, um die Bewegung wieder auszugleichen. Mehrfaches Lenken und Gegenlenken mit immer stärkerem Lenkradeinschlag führen dann dazu, dass sich das Fahrzeug nicht mehr beherrschen lässt und zu schleudern beginnt.

Fahrverhalten

Das Verhalten eines Fahrzeugs im Straßenverkehr wird durch verschiedene Einflüsse bestimmt, die sich grob in drei Bereiche einteilen lassen:

- Fahrzeugeigenschaften,
- Verhalten, Leistungsvermögen und Reaktionsfähigkeit des Fahrers und
- umgebende Bedingungen.

Die Bauweise und Auslegung eines Fahrzeugs beeinflussen dessen Bewegungen und dessen Fahrverhalten.

Das Fahrverhalten ist die Fahrzeugreaktion auf Fahrerhandlungen (z. B. Lenken, Gasgeben, Bremsen) und auf Störungen von außen (z. B. Fahrbahnzustand, Wind). Gutes Fahrverhalten zeigt sich in der Fähigkeit, den Kurs exakt zu halten und damit die Aufgabe eines Fahrers voll zu erfüllen. Dabei hat der Fahrer die Aufgaben,

- seine Fahrt den Verkehrs- und Straßenverhältnissen anzupassen,
- die geltenden Gesetze im Straßenverkehr zu befolgen,
- der Fahrstrecke, gegeben durch den Straßenverlauf, bestmöglich zu folgen und
- vorausschauend und verantwortungsbewusst sein Fahrzeug zu führen.

So gleicht der Fahrer die Fahrzeuglage und die Fahrzeugbewegungen immer wieder einem subjektiv empfundenen Idealzustand an. Er reagiert vorausschauend, handelt gemäß seiner Erfahrung und passt sich so dem aktuellen Straßenverkehrsgeschehen an.

2 Gesamtsystem „Fahrer – Fahrzeug – Umwelt" als Regelkreis

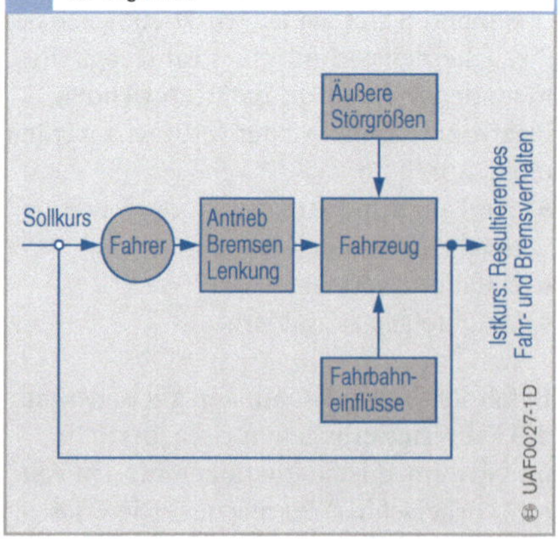

Beurteilung des Fahrverhaltens

Zur Beurteilung des Fahrverhaltens ist die subjektive Beurteilung durch versierte Fahrer noch immer der wichtigste Beitrag. Subjektive Wahrnehmungen lassen nur relative Bewertungen zu, geben also keinen Aufschluss über objektive „Wahrheiten". Subjektive Erfahrungen mit einem Fahrzeug können folglich nur vergleichend mit Erfahrungen an anderen Fahrzeugen eingesetzt werden.

Das Fahrzeugverhalten beurteilen Testfahrer in Fahrversuchen mit ausgewählten Fahrmanövern, die in ihrer Konzeption direkt am „normalen" Verkehrsgeschehen orientiert sind. In einem geschlossenen Regelkreis (englisch: *closed loop*) wird das Gesamtsystem (einschließlich Fahrer) beurteilt. Dabei wird der bezüglich seines Verhaltens nicht präzise zu definierende Fahrer durch eine objektiv vorgegebene Einleitung von Störgrößen ersetzt und die daraus resultierende Fahrzeugreaktion analysiert und beurteilt. Folgende, durch die ISO genormte oder sich im Normierungsprozess befindende Fahrmanöver (durchgeführt auf trockener Fahrbahn) dienen als anerkannte Verfahren der Fahrzeugbeurteilung bezüglich der Fahrzeugstabilität:

- Stationäre Kreisfahrt,
- Übergangsverhalten,
- Bremsen in der Kurve,
- Empfindlichkeit bei Seitenwind,
- Geradeauslaufverhalten und
- Lastwechsel bei Kreisfahrt.

Hierbei sind die Führungsgröße wie z. B. der Fahrbahnverlauf oder Fahreraufgaben von grundlegender Bedeutung. Der jeweilige Fahrer versucht seine Eindrücke und Erfahrungen während der Fahrmanöver, die er anhand seiner Fahreraufgaben durchführt, zu sammeln, um sie anschließend z. T. mit Eindrücken und Erfahrungen anderer Fahrer zu vergleichen. Die oft gefährlichen Fahrmanöver (z. B. von VDA standardisierter Ausweichtest, auch „Elch-Test" genannt), die von mehreren Fahrern durchgeführt werden, geben über die Eigenschaften und die Dynamik des zu untersuchenden Fahrzeugs Aufschluss:

- Stabilität,
- Lenk- und Bremsbarkeit sowie
- das Verhalten in Grenzsituationen sollen beschrieben und mit diesen Versuchen verbessert werden.

Die Vorteile dieses Verfahrens sind:

- das Gesamtsystem („Fahrer – Fahrzeug – Umwelt") kann geprüft werden und
- viele Situationen des täglichen Verkehrsalltages können realistisch simuliert werden.

Die Nachteile dieses Verfahrens sind:

- die große Streuung der Ergebnisse, da die Fahrereigenschaften, Wind- und Fahrbahnverhältnisse sowie die Anfangsbedingungen eines jeden Manövers unterschiedlich sind.
- Subjektive Wahrnehmungen und Erfahrungen können individuell interpretiert werden.
- Das Leistungsvermögen eines Fahrers kann über Erfolg oder Misserfolg einer Versuchsserie entscheiden.

Tabelle 1 (nächste Seite) enthält die wichtigsten Fahrmanöver zur Beurteilung des Fahrverhaltens im geschlossenen Regelkreis.

Eine objektive Festlegung der fahrdynamischen Eigenschaften im geschlossenen Regelkreis („Closed Loop"-Betrieb, d. h. mit dem Fahrer, Bild 2) ist bis heute in der Praxis noch nicht vollständig gelungen, da das Regelverhalten des Menschen subjektiv ausgeprägt ist.

Trotzdem gibt es neben objektiven Fahrtests verschiedene Testfahrten, die geübten Fahrern Aufschluss über die Fahrstabilität eines Fahrzeugs geben können (z. B. ein Slalomkurs).

1	Beurteilung des Fahrverhaltens				
Fahrzeugverhalten	**Fahrmanöver** (Fahrervorgaben und vorgegebene Fahrsituation)	**Fahrer greift ständig ein**	**Lenkrad fest**	**Lenkrad frei**	**Lenkwinkelvorgabe**
Geradeausverhalten	Geradeauslauf-Spurhaltung	•	•	•	
	Lenkungsansprechen/Anlenken	•			
	Anreißen – Lenkung loslassen			•	
	Lastwechselreaktion	•	•	•	
	Aquaplaning	•	•	•	
	Geradeausbremsen	•	•	•	
	Seitenwindempfindlichkeit	•	•	•	
	Auftrieb bei hohen Geschwindigkeiten		•		
	Reifendefekt	•	•	•	
Übergangs-/Übertragungsverhalten	Lenkwinkelsprung				•
	Einfaches Lenken und Gegenlenken				•
	Mehrfaches Lenken und Gegenlenken				•
	Einfacher Lenkimpuls				•
	„Zufällige" Lenkwinkeleingabe	•			•
	Einfahrt in einen Kreis	•			
	Ausfahrt aus einem Kreis	•			
	Rückstellverhalten			•	
	Einfacher Fahrbahnwechsel	•			
	Doppelter Fahrbahnwechsel	•			
Kurvenverhalten	Stationäre Kreisfahrt		•		
	Instationäre Kreisfahrt	•	•		
	Lastwechselreaktion bei Kreisfahrt	•	•		
	„Reinfallen" der Lenkung			•	
	Bremsen in der Kurve	•	•		
	Aquaplaning in der Kurve	•	•		
Wechselkurvenverhalten	Wedeln, Slalom um Pylonen	•			
	„Handling-Pacours" (Teststrecke mit starken Kurven)	•			
	Pendeln – Anreißen/Beschleunigen			•	
Gesamtverhalten	Kippsicherheit	•			•
	Reaktions- und Ausweichtests	•			

Tabelle 1

Fahrmanöver

Stationäre Kreisfahrt

Bei der stationären Kreisfahrt wird die maximal erzielbare Querbeschleunigung ermittelt. Außerdem lässt sich erkennen, wie sich die einzelnen fahrdynamischen Größen in Abhängigkeit von der Querbeschleunigung bis zum Erreichen des Maximalwertes ändern. Daraus lässt sich das Eigenlenkverhalten des Fahrzeugs beurteilen (Begriffe: Unter-, Über- und Neutralsteuern).

3 Ausweichtest („Elch-Test")

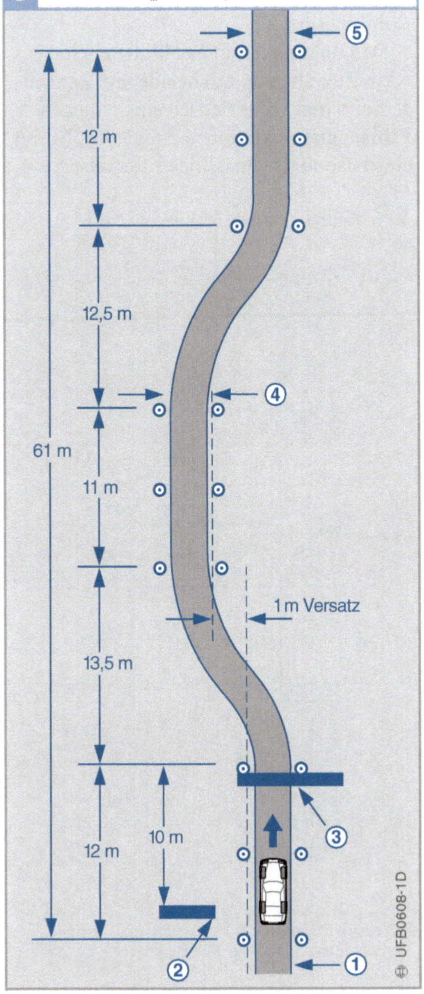

Übergangsverhalten

Neben dem stationären Eigenlenkverhalten (bei stationärer Kreisfahrt) ist auch das Übergangsverhalten eines Fahrzeugs von Bedeutung. Dazu zählen z. B. schnelle Ausweichmanöver nach anfänglicher Geradeausfahrt.

Der „Elch-Test" simuliert eine extreme Fahrsituation, wie sie beim abrupten Umfahren eines Hindernisses entsteht. Auf einer 50 m langen Teststrecke muss ein Fahrzeug bei einer bestimmten Geschwindigkeit ein Hindernis sicher umfahren, das vier Meter in die Fahrbahn hineinragt und eine Länge von 10 m hat (Bild 3).

Bremsen in der Kurve – Lastwechselreaktionen

Eines der im täglichen Fahrbetrieb kritischsten und deshalb für die Fahrzeugkonzeption wichtigsten Fahrmanöver ist das Bremsen in der Kurve.

Ob der Fahrer eines Fahrzeugs in einer Kurve plötzlich das Gaspedal zurücknimmt oder einfach bremst, ist physikalisch betrachtet nicht von Bedeutung: beides erzielt einen ähnlichen Effekt. Wegen der resultierenden Achslastverlagerung von hinten nach vorne wird der Schräglaufwinkel an der Hinterachse größer und an der Vorderachse kleiner, da sich die erforderliche Seitenkraft durch den vorgegebenen Kurvenradius und die Fahrzeuggeschwindigkeit nicht ändert: das Fahrverhalten verschiebt sich in Richtung „übersteuern".

Bei heckgetriebenen Fahrzeugen hat der Reifenschlupf einen geringeren Einfluss auf die Änderung des Eigenlenkverhaltens als bei frontgetriebenen Fahrzeugen. Daraus resultiert in diesem Fall ein stabileres Fahrverhalten bei heckgetriebenen Fahrzeugen.

Die Reaktionen des Fahrzeugs bei diesen Manöver müssen einen bestmöglichen Kompromiss zwischen Lenkfähigkeit, Fahrstabilität und Abbremsung darstellen.

Bild 3
Testbeginn:
Phase 1:
Höchster Gang (Schaltgetriebe)
Schaltstufe D bei 2000 min^{-1} (Automatikgetriebe)

Phase 2:
Gaswegnahme

Phase 3:
Geschwindigkeitsmessung mit Lichtschranke

Phase 4: Lenkeinschlag nach rechts

Phase 5:
Testende

Messgrößen

Hauptbeurteilungsgrößen der Fahrdynamik sind:

- Lenkradwinkel,
- Querbeschleunigung,
- Längsbeschleunigung bzw. Längsverzögerung,
- Giergeschwindigkeit,
- Schwimm- und Wankwinkel.

Zusätzliche Informationen dienen der Klärung eines bestimmten Fahrverhaltens zum Überprüfen anderer Messwerte:

- Längs- und Quergeschwindigkeit,
- Lenkwinkel der Vorder-/Hinterräder,
- Schräglaufwinkel an allen Rädern,
- Lenkradmoment.

Reaktionszeit

Im Gesamtsystem „Fahrer – Fahrzeug – Umwelt" spielt die Fahrerbefindlichkeit und damit die Reaktionszeit des Fahrers neben den definierten Größen eine entscheidende Rolle. Sie umfasst die Zeitspanne zwischen dem Wahrnehmen eines Hindernisses, der Entscheidung und dem Umsetzen des Fußes bis zum Berühren des Bremspedals. Diese Zeit ist nicht konstant; sie beträgt je nach den persönlichen Bedingungen und äußeren Umständen mindestens 0,3 Sekunden.

Die Bestimmung des individuellen Reaktionsverhaltens erfordert Spezialuntersuchungen (z. B. eines medizinisch-psychologischen Institutes).

Bewegungsvorgänge

Fahrzeugbewegungen lassen sich in gleichförmige Bewegungen (mit gleich bleibender Geschwindigkeit) und ungleichförmige Bewegungen (beim Anfahren/Beschleunigen und Bremsen/Verzögern mit sich ändernder Geschwindigkeit) unterteilen.

Der Motor erzeugt die für das Fahrzeug zur Fortbewegung notwendige Bewegungsenergie. Um den Bewegungszustand eines Fahrzeugs nach Größe und Richtung zu ändern, müssen in jedem Falle Kräfte von außen oder über Motor und Triebstrang auf das Fahrzeug einwirken.

Fahrverhalten bei Nutzfahrzeugen

Zur objektiven Beurteilung des Fahrverhaltens bei Nutzfahrzeugen werden verschiedene Fahrmanöver wie stationäre Kreisfahrt, Lenkwinkelsprung (Fahrzeugreaktion nach „Anreißen" mit vorbestimmtem Lenkradwinkel) und Bremsen in der Kurve durchgeführt.

Zugkombinationen weisen in der Regel ein anderes querdynamisches Verhalten auf als Solofahrzeuge. Besondere Beachtung finden dabei die Beladungsverhältnisse von Zugwagen und Anhänger sowie Bauart und Geometrie der Verbindung innerhalb einer Kombination.

Den ungünstigsten Fall bildet ein leeres Nkw-Zugfahrzeug mit beladenem Zentralachsanhänger. Der Betrieb einer solchen Fahrzeugkombination verlangt vom Fahrer eine besonders vorsichtige Fahrweise.

4 Vorgänge: Reaktion, Bremsen und Anhalten

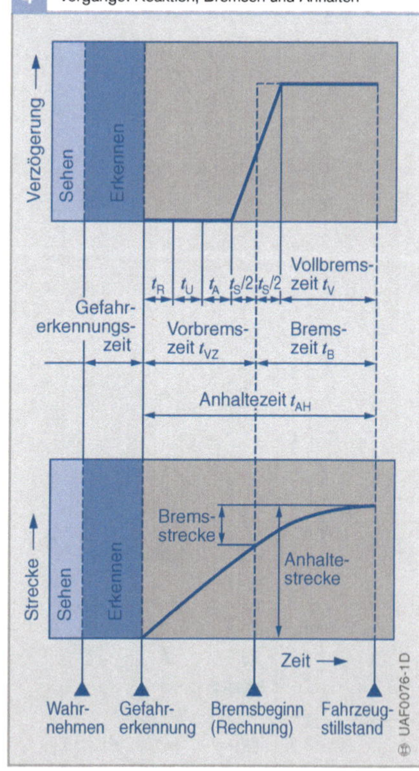

Bild 4

t_R Reaktionszeit
t_U Umsetzzeit
t_A Ansprechzeit
t_S Schwellzeit

Bei Sattelzügen besteht beim Bremsen in extremen Situationen die Gefahr des Einknickens („Jackknifing"). Dieser Vorgang wird durch Seitenkraftverlust der Hinterachse des Zugfahrzeugs bei „Überbremsen" auf schlüpfriger Fahrbahn oder durch zu hohes Giermoment unter „μ-split"-Bedingungen (z. B. unterschiedliche Reibungswerte in der Fahrbahnmitte und am Fahrbahnrand). Jackknifing läßt sich mithilfe von Antiblockiersystemen verhindern.

2 Persönliche Bedingungen der Reaktionszeit

→	psychophysische Reaktion		←	→ muskuläre Reaktion		→
Wahrnehmungsgegenstand (z. B. Verkehrszeichen)	wahrnehmen	erfassen	entscheiden	mobilisieren	bewegen	Handlungsgegenstand (z. B. Bremspedal)
	optisches Leistungsvermögen	Wahrnehmung und Auffassung	psychische Verarbeitung	Bewegungsapparat	persönliches Tempo	

Tabelle 2

3 Abhängigkeit der Reaktionszeit von persönlichen und äußeren Faktoren

kleine Reaktionszeit ←	→ große Reaktionszeit
Persönliche Faktoren des Fahrers	
eingeübte Reflexhandlung	Wahlhandlung
gute Verfassung, optimale Leistungsfähigkeit	schlechte Verfassung, z. B. Ermüdung
hohe Fahrbegabung	mindere Fahrbegabung
Jugendlichkeit	höheres Alter
Erwartungsspannung	Aufmerksamkeit, Ablenkung
körperliche und psychische Gesundheit	krankhafte körperliche oder psychische Störungen
	Schreckwirkung, Alkohol
Äußere Faktoren	
Verkehrssituation einfach, übersichtlich, vorausberechenbar, bekannt	Verkehrssituation kompliziert, unübersichtlich unberechenbar, nicht bekannt
wahrgenommenes Hindernis auffällig	wahrgenommenes Hindernis unauffällig
Hindernis im Blickfeld	Hindernis am Rande des Blickfelds
Schalt- und Bedienungselemente im Auto zweckmäßig angeordnet	Schalt- und Bedienungselemente im Auto unzweckmäßig angeordnet

Tabelle 3

Grundlagen der Fahrphysik

Bewegungsänderungen eines Körpers lassen sich nur durch Kräfte erreichen. Auf ein Fahrzeug wirken im Fahrbetrieb viele Kräfte ein. Eine wichtige Funktion übernehmen dabei die Reifen: jede Bewegungsänderung des Fahrzeugs führt über am Reifen wirkende Kräfte.

Reifen

Aufgabe

Ein Reifen ist das Verbindungselement zwischen Fahrzeug und Fahrbahn. An ihm entscheidet sich die Sicherheit eines Fahrzeugs. Der Reifen überträgt Antriebs-, Brems- und Seitenkräfte, wobei physikalische Gegebenheiten die Grenzen der dynamischen Belastung eines Fahrzeugs definieren. Entscheidende Beurteilungsmerkmale sind:

- Geradeauslauf,
- Kurvenstabilität,
- Haftung auf verschiedenen Fahrbahnoberflächen,
- Haftung bei unterschiedlicher Witterung,
- Lenkverhalten,
- Komfort (Federung, Dämpfung, Laufruhe),
- Haltbarkeit und
- Wirtschaftlichkeit.

Aufbau

Nach Technik und Entwicklungsstand werden mehrere Reifenbauarten unterschieden. Verschiedene Gebrauchs- und Notlaufeigenschaften, die ein herkömmlicher Fahrzeugreifen aufweisen sollte, bestimmen dessen Bauart.

Gesetzliche Vorschriften und Richtlinien geben vor, unter welchen Bedingungen welche Reifen verwendet werden müssen, bis zu welchen maximalen Geschwindigkeiten Reifen eingesetzt werden dürfen und welcher Klassifizierung Reifen unterworfen sind.

Radialreifen

Bei einem Reifen der Radialbauweise, der als Pkw-Reifen zum Standard geworden ist, verlaufen die Kordfäden der Karkasslage(n) auf kürzestem Weg „radial“ von Wulst zu Wulst (Bild 1). Ein stabilisierender Gürtel umschließt die verhältnismäßig dünne, elastische Karkasse.

1 Aufbau eines Pkw-Radialreifens

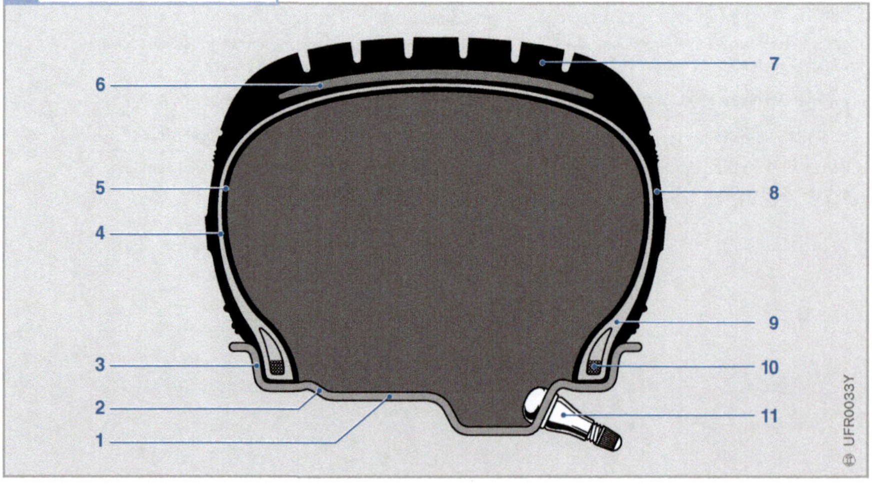

Bild 1
1 Felgenschulter
2 Hump
3 Felgenhorn
4 Karkasse
5 luftdichte Gummischicht
6 Gürtel
7 Lauffläche
8 Seitengummi
9 Wulst
10 Wulstkern
11 Ventil

Diagonalreifen

Die Diagonalbauweise erhielt ihren Namen von den „diagonal“ (bias) zur Lauffläche verlaufenden Kordfäden der Karkasslagen, die sich kreuzen (cross ply). Dieser Reifen ist nur noch für Motorräder, Fahrräder, Industrie- und Landwirtschaftsfahrzeuge von Bedeutung. Bei Nutzfahrzeugen wird er zunehmend vom Radialreifen verdrängt.

Vorschriften

Kraftfahrzeuge und Anhänger müssen entsprechend den europäischen Richtlinien bzw. in den USA entsprechend dem *FMVSS (Federal Motor Vehicle Safety Standard)* mit Luftreifen versehen sein, die am ganzen Umfang und auf der ganzen Breite der Lauffläche Profilrillen oder Einschnitte mit einer Tiefe von mindestens 1,6 mm aufweisen.

Personenkraftwagen und Kraftfahrzeuge mit einem zulässigen Gesamtgewicht von weniger als 2,8 Tonnen und einer bauartbestimmten Höchstgeschwindigkeit von mehr als 40 km/h und ihre Anhänger dürfen entweder nur mit Diagonal- oder nur mit Radialreifen ausgerüstet sein; im Fahrzeugzug gilt dies nur für das jeweilige Einzelfahrzeug. Dies gilt nicht für Anhänger hinter dem Kraftfahrzeug, die mit einer Geschwindigkeit von höchstens 25 km/h gefahren werden.

Anwendung

Die Voraussetzung für einen erfolgreichen Einsatz ist die richtige Reifenauswahl nach den Empfehlungen des Fahrzeug- oder Reifenherstellers. Wird ein Fahrzeug rundum mit Reifen gleicher Bauart bereift, so garantiert dies bestmögliche Fahrbedingungen. Bezüglich Pflege, Wartung, Lagerung und Montage sind bei Reifen besondere Hinweise der Reifenhersteller oder eines Fachmannes zu berücksichtigen, um eine maximale Haltbarkeit bei größtmöglicher Sicherheit zu gewährleisten.

2 Bremswegverlängerung auf nasser Fahrbahn in Abhängigkeit von der Profiltiefe bei 100 km/h

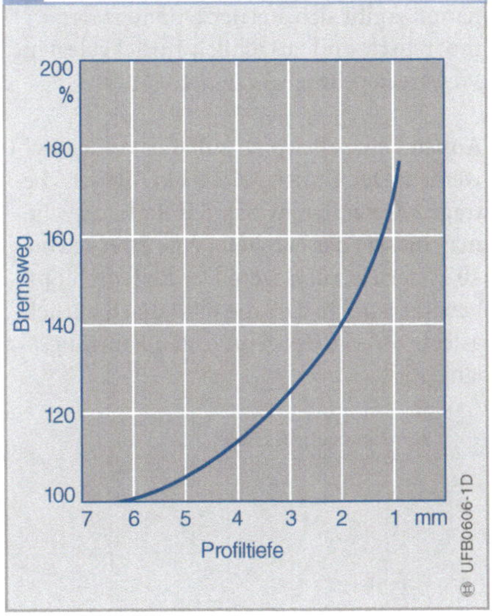

Beim Gebrauch der Reifen, also in „aufgezogenem Zustand“, ist zu beachten, dass

- die Reifen ausgewuchtet sind und damit einen optimalen Rundlauf garantieren,
- für alle Räder der gleiche Reifentyp und die zum Fahrzeug passenden Reifen verwendet werden,
- die zugelassene Höchstgeschwindigkeit der Reifen nicht überschritten wird und
- die Reifen genügend Profiltiefe aufweisen.

Wenn die Profiltiefe eines Reifens zu gering ist, dann steht auch entsprechend weniger Material für den Schutz des darunter liegenden Gürtels bzw. der Karkasse zur Verfügung. Vor allem bei Personenkraftwagen und schnellen Nutzfahrzeugen spielt die fehlende Profiltiefe auf nasser Fahrbahn wegen des verminderten Kraftschlusses bezüglich der Fahrsicherheit eine entscheidende Rolle. Der Bremsweg wächst mit abnehmender Profiltiefe überproportional (Bild 2). Besonders kritisch ist das Verhalten des Fahrzeugs bei Aquaplaning, wenn kein Kraftschluss mehr zwischen Fahrbahn und Reifen herrscht und das Fahrzeug auch nicht mehr lenkbar ist.

Reifenschlupf

Reifenschlupf, auch einfach „Schlupf" genannt, ergibt sich aus der Differenz der theoretisch und tatsächlich zurückgelegten Wegstrecke eines Fahrzeugs.

Anhand eines Beispiels soll dies verdeutlicht werden: Der Umfang eines Pkw-Reifens beträgt 2 Meter. Dreht sich das Rad nun zehnmal, müsste das Fahrzeug eine Strecke von 20 Metern zurücklegen. Der Reifenschlupf bewirkt jedoch, dass die tatsächlich zurückgelegte Strecke des gebremsten Fahrzeugs länger ist.

3 Abrollbewegung des Rads

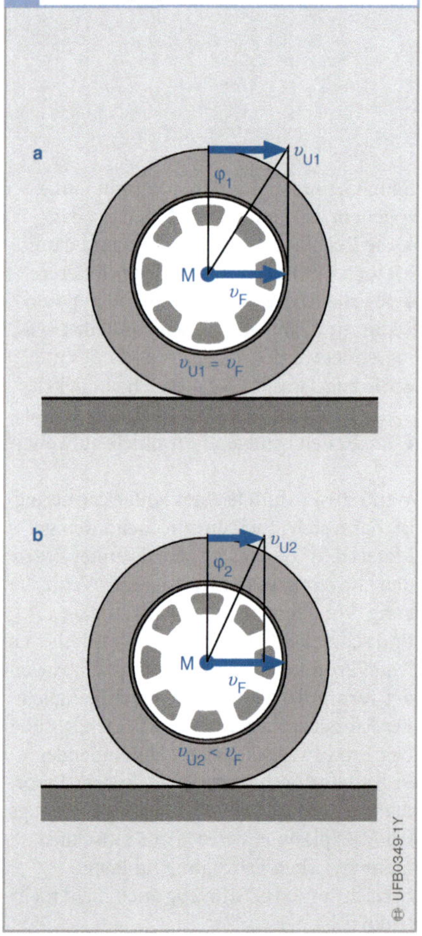

Bild 3
- a Frei rollendes Rad
- b gebremstes Rad
- v_F Fahrzeuggeschwindigkeit am Radmittelpunkt M
- v_U Radumfangsgeschwindigkeit

Beim gebremsten Rad wird der Drehwinkel φ pro Zeiteinheit kleiner (Schlupf)

Ursache für den Reifenschlupf

Beim Abrollen eines Rades unter Antriebs- oder Bremskräften spielen sich in der Reifenaufstandsfläche komplizierte physikalische Vorgänge ab, bei denen die Gummielemente in sich verspannt werden und partiellen Gleitbewegungen ausgesetzt sind, auch wenn das Rad noch nicht blockiert. Die Elastizität des Reifens bewirkt also, dass der Reifen deformiert wird und je nach Witterungs- und Fahrbahnbedingungen mehr oder weniger „Walkarbeit" verrichtet. Da der Reifen zu großen Teilen aus Gummi besteht, wird beim Auslauf aus der Kontaktzone (Reifenaufstandsfläche) nur ein Teil der „Deformationsenergie" zurückgewonnen. Der Reifen erwärmt sich dabei und es entstehen Energieverluste.

Darstellung des Schlupfs

Das Maß für den Gleitanteil der Abrollbewegung ist der Schlupf λ:

$$\lambda = (v_F - v_U)/v_F$$

Die Größe v_F ist die Fahrgeschwindigkeit, v_U ist die Umfangsgeschwindigkeit des Rads (Bild 3). Die Formel sagt aus, dass Bremsschlupf auftritt, sobald sich das Rad langsamer dreht als es der Fahrgeschwindigkeit entspricht. Nur unter dieser Bedingung können Bremskräfte bzw. Beschleunigungskräfte übertragen werden.

Da der Reifenschlupf infolge der Längsbewegung des Fahrzeugs entsteht, wird er auch als „Längsschlupf" bezeichnet. Für den beim Bremsen entstehenden Schlupf ist auch die Bezeichnung „Bremsschlupf" gebräuchlich.

Werden einem Reifen zusätzlich zum Schlupf noch andere Einflussgrößen überlagert (z. B. höhere Radlast oder extreme Radstellungen), werden die Kraftübertragungs- und Laufeigenschaften negativ beeinflusst.

Kräfte und Momente am Fahrzeug

Trägheitsprinzip

Jeder Körper ist bestrebt, entweder in seinem Ruhezustand zu verharren oder seinen Bewegungszustand beizubehalten. Um eine Änderung des jeweiligen Zustands herbeizuführen, muss eine Kraft aufgewendet bzw. übertragen werden. Wird z. B. bei Glatteis versucht, in einer Kurve zu bremsen, rutscht das Fahrzeug geradeaus weiter, ohne merklich langsamer zu werden und auf Lenkbewegungen zu reagieren. Auf Glatteis können nämlich nur sehr geringe Reifenkräfte übertragen werden.

Momente

Drehbewegungen von Körpern werden durch Momente beeinflusst. So wird z. B. die Drehbewegung der Räder durch das Bremsmoment verzögert und durch das Antriebsmoment beschleunigt.

Auch auf das gesamte Fahrzeug wirken Momente. Befindet sich das Fahrzeug zum Beispiel mit der einen Seite auf einer glatten Fahrbahn (z. B. Glatteis), mit der anderen Seite auf normal haftender Fahrbahn (z. B. Asphalt), so kommt es beim Bremsen zu einer Drehbewegung des Fahrzeugs um die Hochachse (μ-split-Bremsung). Diese Drehbewegung wird duch das Giermoment verursacht, das durch die unterschiedlich hohen Kräfte an den Fahrzeugseiten entsteht.

Einteilung der Kräfte

Auf ein Fahrzeug wirken neben dem Fahrzeuggewicht (verursacht durch die Schwerkraft) unabhängig von seinem Bewegungszustand Kräfte ganz verschiedener Art (Bild 1). Einerseits handelt es sich dabei um

- Kräfte in Längsrichtung (z. B. Antriebskraft, Luftwiderstand oder Rollreibung), andererseits um
- Kräfte in Querrichtung (z. B. Lenkkraft, Fliehkraft bei Kurvenfahrt oder Seitenwind). Die Reifenkräfte in Querrichtung werden auch als Seitenführungskräfte bezeichnet.

Die Kräfte in Längs- und in Querrichtung werden auf die Reifen und schließlich auf die Fahrbahn „von oben" oder „von der Seite" übertragen. Dies geschieht über

- das Fahrgestell (z. B. Windkraft),
- die Lenkung (Lenkkraft),
- den Motor und das Getriebe (Antriebskraft) oder über die
- Bremsanlage (Bremskraft).

In der anderen Richtung wirken die Kräfte „von unten" von der Fahrbahn aus auf die

1 Kräfte am Fahrzeug

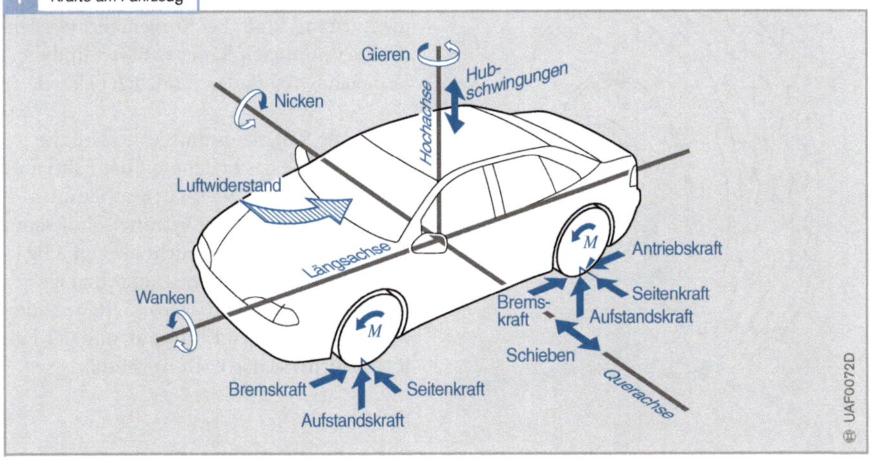

Reifen und damit auf das Fahrzeug. Denn: jede Kraft erzeugt eine Gegenkraft.

Grundsätzlich muss die antreibende Kraft des Motors (Motordrehmoment) – damit sich das Fahrzeug in Bewegung setzen kann – alle Fahrwiderstände (alle Längs- und Querkräfte) überwinden, die z. B. durch Fahrbahnlängs- und -querneigung verursacht werden.

Für die Beurteilung der Fahrdynamik oder auch der Fahrstabilität eines Fahrzeugs müssen die Kräfte bekannt sein, die zwischen den Reifen und der Straße wirken, also über diese Kontaktflächen (auch „Reifenaufstandsfläche" oder „Latsch" genannt) übertragen werden.

Mit zunehmender Fahrpraxis lernt ein Autofahrer, immer besser auf diese Kräfte zu reagieren: sie sind für ihn sowohl bei Beschleunigungen und Verzögerungen als auch bei Seitenwind oder Glätte spürbar. Bei sehr hohen Kräften, also sehr starken Bewegungszustandsänderungen, sind diese Kräfte auch gefährlich (Schleudern) oder zumindest durch quietschende Reifen vernehmbar (z. B. Kavalierstart) und erhöhen den Materialverschleiß.

2 Komponenten der Reifenkraft und Druckverteilung in der Aufstandsfläche eines Radialreifens

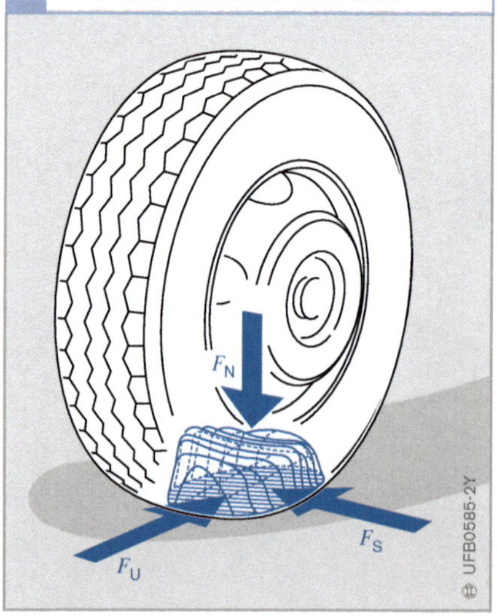

Bild 2
F_N Reifenaufstandskraft, auch als Normalkraft bezeichnet
F_U Umfangskraft (positiv: Antriebskraft; negativ: Bremskraft)
F_S Seitenkraft

Reifenkräfte

Nur über die Reifenkraft lässt sich gezielt eine gewollte Bewegung bzw. Bewegungsänderung erreichen. Die Reifenkraft setzt sich aus folgenden Komponenten zusammen (Bild 2):

Umfangskraft

Die Umfangskraft F_U entsteht durch den Antrieb bzw. das Bremsen. Sie wirkt in Längsrichtung auf die Fahrbahnebene (Längskraft) und ermöglicht es dem Fahrer, das Auto über das Gaspedal zu beschleunigen und über das Bremspedal abzubremsen.

Reifenaufstandskraft (Normalkraft)

Die Kraft zwischen Reifen und Straße (Fahrbahnoberfläche) senkrecht zur Fahrbahn wird als Reifenaufstandskraft oder auch Normalkraft F_N bezeichnet. Sie wirkt immer auf die Reifen, unabhängig vom Bewegungszustand des Fahrzeugs und damit auch bei Fahrzeugstillstand.

Die Aufstandskraft wird durch den Anteil des Fahrzeuggewichts plus Zuladung, der auf die einzelnen Räder entfällt, bestimmt. Sie ist auch von dem Steigungs- oder Gefällwinkel der Straße, auf der das Fahrzeug steht, abhängig. Den höchsten Wert für die Aufstandskraft ergibt sich auf ebener Fahrbahn.

Weitere Kräfte auf das Fahrzeug (z. B. größere Zuladung) erhöhen oder verringern die Aufstandskraft. Bei Kurvenfahrt werden die kurveninneren Räder entlastet und die kurvenäußeren Räder zusätzlich belastet.

Durch die Reifenaufstandskraft wird die Kontaktfläche des Reifens auf der Fahrbahn verformt. Da die Reifenseitenwände auch von dieser Verformung betroffen sind, kann sich die Aufstandskraft nicht gleichmäßig verteilen. Es entsteht eine trapezförmige Druckverteilung (Bild 2). Die Seitenwände des Reifens nehmen Kräfte auf, und der Reifen verformt sich je nach Belastung.

Seitenkraft

Seitenkräfte wirken auf das Rad, z. B. bei eingeschlagener Lenkung oder Seitenwind. Sie bewirken eine Richtungsänderung des Fahrzeugs.

Bremsmoment

Beim Bremsen drücken die Bremsbeläge gegen die Bremstrommel (bei Trommelbremsen) bzw. die Bremsscheiben (bei Scheibenbremsen). Dabei entstehen Reibungskräfte, die der Fahrer durch den Druck auf das Bremspedal beeinflusst.

Das Produkt aus Reibungskräften und dem Abstand der Angriffspunkte dieser Kräfte von der Drehachse ergibt das Bremsmoment M_B.

Dieses Moment wird beim Bremsvorgang am Radumfang wirksam (Bild 1).

Giermoment

Das Giermoment um die Fahrzeughochachse wird durch unterschiedliche Längskräfte an der linken und rechten Fahrzeugseite bzw. unterschiedliche Seitenkräfte an der Vorder- und Hinterachse erzeugt. Giermomente sind erforderlich, um das Fahrzeug bei Kurvenfahrt in Drehung zu versetzen. Unerwünschte Giermomente, wie sie beim Bremsen auf μ-split (s. o.) oder mit schief ziehenden Bremsen auftreten können, lassen sich durch konstruktive Maßnahmen reduzieren. Der Lenkrollhalbmesser (LRH) ist der Abstand zwischen dem Radaufstandspunkt und dem Durchstoßpunkt der Radlenkachse in der Fahrbahnebene (Bild 3). Er ist negativ, wenn der Durchstoßpunkt der Radlenkachse – bezogen auf den Radaufstandspunkt – auf der Fahrzeugaußenseite liegt. Bremskräfte erzeugen im Zusammenwirken mit positivem und negativem Lenkrollhalbmesser durch Hebelwirkung Momente an der Lenkung, die zu einem bestimmten Lenkwinkel am Rad führen. Bei negativem Lenkrollhalbmesser wirkt dieser Lenkwinkel dem unerwünschten Giermoment entgegen.

3 Lenkrollhalbmesser

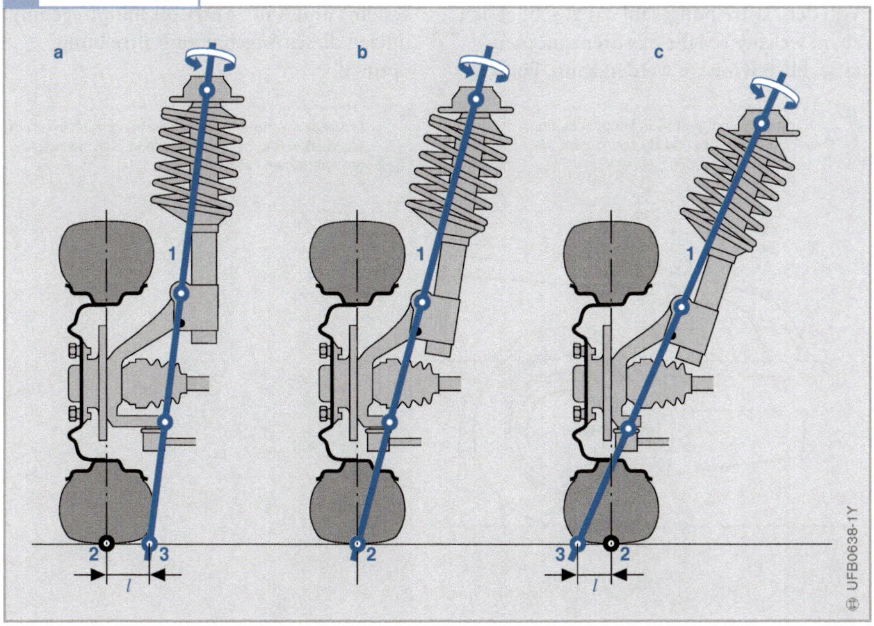

Bild 3

a Lenkrollhalbmesser positiv: $M_{Ges} = M_T + M_B$

b Lenkrollhalbmesser null: kein Giermoment

c Lenkrollhalbmesser negativ: $M_{Ges} = M_T - M_B$

1 Radlenkachse

2 Radaufstandspunkt

3 Durchstoßpunkt

l Lenkrollhalbmesser

M_{Ges} Gesamtmoment (Giermoment)

M_T Trägheitsmoment

M_B Bremsmoment

Reibungskraft

Haftreibungszahl

Mit einem Bremsmoment entsteht zwischen dem Reifen und der Fahrbahnoberfläche eine Bremskraft F_B, die im stationären Fall (keine Radbeschleunigung) proportional zum Bremsmoment ist. Der Betrag der auf die Fahrbahn übertragbaren Bremskraft (Reibungskraft F_R) ist proportional der Reifenaufstandskraft F_N:

$$F_R = \mu_{HF} \cdot F_N$$

Der Faktor μ_{HF} heißt Haftreibungszahl bzw. Reibungszahl oder Kraftschlussbeiwert. Er kennzeichnet die Eigenschaft der verschiedenen Materialpaarungen Reifen/Fahrbahn und alle Einflüsse, denen diese Paarungen ausgesetzt sind.

Die Haftreibungszahl ist damit ein Maß für die übertragbare Bremskraft. Sie hängt ab

- vom Zustand der Fahrbahn,
- vom Zustand der Reifen,
- von der Fahrgeschwindigkeit und
- den Witterungsbedingungen.

Von der Haftreibungszahl hängt schließlich ab, in welchem Maße das Bremsmoment tatsächlich wirksam werden kann. Für Kraftfahrzeugreifen erreicht die Haftreibungszahl ihre höchsten Werte auf trockener und sauberer Fahrbahn, die niedrigsten auf Eis. Zwischenmedien wie Wasser und Schmutz verringern die Haftreibungszahl. Die Werte in Tabelle 1 gelten für Straßendecken aus Beton und Teermakadam in gutem Zustand.

Insbesondere auf nassen Fahrbahnoberflächen hängt die Haftreibungszahl stark von der Fahrgeschwindigkeit ab. Beim Bremsvorgang kann es bei höheren Geschwindigkeiten und entsprechenden Fahrbahnverhältnissen dann zum Blockieren der Räder kommen, wenn durch eine zu niedrige Haftreibungszahl keine Haftung der Räder auf der Fahrbahnoberfläche gewährleistet ist. Blockiert schließlich ein Rad, kann es keine Seitenkräfte mehr übertragen, und das Fahrzeug ist nicht mehr lenkbar. Bild 5 veranschaulicht die Häufigkeitsverteilung der Haftreibungszahl an einem blockierten Rad bei verschiedenen Geschwindigkeiten auf nassen Fahrbahnen.

Die Reibungskraft zwischen Reifen und Fahrbahn bestimmt die Kraftübertragung. Die Sicherheitssysteme ABS (Antiblockiersystem) und ASR (Antriebsschlupfregelung) nutzen dieses Angebot an Haftreibung optimal.

4 Radgeschwindigkeit v_x in Längsrichtung mit Bremskraft F_B und Bremsmoment M_B

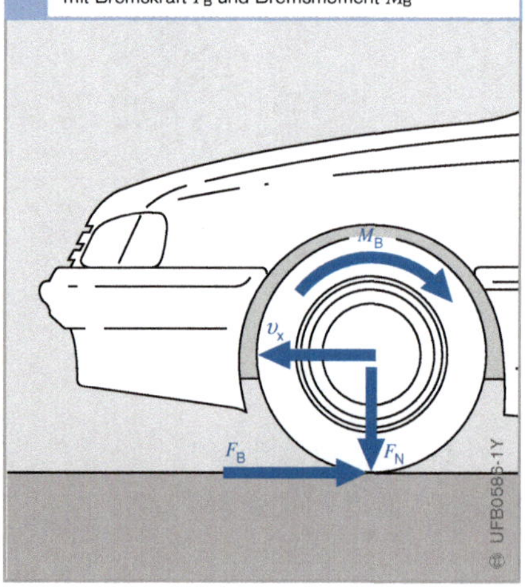

5 Häufigkeitsverteilung der Haftreibungszahl an einem blockierten Rad bei verschiedenen Geschwindigkeiten auf nassen Fahrbahnen

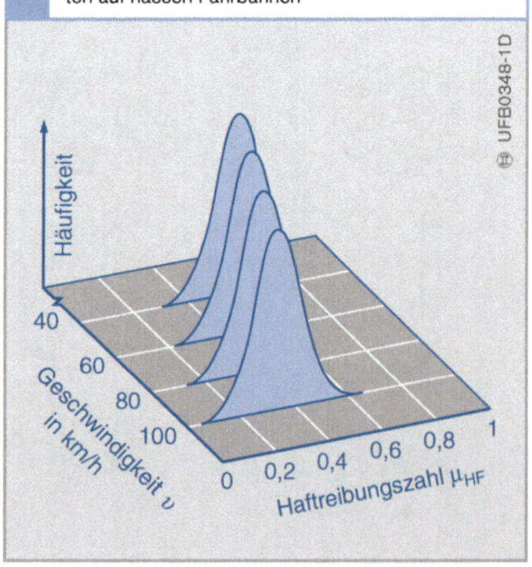

Bild 4
v_x Radgeschwindigkeit in Längsrichtung
F_N Reifenaufstandskraft (Normalkraft)
F_B Bremskraft
M_B Bremsmoment

Bild 5
Quelle: Forschungsinstitut für Kraftfahrwesen und Fahrzeugmotoren in Stuttgart

Aquaplaning

Der Betrag der Reibung geht gegen null, wenn sich durch Regen ein „Wasserfilm" auf der Fahrbahn bildet und das Fahrzeug „aufschwimmt": es kommt zu „Aquaplaning", und der Fahrbahnkontakt wird dabei aufgehoben. Der Grund dafür ist, dass sich bei Aquaplaning ein Wasserkeil unter die gesamte Aufstandsfläche des Reifens schiebt und diesen vom Boden abhebt. Aquaplaning ist abhängig von:

- der Wasserhöhe auf der Fahrbahn,
- der Fahrzeuggeschwindigkeit,
- der Profilform, der Reifenbreite und der Abnützung des Reifens sowie
- der Last, mit der der Reifen auf die Fahrbahn gedrückt wird.

Breitreifen sind besonders gefährdet. Im Zustand des Aquaplaning lässt sich das Fahrzeug nicht mehr lenken und nicht mehr abbremsen. Weder Lenkbewegungen noch Bremskräfte können auf die Fahrbahn übertragen werden.

Gleitreibung

Bei Reibungsvorgängen unterscheidet man zwischen Haft- und Gleitreibung. Dabei ist bei starren Körpern die Haftreibung größer als die Gleitreibung. In Anlehnung dazu gibt es für einen abrollenden Gummireifen Zustände, bei denen die Haftreibungszahl höher ist als beim Blockiervorgang. Gleitvorgänge treten aber auch während des Abrollens von Gummireifen auf. Sie werden als „Schlupf" bezeichnet.

Einfluss des Bremsschlupfs auf die Haftreibungszahl

Beim Anfahren oder Beschleunigen hängt – wie auch beim Bremsen oder Verzögern – die Kraftübertragung vom Schlupf zwischen Reifen und Fahrbahn ab. Die Reibung eines Reifens verhält sich zu seinem Schlupf beim Bremsen und Antreiben prinzipiell gleich.

Bild 6 zeigt den Verlauf der Haftreibungszahl μ_{HF} beim Bremsen. Ausgehend vom Bremsschlupf null steigt sie steil an, erreicht ihr Maximum je nach Fahrbahn- und Reifenbeschaffenheit etwa zwischen 10 % und 40 % Bremsschlupf und fällt dann wieder ab. Der ansteigende Teil der Kurve ist der

6 Haftreibungszahl μ_{HF} und Seitenkraftbeiwert μ_S in Abhängigkeit vom Bremsschlupf

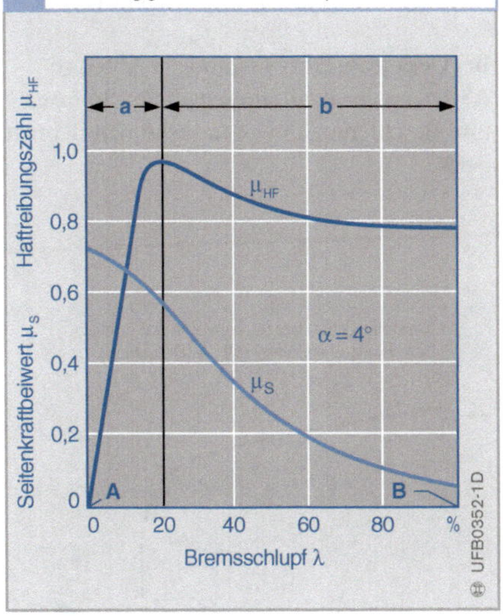

Bild 6
- a Stabiler Bereich
- b instabiler Bereich
- α Schräglaufwinkel
- A frei rollendes Rad
- B Rad blockiert

1 Haftreibungszahlen μ_{HF} von Reifen auf unterschiedlichen Straßenzustand, bei unterschiedlichem Reifenzustand und verschiedenen Geschwindigkeiten

Fahrgeschwindigkeit	Reifenzustand	Straße trocken	Straße nass (Wasserhöhe 0,2 mm)	Starker Regen (Wasserhöhe 1 mm)	Wasserpfützen (Wasserhöhe 2 mm)	Vereist (Glatteis)
km/h		μ_{HF}	μ_{HF}	μ_{HF}	μ_{HF}	μ_{HF}
50	neu	0,85	0,65	0,55	0,5	0,1
	abgenützt	1	0,5	0,4	0,25	und kleiner
90	neu	0,8	0,6	0,3	0,05	
	abgenützt	0,95	0,2	0,1	0,0	
130	neu	0,75	0,55	0,2	0	
	abgenützt	0,9	0,2	0,1	0	

Tabelle 1

„stabile Bereich" (Gebiet der Teilbremsungen), der abfallende Teil wird als „instabiler Bereich" bezeichnet.

Die meisten Brems- und Beschleunigungsvorgänge laufen bei kleinen Schlupfwerten im stabilen Bereich ab, sodass eine Erhöhung des Schlupfs auch eine Erhöhung des ausnutzbaren Kraftschlusses ergibt. Im instabilen Bereich führt eine weitere Erhöhung des Schlupfs im Allgemeinen zu einer Verkleinerung des Kraftschlusses. Beim Bremsen blockiert ein Rad in wenigen Zehntelsekunden, beim Beschleunigen führt das größer werdende überschüssige Antriebsmoment zu einer schnellen Drehzahlerhöhung eines oder aller Antriebsräder; die angetriebenen Räder drehen durch.

Bei Geradeausfahrt verhindern ABS und ASR, dass ein Kraftfahrzeug beim Bremsen und Beschleunigen in den instabilen Bereich gerät.

Quer- und Seitenkraft

Wirkt eine Seitenkraft auf ein frei rollendes Rad, dann bewegt sich der Radmittelpunkt seitwärts. Das Verhältnis zwischen der seitwärts gerichteten Geschwindigkeit und der Geschwindigkeit in Längsrichtung wird „Querschlupf" oder auch „Schräglauf" genannt. Der Winkel zwischen der resultierenden Geschwindigkeit v_α und der Geschwindigkeit in Längsrichtung v_x wird als „Schräglaufwinkel α" bezeichnet (Bild 7). Der Schwimmwinkel γ ist der Winkel zwischen der Fahrtrichtung, d. h. der Bewegungsrichtung des Fahrzeugs und der Fahrzeuglängsachse. Der Schwimmwinkel bei hoher Querbeschleunigung gilt als Maß für die Beherrschbarkeit von Fahrzeugen.

Im stationären Fall (also ohne Radbeschleunigung) ist eine über die Achse am Rad wirkende Seitenkraft F_S mit der über die Fahrbahnoberfläche am Rad wirkenden Seitenkraft im Gleichgewicht. Das Verhältnis zwischen der über die Achse wirkenden Seitenkraft und der Radaufstandskraft F_N wird „Seitenkraftbeiwert μ_S" genannt.

7 Darstellung des Schräglaufwinkels α und die Einwirkung der Seitenkraft F_S (Draufsicht)

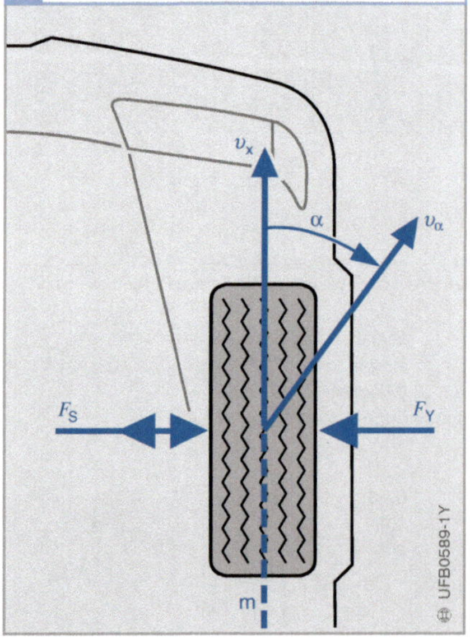

Bild 7
v_α Geschwindigkeit in Schräglaufrichtung
v_x Geschwindigkeit in Längsrichtung
F_S, F_y Seitenkraft
α Schräglaufwinkel

8 Reifenlatsch zur Felgenebene z. B. bei einer Rechtskurve mit der Seitenkraft F_S (Vorderansicht)

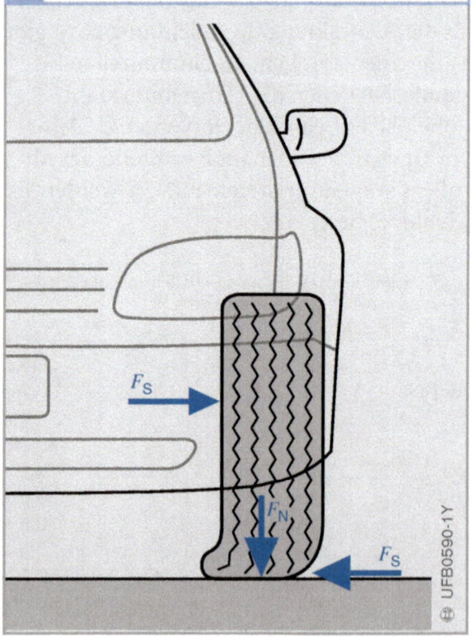

Bild 8
F_N Reifenaufstandskraft (Normalkraft)
F_S Seitenkraft

Zwischen dem Schräglaufwinkel α und dem Seitenkraftbeiwert μ_S besteht ein nichtlinearer Zusammenhang, der mit einer Schräglaufkurve beschrieben wird. Im Gegensatz zur Haftreibungszahl μ_{HF} beim Antreiben und Bremsen ist der Seitenkraftbeiwert μ_S stark von der Radaufstandskraft F_N abhängig. Diese Eigenschaft ist für Fahrzeughersteller bei der Fahrwerkauslegung von besonderem Interesse, um das Fahrverhalten mit Stabilisatoren positiv zu beeinflussen.

Bei großen Seitenkräften F_S verschiebt sich der Reifenlatsch (Aufstandsfläche) sehr stark zur Felgenebene (Bild 8). Der Aufbau der Seitenkraft wird dadurch verzögert. Dieser Umstand beeinflusst das Übergangsverhalten (Wechsel vom ursprünglichen Fahrzustand zu einem anderen) von Fahrzeugen bei Lenkbewegungen sehr.

Einfluss des Bremsschlupfs auf die Seitenkräfte

Bei Kurvenfahrten muss der am Schwerpunkt angreifenden, nach außen gerichteten Fliehkraft durch Seitenkräfte an allen Rädern das Gleichgewicht gehalten werden, damit das Fahrzeug der gekrümmten Bahnkurve folgen kann.

Seitenkräfte können aber nur erzeugt werden, wenn sich die Reifen seitlich elastisch verformen, sodass die Bewegungsrichtung des Radschwerpunkts mit der Geschwindigkeit v_α um den Schräglaufwinkel α von der Radmittelebene „m“ abweicht (Bild 7).

Bild 6 zeigt den Seitenkraftbeiwert μ_S als Funktion des Bremsschlupfs bei 4° Schräglaufwinkel. Beim Bremsschlupf null weist der Seitenkraftbeiwert den Höchstwert auf. Mit zunehmendem Bremsschlupf sinkt dieser Wert zunächst langsam und dann zunehmend schneller ab und erreicht bei blockiertem Rad den tiefsten Punkt. Dieser Mindestwert ergibt sich aufgrund der Schräglaufwinkelstellung des blockierten Rads, das dann keinerlei Seitenführungskräfte mehr hat.

Reibung – Reifenschlupf – Reifenaufstandskraft

Die Reibung eines Reifens hängt hauptsächlich vom Längsschlupf ab. Die Reifenaufstandskraft spielt dabei eine untergeordnete Rolle, wobei bei konstantem Reifenschlupf in erster Näherung ein linearer Zusammenhang zwischen der Brems- und der Aufstandskraft besteht.

Die Reibung hängt aber auch vom Reifenschräglaufwinkel (Querschlupf) ab. So nimmt die Brems- und Antriebskraft bei gleichem Reifenschlupf und bei Vergrößerung des Schräglaufwinkels ab. Bei gleich bleibender Brems- und Antriebskraft und bei Vergrößerung des Schräglaufwinkels nimmt dagegen der Reifenschlupf zu.

Fahrzeuglängsdynamik

Wirken auf die Felge eines Rads sowohl eine Seitenkraft als auch ein Bremsmoment, so übt die Fahrbahn als Reaktion darauf sowohl eine Seitenkraft als auch eine Bremskraft auf den Reifen aus. Bis zu einer physikalischen Grenze werden dementsprechend alle angreifenden Kräfte am sich drehenden Rad von der Fahrbahn aufgenommen und durch betragsgleiche, aber entgegengesetzt wirkende Kräfte ausgeglichen.

Jenseits dieser physikalischen Grenze ist das Kräftegleichgewicht nicht mehr gegeben und das Fahrzeug wird instabil.

Gesamtfahrwiderstand

Der Gesamtfahrwiderstand F_G ist die Summe aus Roll-, Luft- und Steigungswiderstand (Bild 1). Um diesen Gesamtfahrwiderstand zu überwinden, ist eine entsprechende Antriebskraft an den Antriebsrädern aufzuwenden. Die an diesen Rädern zur Verfügung stehende Antriebskraft ist um so größer, je größer das Motordrehmoment, je größer die Gesamtübersetzung zwischen Motor und Antriebsrädern und je geringer die Übertragungsverluste sind (Wirkungsgrad η bei Motorlängseinbau ca. 0,88...0,92, bei Motorquereinbau ca. 0,91...0,95).

Die Antriebskraft wird zum Teil zur Überwindung des Gesamtfahrwiderstands benötigt. Sie wird durch größere Übersetzungen den mit der Steigung stark zunehmenden Fahrwiderständen stufenweise angepasst (Wechselgetriebe). Die „Überschusskraft" zwischen Antriebskraft und Fahrwiderstand beschleunigt das Fahrzeug. Überwiegt der Gesamtfahrwiderstand, so verzögert das Fahrzeug.

Rollwiderstand bei Geradeausfahrt

Der Rollwiderstand entsteht durch Formänderungsarbeit an Rad und Fahrbahn. Er ist ein Produkt aus Gewichtskraft und Rollwiderstandsbeiwert, wobei der Rollwiderstandsbeiwert umso größer ist, je kleiner der Reifenradius und je größer die Formänderung des Reifens ist, z. B. bei zu geringem Reifenluftdruck. Er steigt aber auch mit zunehmender Belastung und zunehmender Geschwindigkeit. Außerdem variiert er je nach Straßenbelag und beträgt z. B. auf Asphalt nur ca. 25 % des Rollwiderstandsbeiwerts auf Erdwegen.

1 Gesamtfahrwiderstand F_G

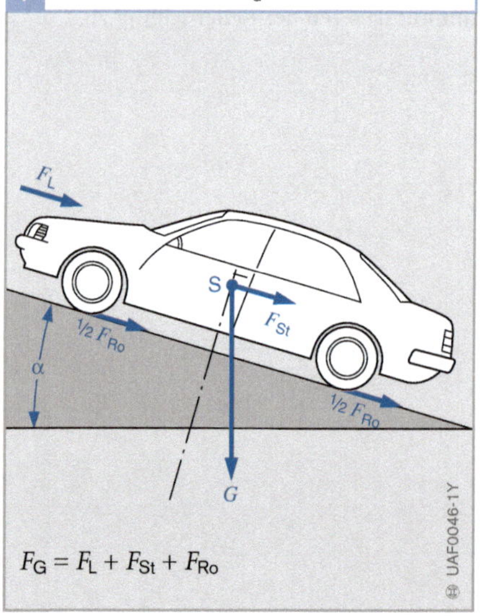

Bild 1
F_L Luftwiderstand
F_{Ro} Rollwiderstand
F_{St} Steigungswiderstand
F_G Gesamtfahrwiderstand
G Gewichtskraft
α Steigungs-/Gefällwinkel
S Schwerpunkt

Tabelle 1
Tabelle 2

1 Beispiele für den Luftwiderstandsbeiwert c_W bei Pkw

Fahrzeugbauform	c_W
offenes Kabriolett	0,5...0,7
Kastenaufbau	0,5...0,6
Pontonform [1]	0,4...0,55
Keilform	0,3...0,4
verkleidete Form	0,2...0,25
Tropfenform	0,15...0,2

[1] Stufenheck

2 Beispiele für den Luftwiderstandsbeiwert c_W bei Nkw

Fahrzeugbauform	c_W
Standard-Zugfahrzeuge	
– „unverkleidet"	≥ 0,64
– „teilverkleidet"	0,54...0,63
– „vollverkleidet"	≤ 0,53

Rollwiderstand bei Kurvenfahrt

Bei Fahrt in der Kurve vergrößert sich der Rollwiderstand um den Kurvenwiderstand, dessen Widerstandbeiwert von Fahrgeschwindigkeit, Kurvenradius, Bewegungseigenschaften der Achse, Bereifung, Reifenluftdruck und Schräglaufverhalten abhängt.

Luftwiderstand

Der Luftwiderstand F_L wird aus der Luftdichte ϱ, dem Luftwiderstandsbeiwert c_W (abhängig von Fahrzeugbauform, Tabellen 1 und 2), der in Bewegungsrichtung projizierten Querschnittsfläche A und der Fahrgeschwindigkeit v (einschließlich der Gegenwindgeschwindigkeit) ermittelt.

$$F_L = c_W \cdot A \cdot v^2 \cdot \varrho/2$$

Steigungswiderstand

Der Steigungswiderstand F_{St} (mit positivem Vorzeichen) oder der Hangabtrieb (mit negativem Vorzeichen) ergeben sich aus Gewichtskraft G des Fahrzeugs und Steigungs- bzw. Gefällwinkel α.

$$F_{St} = G \cdot \sin \alpha$$

Beschleunigung und Verzögerung

Eine gleichmäßig beschleunigte oder verzögerte Bewegung in Längsrichtung liegt vor, wenn die Beschleunigung (oder Verzögerung) konstant ist. Der während der Verzögerung zurückgelegte Weg ist im Gegensatz zu dem während der Beschleunigung zurückgelegten Weg von größerer Bedeutung, denn die Länge des Bremswegs wirkt sich unmittelbar auf die Verkehrssicherheit aus.

Die Länge des Bremswegs hängt von mehreren Einflussgrößen ab:

- Fahrgeschwindigkeit: Bei gleicher Verzögerung steigt der Bremsweg quadratisch mit der Geschwindigkeit.
- Fahrzeugbeladung: zusätzliches Gewicht führt zu einem längeren Bremsweg.
- Fahrbahnbeschaffenheit: Eine nasse Fahrbahn ergibt eine geringere Haftreibung zwischen Fahrbahn und Reifen und damit einen längeren Bremsweg.
- Reifenzustand: Zu geringe Profiltiefe führt insbesondere bei nasser Fahrbahn zu längeren Bremswegen.
- Zustand der Bremse: Verölte Bremsbeläge z. B. senken die Reibungskraft zwischen Belag und Bremsscheibe bzw. Bremstrommel. Die geringeren übertragbaren Bremskräfte führen zu einem längeren Bremsweg.
- Bremsfading: Durch Überhitzen der Bremsenkomponenten lässt die Bremswirkung ebenfalls nach.

Höchstwerte der Beschleunigung oder Verzögerung sind erreicht, wenn die Antriebs- oder Bremskräfte an den Fahrzeugrädern so hoch sind, dass die Räder auf der Fahrbahn gerade noch haften (maximaler Kraftschluss).

Die tatsächlich erreichbaren Werte liegen niedriger, weil nicht bei jeder Beschleunigung (Verzögerung) alle Räder gleichzeitig den maximal möglichen Kraftschluss nutzen. Elektronisch geregelte Antriebs-, Brems- und Fahrstabilitäts-Regelungssysteme (ASR, ABS und ESP) regeln im Bereich der maximal übertragbaren Kräfte.

Fahrzeugquerdynamik

Fahrverhalten bei Seitenwind

Starker Seitenwind bewirkt, dass ein Kraftfahrzeug – insbesondere bei höherer Fahrgeschwindigkeit und ungünstigen Fahrzeugabmessungen – aus seiner Bahn abgelenkt wird (Bild 1). Bei plötzlichem Seitenwind, z. B. beim Herausfahren aus einem Einschnitt in der Landschaft, sind bereits innerhalb der Reaktionsdauer bei ungünstig gebauten Fahrzeugen beträchtliche seitliche Versetzungen und Gierwinkeländerungen sowie Fehlreaktionen des Fahrers möglich.

Beim Schräganblasen eines Fahrzeugs mit der Windkraft F_W entsteht neben dem Luftwiderstand F_L in Längsrichtung auch eine Komponente der Luftkraft in Querrichtung. Man kann sich diese über die ganze Karosserie verteilte Kraft auf eine Einzelkraft, die Seitenwindkraft F_{SW} reduziert denken. Diese Seitenwindkraft greift im „Druckpunkt D" an. Die Lage des Druckpunkts hängt von der Form der Karosserie und vom Anströmwinkel α ab.

Der Druckpunkt liegt im Allgemeinen in der vorderen Wagenhälfte. Bei Fahrzeugen mit Pontonform (Stufenheck) ist er weitgehend stabil und liegt näher an der Wagenmitte als bei Karosserien mit Stromlinienform (abfallendes Heck), bei denen der Druckpunkt abhängig vom Anströmwinkel wandern kann.

Die Lage des Schwerpunkts S hängt dagegen vom Beladungszustand ab. Um zu einer allgemeinen Darstellung des Seitenwindeinflusses (auch unabhängig von der relativen Lage des Fahrwerks zur Karosserie) zu gelangen, wird deshalb ein Bezugspunkt 0 in Wagenmitte am vorderen Ende der Karosserie gewählt.

Bei Angabe der Seitenwindkraft für einen vom Druckpunkt verschiedenen Bezugspunkt kommt noch das Moment der Seitenwindkraft um den jeweiligen Druckpunkt – das Giermoment M_Z – hinzu. Die Seitenwindkraft wird über Seitenführungskräfte an den Rädern abgestützt. Die Seitenführungskraft eines Luftreifens hängt neben dem Schräglaufwinkel und der Radlast von der Reifenbauart und -größe, vom Innendruck und von den Reibungseigenschaften der Fahrbahn ab.

Ein Fahrzeug verfügt über eine gute Fahrtrichtungsstabilität bei Seitenwind, wenn der Druckpunkt nahe beim Fahrzeugschwerpunkt liegt. Eine minimale Bahnkrümmung ergibt sich beim übersteuernden Fahrzeug, wenn der Druckpunkt vor dem Schwerpunkt liegt. Beim untersteuernden Fahrzeug ist die günstigste Lage des Druckpunkts kurz hinter dem Schwerpunkt.

1 Fahrzeug bei Seitenwind

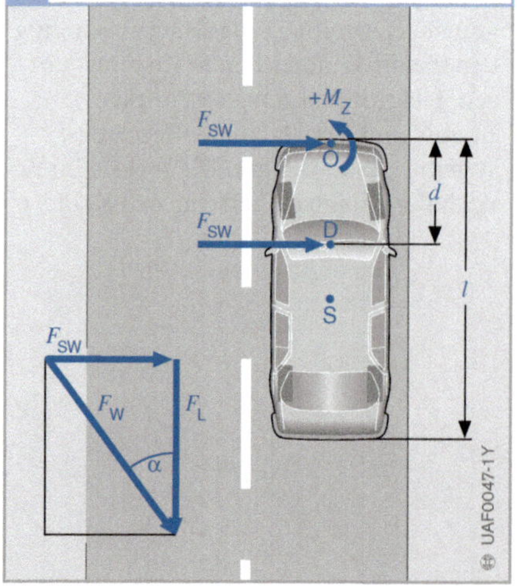

Bild 1
- D Druckpunkt
- O Bezugspunkt
- S Schwerpunkt
- F_W Windkraft
- F_L Luftwiderstand
- F_{SW} Seitenwindkraft
- M_Z Giermoment
- α Anströmwinkel
- l Fahrzeuglänge
- d Abstand des Druckpunkts D vom Bezugspunkt O

F_S und M_Z in O angreifend entspricht F_S in D angreifend (in der Aerodynamik ist es üblich, anstelle von Kräften und Momenten dimensionslose Beiwerte anzugeben)

Unter- und Übersteuern

Seitenführungskräfte können zwischen Fahrbahn und gummibereiftem Rad nur dann entstehen, wenn das Rad schräg zu seiner Ebene abrollt. Deshalb muss ein Schräglaufwinkel vorhanden sein. Als untersteuernd wird ein Fahrzeug bezeichnet, bei dem mit zunehmender Querbeschleunigung der Schräglaufwinkel an der Vorderachse stärker anwächst als der Schräglaufwinkel an der Hinterachse. Das umgekehrte Verhalten wird als übersteuernd bezeichnet (Bild 2).

Fahrzeuge sind aus Sicherheitsgründen leicht untersteuernd bis neutral ausgelegt. Durch Antriebsschlupf kann aber ein Fronttriebler zum stärkeren Untersteuern bzw. ein Hecktriebler zum Übersteuern wechseln.

Fliehkraft in der Kurve

Die Fliehkraft F_{cf} setzt im Schwerpunkt S an (Bild 3). Ihre Wirkung hängt von vielen Einflussfaktoren ab wie z. B.

- dem Kurvenradius,
- der Fahrzeuggeschwindigkeit,
- der Höhe des Fahrzeugschwerpunkts,
- der Fahrzeugmasse,
- der Spurbreite des Fahrzeugs,
- der Reibpaarung Reifen/Fahrbahn (Witterung, Straßenbelag, Reifenzustand) und
- der Lastverteilung im Fahrzeug.

Gefahr in einer Kurve entsteht dann, wenn die Fliehkraft die Seitenkräfte an den Rädern zu übersteigen droht und das Fahrzeug nicht in der Sollspur gehalten werden kann. Positiv beeinflusst werden kann ein solches Kräfteverhältnis durch eine Kurvenüberhöhung.

Rutscht das Fahrzeug an der Vorderachse, so untersteuert es, rutscht es an der Hinterachse, dann übersteuert es. In beiden Fällen erkennt ESP (Elektronisches Stabilitäts-Programm) eine unerwünschte Drehbewegung um die Hochachse. ESP kann das Fahrzeug durch geeignetes aktives Bremsen einzelner Räder wieder stabilisieren.

2 Untersteuern und Übersteuern eines Fahrzeugs

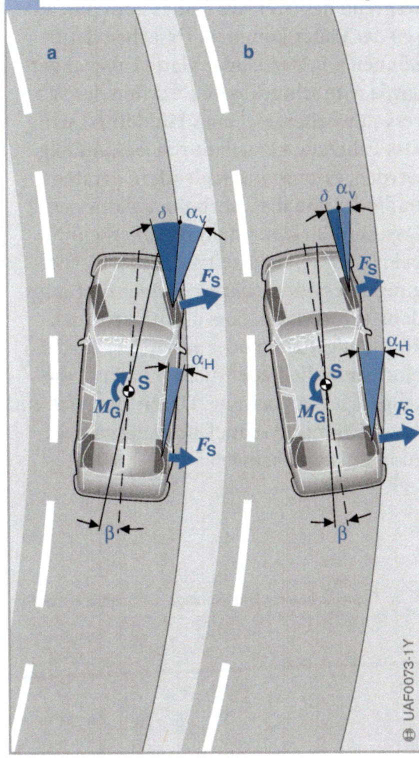

Bild 2
a Untersteuern
b Übersteuern
α_v Schräglaufwinkel vorn
α_h Schräglaufwinkel hinten
δ Lenkwinkel
β Schwimmwinkel
F_S Seitenkraft
M_G Giermoment

3 Fliehkraft in der Kurve

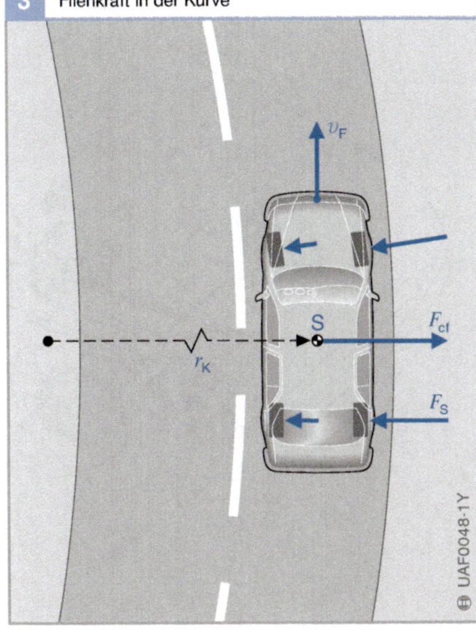

Bild 3
F_{cf} Fliehkraft
v_F Fahrzeuggeschwindigkeit
F_S Seitenkraft an den einzelnen Rädern
r_K Kurvenradius
S Schwerpunkt

Antiblockiersystem ABS

Bei kritischen Fahrverhältnissen kann es während des Bremsvorgangs zum Blockieren der Räder kommen. Ursachen dafür können z. B. nasse oder glatte Fahrbahnen sowie eine schreckhafte Reaktion des Fahrers (unvorhergesehenes Hindernis) sein. Das Fahrzeug kann dadurch lenkunfähig werden, es kann ins Schleudern geraten und/oder von der Fahrbahn abkommen. Das Antiblockiersystem (ABS) erkennt beim Bremsen frühzeitig die Blockierneigung eines oder mehrerer Räder und sorgt dann sofort dafür, dass der Bremsdruck konstant gehalten oder verringert wird. So blockieren die Räder nicht und das Fahrzeug folgt der Lenkung. Damit lässt sich ein Auto sicher und schnell abbremsen bzw. zum Stillstand bringen.

Systemübersicht

Die ABS-Bremsanlage baut auf den Komponenten des konventionellen Bremssystems auf. Das sind

- das Bremspedal (Bild 1, Pos. 1),
- der Bremskraftverstärker (2),
- der Hauptzylinder (3),
- der Ausgleichsbehälter (4),
- die Bremsleitungen (5) und Bremsschläuche (6) sowie
- die Radbremsen mit den Radzylindern (7).

Hinzu kommen weitere Komponenten:

- die Raddrehzahlsensoren (8),
- das Hydroaggregat (9) und
- das ABS-Steuergerät (10).

Die Kontrollleuchte (11) zeigt dem Fahrer an, wenn das ABS-System abgeschaltet ist.

1 Systembild einer Bremsanlage mit Antiblockiersystem

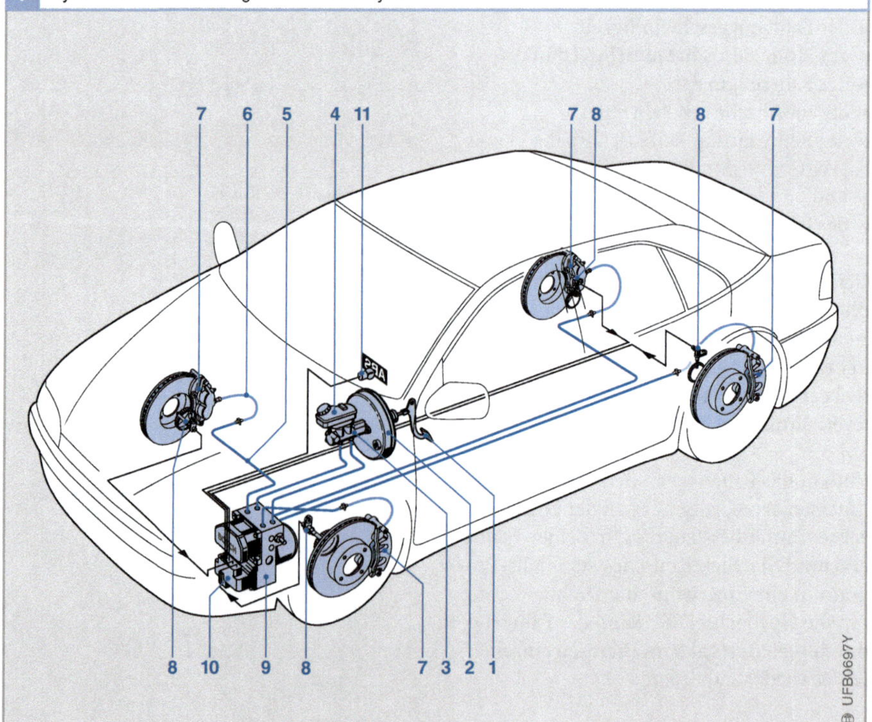

Bild 1
1 Bremspedal
2 Bremskraftverstärker
3 Hauptzylinder
4 Ausgleichsbehälter
5 Bremsleitung
6 Bremsschlauch
7 Radbremse mit Radzylinder
8 Raddrehzahlsensor
9 Hydroaggregat
10 ABS-Steuergerät (hier als Anbausteuergerät am Hydroaggregat)
11 ABS-Kontrollleuchte

Raddrehzahlsensoren

Wichtige Eingangsgrößen für die Bremsenregelung mit dem ABS sind die Raddrehzahlen. Raddrehzahlsensoren erfassen die Umdrehungsgeschwindigkeiten der Räder und leiten die elektrischen Signale an das Steuergerät weiter.

Je nach Ausführung des Systems werden im Pkw drei oder vier Raddrehzahlsensoren eingesetzt (ABS-Systemvarianten). Mithilfe der Drehzahlsignale kann der Schlupf zwischen Rad und Fahrbahn berechnet und so die Blockierneigung einzelner Räder erkannt werden.

Steuergerät

Das Steuergerät verarbeitet die Informationen der Sensoren nach festgelegten mathematischen Rechenvorgängen (Steuer- und Regelalgorithmen). Als Ergebnis dieser Berechnungen entstehen die Ansteuersignale für das Hydroaggregat.

Hydroaggregat

Im Hydroaggregat sind Magnetventile integriert, die die hydraulischen Leitungen zwischen dem Hauptzylinder (Bild 2, Pos. 1) und den Radzylindern (4) durchschalten oder unterbrechen können. Außerdem kann eine Verbindung zwischen den Radzylindern und der Rückförderpumpe (6) hergestellt werden. Zur Anwendung kommen Magnetventile mit zwei hydraulischen Anschlüssen und zwei Ventilstellungen (2/2-Magnetventile). Das Einlassventil (7) zwischen dem Haupt- und dem Radzylinder sorgt für den Druckaufbau, das Auslassventil (8) zwischen Radzylinder und der Rückförderpumpe für den Druckabbau. Für jeden Radzylinder ist solch ein Magnetventilpaar vorhanden.

Im Normalzustand befinden sich die Magnetventile des Hydroaggregats in Stellung „Druckaufbau“. Das Einlassventil ist in Durchlassstellung. Das Hydroaggregat bildet eine durchgängige Verbindung zwischen dem Hauptzylinder und den Radzylindern. Damit wird der im Hauptzylinder aufgebaute Bremsdruck beim Bremsvorgang an die Radzylinder der verschiedenen Räder direkt übertragen.

Mit zunehmendem Bremsschlupf infolge einer Bremsung auf rutschiger Fahrbahn oder Vollbremsung erhöht sich die Blockiergefahr der Räder. Die Magnetventile werden in Stellung „Druck halten“ gebracht. Die Verbindung zwischen Haupt- und Radzylinder ist getrennt (Einlassventil sperrt), sodass eine weitere Druckerhöhung im Hauptzylinder keine Erhöhung des Bremsdrucks zur Folge hat.

Kommt es trotz dieser Maßnahme zu einer weiteren Erhöhung des Schlupfs, muss der Druck im betreffenden Radzylinder reduziert werden. Hierzu schalten die Magnetventile in die Stellung „Druckabbau“. Das Einlassventil sperrt weiterhin, über das Auslassventil wird nun mit der im Hydroaggregat integrierten Rückförderpumpe Bremsflüssigkeit kontrolliert abgepumpt. Der Bremsdruck im Radzylinder sinkt und das Rad blockiert nicht.

2 Prinzip des Hydroaggregats mit 2/2-Magnetventilen (Schema)

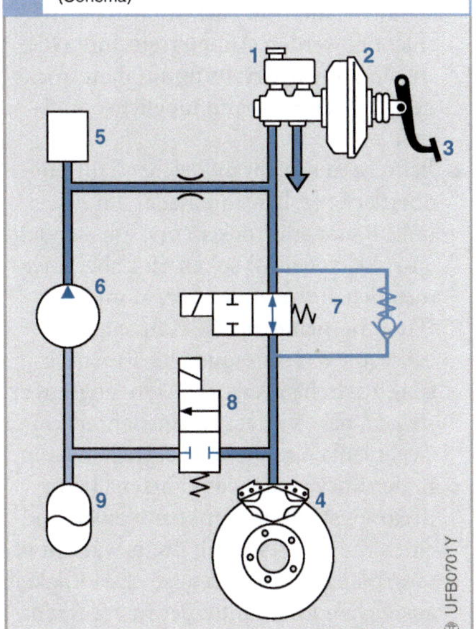

Bild 2
1 Hauptzylinder mit Ausgleichsbehälter
2 Bremskraftverstärker
3 Bremspedal
4 Radbremse mit Radzylinder

Hydroaggregat mit
5 Dämpferkammer
6 Rückförderpumpe
7 Einlassventil
8 Auslassventil
9 Speicher für Bremsflüssigkeit

Einlassventil: in Durchlassbetrieb
Auslassventil: in Sperrbetrieb

Anforderungen an das ABS

Das ABS muss umfangreiche Anforderungen erfüllen, insbesondere alle Sicherheitsanforderungen der Bremsdynamik und der Bremsgerätetechnik:

Fahrstabilität und Lenkbarkeit

- Die Bremsregelung soll Stabilität und Lenkbarkeit bei allen Fahrbahnbeschaffenheiten (von der trockenen, griffigen Fahrbahn bis hin zum Glatteis) sicherstellen.
- Das ABS soll die Haftreibungszahl zwischen den Rädern und der Fahrbahn beim Bremsen maximal ausnutzen, wobei Fahrstabilität und Lenkbarkeit Vorrang vor einer Verkürzung des Bremswegs haben. Dabei darf es keine Rolle spielen, ob der Fahrer abrupt auf die Bremse tritt oder den Bremsdruck langsam bis zur Blockiergrenze steigert.
- Die Bremsregelung muss sich Änderungen der Fahrbahngriffigkeit schnell anpassen, z. B. muss auf einer trockenen Fahrbahn mit örtlich begrenzten Eisflächen das mögliche Blockieren der Räder auf so kurze Zeiten beschränkt sein, dass Fahrstabilität und Lenkbarkeit nicht beeinträchtigt werden. Andererseits muss die Ausnutzung der Haftung auf dem trockenen Teil der Fahrbahn möglichst groß sein.
- Beim Bremsen auf ungleicher Fahrbahnoberfläche (z. B. rechte Räder auf Eis, linke Räder auf trockenem Asphalt, auch „µ-split“ genannt) sollen die dabei unvermeidlich auftretenden Giermomente (Drehmomente um die Fahrzeughochachse, die das Auto quer zur Fahrtrichtung zu drehen versuchen) so langsam ansteigen, dass sie der „Normalfahrer“ durch Gegenlenken mühelos ausgleichen kann.
- In der Kurve muss das Fahrzeug beim Bremsen stabil und lenkbar bleiben und einen möglichst kurzen Bremsweg aufweisen, solange die Fahrzeuggeschwindigkeit ausreichend weit unter der Kurvengrenzgeschwindigkeit liegt (unter der Kurvengrenzgeschwindigkeit versteht man die Geschwindigkeit des Fahrzeugs, mit der es eine Kurve von gegebenem Radius antriebslos gerade noch durchfahren kann, ohne von der Fahrbahn abzukommen).
- Auch auf welliger Fahrbahn gilt bei beliebig starker Bremsung die Forderung nach Fahrstabilität, Lenkbarkeit und bestmöglicher Abbremsung.
- Die Bremsregelung muss Aquaplaning (Aufschwimmen der Räder bei wasserbedeckter Fahrbahn) erkennen und darauf geeignet reagieren. Stabilität und Geradeauslauf des Fahrzeugs müssen dabei erhalten bleiben.

Regelbereich

- Die Bremsregelung muss im gesamten Geschwindigkeitsbereich eines Fahrzeugs bis hinunter zur Schrittgeschwindigkeit arbeiten (untere Geschwindigkeitsgrenze bei ca. 2,5 km/h). Blockieren bei dieser geringen Geschwindigkeit die Räder, ist der restliche Weg des Fahrzeugs bis zum Stillstand unkritisch.

Zeitverhalten

- Die Anpassung an Bremshysterese (Nachbremsen nach Lösen der Radbremse) und Einflüsse des Motors (wenn eingekuppelt gebremst wird) müssen möglichst schnell ablaufen.
- Ein Aufschaukeln des Fahrzeugs durch Schwingungen der Radaufhängung muss vermieden werden.

Zuverlässigkeit

- Eine Überwachungsschaltung muss ständig die einwandfreie Funktion des ABS kontrollieren. Wenn diese einen Fehler erkennt, der das Bremsverhalten beeinträchtigen könnte, schaltet das ABS ab. Eine Informationslampe muss dem Fahrer anzeigen, dass nur noch die Basis-Bremsanlage ohne ABS zur Verfügung steht.

Dynamik des gebremsten Rades

Die Bilder 1 und 2 zeigen physikalische Abhängigkeiten bei Bremsvorgängen mit ABS, wobei die ABS-Regelbereiche als blaue Fläche eingezeichnet sind.

Die Kurven 1, 2 und 4 in Bild 1 zeigen Fahrbahnzustände, bei denen mit steigendem Bremsdruck die Haftreibung und damit auch die Bremswirkung bis auf einen Höchstwert ansteigt.

Den Bremsdruck bei einem Fahrzeug ohne ABS über diesen Haftreibungshöchstwert hinaus zu steigern bedeutet, das Fahrzeug zu überbremsen. Dabei vergrößert sich mit der Verformung des Reifens der „rutschende" Teil der Reifenaufstandsfläche („Kontaktfläche zur Fahrbahn") soweit, dass die Haftreibung sinkt und die Gleitreibung wächst.

Der Bremsschlupf λ ist ein Maß für den Anteil der Gleitreibung: bei $\lambda = 100\ \%$ blockiert das Rad und es herrscht nur Gleitreibung.

Der Bremsschlupf

$$\lambda = \frac{(v_F - v_R)}{v_F} \cdot 100\ \%$$

gibt an, in welchem Maße die Radumfangsgeschwindigkeit v_R gegenüber der Fahrzeuggeschwindigkeit v_F nacheilt.

Aus dem Verlauf (Bild 1) der Kurven 1 (Trockenheit), 2 (Nässe) und 4 (Glatteis) ist ersichtlich, dass mit dem ABS kürzere Bremswege erzielt werden als bei einer Vollbremsung mit blockierten Rädern (Bremsschlupf $\lambda = 100\ \%$). Bei Kurve 3 (Schnee) sorgt ein Schneekeil für zusätzliche Bremswirkung bei blockierten Rädern; hier liegt der Vorteil des ABS im Erhalten der Fahrstabilität und der Lenkbarkeit.

Wie die beiden Kurven für Haftreibungszahl μ_{HF} und Seitenkraftbeiwert μ_S in Bild 2 zeigen, muss für den großen Schräglaufwinkel $\alpha = 10°$ (d. h. hohe Seitenkraft infolge hoher Querbeschleunigung des Fahrzeugs) im Vergleich zum Schräglaufwinkel $\alpha = 2°$ der ABS-Regelbereich ausgedehnt werden:

1 Haftreibungszahl μ_{HF} in Abhängigkeit vom Bremsschlupf λ

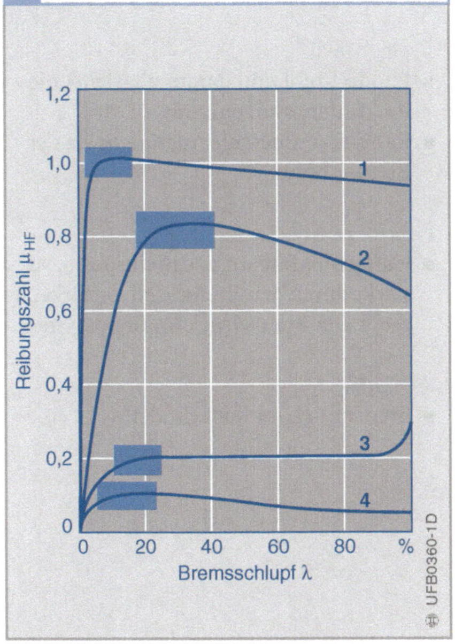

2 Haftreibungszahl und Seitenkraftbeiwert μ_S in Abhängigkeit von Bremsschlupf λ und Schräglaufwinkel

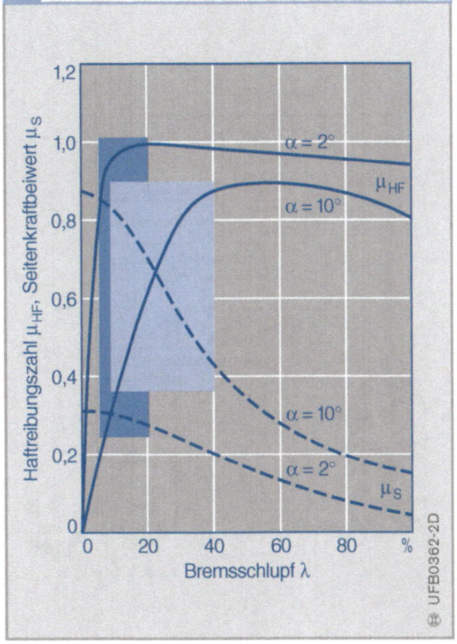

Bild 1
1 Radialreifen auf trockenem Beton
2 Diagonal-Winterreifen auf nassem Asphalt
3 Radialreifen auf lockerem Schnee
4 Radialreifen auf nassem Glatteis
Blaue Flächen: ABS-Regelbereiche.

Bild 2
μ_{HF} Haftreibungszahl
μ_S Seitenkraftbeiwert
α Schräglaufwinkel
Blaue Flächen: ABS-Regelbereiche

Bremst man in einer Kurve mit großer Querbeschleunigung voll an, so greift das ABS frühzeitig ein und lässt anfangs z. B. einen Bremsschlupf von 10 % zu. Bei $\alpha = 10°$ wird zunächst nur eine Haftreibungszahl von $\mu_{HF} = 0{,}35$ erreicht, während der Seitenkraftbeiwert mit $\mu_S = 0{,}80$ noch fast sein Maximum aufweist.

In dem Maße, wie während der Kurvenbremsung Geschwindigkeit und damit Querbeschleunigung abnehmen, erlaubt das ABS zunehmend größere Schlupfwerte, sodass die Verzögerung zunimmt, während der Seitenkraftbeiwert entsprechend der abnehmenden Querbeschleunigung geringer wird.

Bei der Kurvenbremsung wachsen die Bremskräfte so schnell an, dass der gesamte Bremsweg nur wenig länger ist als bei einer Bremsung bei Geradeausfahrt unter gleichen Bedingungen.

1 ABS-Regelkreis

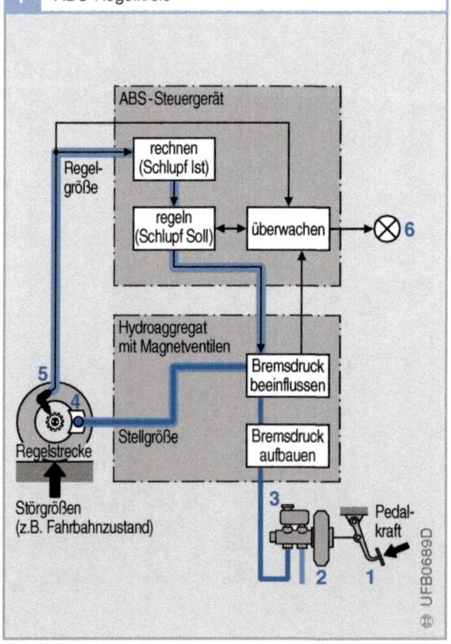

Bild 1
1 Bremspedal
2 Bremskraftverstärker
3 Hauptzylinder mit Ausgleichsbehälter
4 Radzylinder
5 Raddrehzahlsensor
6 Kontrollleuchte

ABS-Regelkreis

Übersicht

Der ABS-Regelkreis (Bild 1) besteht aus:

Regelstrecke

- Fahrzeug mit Radbremse,
- Rad und Reibpaarung aus Reifen und Fahrbahn.

Störgrößen im Regelkreis

- Änderungen des Kraftschlusses zwischen Reifen und Fahrbahn wegen unterschiedlicher Fahrbahnoberflächen und durch Veränderung der Radlasten, z. B. bei Kurvenfahrt,
- Fahrbahnunebenheiten, die Rad- und Achsschwingungen hervorrufen,
- Unrundheit der Reifen, geringer Reifendruck, abgefahrenes Profil, unterschiedliche Radumfänge, z. B. beim Notrad,
- Hysterese und Fading der Bremsen,
- unterschiedliche Drücke im Hauptzylinder für die beiden Bremskreise.

Regler

- Raddrehzahlsensor und
- ABS-Steuergerät.

Regelgrößen

- Raddrehzahl und daraus abgeleitet die Radumfangsverzögerung,
- Radumfangsbeschleunigung sowie der Bremsschlupf.

Führungsgröße

- Fahrerfußkraft auf das Bremspedal, verstärkt durch den Bremskraftverstärker, erzeugt den Bremsdruck im Bremssystem.

Stellgröße

- Bremsdruck im Radzylinder.

Regelstrecke

Die Datenverarbeitung im ABS-Steuergerät geht von folgender vereinfachter Regelstrecke aus:

- ein nicht angetriebenes Rad,
- ein Viertel der Fahrzeugmasse, die diesem Rad zugeordnet wird,
- die Radbremse
  und – stellvertretend für die Reibpaarung aus Reifen und Fahrbahn –
- eine idealisierte Haftreibungszahl-Schlupf-Kurve (Bild 2).

Diese Kurve unterteilt sich in einen stabilen Bereich mit linearem Anstieg und einen instabilen Bereich mit konstantem Verlauf (μ_{HFmax}). Als weitere Vereinfachung liegt außerdem ein Anbremsvorgang bei Geradeausfahrt zugrunde, was einer Panikbremsung entspricht.

Bild 3 zeigt die Zusammenhänge zwischen Bremsmoment M_B (Moment, das die Bremse über den Reifen aufbringen kann) bzw. Fahrbahn-Reibmoment M_R (Moment, das über die Reibpaarung Fahrbahn/Reifen auf das Rad zurückwirkt) und der Zeit t sowie die Zusammenhänge zwischen der Radumfangsverzögerung $(-a)$ und der Zeit t: Das Bremsmoment erhöht sich linear mit der Zeit. Das Fahrbahn-Reibmoment folgt dem Bremsmoment mit einem geringen Zeitverzug T nach, solange der Bremsvorgang im stabilen Bereich der Haftreibungszahl-Schlupf-Kurve verläuft. Nach etwa 130 ms ist das Maximum (μ_{HFmax}) und damit der instabile Bereich der Haftreibungszahl-Schlupf-Kurve erreicht. Während das Bremsmoment M_B unvermindert weiter ansteigt, kann gemäß der Haftreibungszahl-Schlupf-Kurve das Fahrbahn-Reibmoment M_R nicht weiter ansteigen, sondern bleibt konstant. In der Zeit zwischen 130 und 240 ms (hier blockiert das Rad) wächst die im stabilen Bereich kleine Momentendifferenz $M_B - M_R$ schnell auf große Werte an. Diese Momentendifferenz ist ein exaktes Maß für die Radumfangsverzögerung $(-a)$ des gebremsten Rades (Bild 3, unten). Im stabilen Bereich ist die Radumfangsverzögerung auf einen kleinen Wert begrenzt, während sie im instabilen Bereich betragsmäßig schnell ansteigt. Daraus ergibt sich ein gegensätzliches Verhalten im stabilen und im instabilen Bereich der Haftreibungszahl-Schlupf-Kurve. ABS nutzt diese gegensätzliche Charakteristik aus.

2 Idealisierte Haftreibungszahl-Schlupf-Kurve

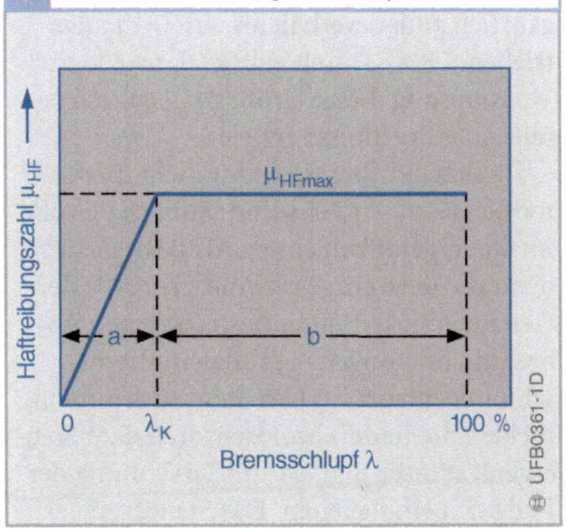

Bild 2
a Stabiler Bereich
b instabiler Bereich
λ_K bestmöglicher Bremsschlupf
μ_{HFmax} maximale Haftreibungszahl

3 Anbremsvorgang, vereinfachte Darstellung

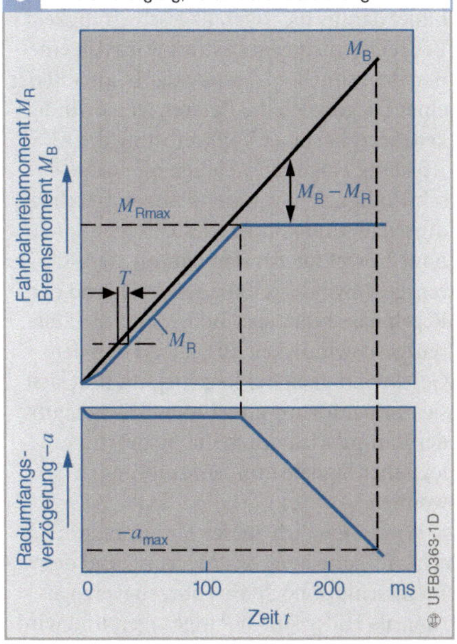

Bild 3
$(-a)$ Radumfangsverzögerung
$(-a_{max})$ maximale Radumfangsverzögerung
M_B Bremsmoment
M_R Fahrbahnreibmoment
M_{Rmax} maximales Fahrbahnreibmoment
T Zeitverzug

Regelgrößen

Wesentlich für die Güte der ABS-Regelung ist die Wahl der geeigneten Regelgrößen. Grundlage dafür sind die Signale der Raddrehzahlsensoren, aus denen im Steuergerät Radumfangsverzögerung und -beschleunigung, Bremsschlupf, Referenzgeschwindigkeit und Fahrzeugverzögerung berechnet werden. Für sich allein sind weder Radumfangsverzögerung/-beschleunigung noch Bremsschlupf als Regelgrößen geeignet, da sich ein angetriebenes Rad beim Bremsen gänzlich anders verhält als ein nicht angetriebenes Rad. Durch eine geeignete logische Verknüpfung dieser Größen lassen sich bereits gute Ergebnisse erzielen.

Da sich der Bremsschlupf nicht direkt messen lässt, wird eine ihm ähnliche Größe im Steuergerät berechnet. Als Basis dazu dient die Referenzgeschwindigkeit, die der Geschwindigkeit unter bestmöglichen Abbremsbedingungen (optimalem Bremsschlupf) entspricht. Um diese zu ermitteln, melden die Raddrehzahlsensoren dem Steuergerät ständig Signale zur Berechnung der Radgeschwindigkeiten. Das Steuergerät greift sich eine „Diagonale" (z. B. rechtes Vorderrad und linkes Hinterrad) heraus und bildet daraus die Referenzgeschwindigkeit. Bei Teilbremsungen bestimmt im Allgemeinen das schneller laufende der beiden Räder einer Diagonalen die Referenzgeschwindigkeit. Setzt bei einer Vollbremsung die ABS-Regelung ein, dann weichen die Radgeschwindigkeiten von der Fahrzeuggeschwindigkeit ab und können deshalb nicht mehr ohne Korrektur zur Berechnung der Referenzgeschwindigkeit dienen. Während der Regelphase bildet das Steuergerät die Referenzgeschwindigkeit ausgehend von der Geschwindigkeit bei Regelbeginn und lässt sie rampenförmig abnehmen. Die Steigung der Rampe wird durch die Auswertung logischer Signale und Verknüpfungen gewonnen.

Wird zusätzlich zu der Radumfangsbeschleunigung bzw. -verzögerung und dem Bremsschlupf noch die Fahrzeugverzögerung als Hilfsgröße herangezogen und wird die logische Schaltung im Steuergerät durch Rechenergebnisse beeinflusst, dann lässt sich eine ideale Bremsregelung erzielen. Dieses Konzept ist im Antiblockiersystem (ABS) von Bosch verwirklicht.

Regelgrößen für nicht angetriebene Räder

Radumfangsbeschleunigung und -verzögerung eignen sich im Allgemeinen als Regelgrößen für nicht angetriebene Räder und Antriebsräder, wenn der Fahrer ausgekuppelt bremst. Dies ist in dem gegensätzlichen Verhalten der Regelstrecke im stabilen und im instabilen Bereich der Haftreibungszahl-Schlupf-Kurve begründet.

Im stabilen Bereich kann die Radumfangsverzögerung nur begrenzte Werte annehmen. D. h., wenn der Fahrer stärker auf das Bremspedal tritt, bremst das Auto stärker ab, ohne dass die Räder blockieren.

Im instabilen Bereich dagegen genügt es, dass der Fahrer nur wenig fester auf das Bremspedal tritt, um die Räder augenblicklich blockieren zu lassen. Dieses Verhalten gestattet es sehr oft, mithilfe der Radumfangsverzögerung und -beschleunigung den Schlupf zur optimalen Bremsung zu erfassen.

Eine feste Schwelle der Radumfangsverzögerung zur Einleitung einer ABS-Regelung darf nur wenig über der maximal möglichen Fahrzeugverzögerung liegen. Dies ist besonders wichtig, wenn der Fahrer anfänglich nur leicht anbremst, dann aber zunehmend fester auf das Bremspedal tritt. Bei zu hoch angesetzter Schwelle könnten dann die Räder weit in den instabilen Bereich der Haftreibungszahl-Schlupf-Kurve gelangen, ohne dass das ABS die drohende Instabilität erkennt.

Wird während einer Vollbremsung zum ersten Mal die feste Schwelle der Radumfangsverzögerung erreicht, dann darf der Bremsdruck im betreffenden Rad nicht automatisch gesenkt werden, denn bei Reifen moderner Bauart ginge auf griffigem Untergrund gerade bei hoher Ausgangsgeschwindigkeit wertvoller Bremsweg verloren.

Regelgrößen für angetriebene Räder

Ist während des Bremsens der erste oder zweite Gang eingelegt, dann wirkt der Motor auf die Antriebsräder und erhöht deren wirksame Massenträgheitsmomente Θ_R beträchtlich. D. h., die Räder verhalten sich so, als seien sie erheblich schwerer. In gleichem Maße verringert sich die Empfindlichkeit der Radumfangsverzögerung auf Änderungen des Bremsmoments im instabilen Bereich der Haftreibungszahl-Schlupf-Kurve.

Das bei den nicht angetriebenen Rädern ausgeprägte gegensätzliche Verhalten zwischen stabilem und instabilem Bereich der Haftreibungszahl-Schlupf-Kurve wird stark geglättet, weil die Radumfangsverzögerung als Regelgröße hier oft nicht ausreicht, um den Bremsschlupf mit größtmöglicher Reibung zu erfassen. Es ist vielmehr notwendig, zusätzlich eine dem Bremsschlupf ähnliche Größe als Regelgröße heranzuziehen und mit der Radumfangsverzögerung in geeigneter Weise zu kombinieren.

Bild 4 zeigt zum Vergleich einen Anbremsvorgang für ein nicht angetriebenes Rad und für ein mit dem Motor gekoppeltes Antriebsrad. Die Motorträgheit vergrößert bei diesem Beispiel das wirksame Radträgheitsmoment um das Vierfache. Beim nicht angetriebenen Rad wird eine bestimmte Schwelle der Radumfangsverzögerung $(-a)_1$ schon frühzeitig beim Verlassen des stabilen Bereichs der Haftreibungszahl-Schlupfkurve überschritten. Wegen des um den Faktor 4 größeren Radträgheitsmoments beim angetriebenen Rad muss sich erst die vierfache Momentdifferenz

$$\Delta M_2 = 4 \cdot \Delta M_1$$

einstellen, bevor die Schwelle $(-a)_2$ überschritten wird. Das angetriebene Rad kann sich dann schon weit im instabilen Bereich der Haftreibungszahl-Schlupf-Kurve befinden, worunter die Fahrzeugstabilität leidet.

Regelgüte

Leistungsfähige Antiblockiersysteme müssen folgende Kriterien zur Regelgüte erfüllen:

- Erhaltung der Fahrstabilität durch Bereitstellung ausreichender Seitenführungskräfte an den Hinterrädern,
- Erhaltung der Lenkbarkeit durch Bereitstellung ausreichender Seitenführungskräfte an den Vorderrädern,
- Bremswegverkürzungen gegenüber Blockierbremsungen durch optimale Ausnutzung des Kraftschlusses zwischen Reifen und Fahrbahn,
- schnelle Anpassung des Bremsdrucks an unterschiedliche Haftreibungszahlen, z. B. beim Überfahren von Pfützen oder Schnee- und Eisplatten,
- Gewährleistung kleiner Regelamplituden des Bremsmoments zur Vermeidung von Fahrwerkschwingungen und
- hoher Komfort durch kleine Pedalrückwirkungen („Pedalstottern") und niederes Geräuschniveau der Aktoren (Magnetventile und Rückförderpumpe des Hydroaggregats).

Die genannten Kriterien können aber nicht einzeln, sondern nur in der Gesamtheit optimiert werden. Dabei kommt der Fahrstabilität und der Lenkbarkeit ein hoher Stellenwert zu.

4 Anbremsvorgang für ein nicht angetriebenes Rad und für ein mit dem Motor gekoppeltes Antriebsrad

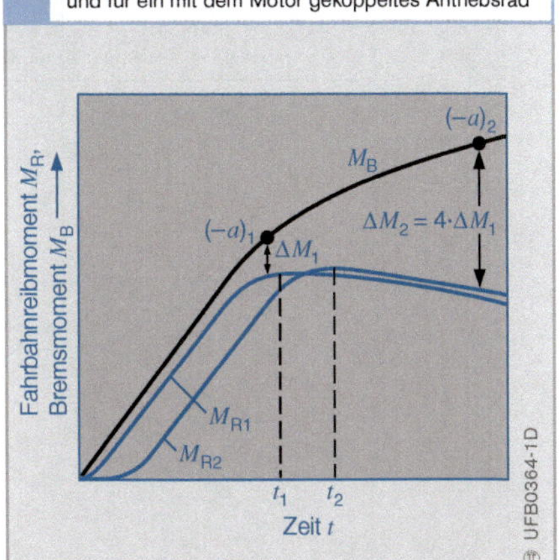

Bild 4
Index 1: nicht angetriebenes Rad
Index 2: angetriebenes Rad (Radträgheitsmoment bei diesem Beispiel um Faktor 4 höher)
$(-a)$ Schwelle der Radumfangsverzögerung
M Momentdifferenz $M_B - M_R$

Typische Regelzyklen

Bremsregelung auf griffiger Straße (große Haftreibungszahl)

Wenn die Bremsregelung auf griffiger Straße (Straßenoberfläche mit großer Haftreibungszahl) eingeleitet ist, dann muss der anschließende Druckaufbau um den Faktor 5...10 langsamer erfolgen als in der Anbremsphase, um störende Achsresonanzen zu vermeiden. Aus diesen Bedingungen ergibt sich der in Bild 1 dargestellte Verlauf der Bremsregelung bei großen Haftreibungszahlen.

Beim Anbremsen steigen der Bremsdruck im Radzylinder und die Radumfangsverzögerung (negative Beschleunigung). Am Ende der Phase 1 überschreitet die Radumfangsverzögerung die fest vorgegebene Schwelle $(-a)$. Dadurch schaltet das betreffende Magnetventil in die Stellung „Druckhalten". Der Bremsdruck darf jetzt noch nicht abgebaut werden, weil die Schwelle $(-a)$ schon im stabilen Gebiet der Haftreibungszahl-Schlupf-Kurve überschritten werden könnte und damit Bremsweg „verschenkt" würde. Gleichzeitig vermindert sich die Referenzgeschwindigkeit v_{Ref} nach einer vorgegebenen Rampe. Aus der Referenzgeschwindigkeit wird der Wert für die Schlupfschaltschwelle λ_1 abgeleitet.

Am Ende der Phase 2 unterschreitet die Radumfangsgeschwindigkeit v_R die λ_1-Schwelle. Daraufhin schalten die Magnetventile in die Stellung „Druckabbau", sodass

1 Bremsregelung bei großen Haftreibungszahlen

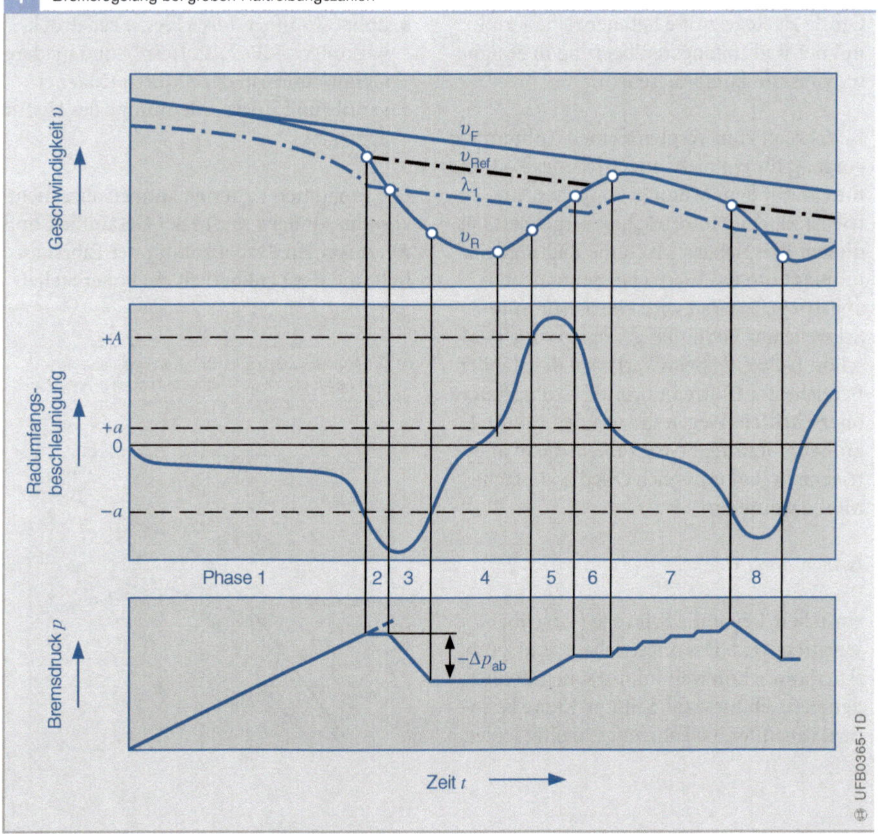

Bild 1
v_F Fahrzeuggeschwindigkeit
v_{Ref} Referenzgeschwindigkeit
v_R Radumfangsgeschwindigkeit
λ_1 Schlupfschaltschwelle
Schaltsignale:
$+A$, $+a$ Schwellen der Radumfangsbeschleunigung
$-a$ Schwelle der Radumfangsverzögerung
$-\Delta p_{ab}$ Bremsdruckabnahme

2 Bremsvorgang ohne ABS

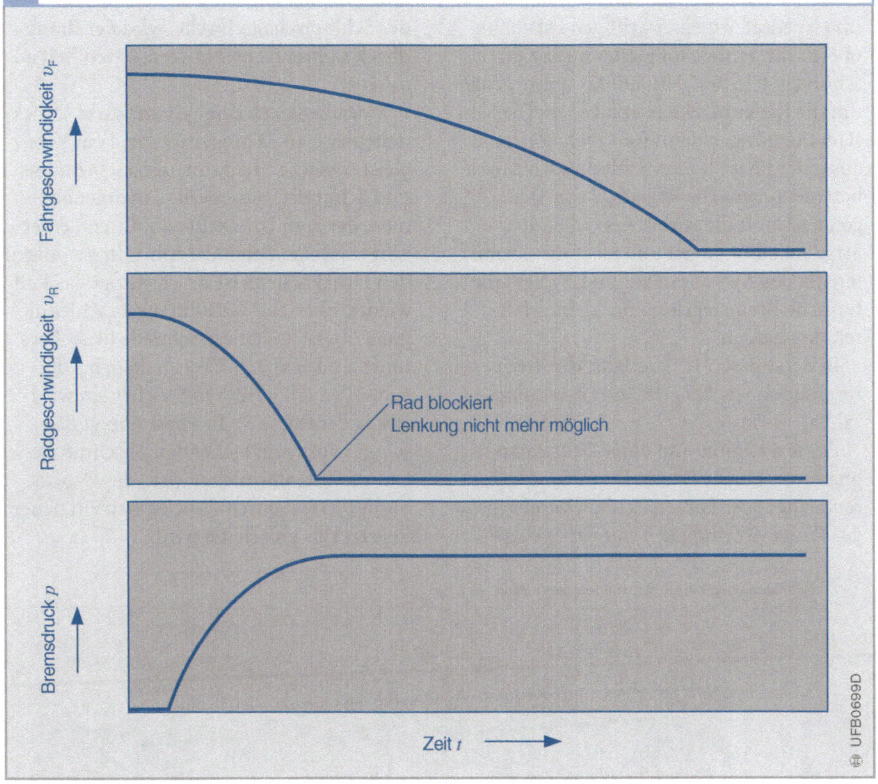

der Bremsdruck sinkt, und zwar so lange, wie die Radumfangsverzögerung die Schwelle (–*a*) überschritten hat.

Am Ende der Phase 3 wird die Schwelle (–*a*) wieder unterschritten, und eine Druckhaltephase bestimmter Dauer schließt sich an. Innerhalb dieser Zeit hat die Radumfangsbeschleunigung so stark zugenommen, dass die Schwelle (+*a*) überschritten wird. Der Druck bleibt weiterhin konstant.

Am Ende der Phase 4 überschreitet die Radumfangsbeschleunigung die verhältnismäßig große Schwelle (+*A*). Der Bremsdruck steigt daraufhin so lange an, wie die Schwelle (+*A*) überschritten bleibt.

In der Phase 6 wird der Bremsdruck wiederum konstant gehalten, weil die Schwelle (+*a*) überschritten ist. Am Ende dieser Phase unterschreitet die Radumfangsbeschleunigung die Schwelle (+*a*). Dies ist ein Hinweis darauf, dass das Rad in den stabilen Bereich der Haftreibungszahl-Schlupf-Kurve eingelaufen und etwas unterbremst ist.

Der Bremsdruck wird nun in Stufen aufgebaut (Phase 7), und zwar so lange, bis die Radumfangsverzögerung die Schwelle (–*a*) unterschreitet (Ende der Phase 7). Diesmal wird der Bremsdruck sofort abgebaut, ohne dass ein λ_1-Signal erzeugt wird.

Im Vergleich zum ABS-Bremsvorgang zeigt Bild 2 die Verhältnisse bei einer Vollbremsung ohne ABS.

Bremsregelung auf glatter Straße (kleine Haftreibungszahl)

Im Gegensatz zu einer griffigen Fahrbahnoberfläche genügt auf glatter Straße oft schon ein leichter Tritt auf das Bremspedal, um die Räder blockieren zu lassen. Die Räder benötigen dann weit mehr Zeit, um aus einer Phase hohen Schlupfes wieder zu beschleunigen. Die Regellogik im Steuergerät erkennt die jeweils herrschenden Straßenbedingungen und passt die Charakteristik des ABS daran an. Bild 3 zeigt eine typische Bremsregelung für kleine Haftreibungszahlen.

In den Phasen 1...3 verläuft die Bremsregelung so wie bei großen Haftreibungszahlen.

Phase 4 beginnt mit einer Druckhaltephase von kurzer Dauer. Dann wird während einer sehr kurzen Zeit ein Vergleich der Radgeschwindigkeit mit der Schlupfschaltwelle λ_1 durchgeführt. Da die Radumfangsgeschwindigkeit kleiner ist als der Wert der Schlupfschaltschwelle, wird der Bremsdruck während einer kurzen, festen Zeit abgebaut.

Es schließt sich eine weitere kurze Druckhaltephase an. Dann wird erneut ein Vergleich zwischen Radumfangsgeschwindigkeit und Schlupfschaltschwelle λ_1 vorgenommen, der zum Druckabbau während einer kurzen, festen Zeitdauer führt. In der folgenden Druckhaltephase beschleunigt das Rad wieder, und seine Radumfangsbeschleunigung überschreitet die Schwelle $(+a)$. Dies führt zum weiteren Druckhalten, bis die Schwelle $(+a)$ wieder unterschritten wird (Ende der Phase 5). In Phase 6 folgt der schon vom vorhergehenden Abschnitt bekannte stufenförmige Aufbau des Drucks, bis in Phase 7 durch Druckabbau ein neuer Regelzyklus eingeleitet wird.

3 Bremsregelung bei kleinen Haftreibungszahlen

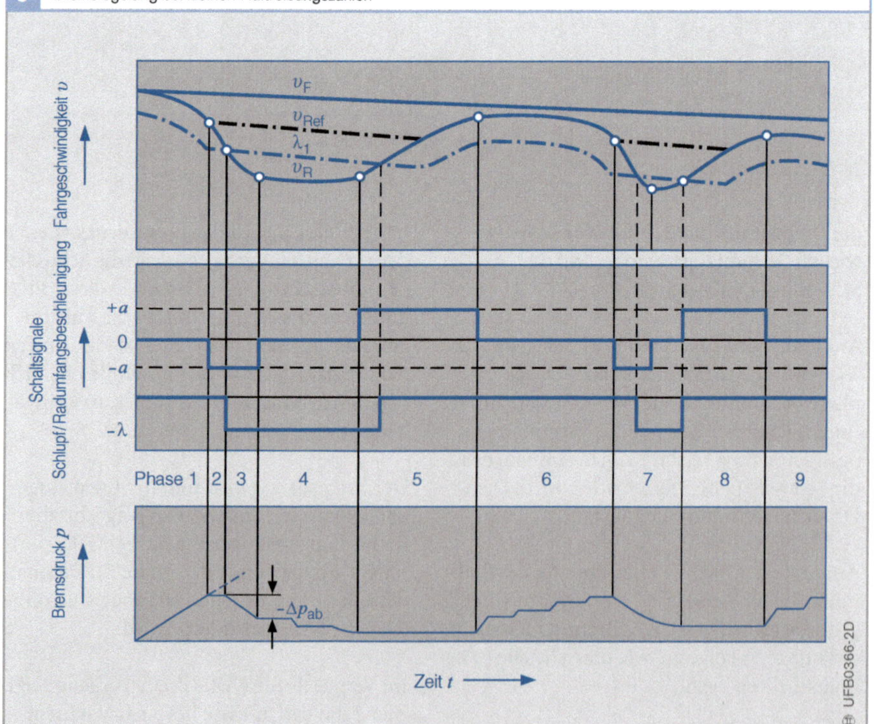

Bild 3
- v_F Fahrzeuggeschwindigkeit
- v_{Ref} Referenzgeschwindigkeit
- v_R Radumfangsgeschwindigkeit
- λ_1 Schlupfschaltschwelle.

Schaltsignale:
- $+a$ Schwelle der Radumfangsbeschleunigung
- $-a$ Schwelle der Radumfangsverzögerung
- $-p_{ab}$ Bremsdruckabnahme

Im vorher beschriebenen Zyklus hat die Reglerlogik erkannt, dass nach dem Druckabbau – ausgelöst durch das Signal (*–a*) – noch zwei weitere Druckabbaustufen notwendig waren, um das Rad wieder zu beschleunigen. Das Rad läuft verhältnismäßig lange im Bereich größeren Schlupfes, was für Fahrstabilität und Lenkbarkeit nicht günstig ist.

Um beide zu verbessern, wird in diesem und auch in den folgenden Regelzyklen der Vergleich zwischen der Radumfangsgeschwindigkeit und der Schlupfschaltschwelle λ_1 kontinuierlich durchgeführt. Dies hat zur Folge, dass in Phase 6 der Bremsdruck stetig abgebaut wird, bis in Phase 7 die Radumfangsbeschleunigung die Schwelle (*+a*) überschreitet. Wegen des stetigen Druckabbaus läuft das Rad nur kurzzeitig mit größerem Schlupf, sodass Fahrstabilität und Lenkbarkeit gegenüber dem ersten Regelzyklus erhöht sind.

4 Giermomentaufbau bei stark unterschiedlichen Haftreibungszahlen

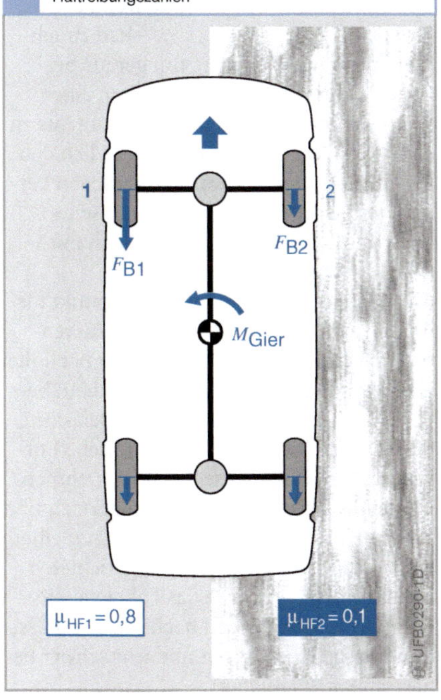

Bremsregelung mit Giermomentaufbauverzögerung

Beim Anbremsen auf ungleichen Fahrbahnoberflächen („µ-split"-Bedingungen) – z. B. die linken Räder auf trockenem Asphalt, die rechten Räder auf Eis – entstehen an den Vorderrädern sehr unterschiedliche Bremskräfte (Bild 4). Diese unterschiedlichen Bremskräfte bewirken ein Drehmoment um die Fahrzeughochachse (Giermoment). Weiterhin führen sie auch zu Lenkradrückwirkungen, abhängig vom Lenkrollhalbmesser. Bei positiven Werten des Lenkrollhalbmessers wird das Gegenlenken erschwert, während bei negativen Werten dies zu stabilisierendem Verhalten führt.

Schwere Pkw weisen einen relativ großen Radstand und ein großes Fahrzeug-Trägheitsmoment um die Hochachse auf. Bei diesen Fahrzeugen erfolgt das Gieren so langsam, dass der Fahrer die Gierbewegung beim Bremsen mit ABS durch Gegenlenken hinreichend schnell ausgleichen kann. Kleinere Pkw mit geringem Radstand und geringem Fahrzeug-Trägheitsmoment benötigen jedoch neben dem ABS eine zusätzliche Giermomentaufbauverzögerung (GMA), um auch diese Fahrzeuge bei Panikbremsungen auf ungleichen Fahrbahnoberflächen gut beherrschbar zu machen. Eine Verzögerung des Giermomentaufbaus kann dadurch erreicht werden, dass an dem Vorderrad, das auf der Fahrbahnseite mit der größeren Haftreibungszahl läuft („High"-Rad), ein zeitlich verzögerter Druckaufbau im Radzylinder vorgenommen wird.

Bild 5 (nächste Seite) verdeutlicht das Prinzip der Giermomentaufbauverzögerung: Kurve 1 zeigt den Bremsdruck *p* im Hauptzylinder. Ist keine Giermomentaufbauverzögerung vorhanden, dann weist nach kurzer Zeit das Rad auf Asphalt den Druck p_{high} (Kurve 2), das Rad auf Eis den Druck p_{low} (Kurve 5) auf; jedes Rad bremst mit der jeweils möglichen maximalen Verzögerung (Individualregelung).

Bild 4
M_{Gier} Giermoment
F_B Bremskraft
1 „High"-Rad
2 „Low"-Rad

System GMA 1

Bei Fahrzeugen mit weniger kritischem Fahrverhalten setzt man das System GMA 1 ein. Hierbei wird in der Anbremsphase der Bremsdruck am „High"-Rad in Stufen aufgebaut (Kurve 3), sobald das „Low"-Rad infolge einer Blockiertendenz seinen ersten Druckabbau erfährt. Wenn der Bremsdruck des „High"-Rads sein Blockierniveau erreicht hat, wird er nicht mehr von den Signalen des „Low"-Rades beeinflusst, sondern individuell geregelt, sodass an diesem Rad die maximal mögliche Bremskraft genutzt wird. Diese Maßnahme sichert für die erwähnte Fahrzeugart ein zufrieden stellendes Lenkverhalten bei Panikbremsungen auf ungleichen Fahrbahnoberflächen. Da sich der maximale Bremsdruck am „High"-Rad in relativ kurzer Zeit (750 ms) einstellt, ist die Bremswegverlängerung, verglichen mit Fahrzeugen ohne Giermomentaufbauverzögerung, gering.

5 Bremsdruck-/Lenkwinkelverlauf bei Giermomentaufbauverzögerung

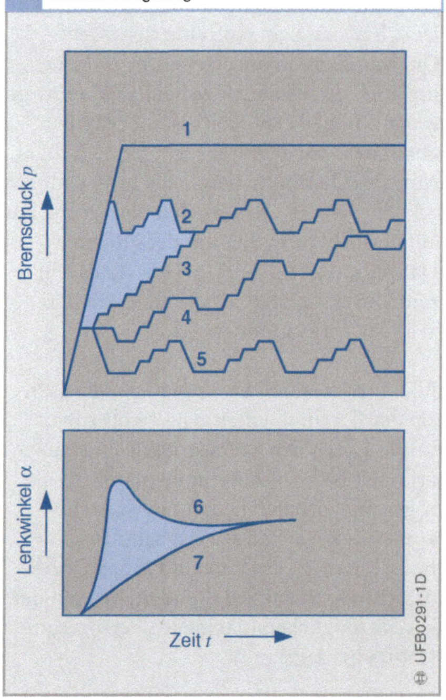

Bild 5

1 Druck p_{Hz} im Hauptzylinder
2 Bremsdruck p_{high} ohne GMA
3 Bremsdruck p_{high} mit GMA 1
4 Bremsdruck p_{high} mit GMA 2
5 Bremsdruck p_{low}
6 Lenkwinkel α ohne GMA
7 Lenkwinkel α mit GMA

System GMA 2

Das System GMA 2 wird bei Fahrzeugen mit besonders kritischem Fahrverhalten eingesetzt. Sobald hier der Bremsdruck am „Low"-Rad abgebaut wird, erfolgt das Ansteuern der ABS-Magnetventile am „High"-Rad mit einer bestimmten Druckhalte- und -abbauzeit (Bild 5, Kurve 4). Der erneute Druckaufbau am „Low"-Rad löst dann einen stufenförmigen Druckaufbau am „High"-Rad aus, wobei die Druckaufbauzeiten um einen bestimmten Faktor länger sind als beim „Low"-Rad. Diese Druckzumessung erfolgt nicht nur im ersten Regelzyklus, sondern während der gesamten Bremsung.

Die Auswirkung des Giermoments auf das Lenkverhalten ist umso kritischer, je größer die Fahrzeuggeschwindigkeit beim Anbremsen ist. Bei der GMA 2 wird die Fahrzeuggeschwindigkeit in vier Bereiche eingeteilt. In diesen sind Giermomentaufbauverzögerungen unterschiedlicher Stärke wirksam. In den Bereichen mit großer Geschwindigkeit werden die Druckaufbauzeiten am „High"-Rad zunehmend verkürzt, während die Druckaufbauzeiten am „Low"-Rad zunehmend verlängert werden, um gerade bei hohen Fahrzeuggeschwindigkeiten einen verlangsamten Aufbau des Giermoments zu erreichen. Bild 5 unten zeigt zusätzlich den für einen Geradeauslauf erforderlichen Verlauf der Lenkwinkel beim Anbremsen sowohl ohne GMA (Kurve 6) als auch mit GMA (Kurve 7).

Ein weiterer wichtiger Gesichtspunkt für die Anwendung der GMA ist das Kurvenbremsverhalten. Bremst der Fahrer bei hoher Geschwindigkeit in der Kurve an, dann bewirkt die GMA eine dynamische Belastung der Vorderachse und eine dynamische Entlastung der Hinterachse. Dadurch nehmen die Seitenkräfte an den Vorderrädern zu und an den Hinterrädern ab. Dies führt zu einem nach der Innenseite der Kurve gerichteten Drehmoment, wodurch das Fahrzeug die Bahnkurve schleudernd nach innen verlässt und durch Gegenlenken nur sehr schwer beherrschbar ist (Bild 6a).

Um diesen kritischen Bremszustand zu vermeiden, enthält die GMA zusätzlich eine Berücksichtigung der Querbeschleunigung, die die GMA bei zunehmend starker Querbeschleunigung unwirksam werden lässt. Dadurch baut sich während des Anbremsens in der Kurve am äußeren Vorderrad eine große Bremskraft auf, die ein nach der Außenseite der Kurve gerichtetes Drehmoment bewirkt. Dieses Drehmoment gleicht das nach innen gerichtete Drehmoment der Seitenkräfte aus, sodass das Fahrzeug leicht untersteuert und damit gut beherrschbar bleibt (Bild 6b).

Die ideale Giermomentaufbauverzögerung ist ein Kompromiss zwischen gutem Lenkverhalten und angemessen kurzem Bremsweg; sie wird in Zusammenarbeit zwischen Bosch und den Fahrzeugherstellern für den jeweiligen Fahrzeugtyp ermittelt.

6 Kurvenbremsverhalten bei kritischen Geschwindigkeiten mit/ohne GMA

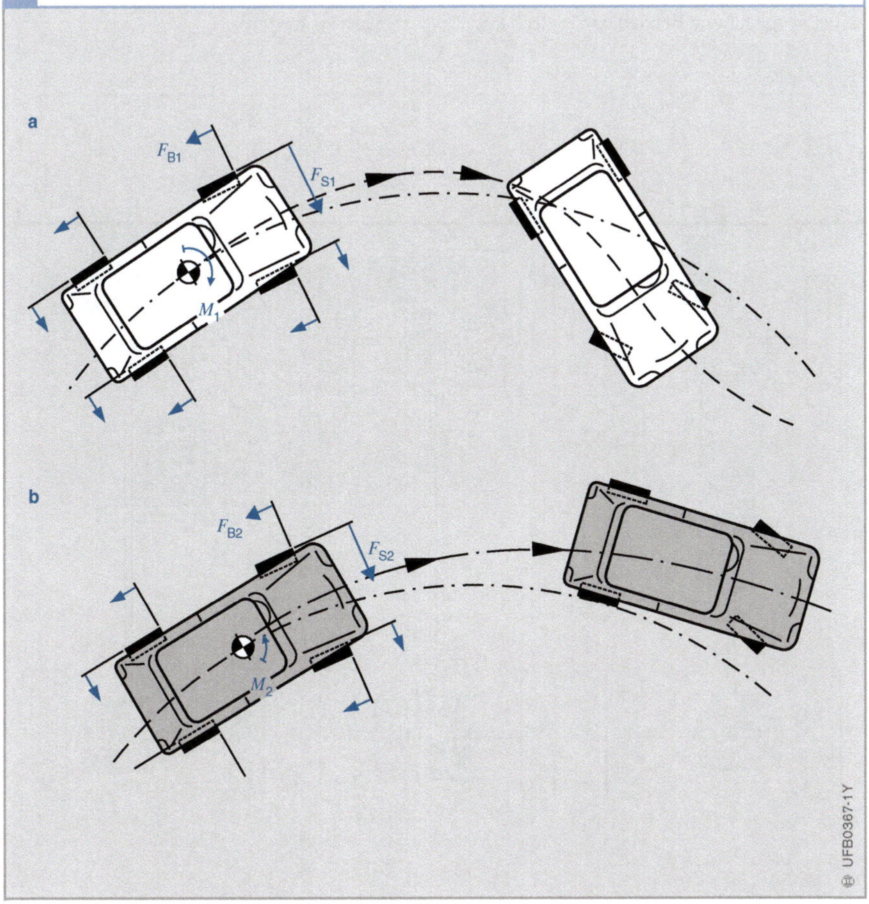

Bild 6

- a GMA eingeschaltet (keine Individualregelung): Fahrzeug übersteuert
- b GMA ausgeschaltet (Individualregelung): Fahrzeug leicht untersteuert
- F_B Bremskraft
- F_S Seitenkraft
- M Drehmoment

Bremsregelung für Allradantrieb

Die wichtigsten Kriterien für die Beurteilung der verschiedenen Allradantriebe (Bild 7) sind Traktion, Fahrdynamik und Bremsverhalten. Sobald die Differenzialsperren eingelegt sind, entstehen für die ABS-Bremsregelung Bedingungen, die bestimmte Zusatzmaßnahmen beim ABS erfordern.

Bei gesperrtem Hinterachsdifferenzial sind die Hinterräder stets gekoppelt, d. h. sie laufen mit derselben Drehzahl und verhalten sich bezüglich der beiden Bremsmomente (an den beiden Rädern) und der beiden Fahrbahnreibmomente (zwischen den beiden Rädern und der entsprechenden Fahrbahnoberfläche) wie ein starrer Körper. Die sonst vorgegebene Betriebsart „Select-low" an der Hinterachse (das Rad mit der kleineren Haftreibungszahl μ_{HF} bestimmt den gemeinsamen Bremsdruck beider Hinterräder) ist damit aufgehoben, und beide Hinterräder nutzen die Bremskräfte voll aus. Sobald die Längssperre eingeschaltet ist, erzwingt das System eine Übereinstimmung der gemittelten Drehzahl von beiden Vorder- und beiden Hinterrädern. Alle Räder sind dann dynamisch miteinander gekoppelt, und das Motorschleppmoment (Motorbremswirkung beim Gaswegnehmen) und die Motorträgheit wirken auf alle Räder ein.

Um die optimale ABS-Funktion auch bei diesen Bedingungen zu sichern, sind je nach Allradsystem (Bild 7) zusätzliche Vorkehrungen zu treffen:

7 Allradantriebe

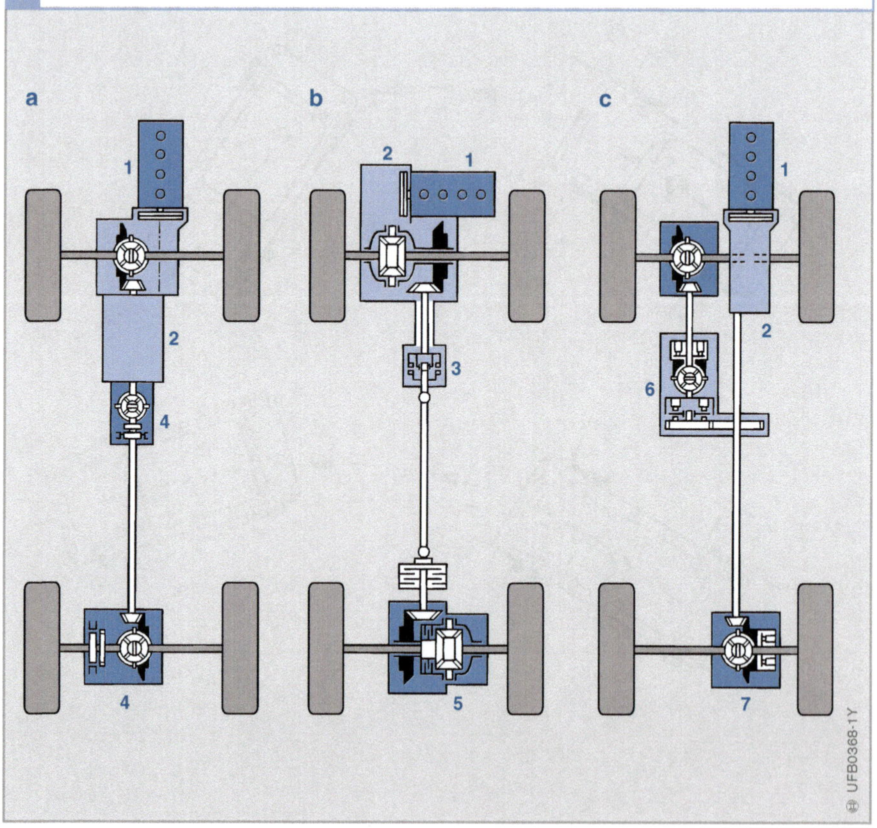

Bild 7
- a Allradsystem 1
- b Allradsystem 2
- c Allradsystem 3

1. Motor
2. Getriebe
3. Freilauf und Visco-Kupplung

Ausgleichsgetriebe mit:

4. manuell schaltbarer Sperre oder Viskose-Sperre
5. prozentualer Sperre
6. automatischer Kupplung und automatischer Sperre
7. automatischer Sperre

Allradsystem 1

Beim Allradsystem 1 mit manuell schaltbaren Sperren oder permanent wirkenden Sperren (Viskose-Sperren) im Längsstrang und der Hinterachse sind die Hinterräder starr gekoppelt und die mittlere Drehzahl der Vorderräder ist dieselbe wie die der Hinterräder. Wie bereits erwähnt, bewirkt die Hinterachssperre, dass die „Select-low"-Betriebsart an den Hinterrädern nicht mehr wirksam ist, sondern dass an jedem Hinterrad die maximale Bremskraft ausgenutzt wird. Beim Bremsen auf ungleichen Fahrbahnoberflächen hat diese Bremskraftdifferenz an den Hinterrädern ein Giermoment zur Folge, das die Fahrstabilität in kritischer Weise beeinträchtigt. Wenn die maximale Bremskraftdifferenz auch an den Vorderrädern schnell aufgebaut würde, wäre es nicht möglich, das Fahrzeug stabil auf Kurs zu halten.

Dieser Vierradantrieb erfordert eine GMA an den Vorderrädern, um Fahrstabilität und Lenkbarkeit bei stark unterschiedlichen Fahrbahnverhältnissen an den rechten und linken Rädern zu sichern. Um die ABS-Funktionen auf glatter Fahrbahn aufrecht zu erhalten, muss das Motorschleppmoment, das bei Allradantrieb ja auf alle Räder wirkt, verringert werden. Dies geschieht durch eine Motorschleppmomentregelung, die gerade so viel Gas gibt, dass die zu starke Motorbremswirkung aufgehoben wird.

Auch die durch die wirksame Motorträgheit reduzierte Empfindlichkeit der Räder bei Änderungen der Fahrbahn-Reibmomente auf glatter Fahrbahn muss durch eine Verfeinerung der Bremsregelung ausgeglichen werden, um das Blockieren der Räder zu verhindern. Die dynamische Kopplung aller Räder mit der trägen Motormasse erfordert deshalb zusätzliche Differenzierungen bei der Signalaufbereitung und Logik des elektronischen Steuergeräts. Eine Berechnung der Fahrzeuglängsverzögerung macht es möglich, glatte Fahrbahnen mit μ_{HF} kleiner als 0,3 zu erkennen.

Bei der Auswertung einer Bremsung auf solchen Fahrbahnen wird die Ansprechschwelle ($-a$) der Radumfangsverzögerung halbiert und der kleiner werdende Anstieg der Referenzgeschwindigkeit auf bestimmte, verhältnismäßig kleine Werte beschränkt. Dadurch lässt sich die Blockierneigung der Räder frühzeitig und „feinfühlig" erfassen.

Bei allradangetriebenen Fahrzeugen kommt es beim „kräftigen Gasgeben" auf glatter Fahrbahn vor, dass alle Räder durchdrehen. In dieser Situation wird durch spezielle Maßnahmen in der Signalaufbereitung sichergestellt, dass die Referenzgeschwindigkeit nur entsprechend der maximal möglichen Fahrzeugbeschleunigung den durchdrehenden Rädern folgen kann. Bei einem sich anschließenden Bremsvorgang wird der erste ABS-Druckabbau durch ein Signal ($-a$) und eine bestimmte kleine Radgeschwindigkeitsdifferenz ausgelöst.

Allradsystem 2

Wegen der Möglichkeit des Durchdrehens aller Räder beim Allradsystem 2 (Visco-Kupplung mit Freilauf im Längsstrang, prozentuale Hinterachssperre) müssen die gleichen speziellen Maßnahmen für die Signalaufbereitung getroffen werden.

Weitere Maßnahmen zur Sicherung der ABS-Funktion sind nicht erforderlich, denn ein Freilauf entkoppelt die Räder beim Bremsen. Sie lässt sich jedoch durch die Motorschleppmomentregelung zusätzlich noch verbessern.

Allradsystem 3

Auch beim Allradsystem 3 (automatisch zuschaltbare Sperren) sind für den Fall des Durchdrehens aller Räder die oben genannten Maßnahmen für die Signalaufbereitung erforderlich. Hinzu kommt ein automatisches Lösen der Differenzialsperren bei jedem Bremsbeginn. Weitere Maßnahmen zur Sicherung der ABS-Funktion sind nicht erforderlich.

Antriebsschlupfregelung ASR

Kritische Fahrsituationen können nicht nur beim Bremsen, sondern allgemein in allen Fällen auftreten, in denen große Längskräfte an der Kontaktfläche zwischen Reifen und Untergrund abgesetzt werden sollen. Der Grund dafür ist, dass hierdurch die absetzbaren Seitenkräfte reduziert werden. Dies trifft also auch auf das Anfahren und Beschleunigen, insbesondere auf glatter Fahrbahn, am Berg und bei Kurvenfahrt zu. Solche Situationen können den Autofahrer überfordern und zu Fehlreaktionen sowie instabilem Fahrzeugverhalten führen. Diese Probleme löst die Antriebsschlupfregelung (ASR), sofern die physikalischen Grenzen nicht überschritten werden.

Aufgaben

Während das Antiblockiersystem (ABS) das Blockieren der Räder im Bremsfall durch Absenken der Radbremsdrücke verhindert, verhindert ASR im Antriebsfall das Durchdrehen der Räder durch Reduktion des wirksamen Antriebsmoments an jedem einzelnen Antriebsrad. ASR stellt damit eine konsequente Erweiterung des ABS für den Antriebsfall dar.

Neben dieser sicherheitsrelevanten Aufgabe, beim Beschleunigen Stabilität und Lenkfähigkeit des Fahrzeugs zu gewährleisten, sorgt die ASR außerdem für eine Verbesserung des Traktionsverhaltens durch Einregeln des „optimalen“ Schlupfes (vgl. μ-Schlupf-Kurve in Kapitel „Grundlagen der Fahrphysik“). Naturgemäß stellt die Traktionsanforderung des Fahrers hierfür eine obere Grenze dar.

Funktionsbeschreibung

Soweit nicht ausdrücklich anders angegeben, gelten alle folgenden Ausführungen zunächst für ein einachsgetriebenes Fahrzeug (Bild 1). Dabei spielt es keine Rolle, ob es sich hierbei um ein vorder- oder hinterradgetriebenes Fahrzeug handelt.

Antriebsschlupf und seine Entstehung

Wenn der Fahrer im eingekuppelten Zustand Gas gibt, steigt das Motordrehmoment. Damit erhöht sich auch das antreibende Kardanmoment M_{Kar}. Durch das Querdifferenzial wird dieses im Verhältnis 50 : 50 auf die beiden angetriebenen Räder verteilt (Bild 1). Kann sich dieses erhöhte Moment auf dem Fahrbahnbelag vollständig „abstützen“, so lässt sich das Fahrzeug ungehindert beschleunigen. Übersteigt aber das Antriebsdrehmoment $M_{Kar}/2$ an einem An-

1 Antriebskonzept eines einachsgetriebenen Fahrzeugs mit ASR

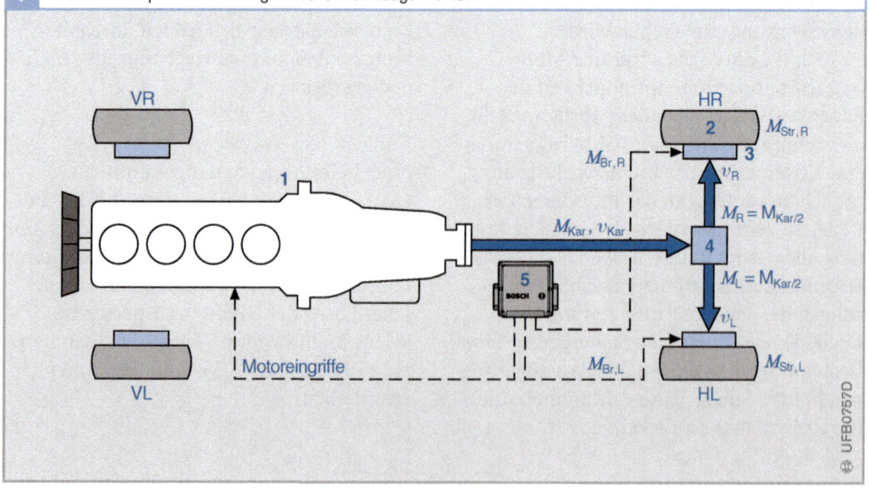

Bild 1

1 Motor mit Getriebe
2 Rad
3 Radbremse
4 Querdifferenzial
5 Steuergerät mit ASR-Funktionalität

Motor, Getriebe, Übersetzungsverhältnis des Differenzials sowie deren Verluste sind zu einer Einheit zusammengefasst

M_{Kar} antreibendes Kardanmoment
v_{Kar} Kardangeschwindigkeit
M_{Br} Bremsmoment
M_{Str} auf die Straße übertragenes Moment
v Radgeschwindigkeit
R rechts
L links
V vorne
H hinten

triebsrad das physikalisch maximal übertragbare Antriebsdrehmoment, so dreht dieses Rad durch. Dadurch reduziert sich die übertragbare Antriebskraft und das Fahrzeug wird durch den Verlust an Seitenführungskraft instabil.

Die ASR regelt den Schlupf der Antriebsräder schnellstmöglich auf den optimalen Wert. Hierzu wird zunächst ein Sollwert für den Schlupf bestimmt. Dieser ist von einer Vielzahl an Faktoren, die die aktuelle Fahrsituation bestmöglich repräsentieren sollen, abhängig. Unter anderem sind dies:

- Grundkennlinie für den ASR-Sollschlupf (orientiert sich am Schlupfbedarf eines Reifens beim Beschleunigen),
- ausgenutzter Reibwert,
- äußerer Fahrwiderstand (Tiefschnee, Schlechtweg usw.),
- Giergeschwindigkeit, Querbeschleunigung und Lenkwinkel des Fahrzeugs.

ASR-Stelleingriffe

Die gemessenen Radgeschwindigkeiten und damit der jeweilige Antriebsschlupf können durch eine Änderung der Momentenbilanz M_{Ges} an jedem Antriebsrad beeinflusst werden. Die Momentenbilanz M_{Ges} an jedem angetriebenen Rad ergibt sich dabei aus Antriebsmoment $M_{Kar}/2$ an diesem Rad, dem jeweiligen Bremsmoment M_{Br} und dem Straßenmoment M_{Str} (Bild 1).

$M_{Ges} = M_{Kar}/2 + M_{Br} + M_{Str}$
(M_{Br} und M_{Str} sind hierin negativ zu zählen.)

Offensichtlich kann diese Bilanz durch das vom Motor gelieferte Antriebsmoment M_{Kar} sowie durch das Bremsmoment M_{Br} beeinflusst werden. Diese beiden Größen stellen somit die Stellgrößen der ASR dar, über die diese den Schlupf an jedem einzelnen Rad auf den Sollschlupf regelt.

Die Steuerung des Antriebsmoments M_{Kar} kann bei Fahrzeugen mit Ottomotor grundsätzlich über die folgenden Motoreingriffe geschehen:

- Drosselklappe (Drosselklappenverstellung),
- Zündanlage (Zündwinkelverstellung),
- Einspritzanlage (Ausblendung einzelner Einspritzimpulse).

Die letzteren beiden Eingriffe zählen zu den „schnellen", der erste zu den „langsamen" Eingriffsmöglichkeiten (Bild 2). Welche dieser Eingriffsmöglichkeiten jeweils zur Verfügung stehen, ist hersteller- und motorabhängig.

Bei Fahrzeugen mit Dieselmotor wird das Antriebsmoment M_{Kar} von der Elektronischen Dieselregelung (EDC) beeinflusst (Reduzierung der Einspritzmenge).

Eine Steuerung des Bremsmoments M_{Br} über die Bremsanlage kann radweise erfolgen. Wegen der Notwendigkeit des aktiven Druckaufbaus setzt die ASR-Funktion aber eine Erweiterung der ursprünglichen ABS-Hydraulik voraus (siehe auch Kapitel „Hydroaggregat").

Bild 2 vergleicht die Reaktionszeiten bei verschiedenen ASR-Eingriffen. Die Darstellung lässt erkennen, dass eine ausschließliche Steuerung des Antriebsmoments mit der Drosselklappe wegen der relativ langsamen Reaktionszeit zu einem unbefriedigenden Ergebnis führen kann.

2 Vergleich der Reaktionszeiten bei verschiedenen ASR-Eingriffen

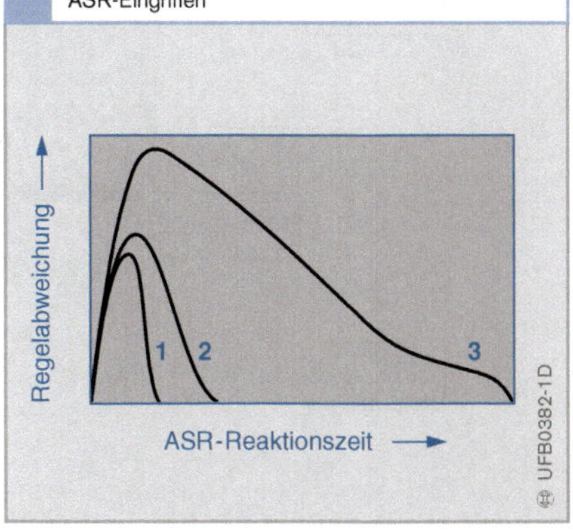

Bild 2
1 Drosselklappen-/Radbremseneingriff
2 Drosselklappen-/Zündungseingriff
3 Drosselklappeneingriff

Struktur der ASR

Die erweiterte ABS-Hydraulik ermöglicht sowohl symmetrische Bremseingriffe, d. h. Bremseingriffe, die an beiden angetriebenen Rädern gleich sind, als auch radindividuelle Bremseingriffe. Dies ist der Schlüssel zu einer weiteren Strukturierung der ASR, nicht nach Stellglied (Motor/Bremse), sondern nach zu regelnder Größe („Regelgröße“).

Kardanregler

Über Motoreingriffe kann die Kardangeschwindigkeit v_{Kar} bzw. das Antriebsmoment M_{Kar} beeinflusst werden. Symmetrische Bremseingriffe beeinflussen ebenfalls die Kardangeschwindigkeit v_{Kar} und wirken sich in den Momentenbilanzen der einzelnen Räder wie eine Reduzierung des Antriebsmoments M_{Kar} aus. Mit dem Ziel, auf diese Weise die Kardangeschwindigkeit zu regeln, ergibt sich der *Kardanregler*.

Quersperrenregler

Über unsymmetrische Bremseingriffe (Bremseingriffe an nur einem angetriebenen Rad) wird hingegen primär die Differenzgeschwindigkeit an der angetriebenen Achse $v_{Dif} = v_L - v_R$ geregelt. Dies ist die Aufgabe des *Differenzdrehzahlreglers*. Unsymmetrische Bremseingriffe an nur einem Antriebsrad machen sich zunächst auch nur in der Momentenbilanz dieses Rades bemerkbar. Sie wirken sich primär genau so aus wie ein unsymmetrisches Aufteilungsverhältnis des Querdifferenzials (allerdings angewendet auf ein um das unsymmetrische Bremsmoment reduziertes Antriebsmoment M_{Kar}). Wegen dieser Möglichkeit, mit dem Differenzdrehzahlregler gewissermaßen das Aufteilungsverhältnis des Querdifferenzials zu beeinflussen, d. h. die Wirkung einer Differenzialsperre nachzubilden, wird der Differenzdrehzahlregler auch als *Quersperrenregler* bezeichnet.

Kardanregler und Quersperrenregler bilden zusammen die ASR (Bild 3): Der Kardanregler regelt über die Kardangeschwindigkeit v_{Kar} das vom Motor abgegebene Antriebsmoments M_{Kar}. Der Quersperrenregler wirkt primär wie ein Regler, der über die Differenzgeschwindigkeit v_{Dif} das Teilungsverhältnis M_L zu M_R des Querdifferenzials und damit die Aufteilung des Antriebsmoments M_{Kar} auf die angetriebenen Räder regelt.

3 Reglerkonzept ASR für ein einachsgetriebenes Fahrzeug (Beispiel Heckantrieb)

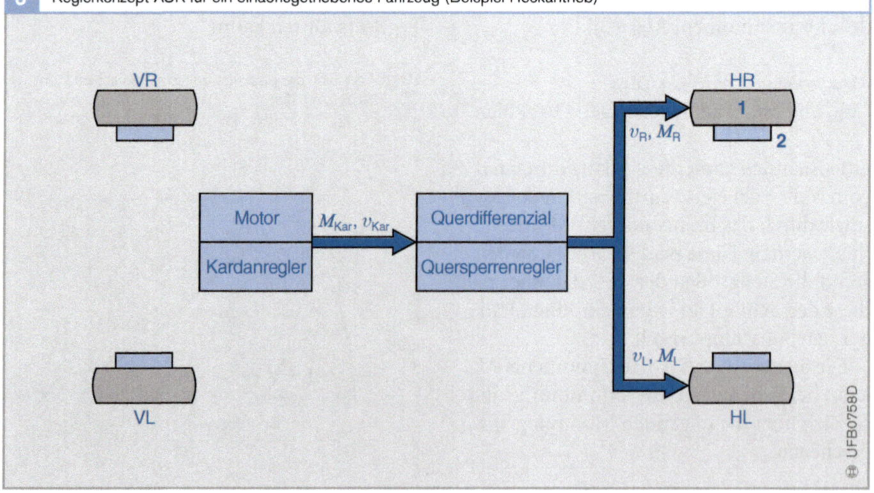

Bild 3
1 Rad
2 Radbremse

v_R, v_L Radgeschwindigkeiten
v_{Kar} Kardangeschwindigkeit
M_{Kar} antreibendes Kardanmoment
V vorne
H hinten
R rechts
L links

Typische Regelsituationen

μ-Split: Quersperrenregler

Bild 4 zeigt eine typische Situation („μ-Split"), bei der der Quersperrenregler der ASR beim Anfahren aus dem Stand aktiv wird. Die linke Fahrzeugseite steht auf glattem Untergrund mit einer niedrigen Haftreibungszahl μ_l („l" für low), die rechte auf trockenem Asphalt mit einer deutlich höheren Haftreibungszahl μ_h („h" für high).

Ohne den Bremseingriff des Quersperrenreglers könnte wegen der Eigenschaft des Differenzials, das Antriebsmoment auf beide Seiten gleich aufzuteilen, auf beiden Seiten nur die Vortriebskraft F_l abgesetzt werden. Ein gegebenenfalls darüber hinaus gehendes Antriebsmoment M_{Kar} veranlasst das Rad auf der Seite mit μ_l durchzudrehen und führt damit zu einer Differenzgeschwindigkeit $v_{Dif} > 0$ (siehe auch Bild 5). Das „überschüssige" Antriebsmoment geht in diesem Fall als Verlustmoment in Differenzial, Motor und Getriebe verloren.

Um nun das Rad auf der Seite mit μ_l bei zu hohem Antriebsmoment am Durchdrehen zu hindern, wird dort die Bremskraft F_{Br} aufgebracht (Bild 4, siehe auch Bild 5). Auf diese Seite kann das Differenzial nun die Kraft $F_{Br} + F_l$ übertragen (bzw. ein dieser Kraft entsprechendes Moment), wobei F_{Br} weggebremst wird. Es verbleibt wie bisher die Vortriebskraft F_l. Auf die Seite mit μ_h wird ebenfalls die Kraft $F_{Br} + F_l$ übertragen (Eigenschaft des Differenzials). Da hier nicht gebremst wird, kann die gesamte Kraft als Vortriebskraft $F_{Br}^* + F_l$ genutzt werden (F_{Br}^* ergibt sich aus F_{Br} unter Berücksichtigung der unterschiedlichen Wirkradien). Insgesamt erhöht sich also die abgesetzte Vortriebskraft um F_{Br}^* (Voraussetzung hierfür ist natürlich ein entsprechend erhöhtes Antriebsmoment M_{Kar}). Hierin zeigt sich die traktionserhöhende Wirkung des Quersperrenreglers als Teil der ASR.

Das Antriebsmoment kann auf eine maximal mögliche Vortriebskraft eingeregelt werden. Der Wert von μ_h stellt dabei eine physikalische Obergrenze dar.

Laufen beide Antriebsräder wieder synchron ($v_{Dif} = 0$), wird die einseitige Bremskraft F_{Br} bzw. das entsprechende Bremsmoment M_{Br} wieder abgebaut (Bild 5).

Der exakte Verlauf des Auf- und Abbaus von M_{Br} hängt von der internen Realisierung des Quersperrenreglers ab (PI-Regler-artiges Verhalten!).

Niedrig-μ: Kardanregler

Stehen beim Anfahren beide angetriebenen Räder auf glattem Untergrund mit einer niedrigen Haftreibungszahl (Fahrzeug steht z. B. auf Eis), so ist dies eine typische Situation, in der der Kardanregler der ASR aktiv wird.

4 Sperrdifferenzialwirkung durch unsymmetrischen Bremseingriff

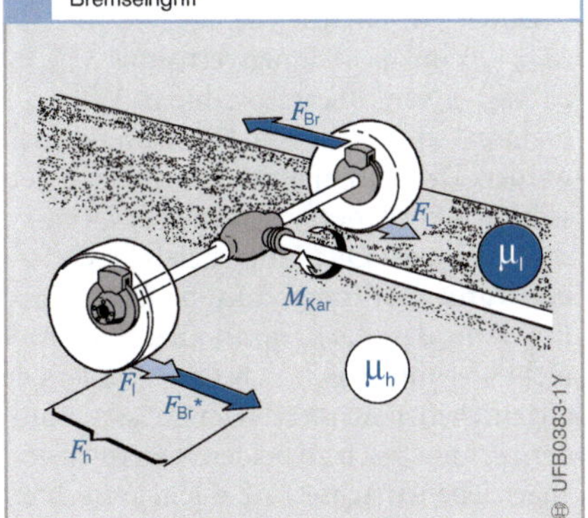

5 Typische Radgeschwindigkeits- und Bremsmomentenverläufe beim Anfahren auf μ-Split

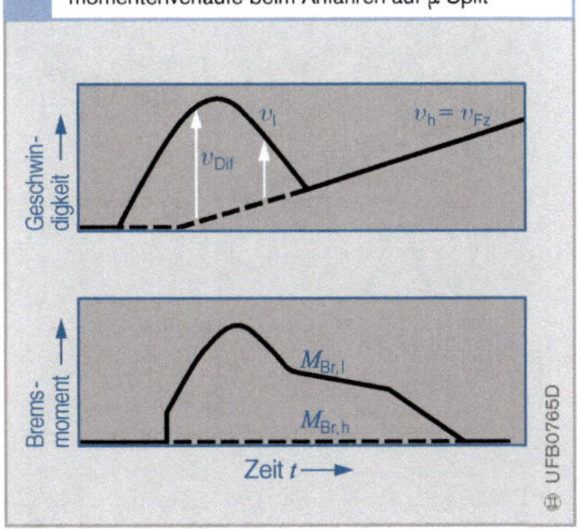

Bild 4
M_{Kar} Antriebsmoment
F_{Br} Bremskraft
F_{Br}^* Bremskraft, bezogen auf Wirkradien
μ_l niedrige Haftreibungszahl
μ_h hohe Haftreibungszahl
F_l übertragbare Antriebskraft auf μ_l
F_h übertragbare Antriebskraft auf μ_h

Bild 5
v Radgeschwindigkeit
M_{Br} Bremsmoment
l Niedrig-μ-Rad
h Hoch-μ-Rad
v_{Fz} Fahrzeuggeschwindigkeit
v_{Dif} Differenzgeschwindigkeit

Erhöht der Fahrer das Fahrervorgabemoment $M_{FahVorga}$, so erhöht sich zunächst auch fast zeitgleich das Antriebsmoment M_{Kar}. Dies führt dazu, dass beide Antriebsräder mit nahezu gleicher Geschwindigkeit durchdrehen. Die Differenzgeschwindigkeit $v_{Dif} = v_L - v_R$ ist ungefähr 0, während die Kardangeschwindigkeit $v_{Kar} = (v_L + v_R)/2 = v_L = v_R$ auf Grund der durchdrehenden Antriebsräder deutlich größer ist als ein vernünftiger, von der ASR ermittelter Sollwert v_{SoKar}. Der Kardanregler reagiert hierauf mit einer Reduzierung des Antriebsmomentes M_{Kar} unterhalb der Fahrervorgabe $M_{FahVorga}$ und einem kurzzeitigen symmetrischen Bremseingriff $M_{Br,\,Sym}$ (Bild 6). Als Resultat verringert sich die Kardangeschwindigkeit v_{Kar} und mit ihr die Geschwindigkeit der durchdrehenden Räder. Das Fahrzeug beginnt zu beschleunigen. Da man sich ohne diese Eingriffe der ASR nicht im „optimalen“ Punkt der μ-Schlupf-Kurve (vgl. Kapitel „Grundlagen der Fahrphysik“) befände, würde der Beschleunigungsvorgang bei durchdrehenden Rädern langsamer und mit deutlich weniger Seitenstabilität stattfinden.

Der exakte Verlauf von M_{Kar} und $M_{Br,\,Sym}$ hängt wiederum von der internen Realisierung des Kardanreglers ab (PID-Regler-artiges Verhalten!).

6 Typische Radgeschwindigkeits-, Motor- und Bremsmomentenverläufe beim Anfahren auf niedrig-μ

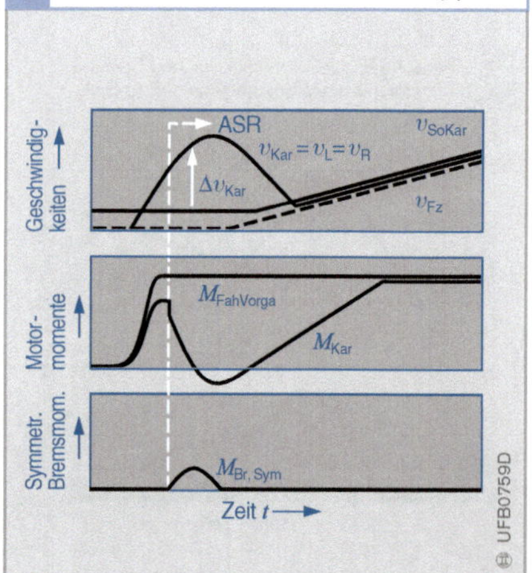

Bild 6
- v Radgeschwindigkeit
- v_{Fz} Fahrzeuggeschwindigkeit
- v_{Kar} Kardangeschwindigkeit
- v_{SoKar} Sollwert Kardangeschwindigkeit
- $M_{Br,\,Sym}$ symmetrisches Bremsmoment
- $M_{FahVorga}$ Antriebsmoment Fahrervorgabe (durch Gaspedalstellung)
- L links
- R rechts

ASR für allradgetriebene Fahrzeuge

In den letzten Jahren erfreut sich die Gruppe der allradgetriebenen Fahrzeuge einer stetig steigenden Beliebtheit. Das Hauptaugenmerk liegt dabei auf der Teilgruppe der „Sport Utility Vehicle“ (SUV). Hierbei handelt es sich um Straßenfahrzeuge mit Geländeeigenschaften.

Sollen alle vier Räder eines Fahrzeugs angetrieben werden, ist außer einem zweiten Querdifferenzial zusätzlich noch ein Längsdifferenzial (auch Zentral- oder Mittendifferenzial) erforderlich bzw. üblich (Bild 7). Dieses dient zum einen dem Ausgleich von Differenzen zwischen der Kardangeschwindigkeit der Vorder- und der Hinterachse $v_{Kar,\,VA}$ bzw. $v_{Kar,\,HA}$. Eine starre Verbindung hätte hier Verspannungen zwischen Vorder- und Hinterachse zur Folge. Zum anderen dient das Längsdifferenzial einer möglichst sinnvollen Verteilung des Antriebsmomentes M_{Kar} auf die beiden Achsen $M_{Kar,\,VA}$ bzw. $M_{Kar,\,HA}$.

Kostengünstige SUVs besitzen häufig ein Längsdifferenzial mit einem fest eingestellten Aufteilungsverhältnis. Anders als bei einem Querdifferenzial sind hier jedoch auch andere feste Teilungsverhältnisse als 50 : 50 sinnvoll – z. B. 60 : 40 für eine heckbetonte Auslegung. Durch Bremseingriffe der ASR kann dann die Wirkungsweise einer Längsdifferenzialsperre (kurz: Längssperre) nachgebildet werden.

Durch „Wegbremsen“ eines Teils von $M_{Kar,\,VA}$ kann das Teilungsverhältnis $M_{Kar,\,HA}$ zu $M_{Kar,\,VA}$ vergrößert bzw. durch „Wegbremsen“ eines Teils von $M_{Kar,\,HA}$ verkleinert werden. Der Wirkungsmechanismus ist derselbe, wie er zuvor für den Fall der Quersperre bzw. des Querdifferenzials beschrieben wurde. Der Unterschied besteht lediglich darin, dass die Bremsmomente der ASR nicht unsymmetrisch, d. h. an einem Rad der angetriebenen Achse erfolgen müssen, sondern symmetrisch an beiden Rädern einer angetriebenen Achse. Außerdem betrachtet der Längssperrenregler hierzu als Eingangsgröße nicht die Geschwindigkeitsdifferenz des linken und rechten Rades der angetriebenen Achse (Quersperrenregler, s. o.), sondern die beiden achsweisen Kardangeschwindigkeiten $v_{\text{Kar, VA}}$ und $v_{\text{Kar, HA}}$.

Bild 8 zeigt die entsprechende Erweiterung des ASR-Konzepts aus Bild 3 für ein allradgetriebenes Fahrzeug: Der Kardanregler regelt – wie für ein einachsgetriebenes Fahrzeug – über die Kardangeschwindigkeit v_{Kar} das vom Motor abgegebene Antriebsmoment M_{Kar}. Wie bereits ausgeführt, verteilt der Längssperrenregler dieses Moment auf die Vorder- und Hinterachse ($M_{\text{Kar, VA}}$ bzw. $M_{\text{Kar, HA}}$). Wie bisher regelt der Quersperrenregler über die Differenzgeschwindigkeit $v_{\text{Dif, XA}}$ die Aufteilung des achsweisen Antriebsmoments $M_{\text{Kar, XA}}$ auf die angetriebenen Räder. Dies muss jetzt allerdings sowohl für die Vorder- wie auch die Hinterachse erfolgen („X“ = „V“ bzw. „X“ = „H“).

Elektronische Differenzialsperren, die als Teil der ASR-Software realisiert sind, besitzen den Vorteil, dass sie keine zusätzliche Hardware erfordern. Sie sind daher sehr

8 Reglerkonzept ASR für ein allradgetriebenes Fahrzeug

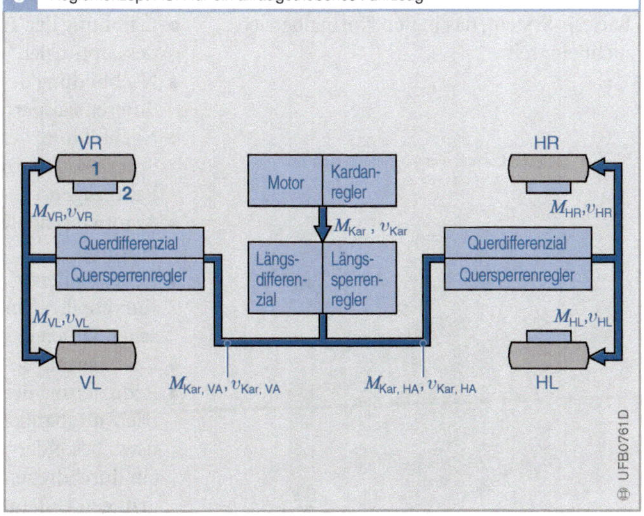

Bild 8
1 Rad
2 Radbremse

v Radgeschwindigkeit
v_{Kar} Kardangeschwindigkeit
M_{Kar} antreibendes Kardanmoment
A Achse
V vorne
H hinten
R rechts
L links

7 Antriebskonzept eines allradgetriebenen Fahrzeugs mit ASR

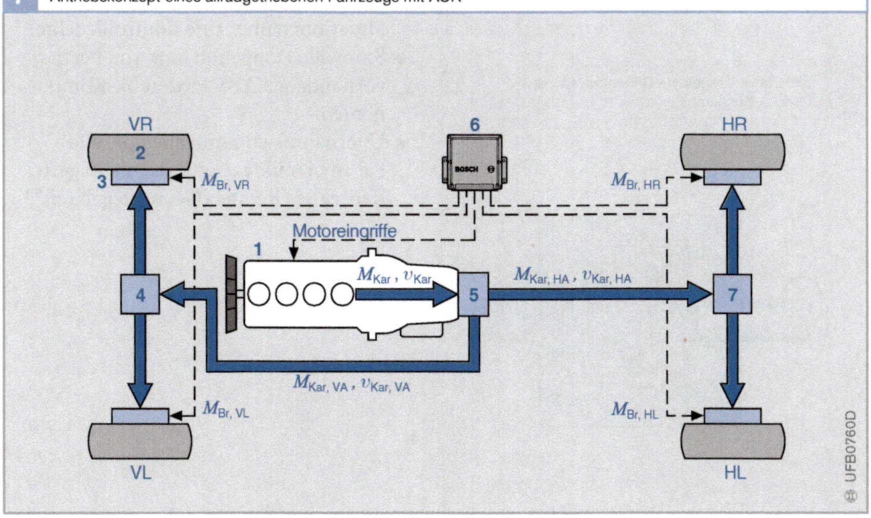

Bild 7
1 Motor mit Getriebe
2 Rad
3 Radbremse
4 Querdifferenzial
5 Längsdifferenzial
6 Steuergerät mit ASR-Funktionalität
7 Querdifferenzial

Motor, Getriebe, Übersetzungsverhältnisse der Differenziale sowie deren Verluste sind zu einer Einheit zusammengefasst
v Radgeschwindigkeit
v_{Kar} Kardangeschwindigkeit
M_{Kar} antreibendes Kardanmoment
M_{Br} Bremsmoment
R rechts
L links
V vorne
H hinten
A Achse

kostengünstig. Ihr Einsatzgebiet ist insbesondere der Straßenbetrieb, der eher die Bestimmung der SUVs ist. Beim Einsatz in klassischen Offroad-Geländewagen erreichen sie ihre Grenze im schweren Gelände spätestens dann, wenn sich die Bremsen überhitzen. Fahrzeuge für diesen Einsatzbereich besitzen daher oft mechanische Sperren (Beispiele zeigen die Bilder 9 und 10). Die entsprechenden Sperrenregler der ASR-Software dienen dann nur noch als Backup-System, das in den Normalbetrieb nicht eingreift.

9 Klassische Lösung einer Differenzialsperre

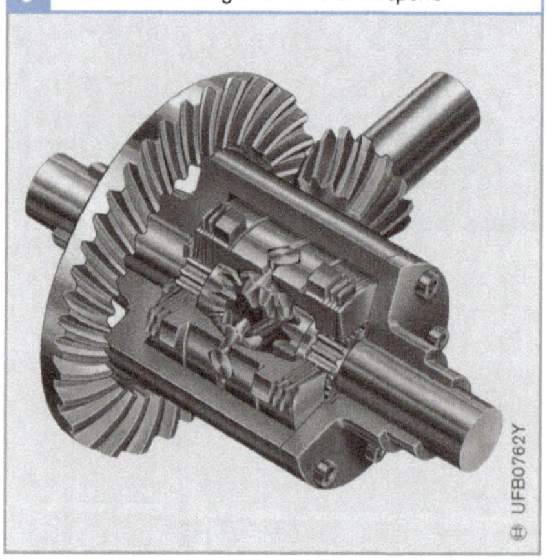

10 Elektronisch regelbare Differenzialsperre (Haldex-Kupplung)

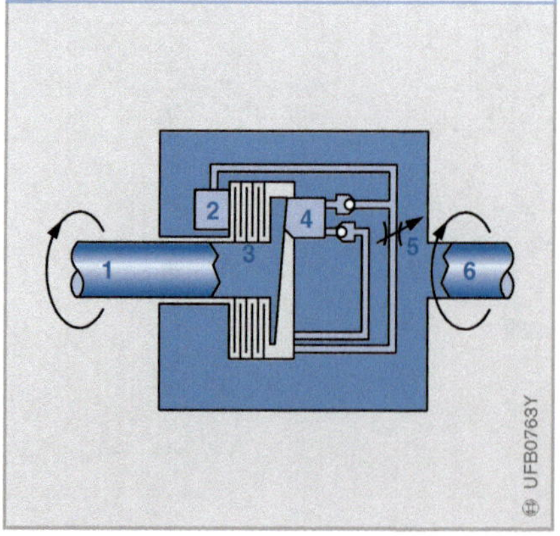

Bild 10
1 Ausgangswelle
2 Arbeitskolben
3 Lamellen
4 Axialkolbenpumpe
5 Regelventil
6 Eingangswelle

Zusammenfassung: Vorteile ASR

Abschließend seien noch einmal die Vorteile, wie sie sich bei Verwendung einer ASR durch das Verhindern des Durchdrehens der Antriebsräder beim Anfahren oder Beschleunigen auf einseitig oder beidseitig glatter Fahrbahn, beim Beschleunigen in der Kurve und beim Anfahren am Berg ergeben, zusammengefasst:

- Vermeidung instabiler Fahrzustände und dadurch Erhöhung der Fahrsicherheit.
- Erhöhung der Traktion durch Einregeln des „optimalen“ Schlupfes.
- Nachbildung der Funktion einer Querdifferenzialsperre.
- Nachbildung der Funktion einer Längsdifferenzialsperre bei allradgetriebenen Fahrzeugen.
- Automatische Regelung der Motorleistung.
- Kein „Radieren“ der Reifen bei enger Kurvenfahrt (im Gegensatz zu mechanischen Differenzialsperren).
- Reduzierung des Reifenverschleißes.
- Reduzierung des Verschleißes der Antriebsmechanik (Getriebe, Differenzial usw.) besonders auf μ-Split oder wenn ein durchdrehendes Rad schlagartig auf griffigen Untergrund kommt.
- Warnung des Fahrers bei den im physikalischen Grenzbereich liegenden Situationen über eine Kontrollleuchte.
- Sinnvolle Doppelnutzung von bereits vorhandenen ABS-Hydraulik-Komponenten.
- Übernahme von Aufgaben der ESP-Fahrdynamikregelung als unterlagerter Radregler (Kapitel „Gesamtregelkreis“).

Grundlagen der Regelungstechnik

Viele Teilsysteme eines Fahrsicherheitssystems (z. B. ESP) wirken auf die Fahrdynamik des Fahrzeugs in Form eines Reglers, d. h., sie bilden zusammen mit den betroffenen Komponenten des Fahrzeugs einen Regelkreis.

Regelkreis

Ein einfacher Standardregelkreis besteht aus Regler und Regelstrecke. Ziel der Regelung ist es, den Verlauf der Ausgangsgröße y_{ist} des zu regelnden Systems (auch: Regelgröße) durch den Regler so zu beeinflussen, dass er einem vorzugebenden Sollgrößenverlauf y_{soll} möglichst gut folgt. Hierzu wird die Regelgröße gemessen und dem Regler zur Verfügung gestellt. Durch Bilden der Regelabweichung $e = y_{soll} - y_{ist}$ wird der aktuelle Istwert der Regelgröße ständig mit dem aktuellen Sollwert verglichen.

Die Hauptaufgabe des Reglers besteht darin, zu jeder Regelabweichung e einen passenden Wert für die Stellgröße u zu bestimmen, sodass die Regelabweichung hierdurch in der Folgezeit verkleinert wird, d. h., $y_{ist} = y_{soll}$ wenigstens annähernd erreicht wird.

Erschwert wird diese Aufgabe durch eine ggf. unbekannte Eigendynamik der Regelstrecke sowie äußere Störungen z, die ebenfalls auf die Regelstrecke einwirken.

Beispiel: Quersperrenregler der ASR

Das Funktionsprinzip eines Regelkreises wird anhand des Quersperrenreglers der ASR deutlich: Die Differenzgeschwindigkeit der beiden Räder einer angetriebenen Achse stellt die Regelgröße $y_{ist} = v_{Dif}$ dar. Der Sollwert v_{SoDif} wird von der ASR selbstständig bestimmt und an die aktuelle Fahrsituation angepasst. Bei normaler Geradeausfahrt ist er typischerweise 0. Als Stellgröße zur Beeinflussung der Regelgröße dient das unsymmetrische Bremsmoment. Die Regelstrecke ist das Fahrzeug selbst, auf das äußere Störungen wie z. B. wechselnde Fahrbahnbeläge wirken.

Standardregelkreis am Beispiel des Quersperrenreglers der ASR

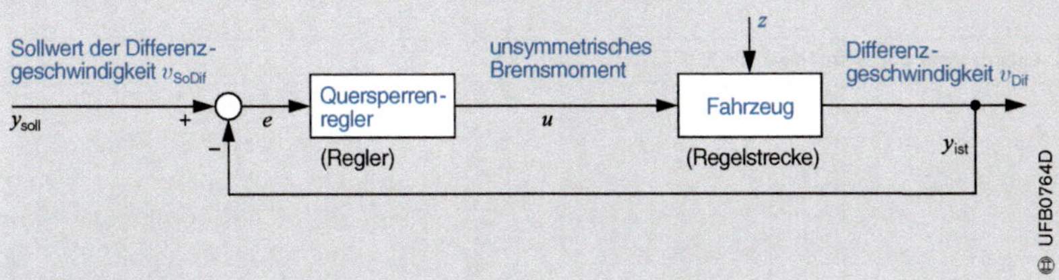

y_{ist} Regelgröße
y_{soll} Führungsgröße
e Regelabweichung $y_{soll} - y_{ist}$
u Stellgröße
z äußere Störgrößen

Standardregler

Als Regler kommen häufig **P**roportional-, **I**ntegral- und **D**ifferenzial-Glieder zum Einsatz. Die Stellgröße u ergibt sich aus der anstehenden Regelabweichung e nach folgendem Schema:

P-Regler	Multiplikation	$u(t) = K_P \cdot e(t)$
I-Regler	zeitl. Integration	$u(t) = K_I \cdot \int e(t)dt$
D-Regler	zeitl. Ableitung	$u(t) = K_D \cdot de(t)/dt$

Die Gegenreaktion dieser Regler ist damit umso größer, je größer die Regelabweichung ist (P-Regler), je länger diese Regelabweichung andauert (I-Regler) bzw. je größer die Änderungstendenz der Regelabweichung ist (D-Regler). Durch additive Kombination dieser Grundregler entstehen PI-, PD- sowie PID-Regler.

Der Quersperrenregler der ASR ist als PI-Regler aufgebaut, der nichtlineare Erweiterungen enthält.

Elektronisches Stabilitäts-Programm ESP

Ein hoher Anteil von Unfällen im Straßenverkehr ist auf personenbezogenes Fehlverhalten zurückzuführen. Durch äußere Umstände – wie z. B. ein plötzlich auftauchendes Hindernis – oder aber aufgrund von überhöhter Geschwindigkeit kann das Fahrzeug in den Grenzbereich gelangen, in dem es sich nicht mehr sicher beherrschen lässt. Die auf das Fahrzeug wirkenden Querbeschleunigungskräfte erreichen Werte, die den Fahrer überfordern. Elektronische Systeme können hier einen großen Beitrag zur Fahrsicherheit leisten.

Das Elektronische Stabilitäts-Programm (ESP) ist ein Regelsystem zur Verbesserung des Fahrverhaltens, das einerseits in das Bremssystem und andererseits in den Antriebsstrang eingreift. Durch die integrierte Funktionalität des ABS können die Räder beim Bremsen nicht blockieren, durch ASR können die Räder beim Anfahren nicht durchdrehen. ESP als Gesamtsystem verhindert darüber hinaus, dass das Fahrzeug beim Lenken „schiebt" oder instabil wird und seitlich ausbricht, solange die physikalischen Grenzen nicht überschritten werden.

Anforderungen

ESP verbessert die Fahrsicherheit in folgenden Punkten:

- Erweiterte Fahrstabilität; Spur- und Richtungstreue werden in allen Betriebszuständen wie Vollbremsung, Teilbremsung, Freirollen, Antrieb, Schub und Lastwechsel verbessert.
- Erweiterte Fahrstabilität auch im Grenzbereich, z. B. bei extremen Lenkmanövern (Angst- und Panikreaktionen), und damit Reduzierung der Schleudergefahr.
- In verschiedenen Situationen noch weiter verbesserte Nutzung des Kraftschlusspotenzials bei ABS/ASR-Funktionen und bei MSR-Funktionen (Motorschleppmomentregelung; automatische Anhebung der Motordrehzahl bei zu hohem Motorbremsmoment) und dadurch Bremsweg- und Traktionsgewinne sowie verbesserte Lenkbarkeit und Stabilität.

1 Querdynamik bei einem Pkw ohne ESP

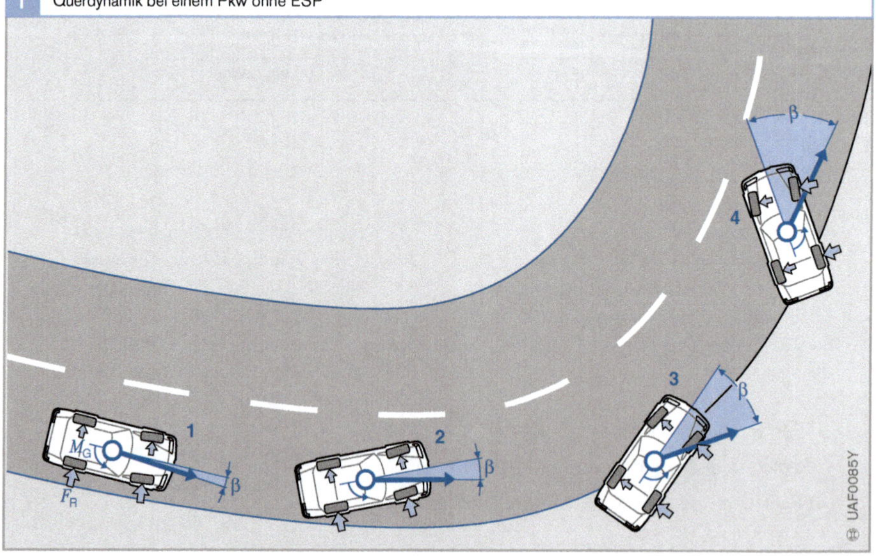

Bild 1

1 Fahrer lenkt, Seitenkraftaufbau
2 drohende Instabilität wegen zu großem Schwimmwinkel
3 Gegenlenken, Pkw gerät außer Kontrolle
4 Pkw ist nicht mehr beherrschbar

M_G Giermoment
F_R Radkräfte
β Fahrtrichtungsabweichung von der Fahrzeuglängsachse (Schwimmwinkel)

Aufgaben und Arbeitsweise

ESP ist ein System, das die Bremsanlage eines Fahrzeugs benutzt, um das Fahrzeug zu „lenken". Die eigentliche Aufgabe der Radbremsen, das Fahrzeug zu verzögern oder zum Stillstand zu bringen, wird durch das ESP noch mit der Funktion ergänzt, das Fahrzeug bei allen Fahrzuständen stabil in der Spur zu halten, soweit es die physikalischen Grenzen zulassen.

Das gezielte Bremsen einzelner Räder, z. B. des kurveninneren Hinterrades bei Untersteuerung oder des kurvenäußeren Vorderrades bei Übersteuerung (Bild 2), trägt dazu bei, dieses Ziel bestmöglich zu erfüllen. Zudem kann ESP die Antriebsräder durch bestimmte Motoreingriffe auch beschleunigen, um so die Stabilität des Fahrzeugs zu gewährleisten.

Mit dieser *Individualregelung* ist ein Fahrzeug dirigierbar, indem einzelne Räder gebremst (selektives Bremsen) oder die Antriebsräder beschleunigt werden. ESP mindert so in kritischen Situationen die Gefahr einer Kollision oder eines Überschlags; ein Abkommen von der Fahrbahn wird innerhalb der physikalischen Grenzen vermieden. Der Autofahrer kann damit gezielt unterstützt und die Sicherheit im Straßenverkehr gesteigert werden.

Zum Vergleich der Fahreigenschaften im Grenzbereich eines Fahrzeugs mit und eines Fahrzeugs ohne ESP sind nachfolgend vier Beispiele aufgeführt. Jedes der dargestellten Fahrmanöver wurde nach vorangegangenen Fahrversuchen mit einem Simulationsprogramm der Wirklichkeit nachempfunden. Weitere Fahrversuche haben die Ergebnisse bestätigt.

2 Querdynamik bei einem Pkw mit ESP

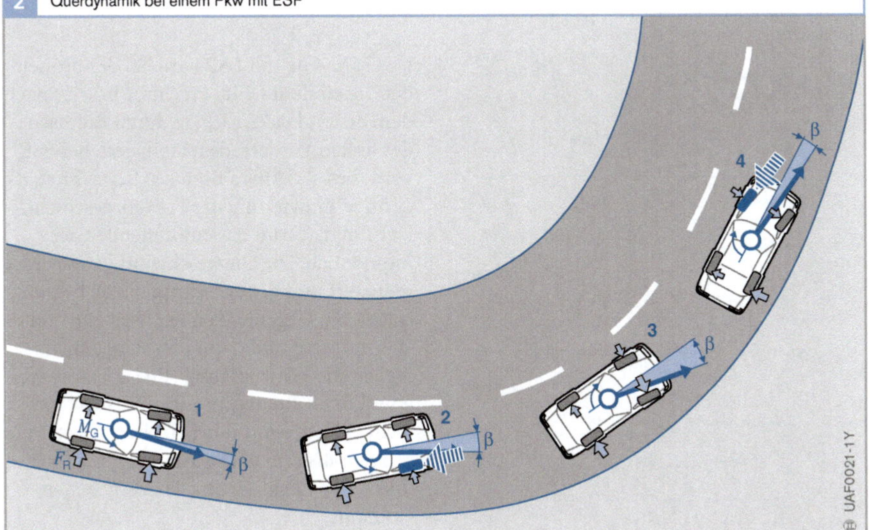

Bild 2

1 Fahrer lenkt, Seitenkraftaufbau
2 drohende Instabilität, ESP-Eingriff vorne rechts
3 Pkw bleibt unter Kontrolle
4 drohende Instabilität, ESP-Eingriff vorne links, vollständige Stabilisierung

M_G Giermoment
F_R Radkräfte.
β Fahrtrichtungsabweichung von der Fahrzeuglängsachse (Schwimmwinkel)
Bremskrafterhöhung

Fahrmanöver

Schnelles Lenken und Gegenlenken

Dieses Fahrmanöver ist einem Spurwechsel- oder einem schnellen Lenkmanöver vergleichbar,

- wie es z. B. bei einem zu schnellen Einfahren in eine enge Kurvenfolge auftreten kann,
- wie es vor einem plötzlich auftauchenden Hindernis auf einer Landstraße bei Gegenverkehr eingeleitet werden muss, oder
- wie es bei einem abrupt abgebrochenen Überholmanöver auf der Autobahn durchgeführt werden muss.

Die Bilder 3 und 4 zeigen das Fahrverhalten von zwei Fahrzeugen (mit und ohne ESP) beim Durchfahren einer Rechts-Links-Kurvenkombination mit schnellem Lenken und Gegenlenken

- auf griffiger Fahrbahn (Haftreibungszahl $\mu_{HF} = 1$),
- ohne Bremseingriff des Fahrers,
- mit einer Ausgangsgeschwindigkeit von 144 km/h.

3 Zeitverläufe fahrdynamischer Größen beim Durchfahren einer Rechts-Links-Kurvenfolge

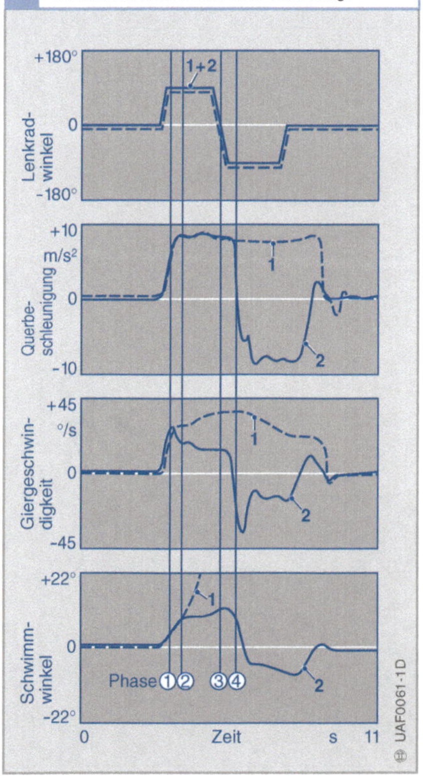

Bild 3
1 Fahrzeug ohne ESP
2 Fahrzeug mit ESP

Zunächst verhalten sich beide Fahrzeuge gleich. Sie fahren mit denselben Voraussetzungen auf die Kurvenfolge zu. Die Fahrer beginnen zu lenken (Phase 1).

Fahrzeug ohne ESP

Bereits nach dem ersten ruckartigen Lenkeinschlag droht das Fahrzeug ohne ESP instabil zu werden (Bild 4 links, Phase 2). An den Vorderrädern werden durch den Lenkeinschlag innerhalb kürzester Zeit sehr große Seitenkräfte erzeugt, an den Hinterrädern bauen sie sich dagegen erst verzögert auf. Das Fahrzeug dreht sich rechts um seine Hochachse herum (eindrehendes Giermoment). Auf das Gegenlenken (zweiter Lenkeinschlag, Phase 3) reagiert das ungeregelte Fahrzeug nicht, d. h., es ist nicht mehr beherrschbar. Die Giergeschwindigkeit und der Schwimmwinkel steigen stark an, das Fahrzeug schleudert (Phase 4).

Fahrzeug mit ESP

Das Fahrzeug mit ESP wird bei der drohenden Instabilität (Bild 4 rechts, Phase 2) nach dem ersten Lenkeinschlag durch Bremsen des linken Vorderrades stabilisiert: bei ESP wird dies als aktives Bremsen bezeichnet, da es ohne Einwirkung des Fahrers geschieht. Der Eingriff baut das eindrehende Giermoment ab. Die Giergeschwindigkeit wird reduziert und der Schwimmwinkel begrenzt. Nach dem Gegenlenken wechselt zuerst das Giermoment und dann die Giergeschwindigkeit die Wirkrichtung (Phase 3). Ein weiterer kurzer Bremseingriff in Phase 4 am rechten Vorderrad führt zu einer vollständigen Stabilisierung. Das Fahrzeug folgt der durch den Lenkradwinkel vorgegebenen Fahrspur.

4 Fahrspurverlauf beim Durchfahren einer Rechts-Links-Kurvenfolge

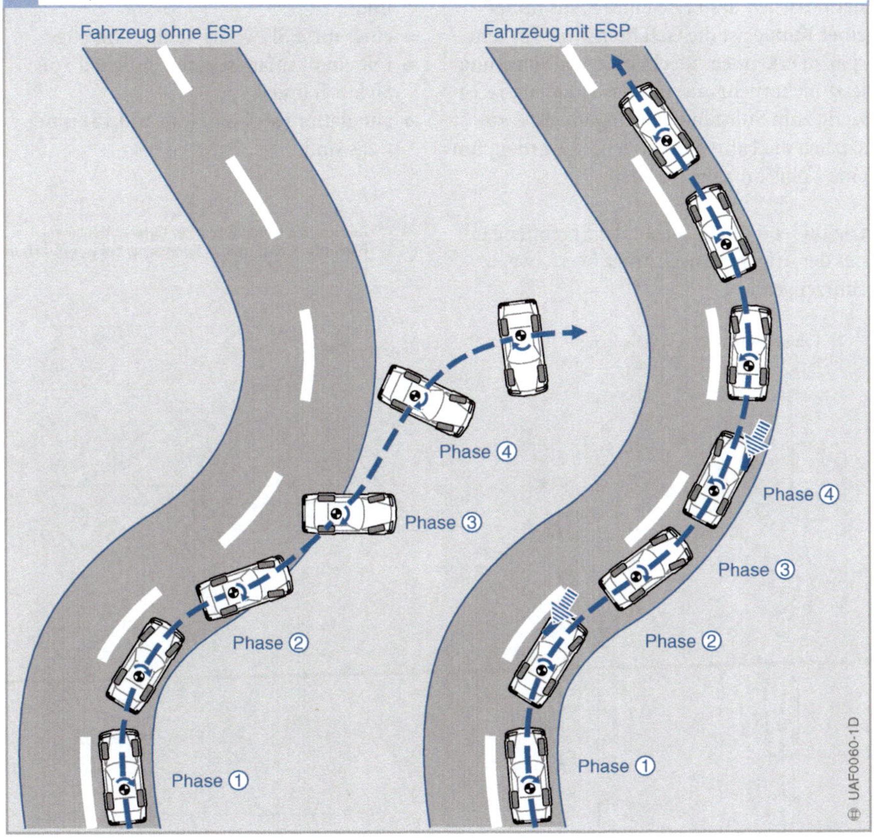

5 Über- und untersteuerndes Verhalten bei Kurvenfahrt

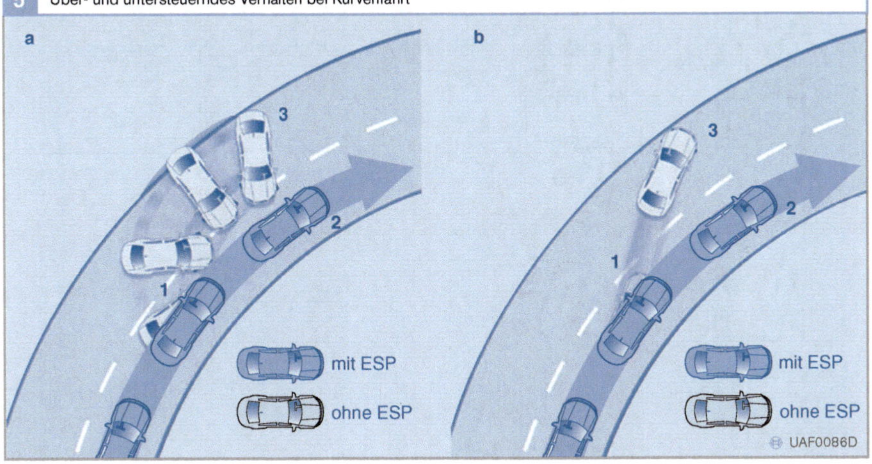

Bild 4

Bremskrafterhöhung

① Fahrer lenkt, Seitenkraftaufbau

② drohende Instabilität
rechts: ESP-Eingriff vorne links

③ Gegenlenken
links: Fahrzeug gerät außer Kontrolle
rechts: Fahrzeug bleibt unter Kontrolle

④ links: Fahrzeug nicht mehr beherrschbar
rechts: ESP-Eingriff vorne rechts, vollständige Stabilisierung

Bild 5

a Übersteuerndes Verhalten

1 Das Fahrzeug drängt mit dem Heck nach außen

2 ESP bremst das kurvenäußere Vorderrad ab und reduziert damit die Schleudergefahr

3 Das Fahrzeug ohne ESP schleudert

b Untersteuerndes Verhalten

1 Das Fahrzeug drängt mit der Front nach außen

2 ESP bremst das kurveninnere Hinterrad ab und reduziert damit die Untersteuergefahr

3 Das Fahrzeug ohne ESP verlässt untersteuernd die Fahrbahn

Fahrspurwechsel mit Vollbremsung

Befindet sich das Ende eines Staus hinter einer Kuppe, ist die Gefahrensituation sehr spät zu erkennen. Reicht eine Vollbremsung jetzt nicht mehr aus, um das Fahrzeug rechtzeitig zum Stillstand zu bringen, muss zusätzlich die Fahrspur gewechselt werden, um eine Kollision zu vermeiden.

Die Bilder 6 und 7 zeigen die Ergebnisse eines derartigen Ausweichmanövers zweier Fahrzeuge:

- eines mit dem Antiblockiersystem (ABS) und
- eines mit ESP, wobei beide Fahrzeuge
- mit einer Anfangsgeschwindigkeit von 50 km/h und
- auf glatter Fahrbahn ($\mu_{HF} = 0{,}15$) unterwegs sind.

6 Fahrspurwechsel mit Vollbremsung

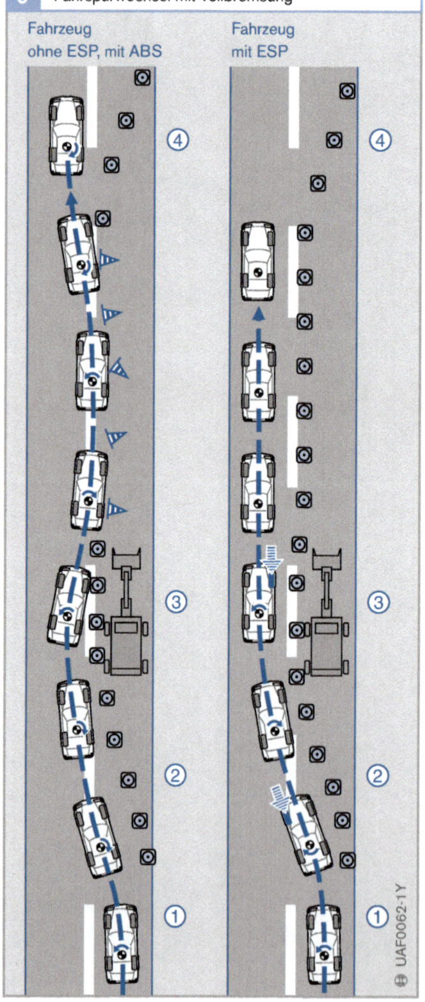

7 Zeitverläufe fahrdynamischer Größen bei einem Fahrspurwechsel mit Vollbremsung bei $v_0 = 50$ km/h und $\mu_{HF} = 0{,}15$

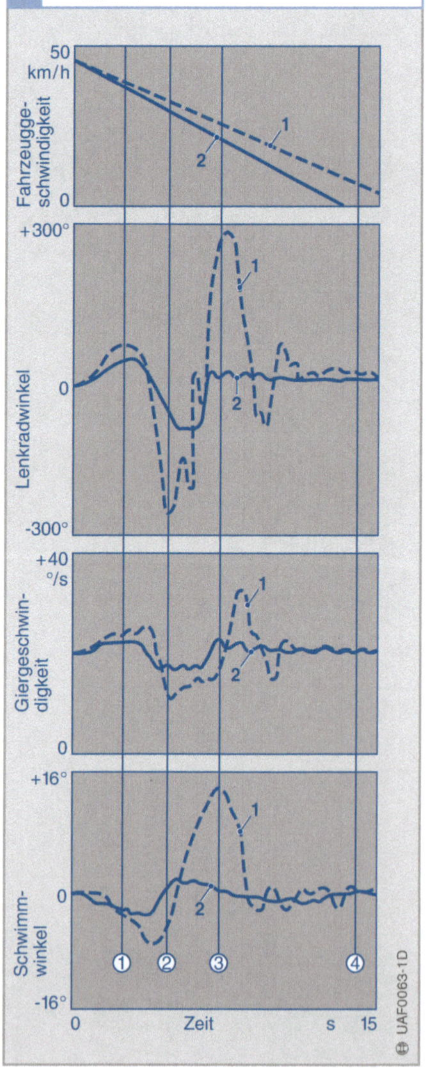

Bild 6
$v_0 = 50$ km/h
$\mu_{HF} = 0{,}15$

Bremsschlupferhöhung

Bild 7
$v_0 = 50$ km/h
$\mu_{HF} = 0{,}15$

1 Fahrzeug ohne ESP
2 Fahrzeug mit ESP

Fahrzeug mit ABS, aber ohne ESP

Schon nach dem ersten Lenkeinschlag werden Schwimmwinkel und Giergeschwindigkeit so groß, dass der Fahrer beim Bremsen gegenlenken muss (Bild 6, links). Durch diesen Fahrereingriff entsteht ein Schwimmwinkel in die Gegenrichtung (er ändert sein Vorzeichen) und nimmt sehr rasch zu. Der Fahrer ist gezwungen, wieder schnell gegenzulenken. Es gelingt ihm gerade noch, das Fahrzeug zu stabilisieren und auf der Fahrbahn zum Stehen zu bringen.

Fahrzeug mit ESP

Das mit ESP geregelte Fahrzeug bleibt stabil, da die Giergeschwindigkeit und der Schwimmwinkel auf leicht beherrschbare Werte reduziert werden. Der Fahrer kann sich ganz auf seine eigentliche Lenkaufgabe konzentrieren, weil er nicht durch ein instabiles Fahrverhalten überrascht wird.

Der Lenkaufwand und damit die Anforderungen an den Fahrer sind dank ESP deutlich geringer. Außerdem hat das Fahrzeug, das mit ESP ausgestattet ist, einen kürzeren Bremsweg als das Fahrzeug mit ABS.

9 Über- und Untersteuern in der Kurve

Bild 9
1 Fahrzeug mit ESP
2 übersteuerndes Fahrzeug ohne ESP
3 untersteuerndes Fahrzeug ohne ESP

8 Kritisches Ausweichmanöver mit und ohne ESP

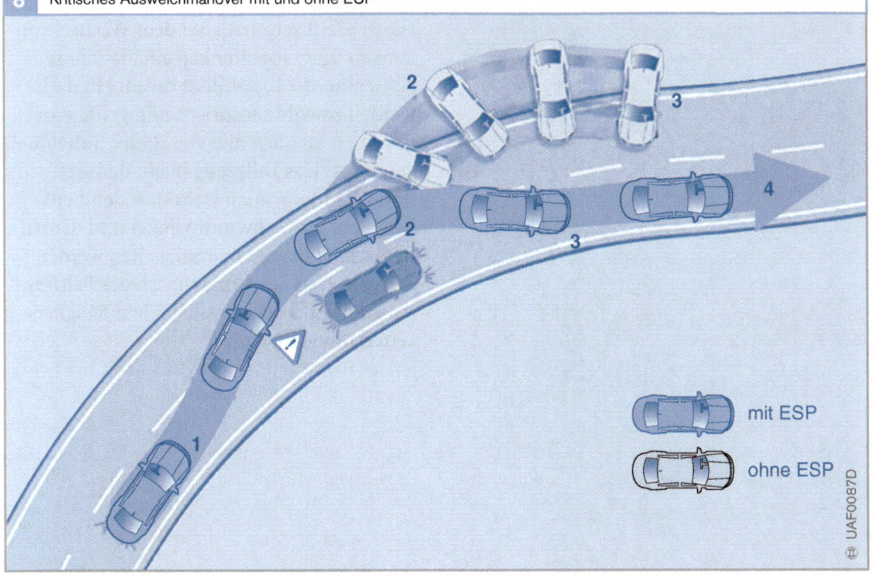

Bild 8
Fahrzeug ohne ESP
1 Fahrzeug fährt auf Hindernis zu
2 Fahrzeug bricht aus und folgt nicht den Lenkbewegungen des Fahrers
3 Fahrzeug rutscht unkontrolliert von der Straße

Fahrzeug mit ESP
1 Fahrzeug fährt auf Hindernis zu
2 Fahrzeug droht auszubrechen → ESP-Eingriff Fahrzeug folgt Lenkbewegungen
3 Fahrzeug droht beim Zurücklenken erneut auszubrechen → ESP-Eingriff
4 Fahrzeug ist stabilisiert

Mehrfaches Lenken und Gegenlenken mit zunehmendem Lenkradeinschlag

Beim Durchfahren mehrerer Links-Rechts-Kurvenfolgen, z. B. auf einer kurvigen Landstraße, befindet sich das Fahrzeug wie auf einem Slalomkurs. Bei solch einem hochdynamischen Fahrmanöver mit zunehmendem Lenkradwinkel zeigt sich die Wirkungsweise des ESP besonders gut.

Die Bilder 10 und 11 zeigen das Fahrverhalten zweier Fahrzeuge (einmal mit und einmal ohne ESP) bei einer solchen Fahrt

- auf einer schneebedeckten Fahrbahn ($\mu_{HF} = 0{,}45$),
- ohne Bremseingriff des Fahrers und
- mit einer konstanten Geschwindigkeit von 72 km/h.

10 Zeitverläufe fahrdynamischer Größen bei schnellem Lenken und Gegenlenken mit zunehmendem Lenkradeinschlag

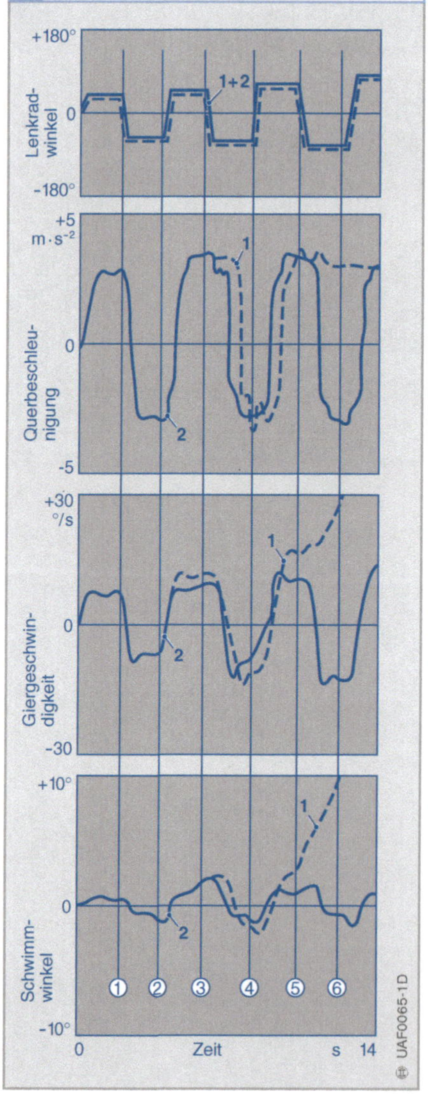

Bild 10
1 Fahrzeug ohne ESP
2 Fahrzeug mit ESP

Fahrzeug ohne ESP

Um eine konstante Geschwindigkeit zu halten, muss die Motorleistung kontinuierlich erhöht werden. Dadurch nimmt aber auch der Antriebsschlupf an den Antriebsrädern ständig zu. Sehr schnell wird beim Wechsel von Lenken und Gegenlenken mit einem Lenkradwinkel von 40° der Antriebsschlupf so groß, dass das ungeregelte Fahrzeug instabil wird. Bei einem nochmaligen Wechsel in die entgegengesetzte Richtung reagiert das Fahrzeug nicht mehr; es schleudert. Der Schwimmwinkel und die Giergeschwindigkeit steigen bei nahezu konstanter Querbeschleunigung stark an.

Fahrzeug mit ESP

Das Elektronische Stabilitäts-Programm (ESP) greift sehr früh bei dem Wechsel von Lenken und Gegenlenken ein, da schon zu Beginn die Instabilität droht. Hierbei werden sowohl motorische Eingriffe vorgenommen als auch alle vier Räder individuell gebremst. Das Fahrzeug bleibt dadurch stabil und folgt auch weiterhin den Lenkbefehlen. Der Schwimmwinkel und die auftretenden Giergeschwindigkeiten werden so geregelt, dass der Lenkwunsch des Fahrers entsprechend der physikalischen Möglichkeiten umgesetzt wird.

11 Fahrspurverlauf bei schnellem Lenken und Gegenlenken mit zunehmendem Lenkradeinschlag

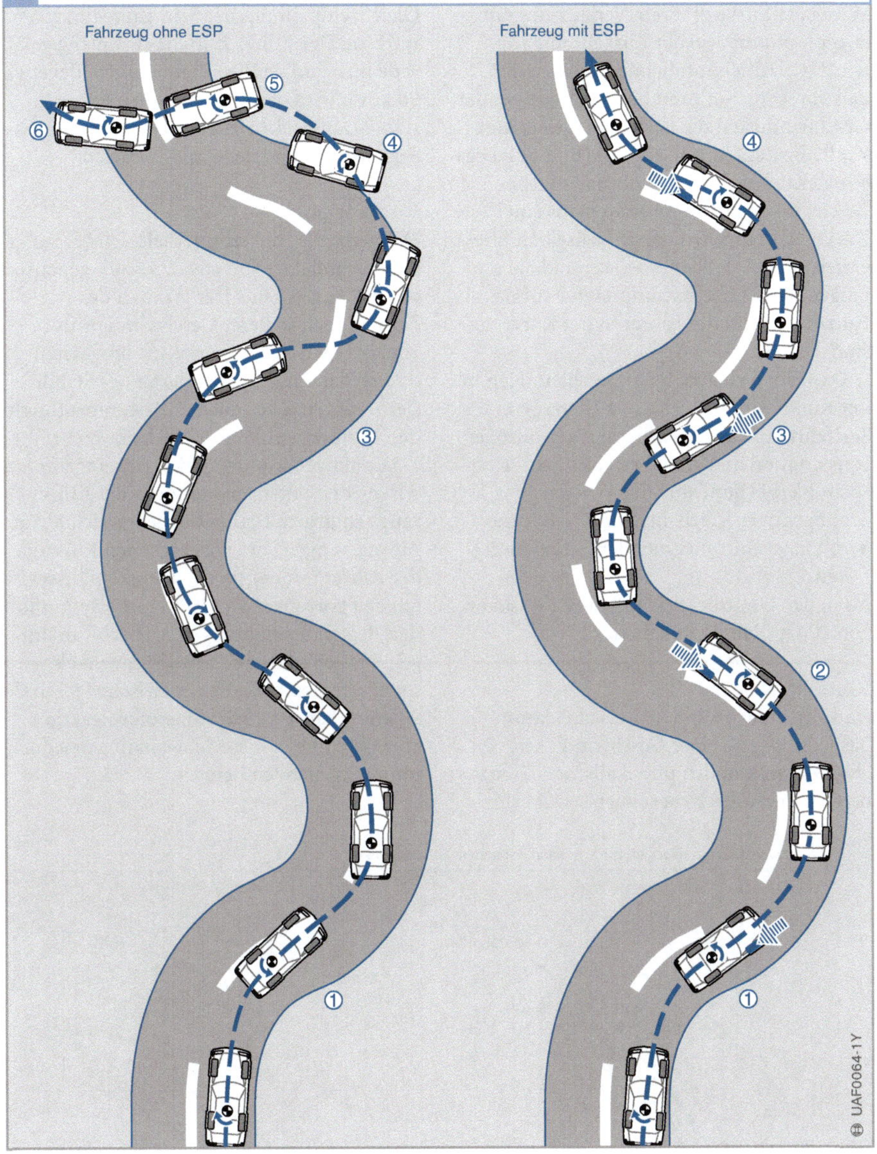

Bild 11
Bremskrafterhöhung

Beschleunigen/Verzögern in der Kurve

Wird eine Kurve in ihrem Verlauf langsam enger – nimmt also der Kurvenradius ab, wie das z. B. bei Autobahnausfahrten der Fall sein kann – nimmt bei gleich bleibender Geschwindigkeit die nach außen treibende Kraft, die Zentrifugalkraft, zu (Bild 12). Dies gilt gleichermaßen auch für das zu frühe Beschleunigen beim Ausfahren aus einer Kurve, was fahrphysikalisch denselben Effekt erzielt (Bild 13). Ebenso wirken radiale und tangentiale Kräfte instabilisierend auf das Fahrzeug, wenn der Fahrer in der Kurve zu stark bremst.

Das Fahrverhalten beim Beschleunigen in der Kurve wird bei Fahrversuchen mit einer Testfahrt auf einer Kreisbahn nachvollzogen (quasistationäre Kreisfahrt). Der Fahrer versucht hierbei das Fahrzeug

- auf griffiger Fahrbahn (μ_{HF} = 1,0) und
- mit langsam zunehmender Geschwindigkeit

bis in den Grenzbereich auf einer Kreisbahn von 100 m Radius zu halten.

Fahrzeug ohne ESP

Im Fahrversuch auf der Kreisfahrt kommt das Fahrzeug ab einer Geschwindigkeit von etwa 95 km/h in den physikalischen Grenzbereich und untersteuert zuerst. Der erforderliche Lenkaufwand nimmt sehr stark zu. Gleichzeitig nimmt der Schwimmwinkel stark zu. Der Fahrer kann das Fahrzeug gerade noch auf der Kreisbahn halten. Bei etwa 98 km/h wird das ungeregelte Fahrzeug instabil. Das Heck bricht aus, der Fahrer muss gegenlenken und den Kreis verlassen.

Fahrzeug mit ESP

Das geregelte Fahrzeug verhält sich bis zur Geschwindigkeit von etwa 95 km/h genauso wie das ungeregelte. Der Wunsch des Fahrers nach weiterer Geschwindigkeitszunahme wird allerdings nicht umgesetzt, da sich das Fahrzeug bereits an der Stabilisierungsgrenze befindet. ESP begrenzt durch den Motoreingriff das Antriebsmoment.

Die aktiven Motor- und Bremseingriffe wirken der Untersteuertendenz des Fahrzeugs entgegen. Dadurch ergeben sich kleine Abweichungen vom vorgegebenen Kurs, die der Fahrer mit entsprechenden Lenkbewegungen korrigiert. Der Fahrer ist also mit in den Regelkreis einbezogen. Die Schwankungen des Lenkrad- und Schwimmwinkels sowie der Geschwindigkeit zwischen 95 und 98 km/h hängen auch von seiner Reaktion ab. Das ESP hält diese Schwankungen jedoch immer im stabilen Bereich.

12 Fahrspurverlauf bei verzögerter Kurvenfahrt mit festem Lenkradwinkel

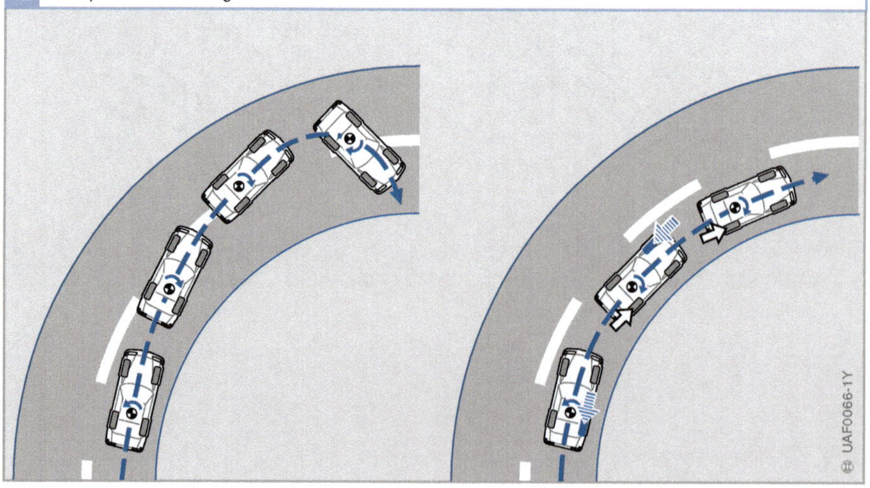

Bild 12
Bremskrafterhöhung
Bremskraftminderung

13 Fahrspurverlauf bei beschleunigter Kurvenfahrt

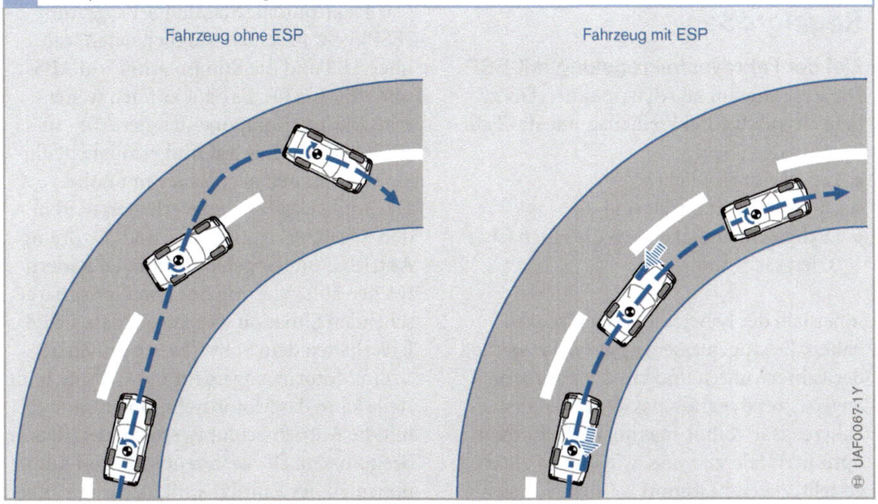

Bild 13
Bremskrafterhöhung

14 Vergleich einer Kurvenfahrt bei Fahrzeugen mit und ohne ESP

Gesamtregelkreis und Regelgrößen

Ziel der Fahrdynamikregelung mit ESP

Die Regelung im fahrdynamischen Grenzbereich soll die drei Freiheitsgrade des Fahrzeugs in der Ebene,

- Längsgeschwindigkeit,
- Quergeschwindigkeit und
- Drehgeschwindigkeit um die Hochachse (Giergeschwindigkeit),

innerhalb der beherrschbaren Grenzen halten. Bei angemessener Fahrweise werden der Fahrerwunsch und ein der Fahrbahn angepasstes dynamisches Verhalten des Fahrzeugs im Sinne maximaler Sicherheit optimiert. Hierzu muss, wie in Bild 1 dargestellt, zuerst bestimmt werden, wie sich das Fahrzeug im Grenzbereich dem Fahrerwunsch entsprechend verhalten soll (Sollverhalten) und wie es sich tatsächlich verhält (Istverhalten). Um den Unterschied zwischen Soll- und Istverhalten (Regelabweichung) zu verringern, müssen die Reifenkräfte indirekt über Stellglieder (Aktoren) beeinflusst werden.

System- und Regelungsstruktur

Das Elektronische Stabilitäts-Programm (ESP) geht in seinen Möglichkeiten weit über ABS und die Kombination von ABS und ASR hinaus. Es baut auf den weiterentwickelten Komponenten der ABS- und ABS/ASR-Systeme auf und ermöglicht ein aktives Bremsen aller Räder mit hoher Dynamik. Das Fahrzeugverhalten wird in den Regelkreis einbezogen, und die Brems-, Antriebs- und Seitenkräfte an den Rädern werden abhängig von der jeweilig vorherrschenden Situation so geregelt, dass sich das Istverhalten dem Sollverhalten annähert.

Ein Motormanagement mit CAN-Schnittstelle kann das Motordrehmoment und damit die Antriebsschlupfwerte an den Rädern beeinflussen. Die weiterentwickelten Komponenten der Fahrdynamikregelung können die längs- und querdynamischen Kräfte, die auf jedes einzelne Rad wirken, wahlweise und sehr präzise regeln.

Bild 2 zeigt das Regelsystem des ESP in einer schematischen Darstellung mit

- den Sensoren zur Bestimmung der Reglereingangsgrößen,
- dem ESP-Steuergerät mit dem in verschiedenen Ebenen strukturierten Regler (Reglerhierarchie), bestehend aus überlagertem Fahrdynamikregler und unterlagerten Schlupfreglern,
- den Stellgliedern (Aktoren) zur Beeinflussung der Brems-, Antriebs- und Seitenkräfte.

1 Prinzipielles Blockbild der Fahrdynamikregelung

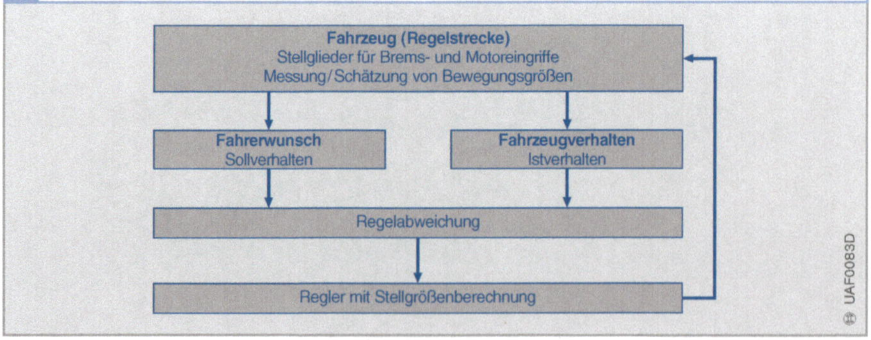

Hierarchische Reglerstruktur

Überlagerter Fahrdynamikregler

Aufgabe

Die Aufgabe des Fahrdynamikreglers besteht darin,

- das Istverhalten des Fahrzeugs aus dem Giergeschwindigkeitssignal und den im „Beobachter" geschätzten Schwimmwinkel zu ermitteln und dann
- das Fahrverhalten im fahrdynamischen Grenzbereich dem Verhalten im Normalbereich möglichst nahe kommen zu lassen (Sollverhalten).

Zur Bestimmung des Sollverhaltens werden Signale von folgenden Komponenten, die den Fahrerwunsch erfassen, ausgewertet:

- Motormanagementsystem (z. B. das Betätigen des Gaspedals),
- Vordrucksensor (z. B. das Betätigen der Bremse) oder
- Lenkradwinkelsensor (das Einschlagen des Lenkrads).

Der Fahrerwunsch ist damit als Sollwert definiert. Zusätzlich gehen in die Berechnung des Sollverhaltens die Haftreibungszahlen und die Fahrzeuggeschwindigkeit ein, die aus den Signalen der Sensoren für

- Raddrehzahl,
- Querbeschleunigung,
- Bremsdrücke und
- Giergeschwindigkeit im „Beobachter" geschätzt werden.

Das gewünschte Fahrverhalten wird durch Aufbringen eines Giermoments auf das Fahrzeug erreicht. Das gewünschte Giermoment wird durch Beeinflussung des Reifenschlupfes und damit der Längs- und Seitenkräfte erzeugt. Die Beeinflussung des Reifenschlupfes geschieht durch Änderungen der Sollschlupfvorgaben, die von den unterlagerten Brems- und Antriebsschlupfreglern eingestellt werden müssen.

Die Eingriffe werden dabei so vorgenommen, dass das vom Fahrzeughersteller vorgesehene Fahrverhalten sichergestellt und die Beherrschbarkeit gewährleistet wird.

2 Regelsystem der Fahrdynamikregelung im Fahrzeug

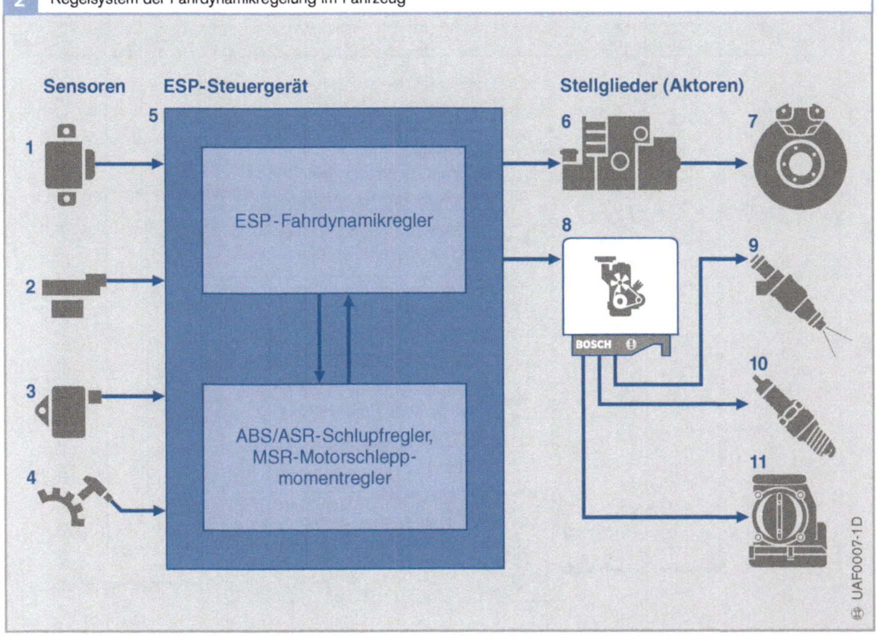

Bild 2

1 Drehratesensor mit Querbeschleunigungssensor
2 Lenkradwinkelsensor
3 Vordrucksensor
4 Drehzahlsensoren
5 ESP-Steuergerät
6 Hydroaggregat
7 Radbremsen
8 Steuergerät des Motormanagements
9 Kraftstoffeinspritzung

nur für Ottomotoren:
10 Zündwinkeleingriff
11 Drosselklappeneingriff (EGAS)

Um diesen Sollwert des Giermoments zu erzeugen, werden im Fahrdynamikregler die erforderlichen Sollwerte der Schlupfänderungen an den geeigneten Rädern ermittelt.

Die unterlagerten Brems- und Antriebsschlupfregler steuern die Aktoren der Bremshydraulik und des Motormanagements mit den ermittelten Werten an.

Aufbau

Bild 3 zeigt den Aufbau des Fahrdynamikreglers des ESP mit den Ein- und Ausgangsgrößen und dem Signalfluss in einem vereinfachten Blockbild. Aus den Größen

- Giergeschwindigkeit (Messgröße),
- Lenkradwinkel (Messgröße),
- Querbeschleunigung (Messgröße),
- Fahrzeuglängsgeschwindigkeit (Schätzgröße) und
- Reifenlängskräfte und Reifenschlupfwerte (Schätzgrößen)

ermittelt der Beobachter folgende Größen:

- Seitenkräfte am Rad,
- Schräglaufwinkel,
- Schwimmwinkel und
- Fahrzeugquergeschwindigkeit.

Die Sollwerte für den Schwimmwinkel und die Giergeschwindigkeit werden aus den

3 Vereinfachtes Blockschaltbild des Fahrdynamikreglers mit Ein- und Ausgangsgrößen

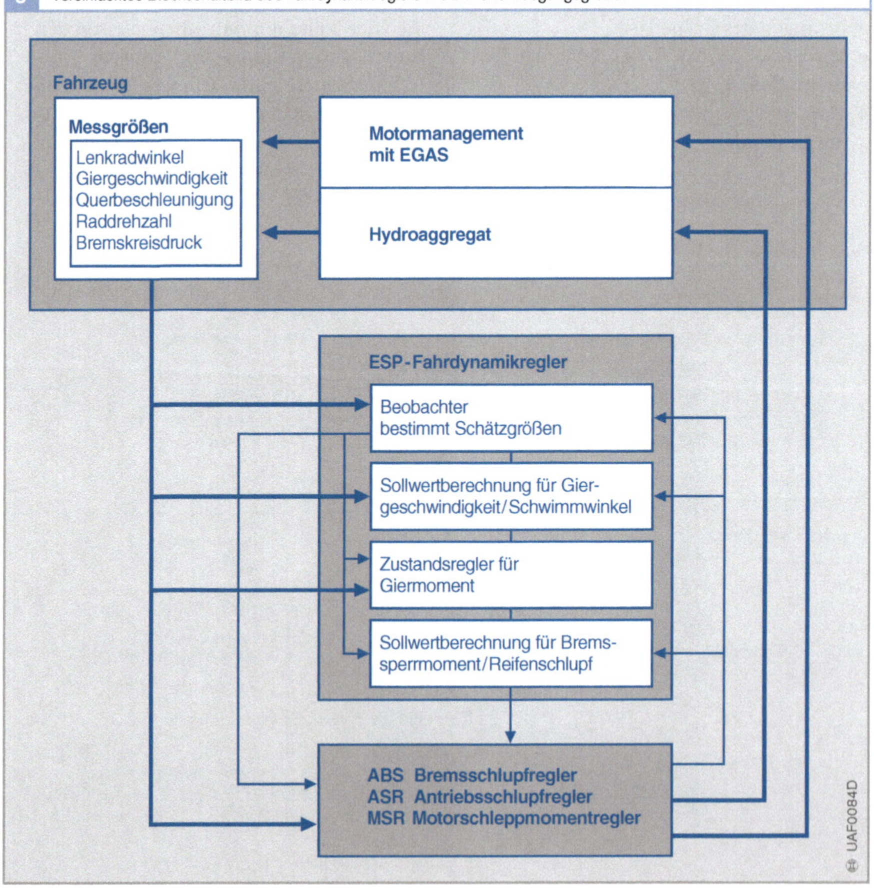

nachstehend aufgeführten Größen ermittelt, die vom Fahrer vorgegeben werden oder auf die der Fahrer einwirken kann:

- Lenkradwinkel,
- geschätzte Fahrzeuggeschwindigkeit,
- Haftreibungszahl, die aus der Längs- (Schätzgröße) und Querbeschleunigung (Messgröße) bestimmt wird, und
- Gaspedalstellung (Motormoment) oder Bremskreisdruck (Bremspedalkraft).

Dabei werden auch die speziellen Eigenschaften der Fahrzeugdynamik sowie besondere Situationen wie geneigte Fahrbahn oder „µ-split" (z. B. linke Fahrspur griffig, rechte Fahrspur glatt) berücksichtigt.

Arbeitsweise

Der Fahrdynamikregler regelt die beiden Zustandsgrößen Giergeschwindigkeit und Schwimmwinkel und berechnet das Giermoment, das benötigt wird, um die Istzustandsgrößen den Sollzustandsgrößen anzugleichen. Die Berücksichtigung des Schwimmwinkels im Regler nimmt mit steigenden Werten zu.

Dem Regelprogramm liegen die maximal mögliche Querbeschleunigung und andere fahrdynamisch wichtigen Größen zugrunde, die für jedes Fahrzeug im Versuch mit einer *stationären Kreisfahrt* ermittelt wurden. Der dabei ermittelte Zusammenhang zwischen Lenkwinkel sowie Fahrzeuggeschwindigkeit und Giergeschwindigkeit bildet sowohl bei gleichförmiger Fahrt als auch beim Bremsen und Beschleunigen die Grundlage für die Fahrzeugsollbewegung. Die Fahrzeugsollbewegung (Giersollgeschwindigkeit) ist als Einspurmodell in der Software gespeichert.

Die Giersollgeschwindigkeit muss entsprechend den Reibwertverhältnissen auf einen Wert begrenzt werden, der dem physikalisch noch „fahrbaren" Spurverlauf entspricht.

Wenn das Fahrzeug z. B. beim freien Rollen in einer Rechtskurve übersteuert und die Giersollgeschwindigkeit überschritten wird (das Fahrzeug will sich zu schnell um die eigene Hochachse drehen), dann erzeugt

Einspurmodell

Bereiche der Querbeschleunigung

Pkw können Querbeschleunigungen bis zu 10 m/s² erreichen. Querbeschleunigungen im Kleinsignalbereich (0...0,5 m/s²) werden z. B. durch Straßenanregungen wie Spurrillen oder durch Seitenwind verursacht.

Der lineare Bereich reicht von 0,5...4 m/s². Typische querdynamische Manöver sind Fahrspurwechsel oder Lastwechselreaktionen in der Kurvenfahrt. Das hier auftretende Fahrzeugverhalten lässt sich durch das lineare Einspurmodell beschreiben.

Im Übergangsbereich (4...6 m/s²) verhalten sich einige Fahrzeuge noch linear, andere bereits nicht linear.

Der Grenzbereich oberhalb 6 m/s² wird nur in Extremsituationen, z. B. in unfallnahen Situationen, erreicht. Hier ist das Fahrzeugverhalten stark nicht linear.

Annahmen beim Einspurmodell

Wichtige Aussagen über das querdynamische Verhalten eines Fahrzeugs können über das lineare Einspurmodell gewonnen werden. In dem Einspurmodell werden die querdynamischen Eigenschaften einer Achse und deren Räder zu einem effektiven Rad zusammengefasst. In der einfachsten Version sind die berücksichtigten Eigenschaften linear angesetzt, sodass diese Modellversion als lineares Einspurmodell bezeichnet wird.

Die wichtigsten Modellannahmen sind:

- Kinematik und Elastokinematik der Achse werden nur linear berücksichtigt.
- Der Seitenkraftaufbau des Reifens ist linear und das Reifenrückstellmoment wird vernachlässigt.
- Die Schwerpunktshöhe befindet sich in Fahrbahnhöhe. Damit besitzt das Fahrzeug nur die Gierbewegung als rotatorischen Freiheitsgrad. Wanken, Nicken und Huben (translatorische Bewegung in z-Richtung) werden nicht berücksichtigt.

die Fahrdynamikregelung am linken Vorderrad einen Bremssollschlupf (das linke Vorderrad bremst). Dadurch entsteht eine nach links drehende Giermomentänderung auf das zum „Ausbrechen" neigende Fahrzeug.

Wenn das Fahrzeug z. B. beim freien Rollen in einer Rechtskurve untersteuert und die Giersollgeschwindigkeit unterschritten wird (das Fahrzeug will sich zu langsam um die eigene Hochachse drehen), dann erzeugt die Fahrdynamikregelung am rechten Hinterrad einen Bremssollschlupf (das rechte Hinterrad bremst). Dadurch entsteht eine nach rechts drehende Giermomentenänderung auf das „über die Vorderachse schiebende" Fahrzeug.

ESP-Reglerfunktionen bei ABS- und ASR-Betrieb

Um für die ABS- und ASR-Grundfunktionen den höchstmöglichen Kraftschluss zwischen Reifen und Fahrbahn in jeder Fahrsituation voll auszunutzen, werden alle vorliegenden Mess- und Schätzgrößen auch von den unterlagerten Reglern konsequent verwertet.

Im ABS-Betrieb (Neigung der Räder zum Blockieren) übergibt der Fahrdynamikregler an den unterlagerten Bremsschlupfregler folgende Werte:

- die Fahrzeugquergeschwindigkeit,
- die Giergeschwindigkeit,
- den Lenkradwinkel und
- die Radgeschwindigkeiten zur Einstellung des ABS-Sollschlupfs.

Im ASR-Betrieb (Neigung der Räder zum Durchdrehen beim Anfahren oder Beschleunigen) übergibt der Fahrdynamikregler an den unterlagerten Antriebsschlupfregler folgende Offset-Werte:

- Änderung des Sollwertes für den Antriebsschlupf,
- Änderung des Schlupftoleranzbandes und
- Änderung eines Wertes zur Beeinflussung der Momentenreduktion.

Unterlagerter Bremsschlupfregler (ABS)

Aufgabe

Der unterlagerte Bremsschlupfregler wird aktiv, sobald beim Bremsen der Sollschlupf überschritten wird und das ABS aktiviert werden muss. Die Regelung des Radschlupfes im ABS-Betrieb und im aktiven Bremsbetrieb muss für verschiedene fahrdynamische Eingriffe so exakt wie möglich geschehen. Um dabei einen vorgegebenen Sollwert zu erreichen, muss der Schlupf möglichst genau bekannt sein. Die Längsgeschwindigkeit des Fahrzeugs wird aber nicht direkt gemessen, sondern aus den Geschwindigkeiten der Räder bestimmt.

Aufbau und Arbeitsweise

Der Bremsschlupfregler „unterbremst" kurzzeitig ein Rad, um die Geschwindigkeit des Fahrzeugs indirekt zu messen: die Schlupfregelung wird unterbrochen und das aktuelle Radbremsmoment definiert gesenkt und eine Zeit lang konstant gehalten. Unter der Annahme, dass das Rad gegen Ende dieser Zeit stabil läuft, kann die freirollende (schlupffreie) Radgeschwindigkeit berechnet werden.

Mit der Berechnung der Schwerpunktsgeschwindigkeit können die frei rollenden Radgeschwindigkeiten aller vier Räder ermittelt werden. Somit kann auch für die verbleibenden drei geregelten Räder der tatsächliche Schlupf berechnet werden.

Unterlagerter Motorschleppmomentregler (MSR)

Aufgabe

Die Trägheit der sich bewegenden Teile in einem Motor bewirken beim Zurückschalten oder abrupten Gaswegnehmen immer eine bremsende Kraft auf die Antriebsräder. Wird diese Kraft und damit das wirkende Moment zu hoch, kann es nicht mehr von den Reifen auf die Straße übertragen werden. In dieser Situation greift die Motorschleppmomentregelung (durch „leichtes Gasgeben") ein.

Aufbau und Arbeitsweise
Neigen die Räder zum Blockieren, weil sich z. B. der Fahrbahnuntergrund ändert und deshalb das Motorbremsmoment zu hoch geworden ist, kann dieser Tendenz durch „leichtes Gasgeben" entgegengewirkt werden. Das heißt, das Steuergerät erhöht durch Ansteuern der entsprechenden Aktoren des Motormanagements mit EGAS-Funktion das Antriebsmoment. Das antreibende Rad wird in den erlaubten Grenzen mit dem Motoreingriff geregelt.

Unterlagerter Antriebsschlupfregler (ASR)

Aufgabe
Der unterlagerte Antriebsschlupfregler wird aktiv, sobald z. B. beim Anfahren oder Beschleunigen die Antriebsräder den Sollschlupf überschreiten und die ASR-Funktion aktiviert werden muss. Er hat u. a. die Aufgabe, das Motorsollmoment im Antriebsfall auf das auf die Fahrbahn übertragbare Antriebsmoment zu begrenzen, um damit ein Durchdrehen der Antriebsräder zu verhindern.

Eingriffe an den angetriebenen Rädern werden entweder durch Bremsen bzw. das Motormanagement eingesteuert. Beim Dieselmotor reduziert die Elektronische Dieselregelung (EDC) über die eingespritzte Kraftstoffmenge das Motormoment. Beim Ottomotor kann dies durch Verstellung der Drosselklappe (EGAS), aber auch über den Zündwinkel oder Einspritzausblendung vorgenommen werden.

Aktive Bremseingriffe an den nicht angetriebenen Rädern werden über den Bremsschlupfregler direkt eingesteuert. Abweichend vom ABS erhält ASR vom Fahrdynamikregler Werte für die Änderung des Sollschlupfes und der zulässigen Schlupfdifferenz der angetriebenen Achse(n). Diese Änderungen wirken in Form eines Offsets auf die im ASR ermittelten Grundwerte.

Aufbau
Die Sollwerte für die Kardanwellen- und Raddifferenzdrehzahl werden aus den Schlupfsollwerten und den frei rollenden Radgeschwindigkeiten gebildet. Die Regelgrößen Kardanwellen- und Raddifferenzdrehzahl werden aus den jeweiligen Radgeschwindigkeiten der Antriebsräder ermittelt.

Arbeitsweise
Das ASR-Modul berechnet die Bremssollmomente für die beiden Antriebsräder und den Sollwert für die Motormomentreduzierung über das Motormanagement.

Auf die Kardanwellendrehzahl wirkt das Trägheitsmoment des gesamten Antriebsstrangs (Motor, Getriebe, Kardanwelle und Antriebsräder). Die Kardanwellendrehzahl wird deshalb durch eine relativ große Zeitkonstante (geringe Dynamik) beschrieben. Dagegen ist die Zeitkonstante der Raddifferenzdrehzahl relativ klein, weil deren Dynamik fast ausschließlich durch die Trägheitsmomente der beiden Räder bestimmt wird. Außerdem wird die Raddifferenzdrehzahl im Gegensatz zur Kardanwellendrehzahl nicht vom Motor beeinflusst.

Kardanwellen- und Differenzsollmoment sind die Basis für die Zumessung der Stellkräfte bei den Aktoren. Das Differenzsollmoment wird durch den Bremsmomentunterschied zwischen linkem und rechtem Antriebsrad über eine entsprechende Ventilansteuerung im Hydroaggregat eingestellt.

Das Kardanwellensollmoment wird sowohl durch die Motoreingriffe als auch durch einen symmetrischen Bremseingriff erreicht. Der Drosselklappeneingriff beim Ottomotor ist nur mit relativ großer Verzögerung (Totzeit und Übergangsverhalten des Motors) wirksam. Als schneller Motoreingriff wird eine Zündwinkelspätverstellung und als weitere Möglichkeit eine zusätzliche Einspritzausblendung eingesetzt. Der symmetrische Bremseingriff dient dabei zur kurzfristigen Unterstützung der Motormomentreduzierung.

Automatische Bremsfunktionen

Die Möglichkeiten elektronischer Bremssysteme gehen heute weit über ihre ursprünglichen Aufgaben hinaus. Anfangs hatte das Antiblockiersystem (ABS) nur die Aufgabe, das Blockieren der Räder zu verhindern und damit die Lenkbarkeit des Fahrzeugs auch bei einer Vollbremsung zu gewährleisten. Heute übernimmt es auch die Funktion der Bremskraftverteilung. Das Elektronische Stabilitäts-Programm (ESP) bietet mit seiner Fähigkeit, unabhängig von der Bremspedalstellung Bremsdruck aufzubauen, eine Vielzahl von Möglichkeiten zum aktiven Bremseingriff. Ziel ist es, mit automatischen Bremseingriffen den Fahrer zu entlasten und damit mehr Komfort zu bieten. Einige Funktionen tragen aber auch zu mehr Sicherheit bei, da automatische Bremseingriffe im Notfall zu verkürzten Bremswegen führen.

Übersicht

Als Grundfunktion der elektronischen Bremssysteme hat sich die Elektronische Bremskraftverteilung (EBV) durchgesetzt, die die mechanischen Komponenten zur Bremskraftaufteilung zwischen Vorder- und Hinterachse ersetzt. Dadurch werden zum einen Kosten eingespart, zum anderen bietet die elektronische Verteilung der Bremskraft eine höhere Flexibilität.

Zusätzliche Funktionen werden schrittweise in die elektronischen Bremssysteme integriert. Derzeit stehen folgende Zusatzfunktionen zur Verfügung:

- *Hydraulic Brake Assist (HBA):*
  HBA erkennt Notbremssituationen und verkürzt den Bremsweg, indem Bremsdruck bis zur Blockiergrenze aufgebaut wird.
- *Controlled Deceleration for Parking Brake (CDP):*
  CDP ermöglicht auf Anforderung des Fahrers eine Abbremsung bis zum Fahrzeugstillstand.

1 Blockdiagramm

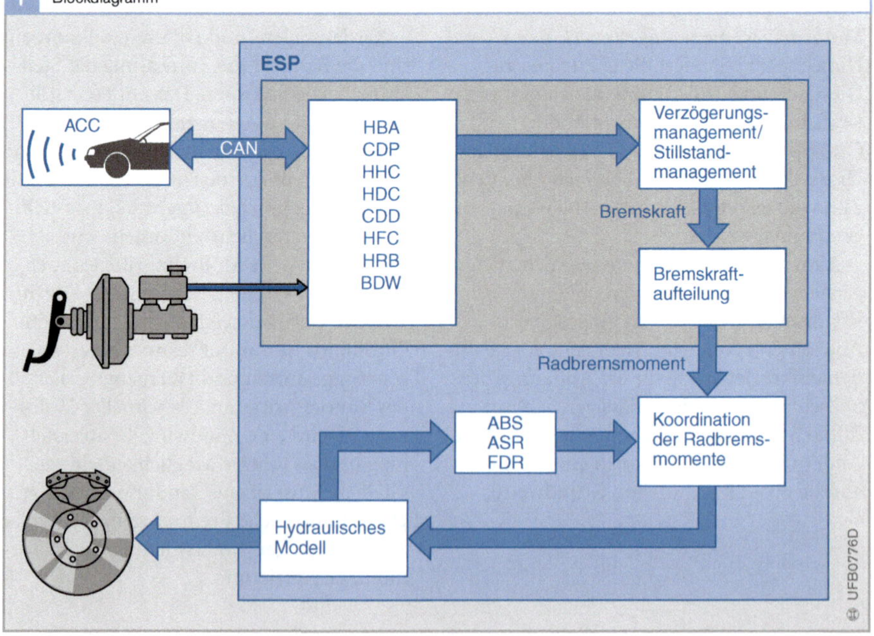

- *Hill Hold Control (HHC):*
  HHC greift beim Anfahren am Berg in die Bremsanlage ein und verhindert ein Rückrollen des Fahrzeugs.
- *Hill Descent Control (HDC):*
  HDC unterstützt den Fahrer beim Bergabfahren im steilen Gelände durch automatischen Bremseingriff.
- *Controlled Deceleration for Driver Assistance Systems (CDD):*
  CDD leitet in Verbindung mit einer automatischen Abstandsregelung im Bedarfsfall eine Abbremsung ein.
- *Hydraulic Fading Compensation (HFC):*
  HFC greift ein, wenn trotz starker Bremspedalbetätigung, z. B. wegen hoher Bremsscheibentemperaturen, die maximal mögliche Fahrzeugverzögerung nicht erreicht wird.
- *Hydraulic Rear Wheel Boost (HRB):*
  HRB erhöht bei einer ABS-Bremsung den Bremsdruck auch in den Hinterrädern bis zum Blockierniveau.
- *Brake Disc Wiping (BDW):*
  BDW entfernt durch kurzzeitiges, für den Fahrer unmerkliches Bremsen Spritzwasser von den Bremsscheiben.

Diese Funktionen arbeiten in Verbindung mit dem Elektronischen Stabilitäts-Programm (ESP). Teilweise ist auch die Funktionsfähigkeit in Verbindung mit dem Antiblockiersystem (ABS) oder der Antriebsschlupfregelung (ASR) gegeben.

Die meisten Zusatzfunktionen arbeiten mit der Sensorik der bestehenden elektronischen Bremssysteme. Einige Funktionen erfordern jedoch zusätzliche Sensoren.

2 Systemlayout der Zusatzfunktionen

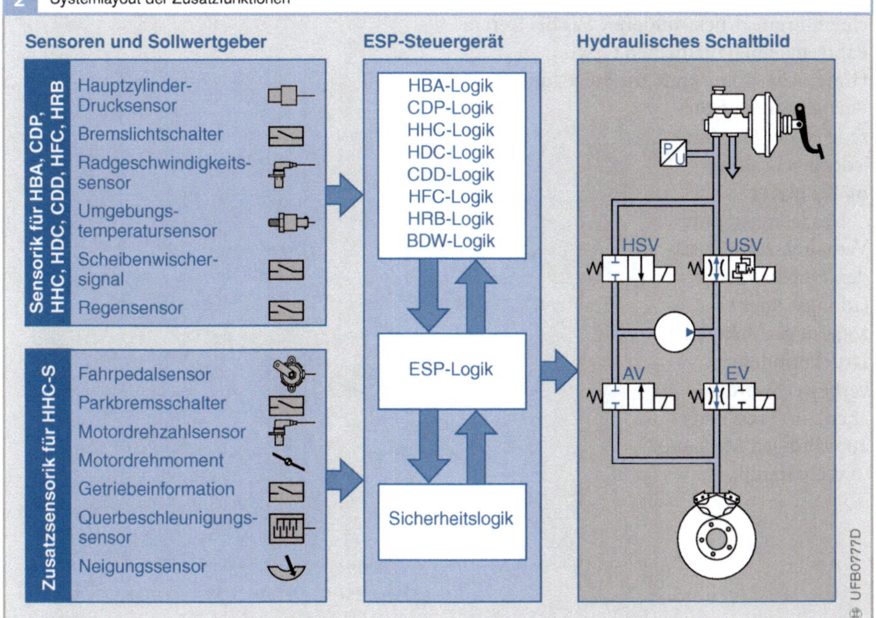

Standardfunktion

Elektronische Bremskraftverteilung EBV

Anforderungen

Die Bremssysteme von Straßenfahrzeugen müssen entsprechend den gültigen Bestimmungen so ausgelegt werden, dass bis zu einer Verzögerung von 0,83 *g*[1] und bei allen Fahrmanövern das Fahrzeug ein stabiles Fahrverhalten, d. h. keine Tendenz zum Schleudern aufweist.

[1] Erdbeschleunigung *g* = 9,81 m/s²

Konventionelle Bremskraftverteilung

Bei Fahrzeugen ohne ABS erreicht man stabiles Fahrverhalten durch eine Festabstimmung der Vorderachs- und Hinterachsbremsen oder durch den Einsatz von Bremsdruckminderern für die Hinterradbremsen (Bild 1).

Kurve 2 zeigt eine Festabstimmung des Fahrzeugs, die im Bereich 0...0,83 *g* unterhalb der idealen Bremskraftverteilung 1l des leeren Fahrzeugs liegt und eine mögliche größere Hinterachsbremskraft nicht ausnutzt; bei voll beladenem Fahrzeug (Kurve 1b) ist die Bremskraftausnutzung noch geringer. Kurve 3 zeigt das Verhalten mit einem Bremsdruckminderer, was bei leerem Fahrzeug einen deutlichen Gewinn an Hinterachs-Bremskraft zur Folge hat. Bei beladenem Fahrzeug ist der Gewinn jedoch verhältnismäßig gering.

Das letztgenannte Verhalten kann durch den Einbau von beladungs- oder verzögerungsabhängigen Druckminderern verbessert werden, aber zum Preis einer aufwändigen Mechanik und Hydraulik.

1 Konventionelle Bremskraftverteilung

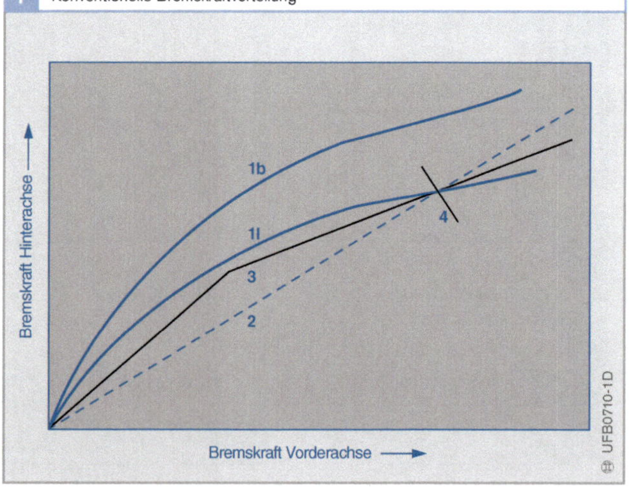

Bild 1
1 Ideale Bremskraftverteilung eines Fahrzeugs:
1l Fahrzeug leer
1b Fahrzeug voll beladen
2 feste Bremskraftverteilung (Festabstimmung)
3 Bremskraftverteilung mit Bremsdruckminderer
4 Gerade für Abbremsung 0,83 *g* (*g*: Erdbeschleunigung)

Elektronische Verteilung

Die Elektronische Bremskraftverteilung (EBV) ermöglicht eine bedarfsgerechte Bremsenauslegung des Fahrzeugs: Die Hinterachse wird bei überwachtem Stabilitätsverhalten stärker zur Gesamtabbremsung des Fahrzeugs herangezogen, z. B. durch Wegfall des Bremsdruckminderes oder durch verstärkt ausgelegte Hinterradbremsen. Daraus ergibt sich ein Bremskraftpotenzial für die Vorderachse, das gerade bei Fahrzeugen mit hoher Vorderachslast ausgenutzt werden kann.

Aufbau

Das Fahrzeug wird so ausgelegt, dass man ohne Bremsdruckminderer eine Festabstimmung mit einem Durchstoßpunkt P (Bild 2) an der idealen Bremskraftverteilung (Kurve 1) bei kleineren Werten der Gesamtabbremsung erhält, z. B. 0,5 *g*. Der Einsatz eines ABS mit vorhandener Hydraulik, Sensorik und Elektronik, jedoch mit modifizierten Ventilen und Software ermöglicht, bei höheren Werten der Gesamtabbremsung die Bremskraft an der Hinterachse zu reduzieren.

Arbeitweise

Das Steuergerät berechnet ständig die Schlupfunterschiede an den Vorder- und Hinterrädern in allen Fahrzuständen. Überschreitet bei einem Bremsvorgang das Schlupfverhältnis Hinterrad zu Vorderrad einen vorgegebenen Stabilitäts-Grenzwert, dann wird das ABS-Druckeinlassventil des entsprechenden Hinterrades geschlossen. Ein weiterer Druckanstieg im Radzylinder wird verhindert.

Steigert der Fahrer nun weiter die Bremspedalkraft und damit den Bremsdruck, dann nimmt auch der Schlupf an den Vorderrädern zu. Das Verhältnis der Schlupfwerte an Hinter- und Vorderrädern wird wieder kleiner, das Druckeinlassventil wird nun geöffnet und der Druck an Hinterrad steigt wieder an. Das beschriebene Verhalten kann sich abhängig von Bremspedalkraft und vom Fahrmanöver mehrfach wiederholen. Es ergibt sich dann ein treppenförmiger Verlauf für die Elektronische Bremskraftverteilung (Kurve 3), der sich näherungsweise an die ideale Bremskraftverteilung anschmiegt.

Für die Elektronische Bremskraftverteilung (EBV) werden nur die Hinterradventile des ABS angesteuert, der Rückförderpumpenmotor im Hydroaggregat bleibt stromlos.

Vorteile

Aus dem skizzierten Verhalten ergeben sich folgende Vorteile für die EBV:

- Optimierte Fahrzeugstabilität bei allen Beladungszuständen und Seitenführungskräften bei Kurvenfahrten, bei Bergauf- und -abfahrten und Änderungen im Antriebsstrang (ein-, ausgekuppelt, Automatikgetriebe),
- Wegfall von konventionellen Druckminderern oder -begrenzern,
- Verringerung der thermischen Belastung der Vorderradbremsen,
- gleichmäßige Abnutzung der Bremsbeläge vorn und hinten,
- höhere Fahrzeugverzögerung bei gleichen Pedalkräften,
- konstante Bremskraftverteilung während der Fahrzeuglebensdauer,
- nur geringfügige Änderungen an bestehenden ABS-Komponenten erforderlich.

2 Elektronische Bremskraftverteilung (EBV)

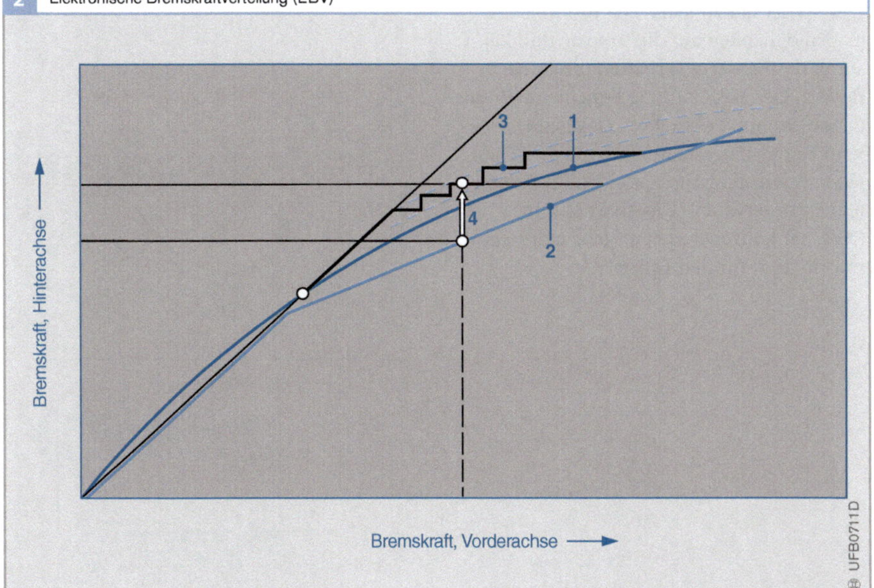

Bild 2

1 Ideale Bremskraftverteilung
2 installierte Bremskraftverteilung
3 Elektronische Bremskraftverteilung
4 Gewinn an Bremskraft an der Hinterachse

Zusatzfunktionen

Hydraulic Brake Assist HBA

Das Hauptmerkmal des hydraulischen Bremsassistenten besteht in der Erkennung einer Notbremssituation und einer daraus abgeleiteten automatischen Erhöhung der Fahrzeugverzögerung. Die Fahrzeugverzögerung wird erst durch das Einsetzen der ABS-Regelung begrenzt und liegt somit an dem physikalisch möglichen Optimum. So ergeben sich für den Normalfahrer genauso kurze Bremswege wie sie bislang nur von trainierten Fahrern erreicht werden konnten. Reduziert der Fahrer seine Bremsanforderung, wird entsprechend der Pedalkraft die Fahrzeugverzögerung reduziert. Der Fahrer kann somit die Verzögerung nach einer eventuellen Klärung der Notsituation genau dosieren.

Das Maß für die Bremsanforderung des Fahrers ist die Pedalkraft bzw. der Pedaldruck. Der Pedaldruck wird von dem gemessenen Hauptzylinderdruck unter Berücksichtigung der momentanen Hydraulikansteuerung abgeleitet.

Der Fahrer hat zu jeder Zeit die volle Eingriffsmöglichkeit auf die Bremse und kann somit das Fahrzeugverhalten direkt beeinflussen. Der HBA kann lediglich eine Bremsdruckerhöhung einstellen. Das heißt, der vom Fahrer eingestellte Vordruck wird auf jeden Fall durchgestellt. Bei einem Systemfehler erfolgt eine HBA-Abschaltung (Abschaltkonzept) mit Ausgabe einer Fehlerinformation für den Fahrer.

Controlled Deceleration for Parking Brake CDP

Die Elektromechanische Parkbremse (EPB) ist ein automatisiertes Feststellbremssystem. Sie ersetzt den konventionellen Handbrems- oder Fußfeststellhebel durch einen Elektromotor. Die Parkbremse hat aber den Nachteil, dass diese nur auf die Hinterachse wirkt und bei einer Notverzögerung in ihrer Bremskraft begrenzt ist. Um auch höhere Verzögerungen komfortabel zu realisieren und gleichzeitig für die Fahrzeugstabilität die überlagerten Regler eines ESP-Systems zu nutzen, bietet sich die CDP-Funktion an.

Die CDP-Funktion ist eine Zusatzfunktion zur aktiven Bremsdruckerhöhung bei einem Fahrzeug mit hydraulischer Bremsanlage und ESP-System. Die CDP-Funktion ermöglicht auf Aufforderung des Fahrers automatisch eine Verzögerung des Fahrzeugs bis zum Stillstand. Nach Erreichen des Fahrzeugstillstands übernimmt die ESP-Hydraulik auch für kurze Zeit alle statischen Feststellbremsvorgänge.

1 Vergleich einer Bremsung mit und ohne Bremsassistenzfunktion

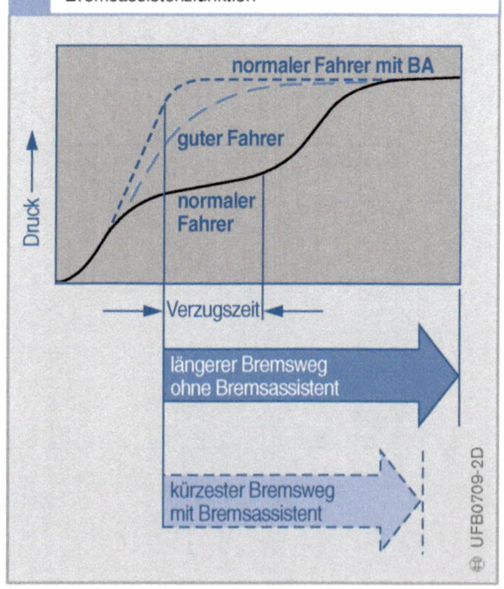

Hill Hold Control HHC

Der Anfahrassistent (Hill Hold Control, HHC) ist eine Komfortfunktion und verhindert beim Anfahren an Steigungen das Rückrollen des Fahrzeugs. Die Steigung wird dabei durch einen Neigungssensor (Längsbeschleunigungssensor) ermittelt. Erforderlich für den Anfahrassistenten ist der bei Fahrzeugstillstand vorhandene Bremsdruck, welcher durch die betätigte Fußbremse aufgebaut wurde.

Der während des Anhaltevorgangs durch den Fahrer vorgegebene Bremsdruck wird bei Erkennen des Fahrzeugstillstands in der Bremsanlage gehalten, auch wenn das Bremspedal nicht mehr betätigt ist. Spätestens nach einer Druckhaltezeit von bis zu maximal zwei Sekunden wird der Bremsdruck abgebaut. Innerhalb dieser Zeit kann der Fahrer das Gaspedal betätigen und den Anfahrvorgang durchführen. Nach Erkennen des Anfahrwunsches wird der Bremsdruck abgebaut.

Ein Anfahrwunsch liegt vor, wenn das Motormoment ausreicht, um das Fahrzeug in die gewünschte Fahrtrichtung zu bewegen. Der Anfahrwunsch kann sowohl vom Fahrer durch Betätigung von Gaspedal und/oder Kupplung als auch vom Getriebe durch Abgabe eines Motormoments (z. B. Automatik/CVT) getriggert werden.

Der Bremsdruck wird nicht in der Bremsanlage gehalten, wenn während des Stillstands bereits genügend Motormoment anliegt (z. B. durch den Vortrieb des Automatikgetriebes).

Wird das Gaspedal innerhalb der fahrzeugspezifischen Haltezeit betätigt, so verlängert sich die Haltezeit, bis ausreichend Motormoment zum Anfahren vorhanden ist.

Ist weder das Gas- noch das Bremspedal betätigt, wird die Funktion spätestens nach zwei Sekunden abgebrochen. Dabei rollt das Fahrzeug an.

Die HHC-Funktion wird als Zusatzfunktion zum ESP ausgelegt und benutzt Teile dieser Systeme. Die Aktivierung erfolgt automatisch.

2 Funktionsbeschreibung HHC

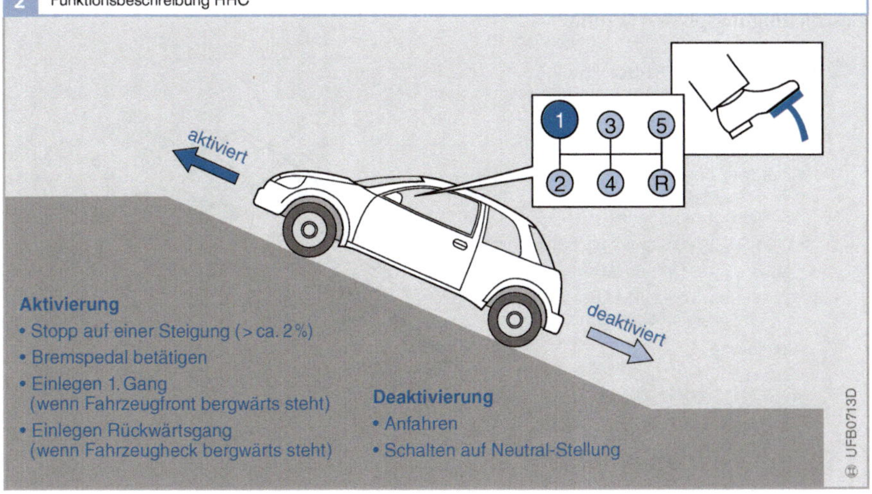

Hill Descent Control HDC

Die Hill Descent Control (HDC) ist eine Komfortfunktion, die den Fahrer beim Bergabfahren im Gelände (bis 50 % Gefälle) durch automatischen Bremseingriff unterstützt. Nach Aktivieren dieser Funktion wird ohne Zutun des Fahrers eine vorgegebene, niedrige Sollgeschwindigkeit eingeregelt.

Aktivierung und Deaktivierung der HDC-Funktion erfolgen grundsätzlich durch Betätigung des HDC-Tasters.

Bei Bedarf kann der Fahrer die voreingestellte Sollgeschwindigkeit durch Brems- und Gaspedalbetätigung oder mithilfe der Bedientasten einer Geschwindigkeitsregelanlage variieren.

Laufen die Räder während einer HDC-Regelung in zu hohen Bremsschlupf, so wird selbsttätig ABS aktiv. Befinden sich die Räder auf unterschiedlichem Untergrund, so wird das Bremsmoment der schlupfenden Räder automatisch auf die Räder mit höherem Reibwert verteilt.

Ein zur Verfügung stehendes Motorbremsmoment wird automatisch ausgenutzt. Gegenüber der ausschließlichen Ausnutzung des Motorschlepps bietet HDC jedoch den zusätzlichen Vorteil, dass bei abhebenden Rädern (Verlust des Motorschlepps) die Fahrzeuggeschwindigkeit gehalten wird, und es nicht zu plötzlichen Beschleunigungsphasen kommt.

Ein weiterer Vorzug der HDC-Funktion ist die variable Verteilung der Bremskraft, die an die automatische Fahrtrichtungserkennung gekoppelt ist. Bei Rückwärtsfahrt wird die Hinterachse entsprechend stärker gebremst, um auch bei entlasteter Vorderachse eine optimale Lenkbarkeit zu ermöglichen.

Innerhalb HDC ist eine Funktion (Level Ground Detection) vorhanden, welche einen Bremseneingriff durch HDC nur bei Bergabfahrt zulässt. Befindet sich das Fahrzeug in der Ebene oder in Bergauffahrt, wechselt HDC in einen Bereitschaftszustand, um automatisch wieder aktiv zu werden, sobald Bergabfahrt erkannt wird.

Um einem Missbrauch durch den Fahrer vorzubeugen, tritt der HDC-Bereitschaftszustand außerdem ein, falls das Fahrpedal über eine Schwelle hinaus betätigt oder eine maximale Regelgeschwindigkeit überschritten wird. Beschleunigt das Fahrzeug weiterhin über eine Abschaltgeschwindigkeit hinaus, wird HDC deaktiviert.

Der Zustand der HDC-Funktion wird durch eine HDC-Kontrollleuchte angezeigt. Bei Bremseingriffen durch HDC wird außerdem das Bremslicht angesteuert.

3 Funktionsbeschreibung HDC

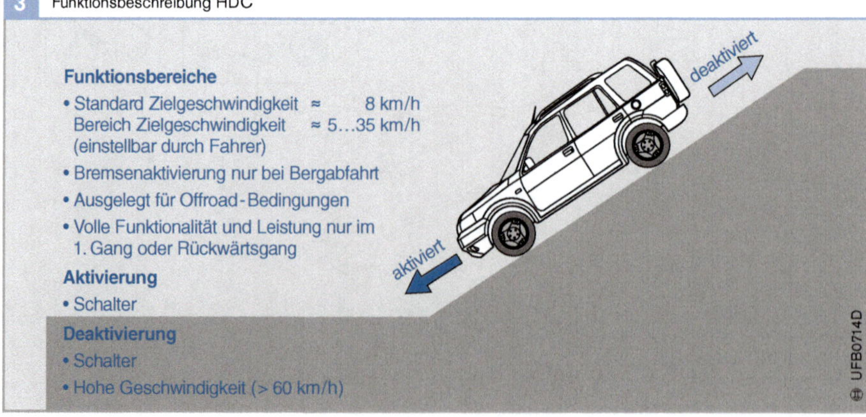

Controlled Deceleration for Driver Assistance Systems CDD

Die CDD-Basis-Funktion ist eine Zusatzfunktion zur Realisierung des aktiven Bremseingriffs bei der adaptiven Fahrgeschwindigkeitsregelung (Adaptive Cruise Control, ACC), d. h. für eine automatische Abstandsregelung. Ziel ist eine automatische Abbremsung ohne Bremsbetätigung des Fahrers, sobald ein vorgegebener Abstand zum vorausfahrenden Fahrzeug unterschritten wird. CDD basiert auf einer hydraulischen Bremsanlage und einem ESP-System.

Der Eingang der CDD-Funktion ist eine Sollverzögerungsanforderung. Ausgang der CDD-Funktion ist eine Istverzögerung des Fahrzeugs, die über eine Druckregelung mittels Hydraulik realisiert wird. Die Verzögerungsvorgabe erfolgt durch das vorgeschaltete Cruise Control System.

4 Funktionsbeschreibung CDD

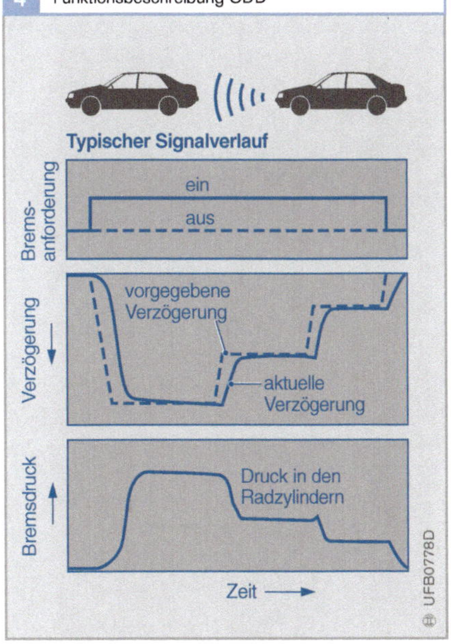

Hydraulic Fading Compensation HFC

Die Funktion Hydraulic Fading Compensation (HFC) bietet dem Fahrer eine zusätzliche Bremskraftunterstützung. Sie erfolgt, wenn selbst bei starker Bremspedalbetätigung, mit der normalerweise das Blockierdruckniveau erreicht wird (Vordruck über ca. 80 bar), nicht die maximal mögliche Fahrzeugverzögerung eintritt. Dies ist z. B. bei hohen Bremsscheibentemperaturen oder bei Bremsbelägen mit deutlich reduziertem Reibwert der Fall.

Bei Aktivierung von HFC werden die Raddrücke so weit erhöht, bis alle Räder das Blockierdruckniveau erreicht haben und die ABS-Regelung einsetzt. Die Bremsung liegt somit an dem physikalischen Optimum. Der Druck in den Radzylindern kann dann auch während der ABS-Regelung größer als der Druck im Hauptzylinder sein.

Reduziert der Fahrer seine Bremsanforderung auf einen Wert unterhalb einer Umschaltschwelle, wird entsprechend seiner Pedalkraft die Fahrzeugverzögerung reduziert. Der Fahrer kann somit die Verzögerung nach einer eventuellen Klärung der Situation genau dosieren. Die HFC-Abschaltbedingung ist erfüllt, wenn der Vordruck oder die Fahrzeuggeschwindigkeit die jeweilige Abschaltschwelle unterschreitet.

5 Funktionsbeschreibung HFC

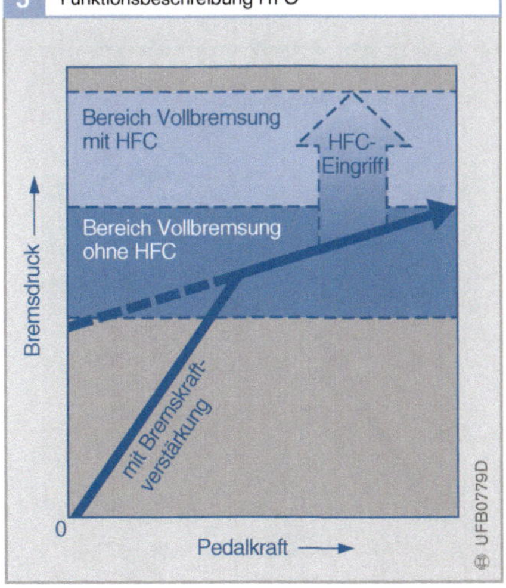

Hydraulic Rear Wheel Boost HRB

Die Hydraulic Rear Wheel Boost (HRB) ist eine Funktion, die dem Fahrer im Falle von ABS-regelnden Vorderrädern eine zusätzliche Bremskraftunterstützung für die Hinterräder bietet. Dies ist durch die Beobachtung motiviert, dass viele Fahrer mit Beginn der ABS-Regelung die Pedalkraft nicht weiter erhöhen, obwohl die Situation es verlangen würde. Nach HRB-Aktivierung werden die Raddrücke an den Rädern der Hinterachse so weit erhöht, bis diese ebenfalls das Blockierdruckniveau erreichen und die ABS-Regelung einsetzt. Der Bremsvorgang liegt somit an dem physikalischen Optimum. Der Druck in den Radzylindern der Hinterräder kann dann auch während der ABS-Regelung größer als der Druck im Hauptzylinder sein.

Die HRB-Abschaltbedingung ist erfüllt, wenn die Räder an der Vorderachse nicht mehr in ABS-Regelung sind oder der Vordruck die Abschaltschwelle unterschreitet.

Brake Disc Wiping BDW

Die Funktion von Brake Disc Wiping (BDW) besteht in der Erkennung von Regen oder Fahrbahnnässe durch Auswertung von Scheibenwischer- oder Regensensorsignalen und dem darauf folgenden aktiven Bremsdruckaufbau in der Betriebsbremse. Der Bremsdruckaufbau dient dem Entfernen von Spritzwasser auf der Bremsscheibe, um minimale Bremsreaktionszeiten bei Nässe zu gewährleisten. Das Druckniveau während des Trockenbremsens wird so eingestellt, dass die Fahrzeugverzögerung an der Wahrnehmungsgrenze liegt.

Das Trockenbremsen geschieht wiederholt in einem definierten Intervall, solange das System Regen oder Fahrbahnnässe erkennt. Optional kann allein an der Vorderachse gewischt werden.

Sobald der Fahrer die Bremse betätigt, beendet BDW den Wischvorgang.

6 Funktionsbeschreibung HRB

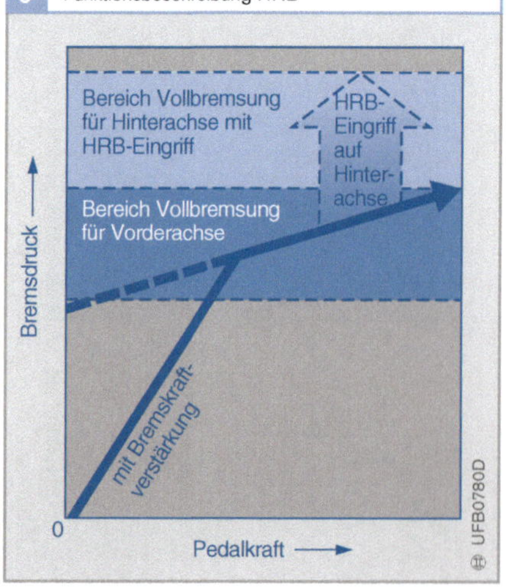

Fahrstabilität

Eine gute Fahrzeugführung hängt davon ab, ob das Fahrzeug einer Fahrspur folgt, die möglichst präzise mit dem Lenkwinkelverlauf übereinstimmt und ob das Fahrzeug stabil bleibt, also bei Lenkbewegungen nicht schiebt.

Die Querdynamik des Fahrzeugs ist dabei besonders von Bedeutung. Sie wird durch die seitliche Bewegung (charakterisiert durch den Schwimmwinkel) und die Drehbewegung des Fahrzeugs um die Hochachse (Giergeschwindigkeit) beschrieben (Bild 1).

Bild 2 veranschaulicht die Querdynamik eines Fahrzeugs bei festem Lenkwinkel (Kreisfahrt). Position 1 zeigt den Moment des Lenkradeinschlags (Lenksprung). In Kurve 2 ist die Fahrspur auf griffiger Fahrbahn dargestellt; sie stimmt mit dem Lenkwinkelverlauf überein. Dies ist gewährleistet, wenn die Haftreibungszahl groß genug ist, um die Querbeschleunigungskräfte auf die Fahrbahn übertragen zu können. Bei kleineren Haftreibungszahlen, z. B. wegen Fahrbahnglätte, wird der Schwimmwinkel übermäßig groß (Kurve 3). Die Regelung der Giergeschwindigkeit führt hier zwar dazu, dass sich das Fahrzeug genauso weit um seine Hochachse dreht wie in Kurve 2, aber wegen des großen Schwimmwinkels droht eine Instabilität. Aus diesem Grund regelt das Elektronische Stabilitäts-Programm die Giergeschwindigkeit und begrenzt den Schwimmwinkel β (Kurve 4).

2 Querdynamik eines Fahrzeugs

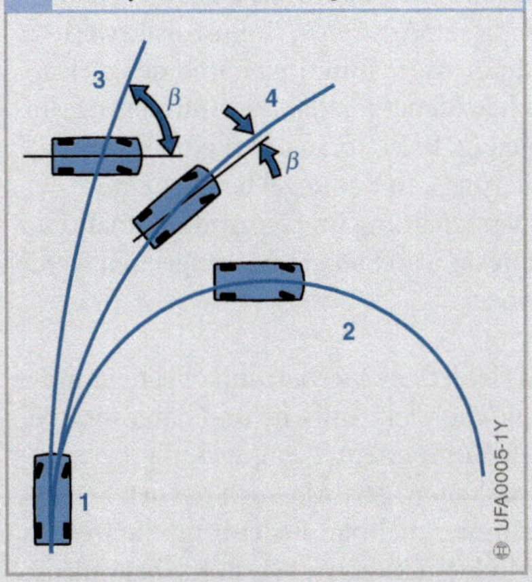

Bild 2
1 Lenksprung, Lenkradwinkel fest
2 Fahrspur auf griffiger Fahrbahn
3 Fahrspur auf glatter Fahrbahn mit Regelung der Giergeschwindigkeit
4 Fahrspur auf glatter Fahrbahn mit zusätzlicher Regelung des Schwimmwinkels β (ESP)

1 Bewegungsrichtungen eines Fahrzeugs

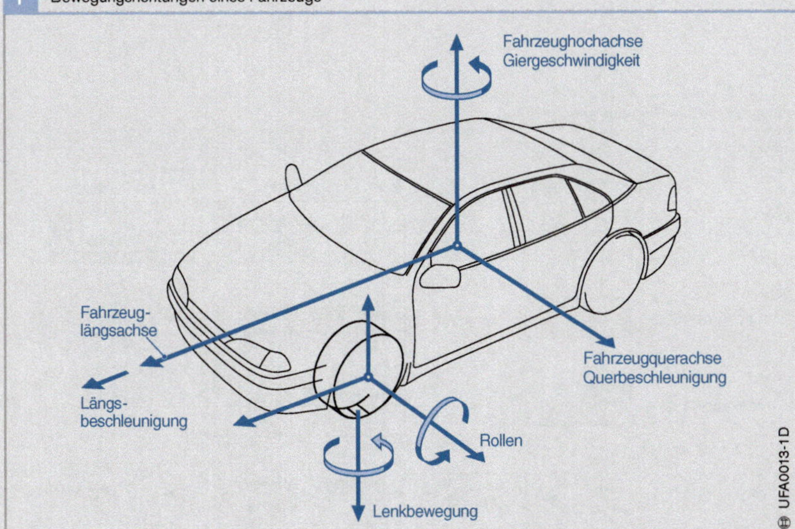

Sensoren

Sensoren erfassen Betriebszustände (z. B. Motordrehzahl) und Sollwerte (z. B. Fahrpedalstellung). Sie wandeln physikalische Größen (z. B. Druck) oder chemische Größen (z. B. Abgaskonzentration) in elektrische Signale um.

Einsatz im Kraftfahrzeug

Sensoren und Aktoren bilden die Schnittstelle zwischen dem Fahrzeug mit seinen komplexen Antriebs-, Brems,- Fahrwerk- und Karosseriefunktionen und den elektronischen Steuergeräten als Verarbeitungseinheiten (z. B. Motorsteuerung, ESP, Klimasteuerung). In der Regel bereitet eine Anpassschaltung im Sensor die Signale auf, damit sie vom Steuergerät eingelesen werden können.

Das Gebiet der Mechatronik, bei dem mechanische, elektronische und datenverarbeitende Komponenten eng verknüpft zusammenarbeiten, gewinnt auch bei den Sensoren immer mehr an Bedeutung. Sie werden in Modulen integriert (z. B. Kurbelwellen-Dichtmodul mit Drehzahlsensor).

Sensoren werden immer kleiner. Dabei sollen sie auch schneller und genauer werden, da ihre Ausgangssignale direkt auf Leistung und Drehmoment des Motors, auf die Emissionen, das Fahrverhalten und die Sicherheit des Fahrzeugs Einfluss nehmen. Durch die Mechatronik ist dies möglich.

Signalaufbereitung, Analog-Digital-Wandlung, Selbstkalibrierungsfunktionen und zukünftig ein kleiner Mikrocomputer für weitere Signalverarbeitungen können je nach Integrationsstufe bereits im Sensor integriert sein (Bild 1). Dies hat folgende Vorteile:

- im Steuergerät ist weniger Rechenleistung erforderlich,
- eine einheitliche, flexible und busfähige Schnittstelle für alle Sensoren,
- direkte Mehrfachnutzung eines Sensors über den Datenbus,
- Erfassung kleinerer Messeffekte und
- einfacher Abgleich des Sensors.

1 Integrationsstufen von Sensoren

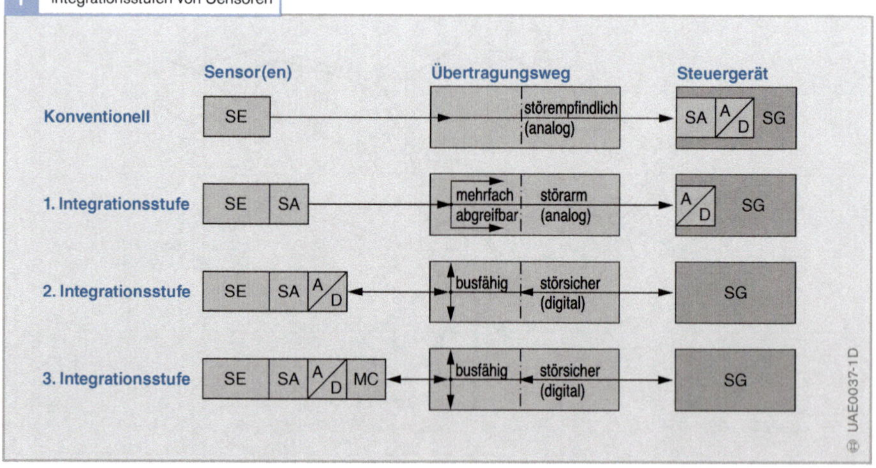

Bild 1
SE Sensor(en)
SA analoge Signalaufbereitung
A/D Analog-Digital-Wandler
SG digitales Steuergerät
MC Mikrocomputer (Auswerteelektronik)

Miniaturen

Die Mikromechanik macht es möglich, Sensorfunktionen auf kleinstem Raum auszuführen. Die typischen mechanischen Dimensionen bewegen sich bis in den Bereich von Mikrometern. Speziell Silizium mit seinen besonderen Eigenschaften hat sich dabei als geeignetes Material zum Herstellen der sehr kleinen, oft filigranen mechanischen Strukturen herausgestellt. Seine Elastizität, kombiniert mit seinen elektrischen Eigenschaften, ist nahezu ideal für die Herstellung von Sensoren. Mit abgewandelten Prozessen der Halbleitertechnik können mechanische und elektronische Funktionen der Sensoren auf einem Chip oder auf andere Weise integriert werden.

1994 ging ein Ansaugdrucksensor zur Lasterfassung im Kfz als erstes Produkt mit einer mikromechanischen Messzelle von Bosch in Serie. Neuere Beispiele für die Miniaturisierung sind mikromechanische Beschleunigungs- und Drehratesensoren in Fahrsicherheitssystemen für den Insassenschutz und die Fahrdynamikregelung. Die untenstehenden Abbildungen veranschaulichen sehr gut die minimalen Größenverhältnisse.

Mikromechanischer Beschleunigungssensor

Schaltung | Kammstruktur im Vergleich zu einem Insekt

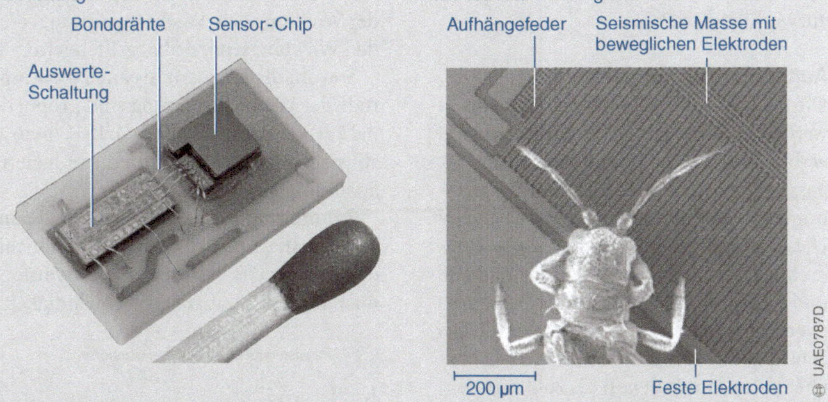

Mikromechanische Drehratesensoren

DRS-MM1 Fahrdynamikregelung | DRS-MM2 Überrollsensierung, Navigation

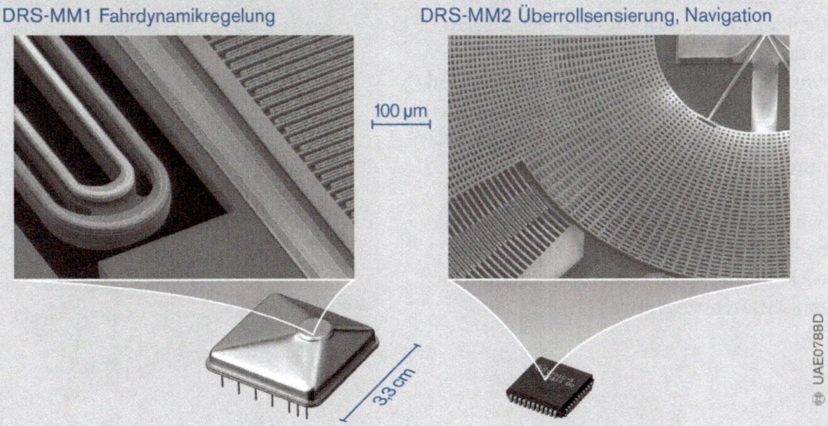

Raddrehzahlsensoren

Anwendung

Raddrehzahlsensoren dienen dazu, die Drehgeschwindigkeit von Fahrzeugrädern zu ermitteln (Raddrehzahl). Die Drehzahlsignale werden mittels Kabel an das ABS-, ASR- oder ESP-Steuergerät des Fahrzeugs weitergeleitet, das die Bremskraft je Rad individuell regelt. Diese Regelschleife verhindert ein Blockieren (bei ABS) oder Durchdrehen der Räder (bei ASR bzw. ESP) und sichert die Stabilität und Lenkbarkeit des Fahrzeugs.

Navigationssysteme benötigen ebenfalls die Raddrehzahlsignale, um daraus die gefahrene Wegstrecke zu errechnen (z. B. in Tunnels oder wenn keine Satellitensignale zur Verfügung stehen).

Aufbau und Arbeitsweise

Die Signale für den Raddrehzahlsensor werden mittels eines fest mit der Radnabe verbundenen Stahl-Impulsgebers (für passive Sensoren) oder Multipol-Magnetimpulsgebers (für aktive Sensoren) erzeugt. Dieser Impulsgeber weist die gleiche Umdrehungsgeschwindigkeit wie das Rad auf und bewegt sich berührungslos am sensitiven Bereich des Sensorkopfes vorbei. Der Sensor „liest“ somit ohne direkten Kontakt über einen Luftspalt von bis zu 2 mm (Bild 2).

Der Luftspalt (mit engen Toleranzen) dient dazu, eine störungsfreie Signalerfassung zu gewährleisten. Mögliche Störungen wie z. B. Schwingungen im Bereich der Radbremse, Vibrationen, Temperatur, Feuchte, Einbauverhältnisse am Rad usw. werden dadurch eliminiert.

Seit 1998 werden statt den passiven (induktiven) Raddrehzahlsensoren bei Neuentwicklungen fast nur noch aktive Raddrehzahlsensoren eingesetzt.

Passiver (induktiver) Drehzahlsensor

Ein passiver (induktiver) Drehzahlsensor besteht aus einem Permanentmagneten (Bild 2, Pos. 1) und einem damit verbundenen weichmagnetischen Polstift (3), der in einer Spule (2) mit mehreren tausend Drahtwindungen steckt. Auf diese Weise wird ein konstantes Magnetfeld erzeugt.

Der Polstift befindet sich direkt über dem Impulsrad (4), einem fest mit der Radnabe verbundenen Zahnrad. Beim Drehen des Impulsrades wird das vorhandene, konstante Magnetfeld durch die ständig wechselnde Folge von Zahn und Lücke „gestört“. Dadurch ändert sich der magnetische Fluss durch den Polstift und somit auch der magnetische Fluss durch die Spulenwicklung. Der Wechsel des Magnetfelds induziert in der Wicklung eine Wechselspannung, die an den Wicklungsenden abgegriffen wird.

Sowohl die Frequenz als auch die Amplitude der Wechselspannung sind proportional zur Raddrehzahl (Bild 3). Bei einem stillstehenden Rad ist somit die induzierte Spannung gleich null.

Zahnform, Luftspalt, Steilheit des Spannungsanstiegs und Eingangsempfindlichkeit des Steuergeräts bestimmen die kleinste noch messbare Fahrzeuggeschwindigkeit

1 Passive (induktive) Drehzahlsensoren

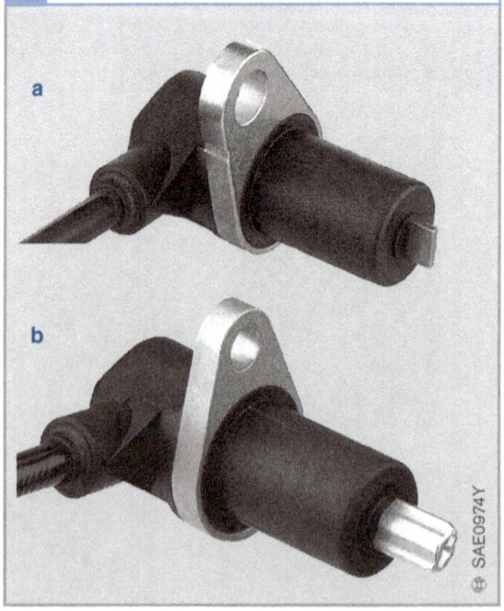

Bild 1
a Meißelpolstift (Flachpolstift)
b Rautenpolstift (Kreuzpolstift)

2 Prinzipskizze des passiven Drehzahlsensors

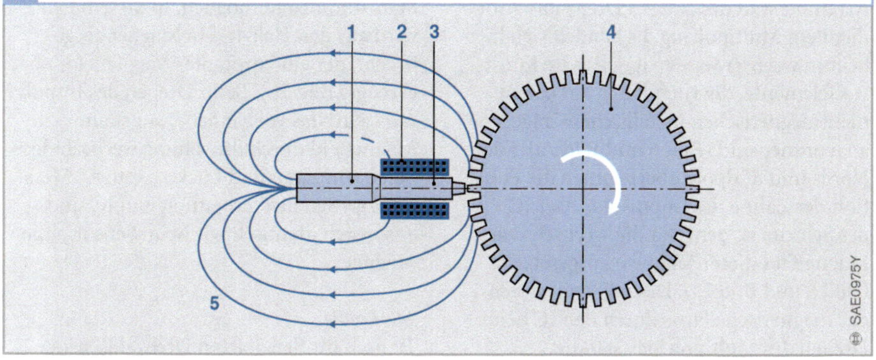

Bild 2
1 Permanentmagnet
2 Magnetspule
3 Polstift
4 Impulsrad aus Stahl
5 magnetische Feldlinien

und damit für die ABS-Anwendung minimal erreichbare Ansprechempfindlichkeit und Schaltgeschwindigkeit.

Da die Einbauverhältnisse am Rad nicht überall gleich sind, gibt es verschiedene Polstiftformen und unterschiedliche Einbauarten. Am weitesten verbreitet ist der Meißel-Polstift (Bild 1a, auch Flachpol genannt) und Rauten-Polstift (Bild 1b, auch Kreuzpol genannt). Beide Polstiftarten müssen beim Einbau genau zum Impulsrad ausgerichtet werden.

Aktiver Drehzahlsensor

Sensorelemente

In heutigen, modernen Bremssystemen werden fast ausschließlich nur noch aktive Drehzahlsensoren eingesetzt (Bild 4). Diese bestehen üblicherweise aus einem hermetisch mit Kunststoff vergossenen Silizium-IC, der im Sensorkopf sitzt.

Neben magnetoresistiven ICs (Änderung des elektrischen Widerstands bei Magnetfeldänderung) werden mittlerweile bei Bosch in der Mehrzahl nur noch Hall-Sensorelemente verwendet, die schon auf kleinste Änderungen des magnetischen Feldes reagieren und deshalb größere Luftspalte gegenüber den passiven Drehzahlsensoren zulassen.

3 Signalausgangsspannung des passiven Drehzahlsensors

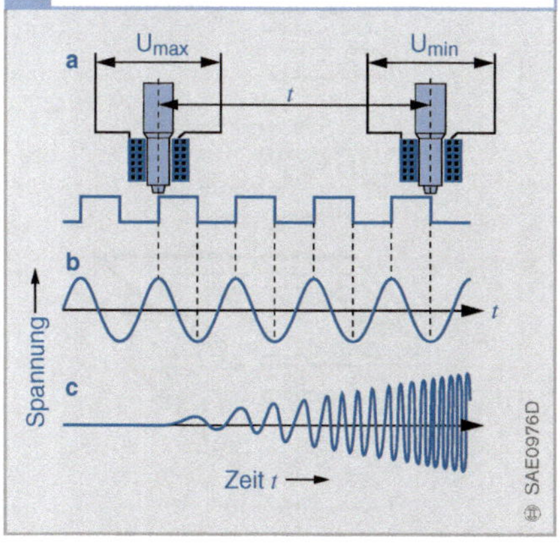

4 Aktiver Drehzahlsensor

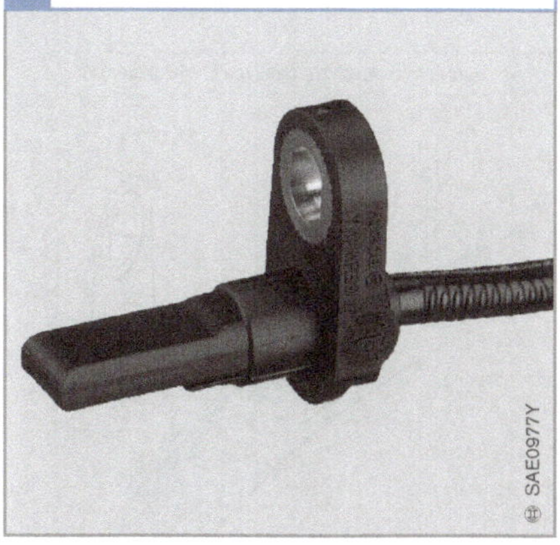

Bild 3
a Passiver Drehzahlsensor mit Impulsrad
b Sensorsignal bei konstanter Raddrehzahl
c Sensorsignal bei steigender Raddrehzahl

Impulsräder
Als Impulsrad des aktiven Drehzahlsensors dient ein Multipolring. Es handelt sich hierbei um wechselweise magnetisierte Kunststoffelemente, die ringförmig auf einem nichtmagnetischen metallischen Träger angeordnet sind (Bild 6 und Bild 7a). Diese Nord- und Südpole übernehmen die Funktion der Zähne des Impulsrads. Der IC des Sensors ist dem ständig wechselnden Magnetfeld dieser Magnete ausgesetzt (Bild 6 und Bild 7a). Deshalb ändert sich der magnetische Fluss durch den IC beim Drehen des Multipolrings ständig.

Alternativ zum Multipolring ist auch ein Stahl-Impulsrad möglich. In diesem Fall wird auf den Hall-IC ein Magnet aufgebracht, der ein konstantes Magnetfeld erzeugt (Bild 7b). Beim Drehen des Impulsrads wird das vorhandene, konstante Magnetfeld durch die ständig wechselnde Folge von Zahn und Lücke „gestört". Messprinzip, Signalverarbeitung und IC sind ansonsten identisch wie beim Sensor ohne Magnet.

Merkmale
Typisch für den aktiven Drehzahlsensor ist die Integration von Hall-Messelement, Signalverstärker und Signalaufbereitung in einem IC (Bild 8). Die Drehzahlinformation wird als eingeprägter Strom in Form von Rechteckimpulsen übertragen (Bild 9). Die Frequenz der Stromimpulse ist proportional zur Raddrehzahl und eine Detektion ist fast bis zum Radstillstand (0,1 km/h) möglich.

Die Versorgungsspannung liegt zwischen 4,5 und 20 Volt. Der Rechteck-Ausgangssignalpegel liegt bei 7 mA (low) und 14 mA (high).

5 Explosionsskizze mit Multipol-Impulsgeber

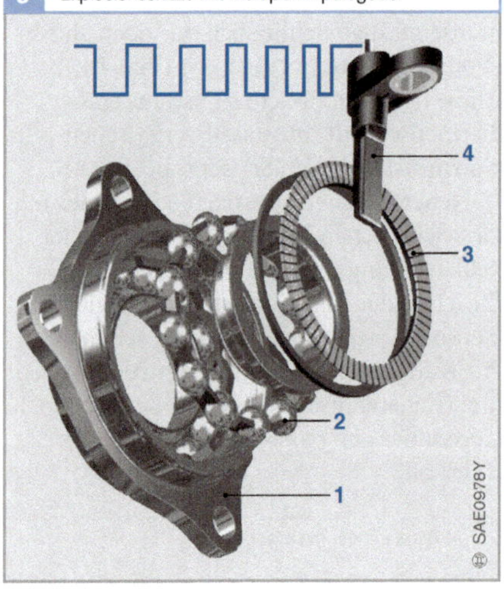

Bild 5
1 Radnabe
2 Kugellager
3 Multipolring
4 Raddrehzahlsensor

6 Schnittbild durch den aktiven Drehzahlsensor

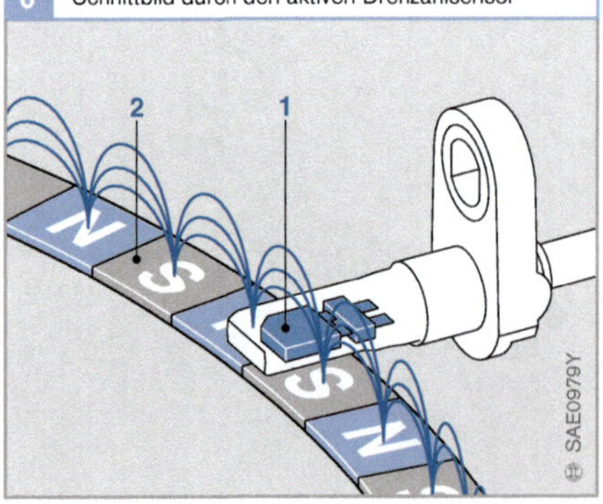

Bild 6
1 Sensorelement
2 Multipolring mit abwechselnder Nord- und Südmagnetisierung

7 Prinzipskizzen für Drehzahlerfassung

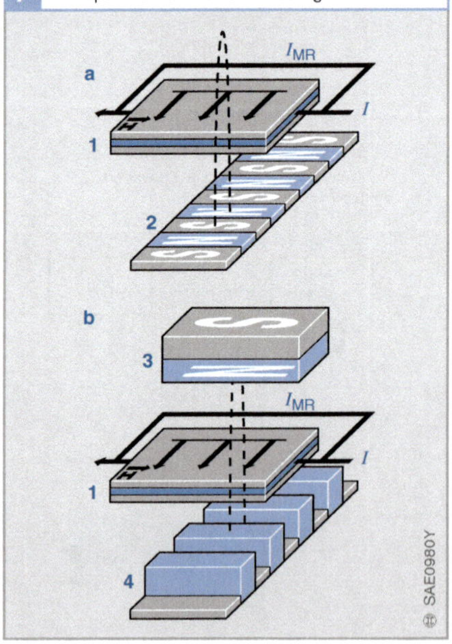

Bild 7
a Hall-IC mit Multipol-Impulsgeber
b Hall-IC mit Stahl-Impulsrad und Magnet im Sensor

1 Sensorelement
2 Multipolring
3 Magnet
4 Stahl-Impulsrad

Bei dieser Übertragungsform mit den digitalen Signalen sind z. B. induktive Störspannungen unwirksam im Vergleich zum passiven, induktiven Sensor. Ein zweiadriges Kabel stellt die Verbindung zum Steuergerät her.

8 Blockschaltbild des Hall-IC

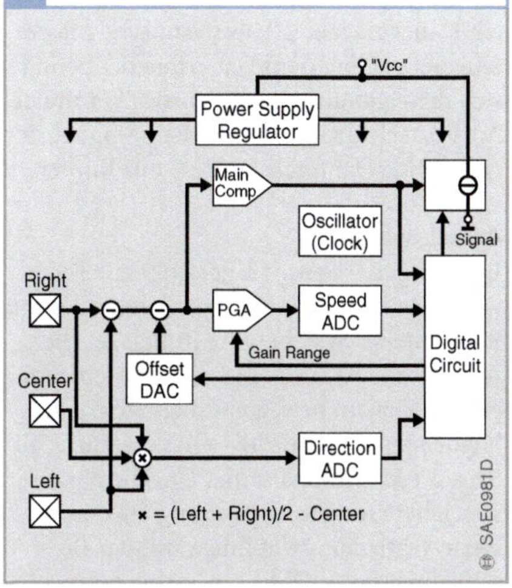

9 Signalumwandlung im Hall-IC

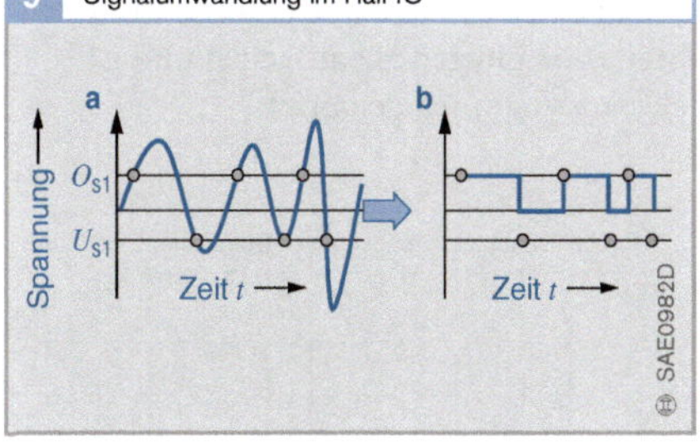

10 Radlager mit Drehzahlsensor

Das kleine Bauvolumen und das geringe Gewicht erlauben es, den aktiven Drehzahlsensor am oder im Radlager eines Fahrzeugs einzubauen (Bild 10). Hierzu sind verschiedene Standard-Sensorkopfformen geeignet.

Die digitale Signalaufbereitung ermöglicht es, codierte Zusatzinformationen mittels eines pulsweitenmodulierten Ausgangssignals zu übertragen (Bild 11):

- Drehrichtungserkennung der Räder: Dies wird insbesondere für die Funktion „Hill Hold Control" benötigt, die ein Zurückrollen des Fahrzeugs während des Anfahrens am Berg durch gezieltes Abbremsen verhindert. Die Drehrichtungserkennung wird auch für die Fahrzeugnavigation herangezogen.
- Stillstandserkennung: Auch diese Information kann bei der Funktion „Hill Hold Control" ausgewertet werden. Eine weitere Verwertung der Information liegt in der Eigendiagnose.
- Signalqualität des Sensors: Im Signal kann eine Informationen zur Signalqualität des Sensors übermittelt werden. Dadurch kann der Fahrer im Fehlerfall aufgefordert werden, rechtzeitig den Kundendienst aufzusuchen.

11 Codierte Informationsübertragung mit pulsweitenmodulierten Signalen

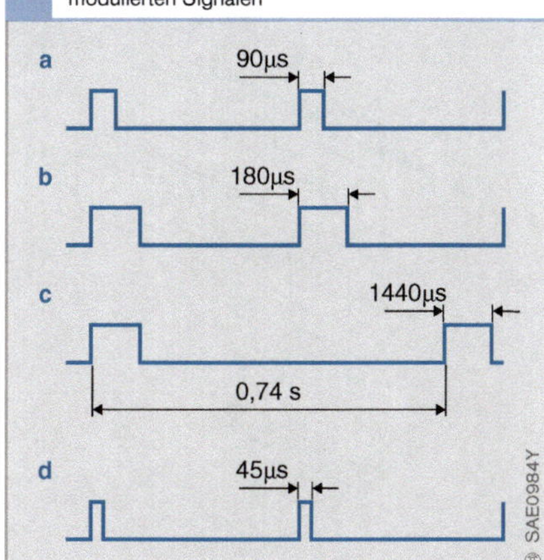

Bild 9
a Rohsignal
b Ausgangssignal

O_{S1} Obere Schaltschwelle
U_{S1} Untere Schaltschwelle

Bild 10
1 Drehzahlsensor

Bild 11
a Geschwindigkeitssignal bei Rückwärtsfahrt
b Geschwindigkeitssignal bei Vorwärtsfahrt
c Signal bei Fahrzeugstillstand
d Signalqualität des Sensors, Eigendiagnose

Hall-Beschleunigungssensoren

Anwendung

Fahrzeuge mit Antiblockiersystem ABS, Antriebschlupfregelung ASR, Allradantrieb oder auch mit Elektronischem Stabilitäts-Programm ESP verfügen zusätzlich zu den Radsensoren über einen Hall-Beschleunigungssensor zur Messung der Fahrzeuglängs- und Fahrzeugquerbeschleunigungen (je nach Einbaulage, bezogen auf die Fahrtrichtung).

Aufbau

Im Hall-Beschleunigungssensor kommt ein „elastisch" befestigtes Feder-Masse-System zur Anwendung (Bilder 1 und 2).

Es besteht aus einer hochkant gestellten bandförmigen Feder (3), die an einem Ende fest eingespannt ist. An ihrem freien Ende ist ein Dauermagnet (2) als seismische Masse aufgesetzt. Über dem Dauermagnet befindet sich der eigentliche Hall-Sensor (1) mit der Auswerteelektronik. Unter dem Magnet sitzt eine kleine Dämpferplatte (4) aus Kupfer.

Arbeitsweise

Unterliegt der Sensor einer quer zur Feder wirkenden Beschleunigung, so verändert das Feder-Masse-System seine Ruhelage. Die Auslenkung ist ein Maß für die Beschleunigung. Der vom bewegten Magneten ausgehende magnetische Fluss F erzeugt im Hall-Sensor die Hall-Spannung U_H. Die daraus abgeleitete Ausgangsspannung U_A der Auswerteelektronik steigt linear mit der Beschleunigung an (Bild 3, Messbereich ca. 1 g).

Der Sensor ist für eine geringe Bandbreite von einigen Hz ausgelegt und ist elektrodynamisch gedämpft.

1 Hall-Beschleunigungssensor (geöffnet)

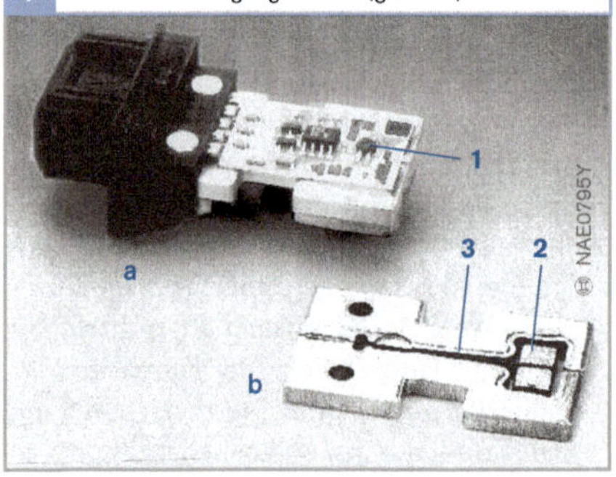

Bild 1
a Elektronik
b Feder-Masse-System
1 Hall-Sensor
2 Dauermagnet
3 Feder

2 Hall-Beschleunigungssensor (Schema)

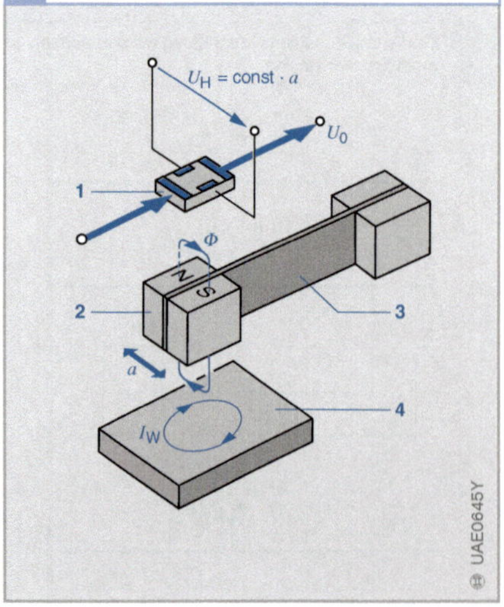

Bild 2
1 Hall-Sensor
2 Dauermagnet
3 Feder
4 Dämpferplatte
I_W Wirbelstrom (Dämpfung)
U_H Hall-Spannung
U_0 Versorgungsspannung
Φ magnetischer Fluss
a aufgenommene (Quer-)Beschleunigung

3 Hall-Beschleunigungssensor (Kennlinie, Beispiel)

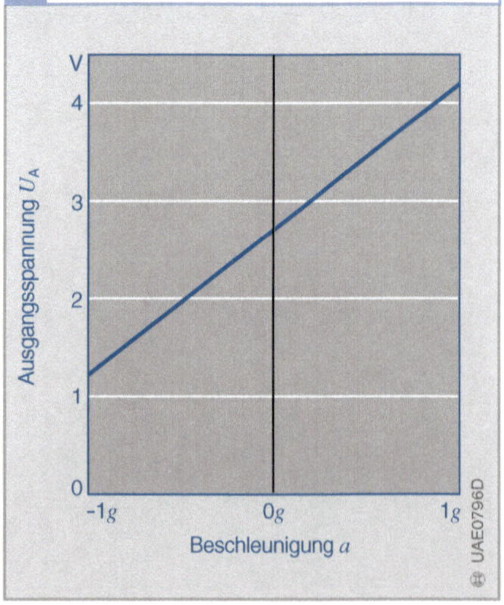

Bosch-Prüfzentrum Boxberg

Ein wichtiger Bestandteil der Entwicklung von Fahzeugsystemen ist die Praxiserprobung bereits beim Systemzulieferer. Nicht alle Erprobungen lassen sich auf öffentlichen Straßen durchführen. Seit 1998 wird das Prüfzentrum von Bosch bei Boxberg zwischen Heilbronn und Würzburg (Süddeutschland) für diesen Teil der Entwicklung genutzt. Hier werden auf 92 ha die verschiedensten Fahr-, Sicherheits- und Komfortsysteme mit ihren Komponenten auf Herz und Nieren getestet. Auf sieben verschiedenen Streckenmodulen werden Systeme in allen Fahrsituationen bis an die physikalischen Grenzen betrieben – und das bei größtmöglicher Sicherheit für Testfahrer und Fahrzeuge.

Die **Schlechtwegstrecken** (1) sind für Geschwindigkeiten bis zu 50 km/h, beziehungsweise bis zu 100 km/h ausgelegt. Folgende Strecken sind verfügbar:
- Schlaglöcher,
- Waschbrett,
- Rüttelstrecke,
- Belgisches Pflaster und
- Strecken mit unterschiedlicher Unebenheit.

Die asphaltierten **Steigungsstrecken** (2) für Anfahr- und Beschleunigungstests am Berg, mit Steigungen von 5 %, 10 %, 15 % und 20 %, enthalten bewässerbare Fliesenstreifen unterschiedlicher Breite.

Zwei **Wasserdurchfahrten** (3) mit 100 m bzw. 30 m Länge und 0,3 m bzw. 1 m Tiefe stehen zur Verfügung.

Bewässerte Sonderstrecken (4) sind mit folgenden Fahrbahnbelägen vorhanden:
- Schachbrett (Asphalt, Fliesen),
- Asphalt,
- Fliesen,
- Blaubasalt,
- Beton sowie
- Aquaplaningstrecke und
- trapezförmige Blaubasaltstrecke.

Die **Fahrdynamikfläche** (5) für Kurvenfahrten hat eine asphaltierte Oberfläche mit 300 m Durchmesser. Sie kann zum Simulieren von Eis- oder Wasserglätte teilweise bewässert werden. Die Fläche ist von einer Sicherheitsbarriere aus Reifen umgeben, um Fahrer und Fahrzeuge zu schützen.

Das **Hochgeschwindigkeitsoval** (6) hat drei Fahrbahnen und kann sowohl von Pkw als auch von Nkw genutzt werden. Die Strecke ist so ausgelegt, dass Geschwindigkeiten bis 200 km/h gefahren werden können.

Der **Handlingparcours** (9) umfasst zwei Strecken: eine Strecke für Geschwindigkeiten bis 50 km/h, die andere bis zu 80 km/h. Beide Strecken beinhalten Kurven mit unterschiedlich starken Radien und Neigungen. Der Handlingparcours wird hauptsächlich für die Erprobung von Fahrdynamiksystemen benutzt.

Blick auf die Streckenmodule

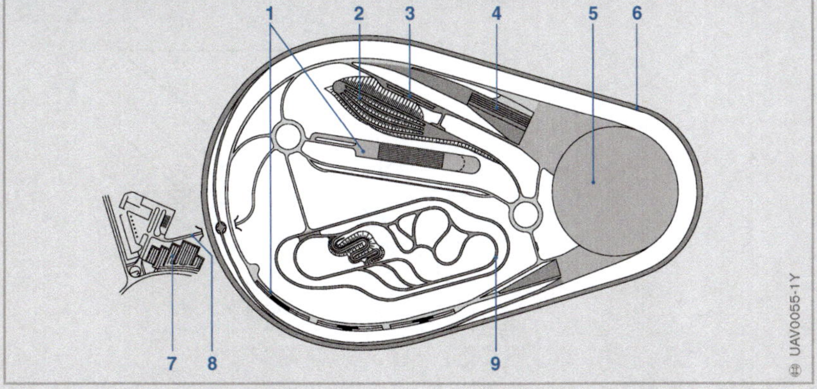

Bild 1
1 Schlechtwegstrecken
2 Steigungsstrecken
3 Wasserdurchfahrten
4 bewässerte Sonderstrecken
5 Fahrdynamikfläche
6 Hochgeschwindigkeitsoval
7 Gebäude
- Werkstätten
- Büros
- Prüfstände
- Labors
- Tankstelle und
- Sozialräume

8 Zufahrt
9 Handlingparcours

Mikromechanische Drehratesensoren

Anwendung

Mikromechanische Siliziumdrehrate- bzw. Giergeschwindigkeitssensoren (auch Gyrometer genannt) erfassen in Fahrzeugen mit Elektronischem Stabilitäts-Programm ESP zur Fahrdynamikregelung die Drehbewegungen eines Fahrzeugs um seine Hochachse, z. B. bei gewöhnlichen Kurvenfahrten, aber auch beim Ausbrechen oder Schleudern.

Diese Sensoren sind dabei, als kostengünstige, kompakt bauende Sensoren die bisher üblichen feinmechanischen Sensoren abzulösen.

1 Struktur des Drehratesensors MM1

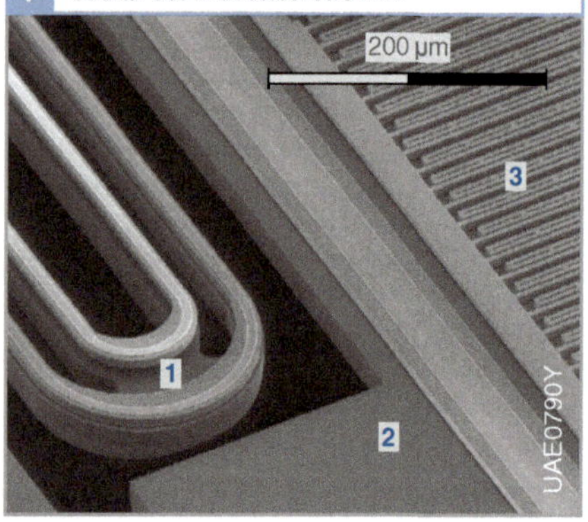

Bild 1
1 Halte-/Führungsfeder
2 Teil des Schwingkörpers
3 Coriolis-Beschleunigungssensor

Aufbau und Arbeitsweise

Mikromechanischer Drehratesensor MM1

Zur Erzielung der für Fahrdynamiksysteme erforderlichen hohen Genauigkeit wird eine Mischtechnologie eingesetzt: zwei dickere, mittels Bulk-Mikromechanik aus einem Wafer herausgearbeitete Masseplatten schwingen im Gegentakt in ihrer Resonanzfrequenz, die durch ihre Masse und ihre Koppelfedersteife bestimmt ist (>2 kHz). Sie tragen jede einen oberflächenmikromechanischen, kapazitiven Beschleunigungssensor kleinster Abmessung, der Coriolis-Beschleunigungen in der Waferebene senkrecht zur Schwingrichtung erfassen kann, wenn sich der Sensorchip mit der Drehrate Ω um seine Hochachse dreht (Bilder 1 und 2). Sie sind proportional zum Produkt aus der Drehrate und der elektronisch auf einen konstanten Wert geregelten Schwinggeschwindigkeit.

Zum Antrieb dient eine einfache, Strom führende Leiterbahn auf der jeweiligen Schwingplatte, die in einem dauermagnetischen Feld B senkrecht zur Chipfläche eine Lorentz-Kraft erfährt. Mittels eines ebenso einfachen, Chipfläche sparenden Leiters wird mit dem gleichen Magnetfeld auf induktive Weise direkt die Schwinggeschwindigkeit gemessen. Die unterschiedliche physikalische Natur von Antriebs- und Sensorsystem vermeidet unerwünschtes

2 Mikromechanischer Drehratesensor MM1 (Aufbau)

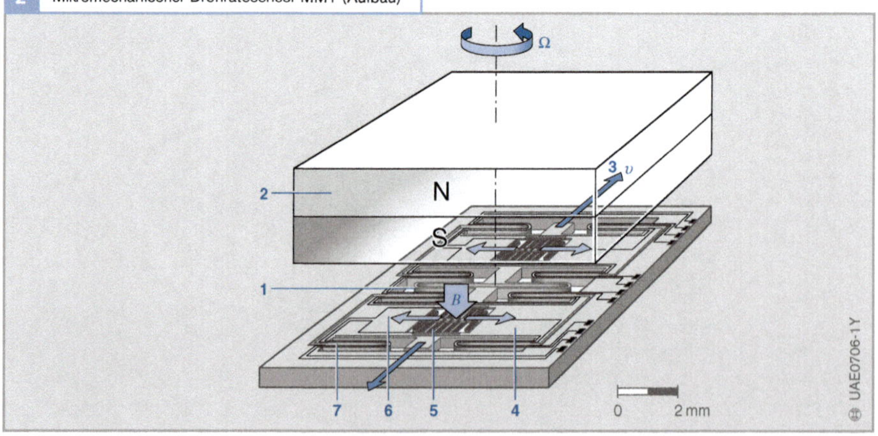

Bild 2
1 Frequenzbestimmende Koppelfeder
2 Dauermagnet
3 Schwingrichtung
4 Schwingkörper
5 Coriolis-Beschleunigungssensor
6 Richtung der Coriolis-Beschleunigung
7 Halte-/Führungsfeder

Ω Drehrate
υ Schwinggeschwindigkeit
B dauermagnetisches Feld

Übersprechen zwischen beiden Teilen. Die beiden gegenläufigen Sensorsignale werden zur Unterdrückung externer Fremdbeschleunigungen (Gleichtaktsignal) voneinander subtrahiert (durch Summenbildung kann man jedoch auf vorteilhafte Weise auch die äußere Fremdbeschleunigung messen). Der präzise mikromechanische Aufbau hilft, den Einfluss hoher Schwingbeschleunigung gegenüber der um mehrere Zehnerpotenzen niedrigeren Coriolis-Beschleunigung zu unterdrücken (Querempfindlichkeit weit unter 40 dB). Antriebs- und Messsystem sind hier mechanisch und elektrisch strengstens entkoppelt.

Mikromechanischer Drehratesensor MM2

Wird der Si-Drehratesensor ganz in **O**berflächen**m**ikro**m**echanik (OMM) hergestellt und gleichzeitig das magnetische Antriebs- und Regelsystem durch ein elektrostatisches ersetzt, so lässt sich die Entkopplung von Antriebs- und Messsystem weniger konsequent verwirklichen: Ein zentral gelagerter Drehschwinger wird von Kammstrukturen (Bilder 3 und 4) elektrostatisch zu einer Schwingung angetrieben, deren Amplitude mithilfe eines gleichartigen, kapazitiven Abgriffs konstant geregelt wird. Coriolis-Kräfte erzwingen eine gleichzeitige „out-of-plane"-Kippbewegung, deren Amplitude zur Drehrate Ω proportional ist und die von den unter dem Schwinger liegenden Elektroden kapazitiv detektiert wird. Um diese Bewegung nicht zu sehr zu bedämpfen, muss der Sensor in Vakuum betrieben werden. Zwar führt die geringere Chipgröße und der einfachere Herstellprozess zu einer deutlichen Kostenreduktion, doch verringert die Verkleinerung auch den ohnehin nicht großen Messeffekt und damit die erzielbare Genauigkeit. Sie stellt höhere Anforderungen an die Elektronik. Der Einfluss von seitlichen Fremdbeschleunigungen ist hier durch Lagerung in der Schwerpunktachse sowie hohe Biegesteifigkeit des Systems gegen Störbeschleunigungen vorteilhafterweise bereits mechanisch unterdrückt.

4 Struktur des Drehratesensors MM2

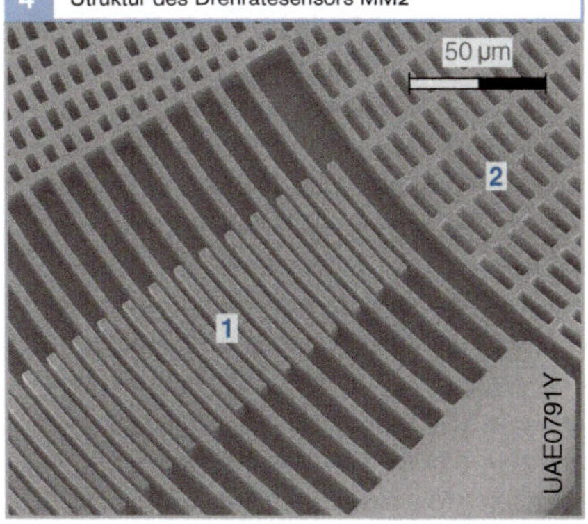

Bild 4
1 Kammstruktur
2 Drehschwinger

3 Oberflächenmikromechanischer Drehratesensor MM2 (Aufbau)

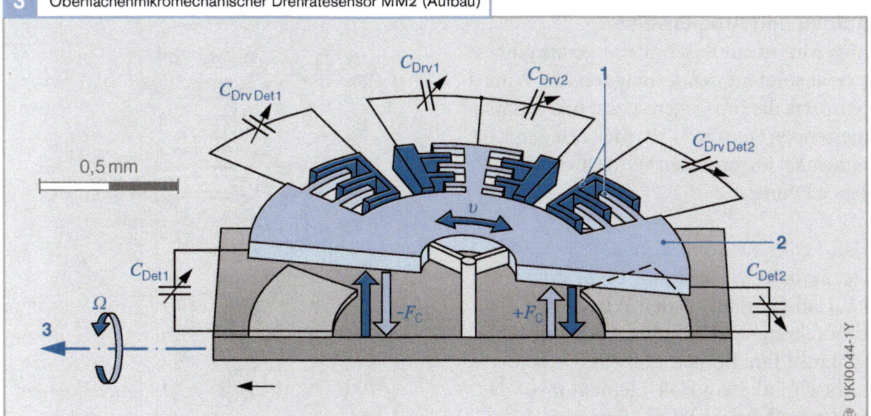

Lenkradwinkelsensoren

Anwendung

Das Elektronische Stabilitäts-Programm (ESP) hat die Aufgabe, das Fahrzeug mit gezielten Bremseingriffen auf dem vom Fahrer vorgegebenen Sollkurs zu halten. Dazu werden in einem Steuergerät der eingestellte Lenkradwinkel und der eingegebene Bremsdruck mit der tatsächlichen Drehbewegung und der Geschwindigkeit des Fahrzeugs verglichen und bei Bedarf einzelne Räder abgebremst. Damit wird der „Schwimmwinkel“ (Abweichung zwischen Fahrzeugachse und Fahrzeugbewegung) klein gehalten und ein Ausbrechen bis zum Erreichen der physikalischen Grenzen verhindert.

Zur Erfassung des Lenkradwinkels sind prinzipiell alle Arten von Winkelsensoren geeignet. Um die Sicherheit zu gewährleisten, werden aber Ausführungen benötigt, die entweder auf einfache Art auf Plausibilität geprüft werden können oder die sich idealerweise selbst überprüfen können. Eingesetzt werden Potentiometer, optische Code-Erfassung und magnetische Prinzipien. Bei den meisten verwendeten Sensoren ist allerdings eine ständige Registrierung und Speicherung der aktuellen Umdrehung des Lenkrads erforderlich, da gängige Winkelsensoren maximal 360° messen können, ein Pkw-Lenkrad aber einen Winkelbereich von ±720° (vier Umdrehungen insgesamt) hat.

Aufbau und Arbeitsweise

Abgestimmt auf Bosch-Steuergeräte gibt es zwei absolut messende, magnetische Winkelsensoren, die (im Gegensatz zu inkremental messenden Sensoren) zu jeder Zeit den Lenkradwinkel im gesamten Winkelbereich ausgeben können.

Hall-Lenkradwinkelsensor LWS1

Der Lenkradwinkelsensor LWS1 erfasst mit 14 „Hall-Schranken“ den Winkel und die Umdrehung des Lenkrads. Eine Hall-Schranke funktioniert ähnlich wie eine Lichtschranke: ein Hall-Element misst das Feld eines benachbarten Magneten, das durch eine mit der Lenksäule drehbaren metallischen Codescheibe stark geschwächt oder abgeschirmt werden kann. Auf diese Weise ergibt sich mit neun Hall-IC der Winkel des Lenkrads als digitale Information. Die restlichen fünf Hall-Sensoren registrieren die Umdrehung, die durch eine Getriebeuntersetzung im Verhältnis 4:1 in den eindeutigen 360°-Bereich übertragen wird.

Die Explosionsdarstellung des Lenkradwinkelsensors LWS1 (Bild 1) zeigt oben die neun Magnete, die durch die darunter liegende weichmagnetische Codescheibe je nach Lenkradstellung einzeln abgeschirmt werden. Auf der Leiterplatte direkt darunter befinden sich Hall-Schalter (IC) und ein Mikroprozessor, in dem Plausibilitätstests ablaufen sowie die Winkelinformation dekodiert und für den CAN-Bus aufbereitet wird. Im unteren Bereich folgen das Getriebe und die weiteren fünf Hall-Schranken.

1 Explosionsdarstellung des digitalen Hall-Lenkradwinkelsensors LWS1

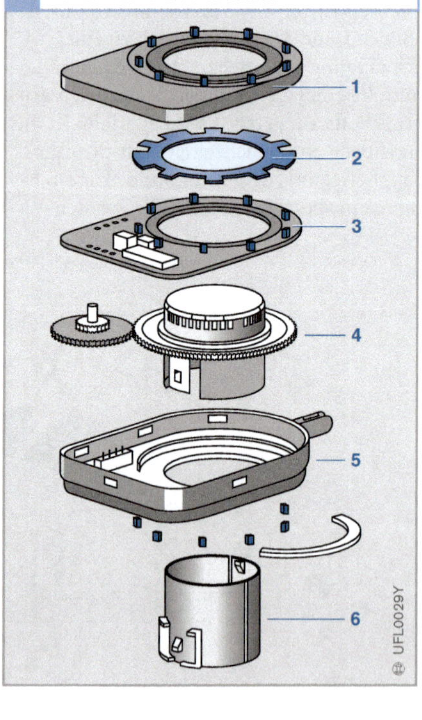

Bild 1
1 Gehäusedeckel mit neun äquidistant angeordneten Permanentmagneten
2 Codescheibe (weichmagnetisches Material)
3 Leiterplatte mit 9 Hall-Schaltern und Mikroprozessor
4 Getriebe
5 weitere fünf Hall-Schranken
6 Befestigungshülse für Lenksäule

Die hohe Zahl von Sensorelementen sowie die erforderliche äquidistante (in gleichen Abständen) und zu den Hall-IC fluchtende Anordnung der Magnete hat zu einer Ablösung des Lenkradwinkelsensors LWS1 durch den LWS3 geführt.

Magnetoresistiver Lenkradwinkelsensor LWS3

Auch der Lenkradwinkelsensor LWS3 arbeitet mit „Anisotrop magnetoresistiven Sensoren" (AMR), deren elektrischer Widerstand sich durch die Richtung eines äußeren Magnetfelds verändert. Die Winkelinformation über einen Bereich von vier vollen Umdrehungen ergibt sich dabei durch das Messen der Winkel zweier Zahnräder, die ein Zahnrad auf der Lenkwelle antreibt. Die beiden Zahnräder haben einen Zahn Differenz, wodurch zu jeder möglichen Stellung des Lenkrades ein eindeutiges Winkelwertepaar gehört.

Durch einen mathematischen Algorithmus (nach bestimmtem Schema ablaufender Rechenvorgang), der als modifiziertes Noniusprinzip bezeichnet wird, kann auf diese Weise der Lenkradwinkel in einem Mikroprozessor berechnet werden, wobei selbst Messungenauigkeiten der beiden AMR-Sensoren korrigiert werden können. Zusätzlich besteht die Möglichkeit einer Selbstkontrolle, sodass über den CAN-Ausgang ein sehr plausibler Messwert an das Steuergerät übermittelt werden kann.

Bild 2 zeigt den schematischen Aufbau des Lenkradwinkelsensors LWS3. Zu erkennen sind die beiden Zahnräder, in denen Magnete eingelassen sind. Darüber sind die Sensoren und die Auswerteelektronik angeordnet.

Auch bei dieser Ausführung zwingt der Kostendruck, neue Sensierungsmöglichkeiten zu untersuchen. Dabei wird geprüft, ob ein einzelner AMR-Winkelsensor (LWS4), der dann allerdings nur 360° eindeutig messen kann, am Wellenende der Lenkachse ausreicht, um die erforderliche Sicherheit für ESP gewährleisten zu können (Bild 4).

2 AMR-Lenkradwinkelsensor LWS3 (Prinzip)

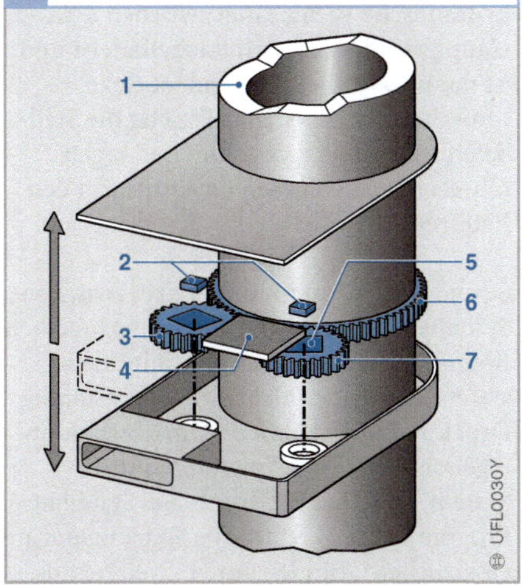

Bild 2
1 Lenkwelle
2 AMR-Messzellen
3 Zahnrad mit m Zähnen
4 Auswerteelektronik
5 Magnete
6 Zahnrad mit n > m Zähnen
7 Zahnrad mit m +1 Zähnen

3 AMR-Lenkradwinkelsensor LWS3 (Ansicht)

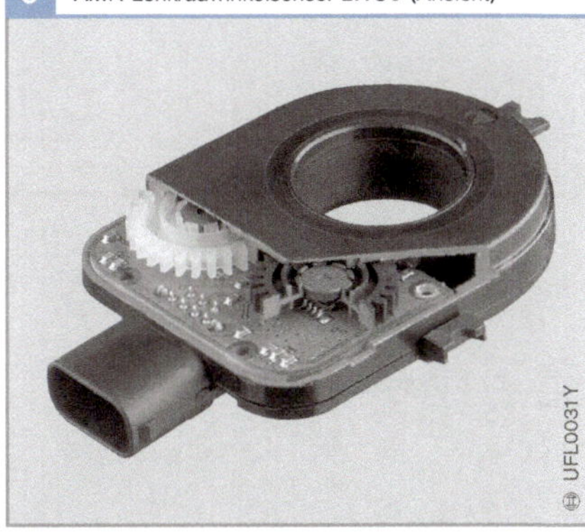

4 AMR-Lenkradwinkelsensor LWS4 zum Anbau an das Wellenende der Lenkachse

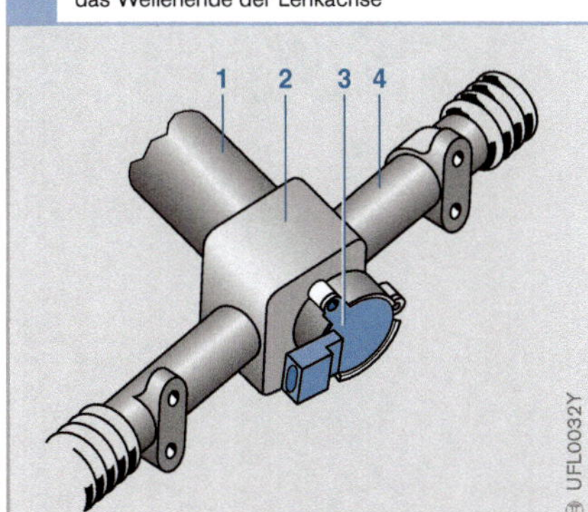

Bild 4
1 Lenksäule
2 Lenkgetriebe
3 Lenkwinkelsensor
4 Zahnstange

Hydroaggregat

Das Hydroaggregat/Modulator bildet die hydraulische Verbindung zwischen dem Hauptzylinder und den Radzylindern und ist damit zentrales Bauelement elektronischer Bremssysteme. Es setzt die Stellbefehle des Steuergeräts um und regelt mittels Magnetventilen die Drücke in den Radbremsen.

Grundsätzlich unterscheidet man zwischen Systemen, die den vom Fahrer aufgebrachten Bremsdruck modulieren (Antiblockiersystem, ABS) und solchen, die selbstständig Druck aufbauen können (Antriebsschlupfregelung, ASR, bzw. Traction Control System, TCS, und Elektronisches Stabilitäts-Programm, ESP). Sämtliche Systeme sind aus gesetzlichen Gründen nur in Zweikreisausführung lieferbar.

Entwicklungsgeschichte

Ein Meilenstein in der Entwicklung des ABS stellte der Wechsel von 3/3- auf 2/2-Magnetventile dar. Mit 3/3-Ventilen, welche in der Generation 2 zum Einsatz kamen, konnten mit nur einem Ventil die Regelfunktionen Druckaufbau, Druckhalten und Druckabbau realisiert werden. Die Ventile enthielten zu diesem Zweck drei hydraulische Anschlüsse. Nachteilig bei dieser Ventilausführung war eine sehr teure elektrische Ansteuerung sowie ein hoher mechanischer Aufwand. Eine kostengünstigere Ansteuerung ist mit den 2/2-Ventilen der aktuellen Generationen möglich. Deren Funktionsweise soll im weiteren Verlauf dargestellt werden.

Die seit 2001 am Markt eingeführte Generation 8 ist voll modular konstruiert. Hierdurch kann die Hydraulik auf die Anforderungen des jeweiligen Fahrzeugherstellers z. B. hinsichtlich Mehrwertfunktionen (Value Added Functions), Komfort, Fahrzeugsegment (bis leichte Nutzfahrzeuge) usw. zugeschnitten werden. Die Generation 8 ist tauchdicht, d. h., das Hydroaggregat übersteht ein kurzzeitiges Eintauchen in Wasser unbeschadet.

1 ESP 8 Hydroaggregat

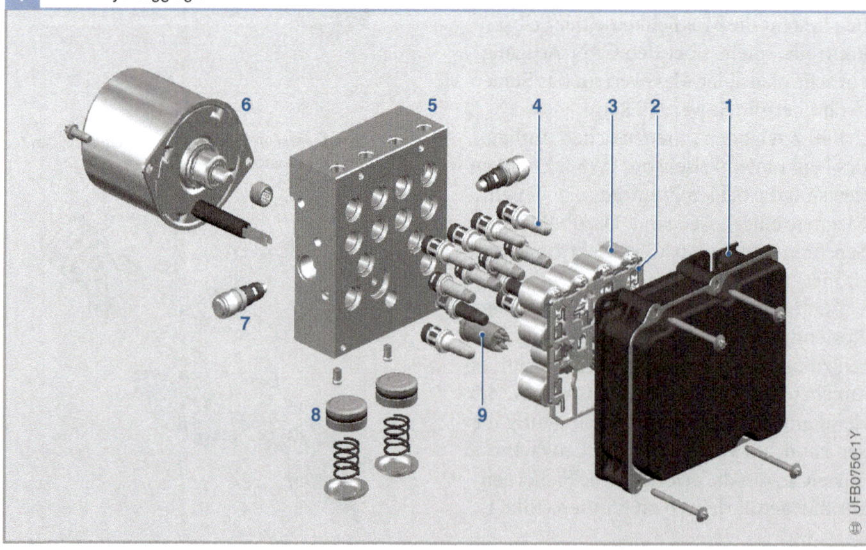

Bild 1
1 Steuergerät
2 Spulenstanzgitter
3 Spulen/Magnetgruppe
4 Magnetventile
5 Hydraulikblock
6 Gleichstrommotor
7 Kolbenpumpen
8 Niederdruckspeicher
9 Drucksensor

Aufbau

Mechanik

Ein Hydroaggregat für ABS/ASR/ESP besteht aus einem Aluminiumblock, in welchem der hydraulische Schaltplan verbohrt ist (Bild 2). Dieser Block dient gleichzeitig zur Aufnahme der notwendigen hydraulischen Funktionselemente (Bild 1), die im Folgenden vorgestellt werden sollen.

ABS-Hydroaggregat

Bei einem 3-Kanal ABS-System befindet sich in diesem Block ein Einlass- und Auslassventil für jedes Vorderrad und ein Einlass- und Auslassventil für die Hinterachse, insgesamt also sechs Ventile. Dieses System kann ausschließlich bei Fahrzeugen mit II-Bremskreisaufteilung Anwendung finden. Hierbei wird an der Hinterachse nicht jedes einzelne Rad geregelt, sondern beide Räder nach dem Select-low-Prinzip. Das heißt, das Rad mit dem höheren Schlupf bestimmt den regelbaren Druck der Achse.

Bei einem 4-Kanal ABS-System (für II- oder X-Bremskraftaufteilung) werden je Rad ein Einlass- und ein Auslassventil, insgesamt also acht Ventile verwendet. Mit solch einem System kann jedes Rad individuell geregelt werden

Weiterhin werden je Bremskreis ein Pumpenelement (Rückförderpumpe) und ein Niederdruckspeicher verbaut. Beide Pumpenelemente werden über einen gemeinsamen Gleichstrommotor betrieben.

2 Hydraulischer Schaltplan eines 4-Kanal ABS-Hydroaggregats (X-Bremskreisaufteilung)

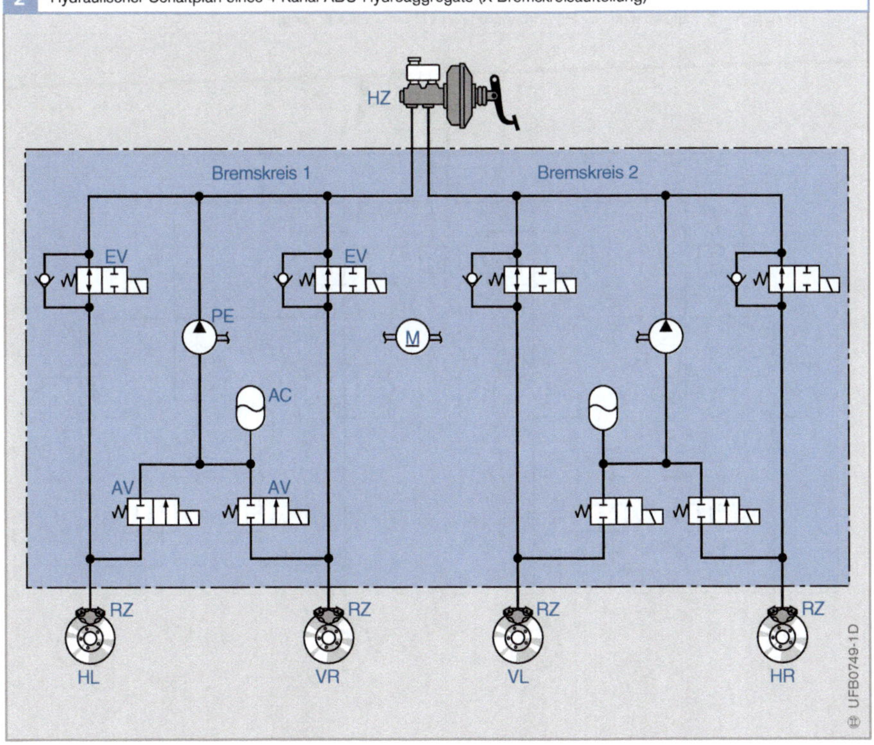

Bild 2
HZ Hauptzylinder
RZ Radzylinder
EV Einlassventil
AV Auslassventil
PE Rückförderpumpe
M Pumpenmotor
AC Niederdruckspeicher
V Vorne
H Hinten
R Rechts
L Links

ASR-Hydroaggregat

Im Vergleich zu einem ABS-Aggregat verfügt ein ASR mit II-Bremskreisaufteilung am Hinterachskreis (Antriebsräder) zusätzlich über ein Umschaltventil und ein Ansaugventil (insgesamt zehn Ventile).

Beim ASR mit X-Bremskreisaufteilung werden je Kreis zusätzlich ein Umschaltventil und ein Ansaugventil (insgesamt 12 Ventile) benötigt.

ESP-Hydroaggregat

ESP-Systeme erfordern unabhängig von der Bremskreisaufteilung 12 Ventile (Bild 3). Bei diesen Systemen werden die beiden Ansaugventile, wie sie im ASR-Hydroaggregat eingesetzt sind, durch zwei Hochdruckschaltventile ersetzt. Der Unterschied der beiden Ventile besteht darin, dass das Hochdruckschaltventil gegen höhere Differenzdrücke (> 0,1MPa) schalten kann. Beim ESP kann es notwendig sein, einen vom Fahrer vorgegebenen Bremsdruck zu erhöhen, um das Fahrzeug zu stabilisieren. Für solch ein Manöver (teilaktives Manöver) ist es notwendig, den Saugpfad der Pumpe trotz hohem Vordruck zu öffnen.

Exklusiv in ESP-Systemen wird ein integrierter Drucksensor eingesetzt, der den Bremsdruck im Hauptzylinder erkennt, also den Fahrerwunsch misst. Dies ist ebenfalls für die teilaktiven ESP-Regelmanöver notwendig, da es dabei wichtig ist zu wissen, mit welchem Vordruck der Fahrer bereits bremst.

Da ASR/ESP-Systeme selbsttätig Druck erzeugen müssen, wird bei diesen beiden Systemen die Rückförderpumpe durch eine selbstsaugende Pumpe ersetzt. Um zu verhindern, dass die Pumpe ungewollt Medium aus den Rädern saugt, ist ein zusätzliches Rückschlagventil mit einem bestimmten Schließdruck erforderlich.

3 Hydraulischer Schaltplan eines ESP-Hydroaggregats (X-Bremskreisaufteilung)

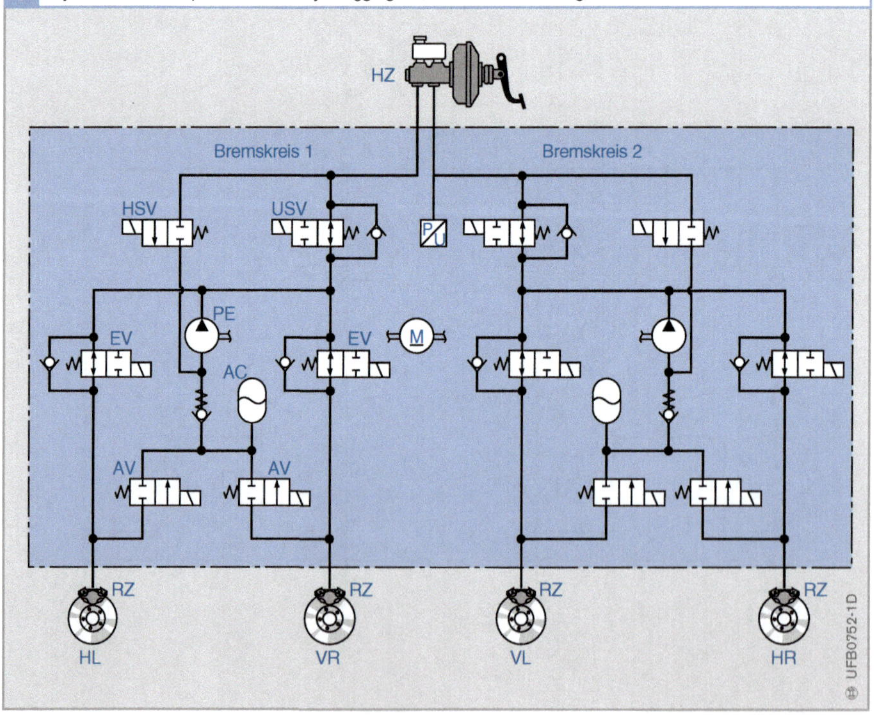

Bild 3
HZ Hauptzylinder
RZ Radzylinder
EV Einlassventil
AV Auslassventil
USV Umschaltventil
HSV Hochdruckschaltventil
PE Rückförderpumpe
M Pumpenmotor
AC Niederdruckspeicher
V Vorne
H Hinten
R Rechts
L Links

ABS-Ausführungen

Evolution der ABS-Ausführungen

Durch technologische Weiterentwicklungen auf dem Gebiet der

- Magnetventile und der Fertigungsprozesse,
- Montagetechnik und Integration der Komponenten,
- Elektronik-Schaltungen (diskrete Schaltungen wurden ersetzt durch Hybrid- und integrierte Schaltungen mit Mikrocontrollern),
- Prüftechnik (separate Prüfmöglichkeit von Elektronik- und Hydraulikteil vor Zusammenbau zum Hydroaggregat),
- Sensor- und Relaistechnik

konnte das Gewicht und die Abmessungen von ABS seit der ersten Generation ABS2 im Jahr 1978 um mehr als die Hälfte reduziert werden. Diese Systeme können damit auch in kleinste zur Verfügung stehende Einbauräume im Fahrzeug untergebracht werden. Die Kosten für die ABS-Systeme konnten durch diese Weiterentwicklungen gesenkt werden, sodass mittlerweile für alle Fahrzeugtypen das ABS zur Standardausrüstung gehört.

1 Evolution der ABS-Konfigurationen

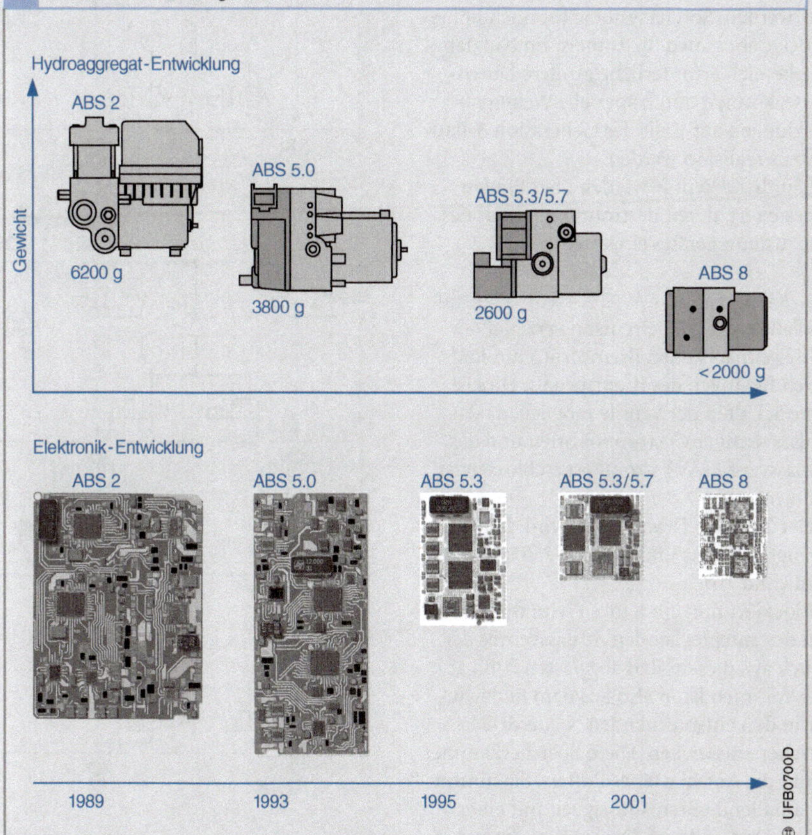

Bild 1
Die Weiterentwicklung des ABS mit Einsatz neuester Technik: Weniger Gewicht bei höherer Rechenleistung

Druckmodulation

Modulation bei ABS-Regelungen

Die Druckmodulation eines ABS/ASR/ESP-Systems wird mittels Magnetventilen ermöglicht. Die Auslassventile sowie – bei ASR und ESP – die Ansaug- und Hochdruckschaltventile sind Schaltventile, die stromlos geschlossen sind und zwei Zustände einnehmen können: geschlossen oder offen.

Im Gegensatz hierzu sind die Einlassventile und Umschaltventile beide stromlos offen und erstmalig in Generation 8 als Regelventile realisiert. Hierdurch können Vorteile bei Bremsleistung und Bremskomfort sowie im Geräuschverhalten erzielt werden. Mittels des Standard-Ventilsatzes können Drücke von bis zu 200 bar moduliert werden. Sondersysteme für noch höhere Drücke, aber auch für zumeist im Nutzfahrzeugbereich erforderliche größere Durchflüsse, können durch spezielle Weiterentwicklungen auf Basis des Generation 8-Baukastens realisiert werden.

Sämtliche Ventile werden über Spulen angesteuert, deren Bestromung mittels des Anbausteuergerätes eingestellt wird.

Druckmodulation mit ABS-Hydroaggregat

Im Falle einer ABS-Bremsung erzeugt der Fahrer zunächst den Bremsdruck am Rad durch Betätigen des Bremspedals. Dies ist ohne Schalten der Ventile möglich, da das Einlassventil (EV) stromlos offen und das Auslassventil (AV) stromlos geschlossen ist (Bild 1a).

Der Zustand *Druck halten* wird dadurch erzeugt, dass das Einlassventil geschlossen wird (Bild 1b).

Blockiert nun ein Rad, so wird durch Öffnen des entsprechenden Auslassventils der Druck aus diesem Rad abgelassen (Bild 1c). Das Volumen kann also aus dem Radzylinder in den entsprechenden Niederdruckspeicher entweichen. Diese Speicherkammer erfüllt die Aufgabe eines Puffers. Sie nimmt die anfallende Bremsflüssigkeit mit einer hohen Dynamik auf. Die im Kreis befindliche Rückförderpumpe, welche durch einen gemeinsamen Motor über einen Exzenter angetrieben wird, baut den vom Fahrer vorgegebenen Druck ab. Die Ansteuerung des Motors geschieht bedarfsgerecht, d. h., der Motor wird drehzahlgeregelt angesteuert. Natürlich können auch mehrere blockierende Räder gleichzeitig ABS-geregelt werden.

1 Druckmodulation im ABS-Hydroaggregat

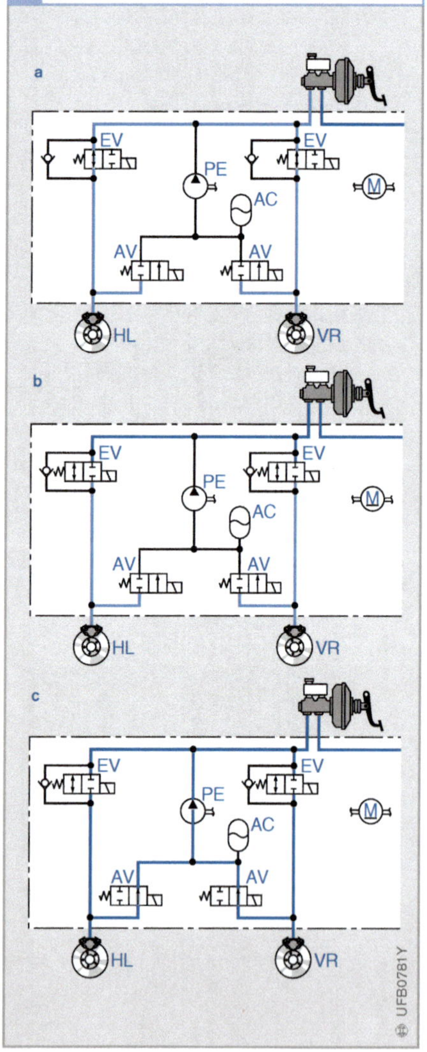

Bild 1
- a Druckaufbau
- b Druck halten
- c Druckabbau

- EV Einlassventil
- AV Auslassventil
- PE Rückförderpumpe
- M Pumpenmotor
- AC Niederdruckspeicher
- V Vorne
- H Hinten
- R Rechts
- L Links

Druckmodulation mit ESP-Hydroaggregaten

Die Druckmodulation bei einer ABS-Regelung erfolgt mittels einer ESP-Hydraulik in gleicher Weise wie zuvor beim ABS beschrieben. In Unterscheidung zum ABS sind bei einem ESP die Radzylinder und der Hauptzylinder zusätzlich über ein stromlos offenes Umschaltventil und ein stromlos geschlossenes Hochdruckschaltventil verbunden, welche notwendig sind, um aktive/teilaktive Bremseingriffe vorzunehmen (Bild 2).

2 Druckmodulation im ESP-Hydroaggregat

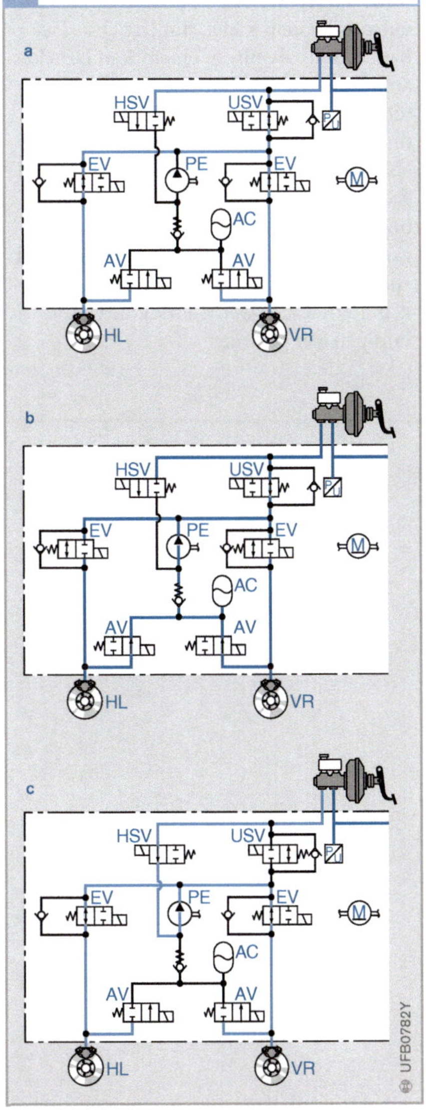

Druckerzeugung bei ESP

Die Druckerzeugungskette setzt sich aus zwei selbstsaugenden Pumpen und einem Motor zusammen. Bei den eingesetzten Pumpen handelt es sich wie schon im ABS um Kolbenpumpen, allerdings können diese ohne Vordruck vom Fahrer Druck erzeugen. Der Antrieb der Pumpen erfolgt bedarfsgesteuert über einen Gleichstrommotor, der ein Exzenterlager antreibt, welches auf der Welle des Motors sitzt.

ASR/ESP-Pumpen können unabhängig vom Fahrer Druck aufbauen bzw. den vom Fahrer bereits aufgebrachten Bremsdruck erhöhen. Dadurch sind diese Systeme befähigt, selbstständig Bremsungen einzuleiten. Hierzu wird das Umschaltventil geschlossen und das Ansaugventil bzw. Hochdruckschaltventil geöffnet. Damit ist es möglich, aus dem Bremsflüssigkeits-Vorratsbehälter über den Hauptzylinder Flüssigkeit zu saugen und in den Radzylindern Druck aufzubauen (Bild 2c). Dies ist nicht nur für ASR/ESP-Funktionen notwendig, sondern auch für viele zusätzliche Komfortfunktionen (Value Added Functions, z. B. Bremsassistent, HBA).

Die bedarfsgerechte Ansteuerung des Pumpenmotors reduziert die Geräuschemission während der Druckerzeugung bzw. Regelung. Bei besonders hohen Anforderungen der Fahrzeughersteller hinsichtlich Geräuschverhalten können die Pumpen mit Dämpfungselementen ausgestattet werden.

Bild 3

a Druckaufbau bei Bremsung
b Druckabbau bei ABS-Regelung
c Druckaufbau über die selbstsaugende Pumpe durch ASR- oder ESP-Eingriff

EV Einlassventil
AV Auslassventil
USV Umschaltventil
HSV Hochdruckschaltventil
PE Rückförderpumpe
M Pumpenmotor
AC Niederdruckspeicher
V Vorne
H Hinten
R Rechts
L Links

Bei einem ESP gibt es prinzipiell drei unterschiedliche Einsatzfälle:

- Passiver Fall, wie zuvor bei der ABS-Regelung beschrieben.
- Teilaktiver Fall, bei dem ein vom Fahrer vorgegebener Druck nicht ausreicht, um das Fahrzeug zu stabilisieren.
- Vollaktiver Fall, bei dem zur Stabilisierung des Fahrzeugs ein Druck erzeugt wird, ohne dass der Fahrer das Bremspedal betätigt.

Beide Druckerzeugungsfälle werden außer bei einer ESP-Regelung auch noch bei einer Vielzahl von Zusatzfunktionen genutzt, z. B. Adaptive Cruise Control, Bremsassistent.

Teilaktive Regelung

Für die teilaktive Regelung ist es notwendig, dass das Hochdruckschaltventil gegen hohe Differenzdrücke den Saugpfad der Pumpe öffnen kann. Die ist deshalb notwendig, da der Fahrer bereits einen hohen Druck erzeugt hat und dies zur Stabilisierung des Fahrzeugs aber nicht ausreicht.

Damit das Hochdruckschaltventil gegen hohen Differenzdruck öffnen kann, ist es zweistufig konstruiert. Die erste Stufe des Ventils wird über die Magnetkraft der bestromten Spule, die zweite Stufe über die hydraulische Flächendifferenz geöffnet.

Wenn der ESP-Regler einen instabilen Zustand des Fahrzeugs erkennt, werden die stromlos offenen Umschaltventile geschlossen und die stromlos geschlossenen Hochdruckschaltventil geöffnet. Anschließend erzeugen die beiden Pumpen zusätzlichen Druck, um das Fahrzeug zu stabilisieren.

Nach dem das Fahrzeug stabilisiert ist, wird das Auslassventil geöffnet und der zu hohe Druck im geregelten Rad in den Speicher abgelassen. Sobald der Fahrer das Bremspedal löst wird die Flüssigkeit aus dem Speicher in den Bremsflüssigkeitsbehälter zurückgefördert

Vollaktive Regelung

Erkennt der ESP-Regler einen instabilen Zustand des Fahrzeugs, werden die Umschaltventile geschlossen. Das verhindert, dass die Förderleistungen der Pumpen über das USV/HSV hydraulisch kurzgeschlossen ist und keine Druckerzeugung ermöglicht wird. Gleichzeitig werden die Hochdruckschaltventile geöffnet. Die selbstsaugende Pumpe fördert nun Bremsflüssigkeit in das oder die entsprechenden Räder, um Druck aufzubauen. Soll z. B. nur in einem Rad Druck aufgebaut werden (zur Gierratenkompensation), so werden die Einlassventile der übrigen Räder geschlossen. Zum Druckabbau werden schließlich die Auslassventile geöffnet und die Hochdruckschaltventile und Umschaltventile kehren in ihre Ausgangsstellung zurück. Die Bremsflüssigkeit entweicht aus den Rädern in die Speicherkammern. Diese werden nun durch die Pumpen leer gefördert.

Entwicklung der Hydroaggregate

Ansteuerung der Hydroaggregate
Ein Steuergerät verarbeitet die Informationen der Sensoren und bildet die Ansteuersignale für das Hydroaggregat. Die im Hydroaggregat integrierten Magnetventile können die hydraulischen Leitungen zwischen dem Hauptzylinder und den Radzylindern durchschalten oder unterbrechen.

Hydroaggregate mit 3/3-Magnetventilen
Die Ausführung ABS2S ging als erstes Antiblockiersystem 1978 in Serie. Bei diesem ABS-System schaltet das Steuergerät die 3/3-Magnetventile des Hydroaggregats in drei verschiedene Ventilstellungen. Für jeden Radzylinder ist solch ein Magnetventil vorhanden (Bild 1a).

- Die erste (stromlose) Stellung verbindet Hauptzylinder und Radzylinder miteinander; der Radbremsdruck kann ansteigen.
- Die zweite Stellung (Erregung mit der Hälfte des Maximalstroms) trennt die Radbremse vom Hauptzylinder und vom Rücklauf ab, sodass der Radbremsdruck konstant bleibt.
- Die dritte Stellung (Erregung mit Maximalstrom) trennt den Hauptzylinder ab und verbindet gleichzeitig Radbremse und Rücklauf miteinander, sodass der Radbremsdruck sinkt.

Damit kann der Bremsdruck nicht nur kontinuierlich, sondern durch ein getaktetes Ansteuern auch stufenförmig (und damit gemäßigt) auf- und abgebaut werden.

Hydroaggregate mit 2/2-Magnetventilen
Während ABS2S mit 3/3-Magnetventilen arbeitet, verfügen die Nachfolgesysteme ABS5 und ABS8 über 2/2-Magnetventile mit zwei hydraulischen Anschlüssen und zwei Ventilstellungen. Das Einlassventil zwischen dem Haupt- und dem Radzylinder sorgt für den Druckaufbau, das Auslassventil zwischen Radzylinder und der Rückförderpumpe für den Druckabbau. Für jeden Radzylinder ist ein Magnetventilpaar vorhanden (Bild 1b).

- In Stellung „Druck aufbauen“ verbindet das Einlassventil den Hauptzylinder mit dem Radzylinder, sodass der im Hauptzylinder aufgebaute Bremsdruck beim Bremsvorgang auf den Radzylinder wirken kann.
- In Stellung „Druck halten“ sperrt das Einlassventil bei starker Radverzögerung (Blockiergefahr) die Verbindung zwischen Haupt- und Radzylinder und verhindert damit eine weitere Erhöhung des Bremsdrucks. Auch das Auslassventil ist dabei geschlossen.
- Bei weiter ansteigender Radverzögerung sperrt das Einlassventil in Stellung „Druck abbauen“ weiterhin. Außerdem pumpt die Rückförderpumpe über das geöffnete Auslassventil Bremsflüssigkeit ab, sodass der Bremsdruck im Radzylinder sinkt.

1 ABS-Systeme im Vergleich

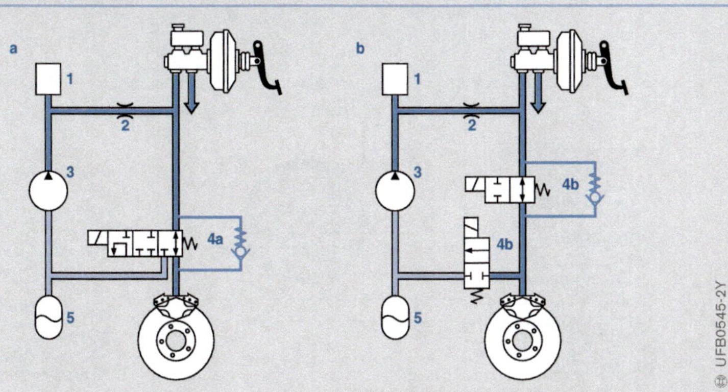

Bild 1
a ABS2
b ABS5

1 Dämpferkammer
2 Drossel
3 Rückförderpumpe
4a 3/3-Magnetventil
4b 2/2-Magnetventile
5 Speicherkammer

Fahrerassistenzsysteme

Die Mobilität der Gesellschaft wächst weltweit, Verkehrsdichte und Transportleistung nehmen stetig zu - nicht allein in den Industrieländern, sondern in noch stärkerem Maße in den Schwellenländern (NIC, Newly Industrialized Countries). Gesellschaft, Politik und Verbraucher fordern eine Verringerung von Unfallhäufigkeit und Unfallschwere. Die EU-Kommission hat mit dem *Road Safety Action Plan* der *e-Safety-Initiative* das anspruchsvolle Ziel einer Halbierung der Anzahl von Verkehrstoten bis zum Jahr 2010 gegenüber dem Stand von 2001 definiert. Auch in den USA und in Japan wurden zwischenzeitlich entsprechende staatliche Programme gestartet. Die angestrebten Ziele setzen voraus, dass die Automobile den Fahrzeugpassagieren noch mehr aktive und passive Sicherheit bieten. Der Fahrer muss aber auch mehr unterstützt, besser informiert und letztlich entlastet werden. Zur Erreichung dieser Ziele werden Fahrerassistenzsysteme einen wichtigen Beitrag leisten.

Motivation für den Einsatz von Fahrerassistenzsystemen

Fahrerassistenzsysteme zwischen Fahrer, Fahrzeug und Umfeld

Fahrer, Fahrzeug mit Fahrerassistenzsystem (FAS) und das Umfeld des Fahrzeugs wirken in Raum und Zeit eng zusammen. Bei der Entwicklung von Fahrerassistenzsystemen müssen deshalb die Erwartungen und Fähigkeiten der Nutzer, aber auch ihre Defizite berücksichtigt werden. Nur dann sind eine Verbesserung des Komforts, der Verkehrssicherheit, und letztendlich die Bereitschaft zum Kauf zu erwarten.

Fahrerassistenzsysteme unterstützen den Fahrer bei seiner primären Fahraufgabe. Sie informieren und warnen ihn, erhöhen seinen Komfort und die Sicherheit, indem sie ihn aktiv bei seiner Fahrzeugführung und Fahrzeugstabilisierung unterstützen. Falls nötig, verringern sie seine Arbeitsbelastung.

Es erscheint sinnvoll, den Fahrer bei den Aufgaben zu unterstützen, für die der Mensch aufgrund seiner Fähigkeiten weniger geeignet ist. Dazu gehören Entfer-

1 Fahrerassistenzsystem (FAS) zwischen Fahrer, Fahrzeug und Umfeld

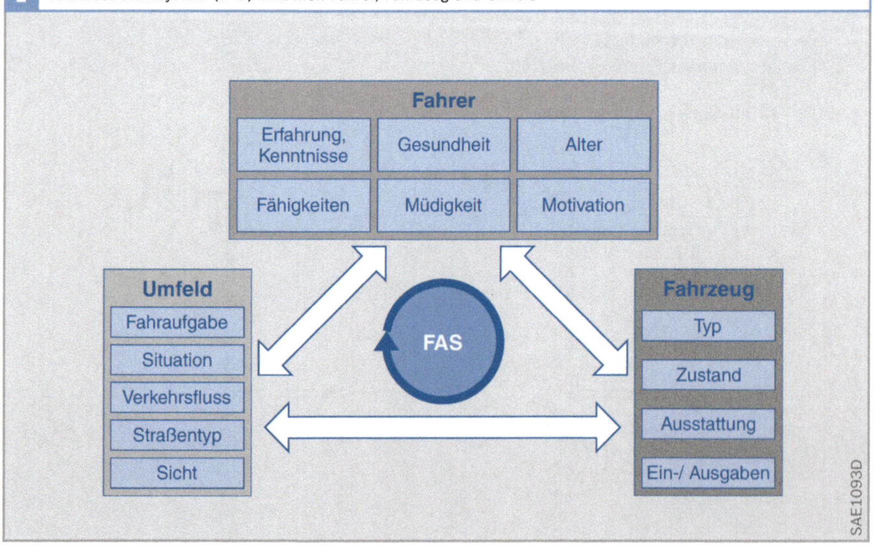

nungs- und Geschwindigkeitsschätzen insbesondere bei schlechter Sicht, lang andauerndes, monotones Regeln von Geschwindigkeit, Abstand und Spurlage, aber auch plötzliches, schnelles und sicheres Handeln in schwierigen Situationen.

Wie in Bild 1 dargestellt, unterscheiden sich Fahrer hinsichtlich zahlreicher, zeitlich stabiler Eigenschaften wie z. B. Alter, Gesundheit, mentaler und sensorischer Fähigkeiten und ihrer Erfahrung. Der einzelne Fahrer wiederum ist wach oder müde, gelangweilt oder hoch motiviert. Auch die Fahrzeuge unterscheiden sich hinsichtlich ihrer Ausstattung, ihres Zustands und der Ein- und Ausgabeeinheiten zur Interaktion mit den Assistenzsystemen. Beim Fahrtumfeld gibt es eine große Vielfalt an Fahraufgaben und Verkehrssituationen. Die Fahrten geschehen auf sehr unterschiedliche Straßentypen, unter guten oder schwierigen Sichtbedingungen. Bei der Entwicklung von Fahrerassistenzsystemen muss diese Vielfalt berücksichtigt werden.

Unterstützungs- und Informationsbedarf

Der Fahrer erwartet von Fahrerassistenzsystemen, dass sie ihm Unterstützung bieten und keine zusätzliche Belastung oder Ablenkung hervorrufen. Dies wird erfüllt von Systemen, die ohne zusätzliche Bedienung im Hintergrund ihre Arbeit effektiv verrichten. Es darf nicht sein, dass sie ständig einer Einstellung durch den Fahrer bedürfen, sie müssen dauernd ihre Aufgabe erfüllen und ihr Handeln muss für den Fahrer transparent bleiben. In Situationen, die der Fahrer selbst erfasst oder die er selbst beherrscht, dürfen sie ihn nicht durch permanente Warnungen oder bevormundende Eingriffe stören.

Ansätze dazu sind lernende Fahrerverhaltensmodelle, die Vorhersagen über die Absicht eines Fahrers in einer konkreten Fahrsituation machen und ihn bei Abweichungen seiner Handlung von seinem individuellen „normalen" Fahrverhalten warnen (Bild 2).

Passive und aktive Fahrsicherheit

Der zunehmend hohe Standard an passiver Sicherheit in den Fahrzeugen hat in der Vergangenheit trotz etwa gleich bleiben-

2 Fahrzeug-Fahrer-Interaktion bei der Erledigung von Haupt- und Nebentätigkeiten

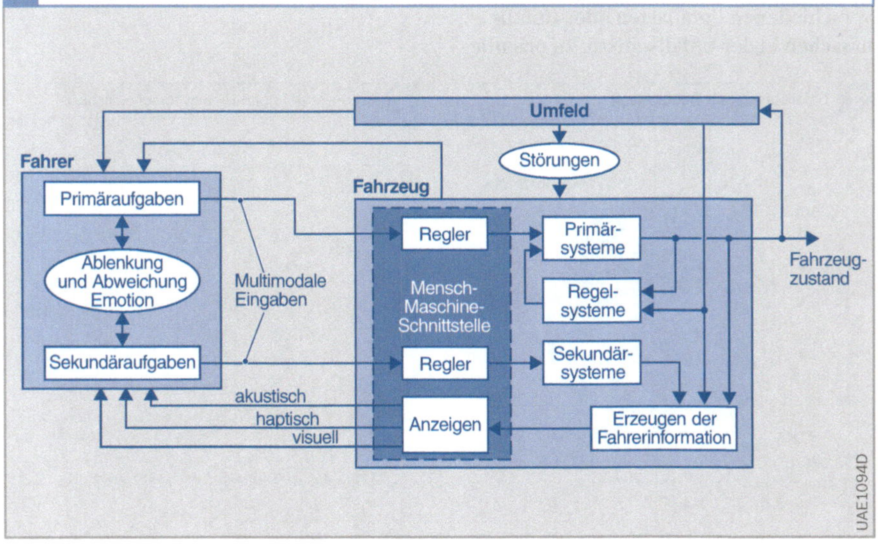

der Anzahl an Unfällen zu einem kontinuierlichen Absinken der Anzahl der Verkehrstoten geführt. Airbag und Gurtstraffer tragen wesentlich zur Erhöhung der passiven Sicherheit bei. Während diese Systeme Unfallfolgen mindern können, helfen aktive Sicherheitssysteme - wie das Antiblockiersystem (ABS), das Elektronische Stabilitätsprogramm (ESP) und der hydraulische Bremsassistent (HBA) - dem Fahrer in kritischen Situationen, einen Unfall zu vermeiden.

Unfallursachen und daraus abgeleitete Fahrerassistenzsysteme

Allein mit den genannten Systemen wird das Ziel der EU nicht erreicht werden können. Entscheidend bei der Entwicklung zukünftiger aktiver und passiver Fahrerassistenzsysteme wird die Fähigkeit des Fahrzeugs sein, seine Umgebung wahrzunehmen und zu interpretieren, gefährliche Situationen vorausschauend zu erkennen (Prädiktion) und den Fahrer bei seinen Fahrmanövern bestmöglich zu unterstützen.

Um Schwerpunkte bei der Entwicklung solcher Systeme mit dem höchsten Unfallvermeidungspotenzial setzen zu können, liegt es nahe, sich an der Häufigkeit der verschiedenen Unfallarten oder Unfallursachen in der Unfallstatistik zu orientieren (Bild 3). Rund ein Viertel aller Unfälle ist durch Spurwechsel und unbeabsichtigtes Verlassen der Fahrspur verursacht. Etwa 30 % der Unfälle ist durch Auffahren, durch Frontalzusammenstöße und Kollisionen mit Hindernissen auf der Fahrbahn verursacht. Kollisionen mit Fußgängern machen 7 % der Unfälle aus, der Anteil an Kollisionen an Kreuzungen beträgt etwa 31 %.

Die Wirkung aktiver und passiver Sicherheitssysteme ist umso effizienter, je besser es gelingt, zuverlässige Informationen über die Umgebung des Fahrzeugs einzubeziehen. Denn je früher die Systeme einen möglichen Unfall erkennen, desto wirkungsvoller können sie ihre Aufgabe erfüllen. Durch frühzeitige Warnung des Fahrers kann eine Vorverlegung der Fahrerreaktion herbeigeführt werden. Durch Vorverlegung um 0,5 s können z. B. Auffahrunfälle um ca. 65 % reduziert werden (Bild 4). Bei den meisten Fahrerassistenzsystemen mit aktivem Eingriff in die Fahrzeugdynamik (aktive Fahrerassistenzsysteme) erfolgt eine schnellere Fahrzeugreaktion als dies mit der normalen Reaktion des Fahrers auf einen erkannten Gefahrenzustand möglich wäre.

Bild 3
Unfälle in Deutschland innerhalb und außerhalb geschlossener Ortschaften.
Quelle: Statistisches Bundesamt Deutschland (2002).

3 Unfallstatistik für Deutschland

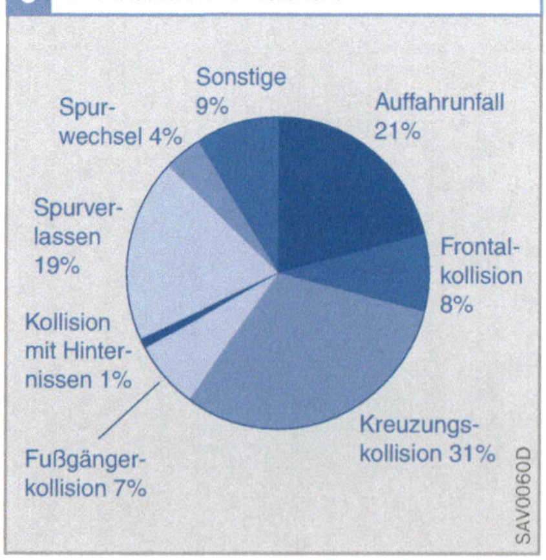

Bild 4
Reduzierung der Unfallwahrscheinlichkeit abhängig von der Vorverlegung der Fahrerreaktion
1 Gegenverkehrsunfälle
2 Kreuzungsunfälle
3 Auffahrunfälle

Quelle: Enke, K. Possibilities for Improving Safety within the Driver Vehicle Environment Loop. 7th International Conference on Experimental Safety Vehicle, Paris (1979).

4 Fahrerreaktion und Unfallwahrscheinlichkeit

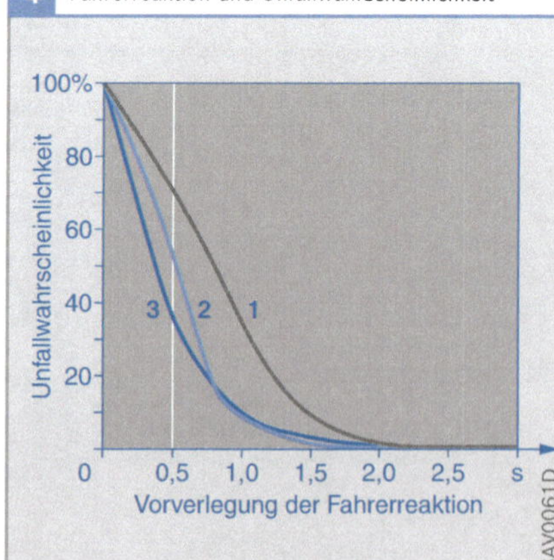

Klassifizierung von fahrerunterstützenden Systemen

Es gibt eine Vielzahl von Fahrerassistenzsystemen, die den Fahrer in allen Verkehrssituationen unterstützen und ihm ein entspanntes, stress- und unfallfreies Fahren ermöglichen sollen. Der Begriff *Fahrerassistenzsystem* wird vielfach genutzt, abhängig von der Entfernung des Wirkungsfeldes vom eigenen Fahrzeug und der Anwendung (Bild 5).

Fahrerinformationssysteme

Fahrerinformationssysteme, die Fahrer und Beifahrer mit relevanter Information versorgen, wirken im Fahrzeug. Hier unterscheidet man zwischen Primärinformation (z. B. Fahrgeschwindigkeit, Navigationshinweise, ACC-Betriebsgrößen) in der Nähe des primären Sichtfelds des Fahrers (Kombiinstrument) oder im primären Sichtfeld auf der Windschutzscheibe (Head-up-Display).

Der sekundäre Informationsbereich mit weniger wichtigen Informationen wird in der Mittelkonsole dargestellt. Beispiele hierfür sind Kartendarstellung des Navigationssystems, Telefon, Klimaanlage oder Unterhaltung.

5 Wirkungsbereiche von Fahrerassistenzsystemen

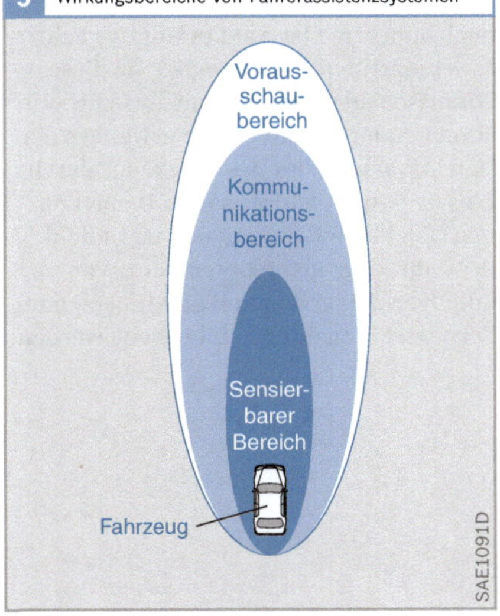

Navigationssysteme wirken im Vorausschaubereich. Sie erlauben den Empfang von Satellitendaten zur eigenen Positionsbestimmung und liefern dem Fahrer Daten über seine Route. Sie gestatten weiterhin den Empfang von Verkehrsinformationen.

Mobiltelefonnetze (GSM, UMTS) wirken über sehr große Entfernungen. Sie dienen heute der privaten Kommunikation, sollen in Zukunft aber auch für Notrufe (z. B. eCall) Verwendung finden.

Fahrzeugkommunikationssysteme

Die rasche Verbreitung von Funksystemen im Heim- und Bürobereich (WLAN, Wireless Local Area Network) macht solche Systeme auch für die Fahrzeugapplikation interessant. Fahrzeug-Fahrzeug-Kommunikation (C2CC, Car to Car Communication) und die Kommunikation zwischen Fahrzeugen und Infrastruktureinrichtungen (C2IC, Car to Infrastructure Communication) sind Möglichkeiten zur Erhöhung der Verkehrssicherheit durch situationsgerechte Übermittlung aktueller Verkehrsdaten an andere Verkehrsteilnehmer (z. B Übermittlung von akuten Warnungen bei Unfällen und Staumeldungen).

Prädiktive Fahrerassistenz- und Sicherheitssysteme

Vorausschauende Assistenzsysteme tasten mit Hilfe von Rundumsichtsensoren die Umgebung des Fahrzeugs ab und erfassen Objekte im Fahrzeugumfeld. Aus Relativgeschwindigkeit und Abstand der Objekte zum eigenen Fahrzeug werden Gefahrenzustände erkannt. Der Fahrer kann gewarnt werden (z. B. Ultraschall-Einparkhilfen) oder es werden Fahrzeugeingriffe durch das Steuergerät vorgenommen (z. B ACC, Adaptive Cruise Control).

Systeme zur Fahrzeugstabilisierung

Fahrstabilisierende Systeme greifen in die Fahrzeugdynamik ein. Mit Hilfe von Sensoren werden kritische Fahrzustände ermittelt und das Fahrzeug wird durch Eingriffe in Bremse und Gas (zukünftig auch Lenkung) wieder in einen stabilen fahrdynamischen Zustand gebracht. Beispiele hierfür sind ABS (Antiblockiersystem), ESP (Elektronisches Stabilitätsprogramm) und ASR (Antriebsschlupfregelung).

Ende 2001 wurde eine Erhebung des Statistischen Bundesamtes Deutschland veröffentlicht, aus der hervorgeht, dass die Unfallhäufigkeit von Fahrunfällen (Verlust der Kontrolle über das eigene Fahrzeug) bei Fahrzeugen, die mit ESP ausgerüstet sind, signifikant gesunken ist (Bild 6). Diese bisher einmalige Einführung eines Fahrerassistenzsystems zu einem definierten Zeitpunkt erlaubte eine klare statistische Zuordnung des Systems zur Unfallreduktion und bestätigte damit die lange bezweifelte These, dass Fahrerassistenzsysteme ein hohes Unfallvermeidungspotenzial besitzen und ihre Wirkung nicht durch riskante Fahrweise kompensiert wird (Risikokompensation).

Kombination aktiver und passiver Sicherheitssysteme

Zusätzliche Verbesserungen werden von der Verknüpfung von Systemen der aktiven und passiven Sicherheit erwartet. Kritische Situationen mit erhöhtem Unfallrisiko werden durch Kombination der Sensorsignale des ESP und des Bremsassistenten noch besser durch präventive Sicherheitsmaßnahmen am Fahrzeug bewältigt. Die Fahrzeuginsassen können hierdurch bestmöglich auf einen eventuell bevorstehenden Unfall vorbereitet werden, indem reversible Rückhaltemittel (Gurtstraffer) aktiviert, die Lehnen der Sitze senkrecht gestellt und Fenster sowie Schiebedach geschlossen werden.

Ebenso wie das Eingreifen in die Fahrzeugdynamik beim ESP kann das Auslösen von unfallvermeidenden Maßnahmen oder von Maßnahmen zur Minderung von Unfallfolgen immer erst dann erfolgen, wenn eine Größe am Fahrzeug gerade außer Kontrolle geraten ist oder wenn ein Unfall gerade geschieht. Heute werden Airbags erst durch die Sensierung eines bereits eingetretenen Zusammenstoßes ausgelöst. Typische Reaktionszeiten des Systems liegen bei 5 ms. Trotz der extrem kurzen Zeit für die Auslösung von Maßnahmen, die Unfallfolgen mindern, tragen Airbags signifikant zur Verminderung der Unfallschwere und von Unfallfolgen bei. Aber wegen dieses extrem kurzen verfügbaren Zeitintervalls ist das Potenzial heutiger Systeme begrenzt.

Dieses hohe Potenzial zur Unfallfolgenminderung und Unfallvermeidung ist in noch höherem Maße auf prädiktive Fahrerassistenzsysteme übertragbar, da diese vorausschauend auf eine gefährliche Situation reagieren können. Sie erweitern den Detektionshorizont des Fahrzeugs durch Einsatz von Umfeldsensoren. Damit können Objekte und Situationen im Umfeld des Fahrzeugs in die Berechnung von unfallvermeidenden und unfallfolgenmindernden Maßnahmen einbezogen werden.

6 Einfluss des ESP auf Häufigkeit von Fahrunfällen

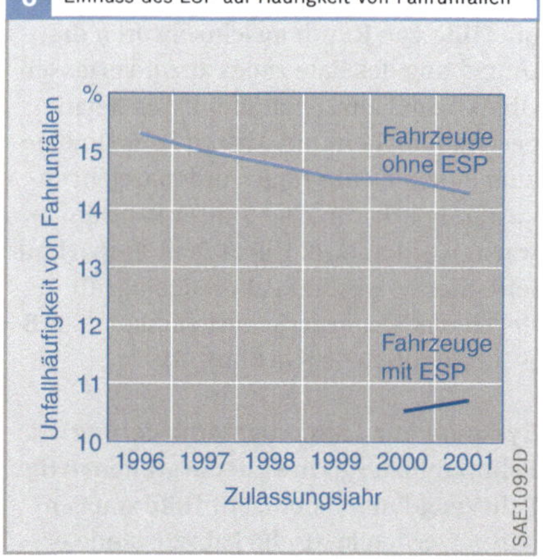

Bild 6
Quelle: Statistisches Bundesamt Deutschland, 2001.

Das sensitive Auto

Fahrerassistenzsysteme erschließen mithilfe intelligenter Umfeldsensorik neue Informations-, Assistenz und Sicherheitsfunktionen. Die Vision ist das *sensitive Auto*, das rundum sehen kann. Das Auto lernt, seine Umgebung wahrzunehmen und zu interpretieren. Die „Augen“ des Automobils sind Kameras, der „Tastsinn“ sind z. B. Ultraschall- und Radarsensoren. Die Orientierung kommt über Karten- und Positionsinformationen von Navigationssystemen und zukünftigen Car-to-Car- und Car-to-Infrastructure-Kommunikationssystemen (C2CC/C2IC). So erhält das Auto ein eigenes Verständnis für die Fahrsituation.

Fahrzeugrundumsicht

Sensorik und Systeme

Durch eine elektronische Rundumsicht (Bild 7), also eine Sensierung und Erfassung des Fahrzeugumfelds, lassen sich zahlreiche Fahrerassistenzsysteme realisieren.

- Verbreitet sind Einparkhilfen, die mithilfe von Ultraschallsensoren das Fahrzeugumfeld abtasten, Hindernisse erkennen und den Fahrer warnen.
- Mit Long Range Radar (Fernbereichsradar, Reichweite < 200 m) wird der Bereich vor dem Fahrzeug erfasst. Damit kann ACC (Adaptive Cruise Control) die Fahrgeschwindigkeit automatisch an vorausfahrende Fahrzeuge anpassen.
- Mit einer Videokamera wird bei Dunkelheit das mit Infrarot ausgeleuchtete Vorfeld des Fahrzeugs aufgenommen und auf einem Bildschirm am Rande des primären Sichtfeldes des Fahrers dargestellt (NightVision)
- Am Fahrzeugheck installierte Videokameras können beim Rückwärtseinparken und Rangieren Hilfe leisten.

Durch Entwicklung neuer Komponenten und Algorithmen können gegenwärtig neue Systeme im Fahrzeug Einzug halten, andere werden folgen.

- Mit verbesserten Ultraschallsensoren können Parklücken ausgemessen werden. Aufbauend darauf ermöglicht dies ein semi- oder vollautonomes Einparken (Einparkassistent).
- Mit Short Range Radarsensoren (Nahbereichsradar) kann in Zukunft ein „virtueller Sicherheitsgürtel“ um das Fahrzeug gebildet werden. Mit solchen Sensoren können z. B. die für den Autofahrer „toten Winkel“ überwacht werden. Auch die Erkennung knapper Einscherer wird durch diese Sensoren ermöglicht.

7 Fahrzeugrundumsicht

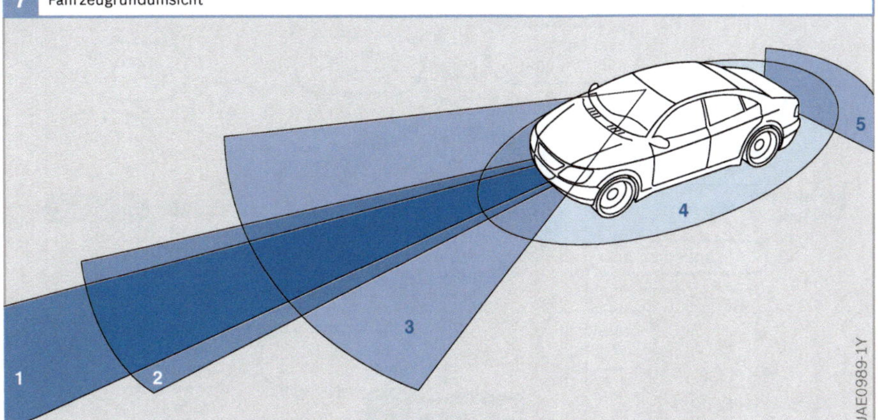

Bild 7
1 77 GHz Long Range Radar: Fernbereich < 200 m horizontaler Öffnungswinkel: ± 8°
2 Infrarot: Nachtsichtbereich < 150 m horizontaler Öffnungswinkel: 10°
3 Video: Mittelbereich <80 m horizontaler Öffnungswinkel: ± 22°
4 Ultraschall: Ultranahbereich < 2,5 m horizontaler Öffnungswinkel: ± 60° (Einzelsensor)
5 Video: Heckbereich horizontaler Öffnungswinkel: 60°

- Mit Videoüberwachung kann festgestellt werden, ob das Fahrzeug die Spur verlässt. Beim Verlassen der Spur wird der Fahrer gewarnt, oder das System greift aktiv in die Lenkung ein.
- Die Videotechnik erlaubt auch die Erkennung und Klassifizierung von Objekten z. B. für einen effektiven Fußgängerschutz.
- Eine drohende Kollision mit dem vorausfahrende Fahrzeug kann das Long Range Radar detektieren. Der Fahrer wird gewarnt, oder das System greift selbsttätig in die Bremse ein.

Bild 8 zeigt die vielfältigen Einsatzgebiete von Fahrerassistenzsystemen auf dem Weg zum unfallvermeidenden Fahrzeug. Sie lassen sich untergliedern in Komfortsysteme mit dem möglichen Fernziel *Semiautonomes Autofahren* sowie in Sicherheitssysteme mit dem Ziel *Unfallvermeidung*. Weiter wird differenziert zwischen den aktiven Systemen und den passiven Systemen. Aktive Systeme greifen in die Fahrzeugdynamik ein, passive Systeme warnen den Fahrer lediglich.

Sensordatenfusion

Während der Einführungsphase von Fahrerassistenzsystemen werden diese i. d. R. auf Basis einer einzigen Sensortechnologie realisiert. Beispiele hierfür sind die Ultraschall-Einparkhilfe oder die adaptive Fahrgeschwindigkeitsregelung (ACC).

Mit zunehmenden Anforderungen an die Leistungsfähigkeit der Systeme werden die Funktionen durch Fusion mehrerer Sensortechnologien realisiert oder mit anderen Systemen, z. B. mit einem Navigationssystem kombiniert. Eine Fusion mit dem Navigationssystem ermöglicht die Verknüpfung der Daten der prädiktiven Sensoren mit Daten der Straßengeometrie. Dies ist in Bild 8 durch den Ring zwischen den Komponenten und der Navigation angedeutet.

Die Sensoren der Fahrerassistenzsysteme erfassen Objekte im Umfeld des Fahrzeugs und ermitteln Abstand und Relativgeschwindigkeit der Objekte zum eigenen Fahrzeug. Der Radarsensor misst schneller und präziser als jedes andere Sensorprinzip die Entfernung und die Relativgeschwindigkeit in einem einzigen Messzyklus. Allerdings ist die horizontale Auflösung wegen der begrenzten Anzahl von Radarkeulen (vier beim Bosch ACC 2) eher gering. Aus den Radarsignalen lassen

8 Sicherheits- und Komfortfunktionen auf der Basis von Rundumsichtsensoren

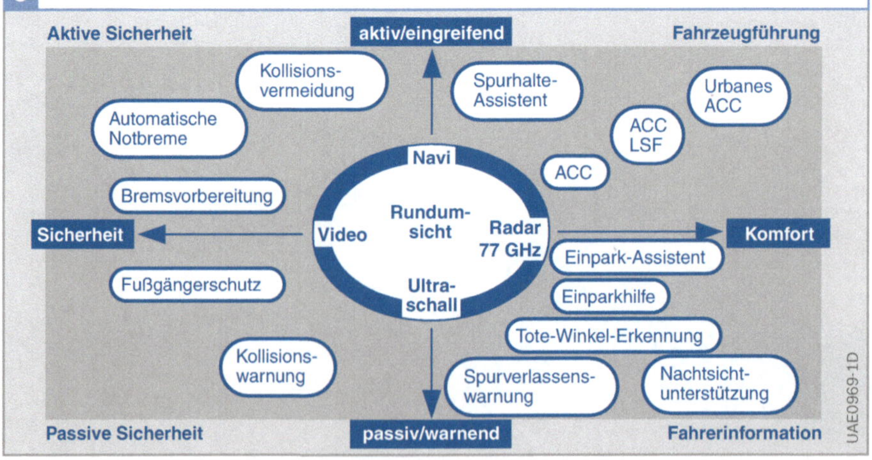

sich auch keine Aussagen über Größe und Beschaffenheit des Objekts ableiten, d.h., das Radarsystem kann nicht zwischen einem relevanten Objekt (z.B. einem Fahrrad) und einem irrelevanten Objekt (z.B. einer Getränkedose auf der Fahrbahn) unterscheiden.

Video hingegen hat wegen der hohen Pixelzahl pro Zeile eine sehr gute laterale Auflösung. Mit einer Video-Monolösung, wie sie aus Kostengründen während der Einführungszeit der Videotechnik im Fahrzeug verwendet wird, lässt sich eine gute Mono-Objekt-Detektion (MOD) durchführen. Die longitudinale Messgenauigkeit einer Mono-Kameralösung ist hingegen sehr schlecht. Wegen der hohen Auflösung des Bildsensors kann eine nachgeschaltete Bildverarbeitungseinheit eine recht gute Abschätzung der Objektgröße machen und damit eine zuverlässige Aussage über die Relevanz des Objekts durchführen.

Durch eine Fusion der Daten von Radar und Video werden die positiven Detektionseigenschaften der beiden Sensorprinzipien in optimaler Weise kombiniert. Damit ist eine Mono-Objekt-Verifikation (MOV) mit hoher Genauigkeit für Objektentfernung und Objektgröße möglich. Bild 9 zeigt das Prinzip der Kombination von Radar mit hoher Entfernungsmessgenauigkeit, aber schlechter lateraler Auflösung und Video mit geringer Entfernungsmessgenauigkeit, aber hoher lateraler Auflösung.

Ein anderer wichtiger Aspekt für einige Fahrerassistenzfunktionen stellt die Klassifikationsmöglichkeit von Objekten dar. Der Vorgang des „Sensorsehens“ ist grundsätzlich anders als der des menschlichen Sehens. Alle Wellen werden (partiell) von den Oberflächen der Objekte reflektiert, wobei die Stärke des zurückgeworfenen Signals stark von der Natur der Wellen (z.B. elektromagnetische Wellen bzw. akustische Ultraschallwellen), oder von ihrer Frequenz abhängt (Licht im Gegensatz zu Mikrowellen). So kommt es, dass manche Objekte, die bei Licht klar sichtbar sind, mit Radar nur schwer erkannt werden können und umgekehrt.

Menschliche Fahrzeugführer verfügen über exzellente Klassifikationsfähigkeiten, indem sie die Form eines Objekts analysieren. Diese Analyse erfolgt aus der Erfahrung heraus. Im Prinzip kann man dies auch mit videobasierter Bildverarbeitung machen. Bislang scheitert dies aber am hohen Hardwareaufwand für Speicher und an der eingeschränkten Rechnerverfügbarkeit.

9 Datenfusion von Radar- und Videosensor

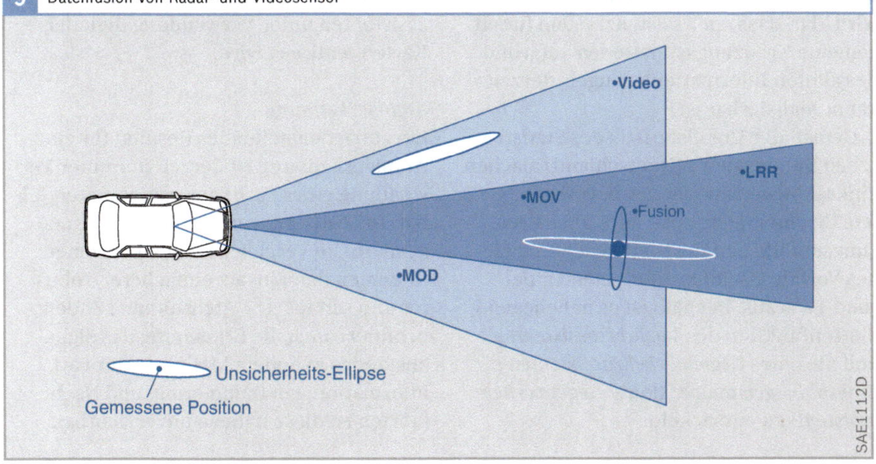

Ausblick

Heute noch isoliert betrachtete und implementierte Informations-, Assistenz- und Sicherheitsfunktionen wachsen schrittweise zusammen und arbeiten kontinuierlich im gesamten Betriebsbereich des Fahrzeugs. Fortschritte in der Sensorik und hochintegrierte, sehr leistungsfähige Halbleiterchips ermöglichen im nächsten Jahrzehnt die Darstellung dieser Funktionen. Im Folgenden sollen einige Beispiele aufzeigen, was die Zukunft bringen wird.

Kreuzungsassistent

Kreuzungssituationen stellen einen der Unfallschwerpunkte im Straßenverkehr dar, besonders im städtischen Umfeld. So ereignen sich in Deutschland rund 30 % aller Unfälle an Kreuzungen.

Die Herausforderung bei der Entwicklung von Kreuzungsassistenzsystemen liegt in der hohen Komplexität von Verkehrssituationen im Kreuzungsbereich. Hinzu kommt, dass derzeit praktisch keine Informationen bezüglich der Kreuzungsinfrastruktur „online" im Fahrzeug, etwa über ein Navigationssystem oder andere Dienste, zur Verfügung stehen. Dies betrifft sowohl Spurinformationen, Kreuzungsgeometrien und Topologien, als auch die geltende Verkehrsregelung auf einzelnen Fahrspuren. Vor diesem Hintergrund wird klar, dass ein Assistenzsystem für allgemeine Kreuzungssituationen aufgrund des akuten Informationsmangels derzeit kaum realisierbar ist.

Gemäß der Unfallstatistik des Statistischen Bundesamtes (Deutschland) machen Linksabbiegemanöver vor bevorrechtigtem Gegenverkehr etwa 24 % aller Kreuzungsunfälle und die Nichtbeachtung eines Vorfahrtsschilds oder einer Ampel rund 17 % aus. Deshalb ist es naheliegend, die Teilfunktion des *Vorfahrtassistenten* und die eines *Gegenverkehrassistenten für Linksabbiegemanöver* (kurz: *Gegenverkehrassistent*) zu entwickeln.

Vorfahrtassistent

Das Ziel der *Vorfahrtassistenz* ist die Vermeidung von Unfällen infolge Missachtung von vorfahrtbeschränkenden Verkehrszeichen und Signalen (z. B. STOP, rote Ampel) mittels rechtzeitiger Fahrerwarnung. Die Hauptaufgaben liegen hier in der Entwicklung einer Ampel- und Verkehrszeichenerkennung mittels Umfeldsensorik, der Entwicklung von Algorithmen zur Warnauslösung und der Gestaltung der Mensch-Maschine-Schnittstelle (HMI).

Stoppschilderkennung

Für die Funktion *Vorfahrtassistent* wird eine echtzeitfähige videobasierte Stoppschilderkennung eingesetzt. Die Stoppschilder werden dabei mittels einer Mono-Kamera erfasst. Der Bildverarbeitungsalgorithmus untersucht den Bildbereich auf achteckige Formen und führt bei Erfolg zusätzlich einen Mustererkennungsabgleich auf den Schriftzug „STOP" durch. Mit der bis heute erzielten Detektions- und Klassifikationsleistung ist es möglich, Stoppschilder in einer Distanz von bis zu 40 m zu erkennen, was in der Regel ausreicht, im innerstädtischen Verkehr rechtzeitige Fahrerwarnungen zu generieren.

Eine andere Möglichkeit besteht in der Realisierung eines navigationsbasierten Systems, mit Hilfe dessen die Algorithmik und das HMI-Konzept für den Vorfahrtassistenten unter Verwendung digitaler Karten realisiert wird.

Ampelerkennung

Ein zufriedenstellendes Resultat für eine Ampelerkennung ist derzeit nur unter Verwendung eines Farbkamerasystems erzielbar. Die Nutzung von Farbinformationen gestattet im Vergleich zu monochromen Systemen den Einsatz einfacherer, robuster und schnellerer Algorithmen. Zudem profitiert auch die Erkennung des Signalzustandes in hohem Maße von der Farbinformation. Bei Dämmerung und Nachtfahrten ist diese nahezu unverzichtbar.

Fahrerwarnung
Bei der Annäherung an das Stoppschild bzw. an die Ampel erfolgt zunächst eine optische Fahrerinformation. Deutet eine zu hohe, unangepasste Geschwindigkeit auf eine Unachtsamkeit des Fahrers hin, so erfolgt eine optische und im weiteren Verlauf auch akustische Fahrerwarnung. Die Warnungen werden bei Überschreitung definierter Schwellen für die Bremsverzögerung bis zur Haltelinie und unter Berücksichtigung der Fahrerreaktionszeit ausgegeben.

Als letztes Mittel wird als haptische (d. h. den Tastsinn ansprechende) Maßnahme ein „Warnbremsruck" aktiviert, nach dem der Fahrer noch die Möglichkeit hat, mit einem sehr scharfen Bremsmanöver an der Haltelinie zum Stillstand zu kommen.

Ein absichtliches Überfahren der Haltelinie wird durch das System nicht verhindert, d. h., eine automatische Zwangsabbremsung des Fahrzeugs ist, obwohl technisch möglich, in der derzeitigen Systemauslegung nicht vorgesehen.

Gegenverkehrassistent

Der Gegenverkehrassistent hat die Vermeidung von Unfällen beim Linksabbiegen durch Missachtung des vorfahrtberechtigten Gegenverkehrs zum Ziel.

Zeitlückenschätzung beim Abbiegevorgang
Bei Abbiegemanövern über die Gegenfahrbahn schätzt der Fahrer den Zeitabstand (Zeitlücke) zu entgegenkommenden Fahrzeugen intuitiv ein und trifft dann die Entscheidung, ob ein gefahrloses Abbiegemanöver möglich ist oder nicht. Dabei variieren die Zeitlücken im realen Verkehr in einem weiten Bereich von ca. 4...14 s. Der Grund für diese große Varianz ist, dass die Zeitlückenschätzung der Fahrer von einer Vielzahl von Faktoren abhängen kann, wie zum Beispiel der Kreuzungstopologie, der Anzahl der Fahrspuren, der Verkehrsregelung, der Sichtverhältnisse, der Verkehrsflussgeschwindigkeit, dem Fahrzeugtyp des Gegenverkehrs (Motorrad, Pkw, Lkw), der Verkehrsdichte, dem Alter des Fahrers, der vom Fahrer individuell bevorzugten Abbiegetrajektorie oder dem Anfahrverhalten.

Da keiner der genannten Einflussfaktoren als Information für das adressierte Assistenzsystem zur Verfügung steht, ist es derzeit kaum möglich, ein System zu entwerfen, das den Fahrer direkt beim Treffen der Abbiegeentscheidung unterstützt. Deshalb kann die Funktion *Gegenverkehrassistent* als reines Kollisionwarn- (optische, akustische oder haptische Warnung) bzw. Kollisionvermeidungssystem (prädiktives Sicherheitssystem) ausgelegt werden, das nur bei akuter Kollisionsgefahr mit dem Gegenverkehr in Aktion tritt.

Fahrerwarnung
Das System muss zunächst den Abbiegewunsch des Fahrers aus fahrzeugeignen Messgrößen wie zum Beispiel dem Blinkersignal, dem Lenkwinkel oder der Lenkwinkelgeschwindigkeit erkennen. Neben dem Abbiegewunsch muss auch ein Signal für die Erkennung des Anfahrwunsches generiert werden. Zu diesem Zweck wird unter anderem die Gaspedalstellung, die Fahrzeuglängsbeschleunigung und die Gang-/Wählhebelstellung ausgewertet.

Danach müssen potenzielle Gegenverkehrsobjekte aus den Objekten des Long-Range-Radarsensors oder anderer zusätzlicher Sensoren wie z. B. Videokamera oder Short-Range-Radarsensorik herausgefiltert werden. Dadurch wird sichergestellt, dass nur plausible Objekte in die nachgeschalteten Warnauslösealgorithmen eingehen und sich damit die Anzahl der zu verarbeitenden Objekte reduziert. Reagiert der Fahrer nicht auf die optische, akustische oder haptische Warnung, löst der Fahrzeugrechner eine Bremsung aus, um den Unfall zu vermeiden.

Fahrzeug-Fahrzeug- und Fahrzeug-Infrastruktur-Kommunikation

Während früher Funktionalitäten in einem Fahrzeug üblicherweise als Stand-alone-Systeme realisiert wurden, gehören in heutigen Fahrzeugen Komunikationsbussysteme zum Standard. Diese ermöglichen den fast unbegrenzten Austausch von Daten innerhalb des Fahrzeugs und damit eine stetig wachsende Zahl von Verbundfunktionen, die sich u. a. durch Mehrfachnutzung von Sensoren und/oder Aktoren auszeichnen. Die weitere Entwicklung wird es zukünftig erlauben, Daten zwischen Fahrzeugen untereinander (Car-to-Car, C2C) sowie zwischen Fahrzeugen und intelligenter Infrastruktur (Car-to-Infrastructure, C2I) auszutauschen.

Anwendungen

Die Funktionen – unter dem Begriff C2X zusammengefasst – sind sehr vielfältig:

- Entertainment (z. B. Musik-/Video-Download, Internet im Fahrzeug).
- Verkehrseffizienz (z. B. Verkehrsinfo und -lenkung).
- Verbrauchseffizienz (z. B. aufgrund optimierten lokalen Verkehrsflusses/harmonisierter Geschwindigkeit).
- Fahrerassistenz (z. B. Verkehrszeichenerkennung, Ampelassistenz).
- Sicherheitsfunktionen (z. B. Stauendewarner, Kollisionsvermeidung).
- Kommerzielle Anwendungen (z. B. Parkraumbezahlung, Zugangsberechtigung, Ferndiagnose/-wartung).

Technische Voraussetzungen

Übertragungstechnik

Für eine Reihe von Funktionen können Kommunikationstechniken verwendet werden, wie sie aus dem Consumer-Electronic-Bereich bekannt sind. Hierzu gehören die Mobilfunkstandards (z. B. GSM, UMTS) oder WLAN (z. B. IEEE 802.11a/b/g/n). Zukünftig ist auch der Einsatz von Breitbandtechniken (z. B. WiMAX, MBWA) möglich. Applikationen, die extrem kurze Verzögerungszeiten bei der Übertragung von Daten erfordern und ohne Basisstationen auskommen müssen (wie bei C2C), lassen sich damit jedoch nicht darstellen. Derzeit befindet sich für diese speziellen Automotive-Anwendungen der DSRC- Standard (Dedicated Short Range Communication) in der Entwicklung. Es handelt sich dabei um eine Modifikation des WLAN-Standards mit erhöhten Sicherheitsanforderungen, erweitert um die Fähigkeit, in einem hochdynamischen Kommunikationsnetz Daten auszutauschen.

Datensicherheit (Security)

Hinsichtlich der Datensicherheit bestehen die Anforderungen im Wesentlichen in den folgenden Punkten:

- Datenintegrität: Falsche/veränderte Daten dürfen nicht gesendet werden oder müssen zumindest als solche erkannt werden.
- Anonymität: Anforderungen des Datenschutzes hinsichtlich der Privatsphäre.
- Kompatibilität: Verträglichkeit von Security-Verfahren über Jahrzehnte.
- Update/Upgrade-Fähigkeit: Möglichkeit, alte Fahrzeuge auf den neuesten Stand der Security-Verfahren zu bringen.
- Echtzeitfähigkeit: Obige Anforderungen bedingen hohe Rechenleistung für Ver- und Entschlüsselung usw.

Positionierung

C2X-Anwendungen benötigen Informationen über die Position des eigenen Fahrzeugs sowie die des Kommunikationspartners. Im einfachsten Fall reicht eine absolute Positionsbestimmung mittels GPS/Galileo aus. Für eine relative Positionierung kann z. B. Differential-GPS zum Einsatz kommen. Die dadurch gewonnene höhere Genauigkeit ist insbesondere für stark sicherheitsrelevante Anwendungen erforderlich.

Fahrerzustandserkennung

Fahrerassistenzsysteme verwenden die Umfeldsensorik, um daraus die für die Unterstützung notwendige Information über die Umgebung des Fahrzeugs zu ermitteln. Insbesondere sicherheitsgerichtete Systeme, die darauf abzielen, Kollisionen zu verhindern, erkennen so kritische Abstände und können den Fahrer warnen oder im Notfall direkt in die Fahrzeugführung eingreifen. Der kritische Abstand selbst ist jedoch in vielen Fällen die Folge einer vorausgehenden Fehlhandlung oder Fehlreaktion des Fahrers. So zeigen Untersuchungen der US-Behörde NHTSA (National Highway Traffic Safety Administration, 2006), dass bei 80 % aller Unfälle und 65 % der Beinahe-Unfälle Unaufmerksamkeit des Fahrers eine entscheidende Ursache ist; allein der Aspekt Müdigkeit spielt bei 20...25 % der Fälle eine Rolle. Fahrerassistenzsysteme erkennen über Umfeldsensorik also die Auswirkung, nicht jedoch die Ursache des Fahrfehlers.

Wenn es möglich ist, den Fahrerzustand zu erfassen, erlaubt dies eine Anpassung des Warn- und Eingriffskonzepts eines Assistenzsystems. Ein unaufmerksamer oder müder Fahrer muss bereits in einer frühen Phase gewarnt werden, um ihm ausreichend Zeit zur Reaktion zu verschaffen. Der konzentrierte Fahrer hingegen würde durch zu frühe Warnungen eher gestört. Die Anpassung eines Fahrerassistenzsystems an den Fahrerzustand verspricht zusätzliche Sicherheit bei gleichzeitig besserer Akzeptanz durch den Fahrer.

Detektionsmöglichkeiten

Direkte Verfahren

Direkte Verfahren führen über die Messung physiologischer Signale des Menschen wie z. B. Herzrate, Hautleitfähigkeit, Lidschluss oder andere Größen, die in direktem Zusammenhang mit seinem Zustand stehen. Zu ihrer Messung ist im Fahrzeug eine zusätzliche Sensorik erforderlich, die den Fahrer nicht belasten darf. Ein Herzratensensor kann z. B. im Lenkrad oder in der Rückenlehne untergebracht werden. Die für eine Aufmerksamkeits- oder Müdigkeitserkennung besonders wichtige Blickrichtungs- und Lidschlusserfassung kann mit Hilfe einer Videokamera erfolgen.

Indirekte Verfahren

Indirekte Verfahren erfassen nicht den Zustand des Fahrers selbst, sondern die Veränderung seiner Leistung in der Fahrzeugführung. Ein müder Fahrer ist in seiner Motorik eingeschränkt, was sich insbesondere im Lenkverhalten niederschlägt (z. B. plötzliche starke Lenkbewegungen). Bedienhandlungen an Informationssystemen (z. B. Senderwahl am Autoradio) erzeugen kurzfristige Unaufmerksamkeit. Fahrzeugeigene Sensorik (Lenkwinkelsensor bzw. detektierte Bedientätigkeit) kann verschiedene Aspekte des Fahrerzustands (längerfristige Müdigkeit bzw. kurzfristige Ablenkung) messen.

Müdigkeitswarnsystem

Neben der Berücksichtigung des Fahrerzustands bei der Anpassung der Assistenzsysteme besteht weiteres Potenzial zur Erhöhung der Sicherheit auch in der Bereitstellung zusätzlicher Funktionen wie einem eigenen Müdigkeitswarn- oder -informationssystem. Hier wird dem Fahrer direkt sein Zustand zurückgemeldet bzw. es werden Maßnahmen eingeleitet, ohne dass die Leistungseinschränkung bereits zu Fahrfehlern geführt hat.

Entwicklung von Fahrerassistenzsystemen

Die Zahl der Bedienfunktionen im Kraftfahrzeug nimmt zu. Der Nutzer möchte die Funktionen mit wenig Aufwand verstehen und langfristig ohne großen Aufwand nutzen können. Dies erfordert einfach aufgebaute und leicht nachvollziehbare Bedienfolgen. Ideal wäre „intuitive Bedienbarkeit“: Der Nutzer macht ohne Vorbereitung intuitiv das Richtige, um die gewünschte Funktionalität zu realisieren.

Bei gleichzeitig zunehmender Komplexität der Fahrzeuge können diese Ziele nur erreicht werden, wenn der Nutzer mit seinen Bedürfnissen im Mittelpunkt der Entwicklung steht.

Unterstützungsbedarf des Fahrers führt zur Produktidee

Die Entwicklung der Interaktion zwischen Fahrer und Assistenzsystem ist - wie in Bild 10 dargestellt - Bestandteil innerhalb der gesamten Entwicklungskette des Systems. Der Bedarf an sinnvollen Fahrerassistenzsystemen (FAS) kann aus der Analyse von Unfalldaten, aus Feldbeobachtungen, aus der Analyse einzelner Fahrsituationen oder Befragungen von Nutzergruppen ermittelt werden. So können aus der großen Zahl der Unfälle bei Nacht, verglichen mit der gleichen Fahrleistung bei guten Sichtbedingungen, Systeme zur Sichtverbesserung abgeleitet werden - seien es bessere Scheinwerfer, die den Straßenverlauf oder entgegenkommende Fahrzeuge berücksichtigen oder Nachtsichtsysteme, die durch Nutzung von Infrarotstrahlung dem Fahrer mehr Information bieten.

Fahrer unterscheiden sich erheblich hinsichtlich ihrer Lebenssituation, ihrer sensorischen und mentalen Fähigkeiten, ihrer Risikobereitschaft und ihrer Fahrerfahrung. Aus der Vielfalt der Benutzergruppen und der Nutzungssituationen können bestimmte Nutzertypen und Fahrsituationen ausgewählt werden. Dies kann z. B. „Mutter mit Kind“ und „Einfahrt in Tiefgarage“ mit „Familienvan“ sein. Auch die analytische Untersuchung einer Abfolge von Situationen, wie sie z. B. bei einer „Urlaubsfahrt mit Familie in ein Hotel in Spanien“ auftreten, kann Hinweise auf bisher nicht identifizierten Bedarf an Unterstützung durch Fahrerassistenzsysteme geben.

10 Entwicklung der Fahrer-Fahrzeug-Interaktion als Teil des Entwicklungsprozesses des Fahrerassistenzsystems

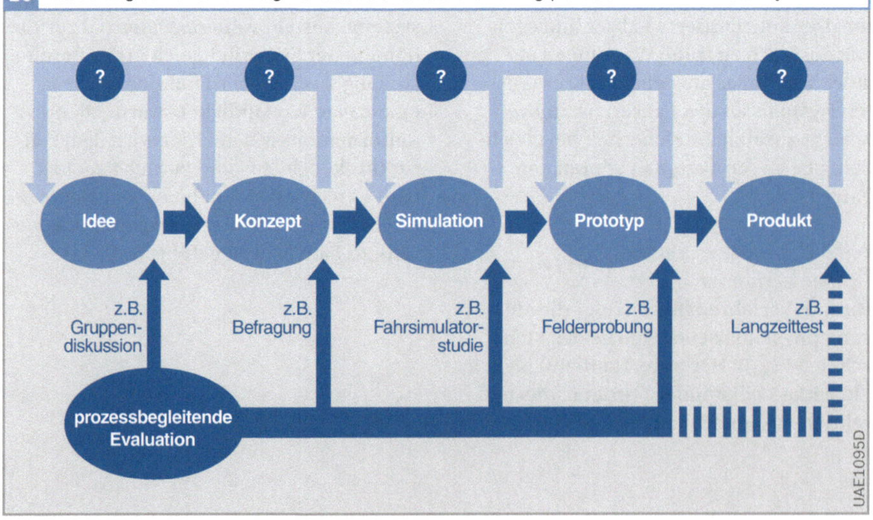

Auch die systematische direkte Arbeit mit Nutzern aus diesen Gruppen hat sich als sehr erfolgreich erwiesen, um bisher nicht bekannten Assistenzbedarf zu ermitteln oder um Produktideen lange vor einer Realisierung hinsichtlich ihrer Marktchancen zu bewerten.

Da neue Fahrerassistenzsysteme zunächst in Neuwagen eingebaut und verkauft werden, sind insbesondere typische Käufer von Neuwagen zu untersuchen. Aus ihnen wurden folgende Nutzertypen abgeleitet:

- der Ältere Autofahrer,
- der Geschäftsreisende,
- der Spaßfahrer und
- der Familienmanager.

Häufige Gemeinsamkeiten des Nutzertyps „Älterer Autofahrer" sind eingeschränkte Beweglichkeit und eingeschränkte sensorische Leistungsfähigkeit. Sie nehmen nicht am Berufsverkehr teil sondern haben meist hohe zeitliche und räumliche Flexibilität.

Der Nutzertyp „Geschäftsreisender" nutzt den Pkw intensiv und häufig dienstlich, hat kaum zeitliche Flexibilität und keine freie Zielwahl. Für ihn ist die Kommunikation mit externen Partnern oder Datenbanken wesentlich und sollte auch während der Fahrt ohne Gefährdung der Verkehrssicherheit ermöglicht werden.

Der „Familienmanager" ist meist im Stadt-/Kurzstreckenverkehr unterwegs, um Besorgungen zu erledigen, um Einkäufe und Kinder zu transportieren. Langes Stehen vor Ampeln im Stadtverkehr, mit Kindern im Fahrzeug, wurde von dieser Gruppe z. B. als unangenehme Situation bezeichnet.

„Spaßfahrer" betrachten ihr Auto oft als Hobby. Sie haben eine emotionale Beziehung zu ihrem Fahrzeug. Sie fahren gerne und sind manchmal gerne schnell unterwegs. Sie nannten Angst vor Beschädigung, Einbruch, Diebstahl des eigenen Autos beim Parken als wesentliches Problem.

In Workshops mit ausgewählten Vertretern eines Nutzertyps und Ingenieuren werden gemeinsam kritische Ereignisse aus den Erfahrung der Nutzer analysiert und Lösungsansätze diskutiert und bewertet. So wurde aus der Arbeit mit „Älteren Autofahrern" z. B. das Problem „Schlechte Sicht und Blendung", z. B. bei Nachtfahrten, durch nasse Fahrbahn, tief stehende Sonne und Scheinwerfer des Gegenverkehrs gefunden. Auch das Wahrnehmen von anderen Verkehrsteilnehmern, von Tieren, Gegenständen auf der Fahrbahn, von Verkehrszeichen und Ampeln bereitet ihnen oft Probleme.

Konkretisierung in der Konzeptentwicklung

Erfolgversprechende Produktideen werden im folgenden Entwicklungsschritt in technische Konzepte umgesetzt. Hier hat sich eine standardisierte Beschreibung bewährt, die auch eine analytische Bewertung des Endkundennutzens erlaubt. Wichtige Dimensionen dieser Bewertung sind die Häufigkeit der Nutzung der Funktionen, ihr Potenzial zur Verbesserung der Verkehrssicherheit, Auswirkungen auf die Umwelt, Kosten für Anschaffung und Wartung. Auch eine anschauliche Darstellung des Fahrerassistenzsystems, die sich für die Präsentation gegenüber Endkunden in Workshops eignet, kann jetzt entstehen. In dieser Phase müssen die grundlegenden Funktionen des Fahrerassistenzsystems bekannt sein – einschließlich ihrer Grenzen. Auch die Interaktionsmedien werden festgelegt, d. h., ob über den sprachlichen, visuellen oder haptischen Kanal mit dem Nutzer kommuniziert werden soll. Dabei sind die spezifischen Eignungen und Einschränkungen dieser Interaktionskanäle zu beachten, auch ihre Inanspruchnahme in der Fahrsituation, in denen das Fahrerassistenzsystem benutzt wird. Stets sollten mehrere Kanäle parallel genutzt werden, um die Sicherheit der Informationsübertragung zum Fahrer zu erhöhen.

Gestaltung des Interface und des Bediendialoges

In dieser Entwicklungsphase wird eine präzise, strukturierte Beschreibung der Leistungen des Systems und der Situationen, unter denen diese erbracht werden können, benötigt. Dazu wurden standardisierte Beschreibungen von Verkehrssituationen und rechnergestützte Tools entwickelt. Darauf basierend wird die Mensch-Maschine-Interaktion (HMI, Human Machine Interaction), bestehend aus dem Interface und dem Dialog zwischen Nutzer und System, im Detail erarbeitet.

Ziele sind neben anderen, dass der Bediendialog mit der Fahrzeugführung vereinbar ist. Das heißt z. B., dass der Fahrer entscheiden kann, wann und wie lange er sich der Bedienung zuwendet, dass keine übermäßig lange Blickabwendung von der Fahrbahn erforderlich ist, dass er bei Unterbrechungen der Bedienung ohne Verluste früherer abgeschlossener Bedienschritte diese wieder fortführen kann.

Der Bediendialog ist weiterhin so zu gestalten, dass jeder einzelne Dialogschritt durch Rückmeldung des Dialogsystems unmittelbar verständlich ist oder dem Benutzer auf Anfrage erklärt wird. Die Reaktionen des Systems müssen den Erwartungen des Fahrers entsprechen. Fehler bei der Interaktion dürfen keine gravierenden Auswirkungen haben und ohne großen Aufwand korrigiert werden können. Der Fahrer soll im Umgang mit dem System unterstützt und angeleitet werden.

Zur Analyse möglicher Auswirkungen einer bestimmten Funktion eines Assistenzsystems werden Fragenkataloge eingesetzt, wie sie z. B. in dem EU-Projekt RESPONSE (RESPONSE 3, 2003) entwickelt wurden.

In dieser Phase wird das System meist durch eine Simulation im Rechner dargestellt. Es folgen Tests mit repräsentativen Probanden in der sicheren Umgebung des Labors und im Fahrsimulator.

Fahrversuche mit Prototyp

Mit zunehmender Reife eines Systems und wachsender Erfahrung seiner Auswirkungen auf die Nutzer wird ein Prototyp des Assistenzsystems aufgebaut. Mit ihm sind in diesem Stadium Fahrversuche im Testgelände möglich. Zunächst beginnt man mit erfahrenen Experten, später folgen umfangreichere Feldversuche mit ausgewählten Nutzergruppen. Dazu wurden ausgefeilte Bewertungsverfahren entwickelt, mit denen die Einflüsse der Interaktion mit FAS auf einzelne Dimensionen der Fahrqualität zuverlässig ermittelt werden können.

Rückmeldung vom Markt

Sobald ein System als Produkt im Markt eingeführt wird, wächst weitere Erfahrung, die von HMI-Experten (Human Machine Interface, Mensch-Maschine-Schnittstelle) erfasst und ausgewertet wird und in den Entwicklungsprozess der nächsten Gerätegeneration einfließt. Auch Langzeittests mit ersten, ausgewählten Käufern werden durchgeführt.

Alle diese Prozessschritte werden Iterationen enthalten, falls ein Bedarf an Modifikationen und Verbesserungen eines Systems in den Bewertungsschritten deutlich wird.

Änderung der Beziehung Fahrer-Fahrzeug durch FAS

Die Nutzung von Fahrerassistenzsystemen verändert die Aufgabe des Fahrers erheblich. Diese Effekte sind bereits während der gesamten Entwicklung eines FAS zu beachten und ihre Auswirkungen auf Verkehrssicherheit und Komfort zu überprüfen.

Die zunehmende Komplexität der Assistenzsysteme erschwert ihr Verstehen. Beispielsweise bietet die Weiterentwicklung des Tempomaten zum ACC bis hin zum Stauassistenten zunehmende Entlastung des Fahrers, es steigt andererseits aber auch mit der Komplexität die Gefahr, dass die Funktionsgrenzen vom Fahrer nicht mehr verstanden werden.

Setzt ein Fahrer ein Assistenzsystem ein, das direkt in das Fahrgeschehen eingreift (z. B. ACC mit Teilübernahme der Längsführungsaufgabe oder einer Stop&Go-Funktion), so bedeutet das eine fundamentale Veränderung seiner Aufgabe zur Fahrzeugführung. Teile der bisherigen Fahraufgabe können an das Assistenzsystem delegiert werden – darauf beruht ja der Entlastungseffekt dieser Systeme mit positiven Auswirkungen auch auf die Verkehrssicherheit – und die verbleibende Aufgabe enthält nunmehr weniger regelnde und mehr überwachende Anteile.

Das Assistenzsystem zeigt ein eigenständiges Fahrverhalten, das möglicherweise vom Normalverhalten des Fahrers abweicht. Abhängig vom Automatisierungsgrad kann sich der Fahrer dadurch zeitweise mehr oder weniger in eine Art Beifahrersituation versetzt fühlen. Auch die Nachbildung des eigenen Verhaltens des Fahrers durch ein FAS ist keine Garantie, dass der Fahrer dieses Verhalten für gut befindet. Die Qualität des Zusammenwirkens zwischen Fahrer und Assistenzsystem ist aber wesentlich für die Akzeptanz der Systeme.

Dieses Verhalten eines FAS muss vom Fahrer gelernt werden. Er muss „erfahren", welche Leistungen das FAS in welcher Situation erbringen kann und wo dessen Funktionsgrenzen sind. Dabei wird er ein „inneres", ein geistiges Modell des Verhaltens des FAS aufbauen. Dieses muss nicht mit dem physikalischen System des FAS übereinstimmen. Mit zunehmender Erfahrung wird sich dieses Modell verfeinern und eventuell korrigieren. Es hilft dem Fahrer, das System effizienter zu nutzen und Vertrauen aufzubauen.

Zur Erfassung der Verkehrssituation hat das System eigene Sensoren, deren Erfassungsbereiche normalerweise nicht mit denen der menschlichen Sinnesorgane übereinstimmen. Die Grenzen der Sensoren und der Signalverarbeitung bestimmen wesentlich die Funktionalität des FAS. Sind diese Grenzen für den Fahrer nicht verständlich, wird es für ihn schwierig, das Gesamtsystem zu verstehen und damit bestimmungsgemäß einzusetzen.

Es ist prinzipiell schwierig, ein Verhalten, das selten auftritt, zu lernen. Speziell das Verhalten in Gefahrensituationen kann real nicht erlernt werden. Hier liegt ein großes Problem bei der Gestaltung und Auslegung von FAS, die nur in Gefahrensituationen eingreifen. Hilfreich könnte der Einsatz von Simulatoren im Lernprozess sein.

Bei der Interaktion mit dem Fahrerassistenzsystem besteht die Gefahr, dass sich der Fahrer zu lange von der primären Fahraufgabe abwendet. Unerwartete Meldungen oder Aktionen eines Fahrerassistenzsystems können ihn auch ablenken oder sogar erschrecken. Häufige und lang andauernde Blickabwendungen vom Verkehrsgeschehen durch die Interaktion mit Fahrerassistenzsystemen müssen vermieden werden. Dies muss bei der Gestaltung des Interface und des Dialogs berücksichtigt werden. Anzeigen sind so zu gestalten und zu platzieren, dass sie hinreichend schnell abgelesen werden können. Dies ist in ISO 15008 im Detail festgelegt. Akustische Warnungen müssen in ihrer spektralen Zusammensetzung und Lautstärke gemäß ISO 15006 gestaltet werden. Dialoge müssen vom Fahrer initiiert und getaktet werden, sie müssen jederzeit unterbrechbar sein, ohne wesentlichen Verlust bisheriger Dialogschritte.

Die Interaktion des Fahrers mit dem Fahrerassistenzsystem bindet zusätzliche geistige Kapazität des Fahrers. Dies stellt prinzipiell eine Zusatzbelastung dar, die durch die entlastende Wirkung des Fahrerassistenzsystems zumindest kompensiert, besser aber übertroffen werden muss. In besonders anspruchsvollen Fahrsituationen sollte er nicht durch andere nichtfahrtbezogene Aufgaben zusätzlich belastet werden.

Eine Möglichkeit ist, die Interaktion mit dem Fahrerassistenzsystems so zu gestalten, dass die Gesamtbelastung aus der Fahraufgabe und der Interaktion ein bestimmtes Maß nicht überschreitet. Dies erfordert eine Anpassung der Interaktion an die Verkehrssituation und den augenblicklichen Zustand des Fahrers. In eine Schätzung der momentanen Belastung durch die Verkehrssituation können Faktoren wie Streckenmerkmale aus einer mitgeführten digitalen Karte, Wissen über den umliegenden Verkehr durch fahrzeugeigene Sensoren, Kenntnisse über die Fahrdynamik basierend auf Quer- und Längsbeschleunigungen sowie über Wetter- und Straßenverhältnisse einbezogen werden. Auch Nebentätigkeiten wie z. B. Gespräche mit Beifahrern können einbezogen werden, um die momentane Leistungsfähigkeit des Fahrers zu schätzen.

Nur wenn für die Fahraufgabe genügend Kapazität beim Fahrer zur Verfügung steht, werden bestimmte anspruchsvolle Interaktionen angeboten. Auch der Unterstützungsgrad durch das Fahrerassistenzsystem kann erhöht werden, indem z. B. bei einem beanspruchenden Telefongespräch die Längs- und Querführung des Fahrzeugs durch ein Fahrerassistenzsystem übernommen wird. Bei hoher Belastung des Fahrers kann auch ein Telefonanruf zurückgestellt werden, bis die Verkehrssituation es erlaubt, den Anruf anzunehmen.

Unterschiedliche Nutzertypen haben in verschiedenen Fahrsituationen unterschiedliche Wünsche an die Auslegung von Fahrerassistenzsystem. So wurde in dem Projekt SANTOS (König, 2003) ein HMI entwickelt, bei dem der Fahrer seinen Fahrstil - entspannt, normal oder sportlich - eingeben kann, womit er das Verhalten mehrerer Fahrerassistenzsysteme gleichzeitig einstellt. Weiterhin kann er entsprechend seiner Fahrsituation wählen, ob er mehr oder weniger Unterstützung wünscht in Form einer Empfehlung, einer Warnung oder einer Regelung bzw. eines Eingriffs des Fahrerassistenzsystems.

Es ist bekannt, dass auch eine länger dauernde Unterforderung oder monotone Beanspruchung ebenso wie eine Überforderung zu einer erhöhten Fehlerwahrscheinlichkeit führt. Es besteht das grundsätzliche Problem, dass ein FAS mit zunehmender „Perfektion" in immer mehr Situationen seine Aufgabe erfüllen kann, so dass der Fahrer zunehmend seltener eingreifen muss, dies aber dann in den schwierigsten Situationen. Durch die Gestaltung des FAS muss sichergestellt werden, dass er zumindest hinsichtlich seines Informationsstandes jederzeit die Aufgabe vom FAS wieder übernehmen könnte. Dazu gehört ein angemessenes Situationsbewusstsein (Situation Awareness), das außer durch die Erfahrung des Fahrers auch durch dessen permanente Einbeziehung in den Fahrprozess bestimmt wird. Dem bereits kurzfristig wirksamen Verlust an motorischer Fertigkeit ist sicher schwieriger zu begegnen. Hier besteht noch Forschungsbedarf!

Menschliches Verhalten orientiert sich am subjektiven Risiko, das vom objektiven deutlich abweichen kann. Es ist deshalb auch zu untersuchen, ob die Nutzung eines FAS längerfristig zu einer veränderten, nicht angemessenen Einschätzung des Risikos einer Fahrsituation führt. Ihr muss durch eine entsprechend gestaltete Rückmeldung an den Fahrer entgegengewirkt werden. Die Verantwortung des Fahrers auch bei Nutzung eines FAS muss deutlich herausgestellt werden.

Im Wiener Übereinkommen über den Straßenverkehr (1968) ist festgeschrieben: „Jeder Führer muss sein Fahrzeug dauernd beherrschen können..." Auch nach heutigem Stand der Diskussion in Fachkreisen ist es unumgänglich, dass der Fahrer die Verantwortung für die Fahrzeugführung auch bei Einsatz von FAS behalten muss. Dies hat zur Folge, dass er die Aktionen eines FAS jederzeit übersteuern können muss. Dies wiederum verlangt eine

Gestaltung, die ihm den momentanen Zustand eines FAS transparent macht, sodass er ein angemessenes „inneres Modell“ des Systemverhaltens aufbauen kann. Es erscheint aber sehr schwierig, in Situationen mit großer Dynamik zu erkennen, ob der Fahrer die autonome Aktion eines FAS übersteuern möchte. In der Diskussion ist es derzeit noch offen, ob ein System ohne Möglichkeit des „Überstimmens“ durch den Fahrer eingreifen darf oder sogar muss, wenn eine Kollision aufgrund der Fähigkeiten eines „normalen“ Fahrers oder aufgrund physikalischer Gegebenheiten unvermeidlich ist.

Internationale Vereinbarungen

Um ein einheitliches Verständnis über FAS zu erreichen und eine verantwortungsbewusste Entwicklungsmethodik zu etablieren, werden auf EU-Ebene und auch weltweit erhebliche Anstrengungen unternommen. In Europa entstand so die „Neufassung des Europäischen Grundsatzkatalogs zur Mensch-Maschine-Schnittstelle“ (ESoP, 2006) . Die darin enthaltenen Empfehlungen sind zwar auf rein informierende Systeme und nicht auf FAS ausgerichtet, formulieren aber Richtlinien, die auch bei der Entwicklung von FAS Hilfestellung geben. Insbesondere präzisieren sie die Verantwortung aller, die bei der Entwicklung, dem Handel und der Nutzung der Systeme beteiligt sind, vom Lieferanten von Kartendaten für ein Navigationssystem über den Händler bis hin zum Endnutzer.

In mehreren öffentlich geförderten Projekten (RESPONSE 3) wurden gemeinsam durch Kfz-Hersteller, Zulieferer, Behörden, Forschungsinstitute und Anwaltskanzleien eine Methodik zur Entwicklung von FAS entwickelt, die die Erkennung und Bewertung von Risiken systematisiert. Insbesondere die Forderung der Kontrollierbarkeit des FAS durch den Fahrer steht im Mittelpunkt. Sie befasst sich mit der normalen Funktion, dem Verhalten an den Grenzen der Funktion und bei Ausfall des FAS.

Auch in der Normung gibt es umfangreiche Aktivitäten, die sich mit übergeordneten Gesichtspunkten des HMI von Informations- und Assistenzsystemen befassen, aber auch mit einzelnen Systemen. In den entstehenden Normen werden Mindestanforderungen festgeschrieben, die sicherstellen sollen, dass die Systeme von einem breiten Spektrum von Fahrern leicht und sicher benutzt werden können. Normen sollen den technischen Fortschritt nicht behindern. Sie definieren deshalb meist nicht, wie ein bestimmtes System gestaltet sein muss (Design Standard) sondern legen fest, welche Leistungen ein bestimmtes System erbringen soll (Performance Standard). Auch eine markenspezifische Gestaltung soll nicht verhindert werden, solange dem Benutzer z. B. beim Wechsel von Fahrzeug zu Fahrzeug dadurch kein Sicherheitsrisiko erwächst. Als historisches Beispiel mag die Gestaltung des Warnblinkschalters dienen, die aus unterschiedlichen Positionen und Formen zu einer nahezu einheitlichen Lösung konvergierte. Jeder Hersteller, der ein gegenüber seinen Wettbewerbern überlegenes Produkt anbieten möchte, wird versuchen, die Forderungen einer Norm zu übertreffen.

Mensch-Maschine-Interaktion bei Fahrerassistenzsystemen

Der Autofahrer muss eine ständig wachsende Flut von Informationen verarbeiten, die vom eigenen und von fremden Fahrzeugen, von der Straße und über Telekommunikationseinrichtungen auf ihn einwirken. Diese Informationen müssen ihm mit geeigneten Anzeigemedien und unter Beachtung ergonomischer Erfordernisse übermittelt werden.

Bis in die 1980er-Jahre bestand die Informationseinheit für den Fahrer aus wenigen Anzeigeelementen. Tachometer mit Kilometerzähler, Tankanzeige und einige Kontrollleuchten informierten über die wichtigsten Betriebszustände des Fahrzeugs. Der zunehmende Einsatz von Informationssystemen (Navigationssysteme, Bordcomputer usw.) im Kraftfahrzeug führte zu einem größeren Angebot an Information und erforderte somit erweiterte Interaktionsmöglichkeiten zwischen Fahrer und elektronischen Systemen.

Beginnend mit der ultraschallbasierten Einparkhilfe Mitte der 1990er-Jahre halten nun weitere sensorbasierte („prädiktive") Fahrerassistenzsysteme für Komfort und Sicherheit Einzug in unsere Fahrzeuge. Die von ihnen erzeugte Information muss in den vorhandenen Anzeigeflächen dargestellt werden.

Interaktionskanäle

Visueller Kanal – Sehen

Der Mensch erkennt seine Umwelt überwiegend mit Hilfe des Sehsinns (Bild 1). Andere Verkehrsteilnehmer, ihre Position, ihr vermutetes Verhalten, die Fahrspur und Objekte im Straßenraum werden mit dem Sehapparat und der dahinter liegenden höchst leistungsfähigen Bildverarbeitung und -interpretation des Menschen entdeckt, ausgewählt und von weiteren Strukturen im Gehirn hinsichtlich ihrer Entwicklung und Relevanz bewertet.

Auch die Infrastruktur im Straßenverkehr fordert vor allem den visuellen Kanal: Verkehrsschilder vermitteln Regeln, Markierungen grenzen Fahrstreifen voneinander ab, Blinker zeigen eine Fahrtrichtungsänderung an, Bremslichter warnen vor verzögernden Fahrzeugen.

Somit ist der visuelle Kanal beim Fahren von großer Bedeutung. Dies gilt für das bewusste Sehen, bei dem der Fahrer seinen Blick Objekten gezielt zuwendet und auf sie fokussiert, aber auch für das periphere Sehen, das für die Positionierung innerhalb des Fahrstreifens wesentlich ist. Deshalb müssen zusätzliche Blicke auf Anzeigen im Fahrzeug während der Überwachung oder Interaktion mit Fahrerinformations- und Fahrerassistenzsystemen

1 Interaktionskanäle zwischen Mensch und Maschine

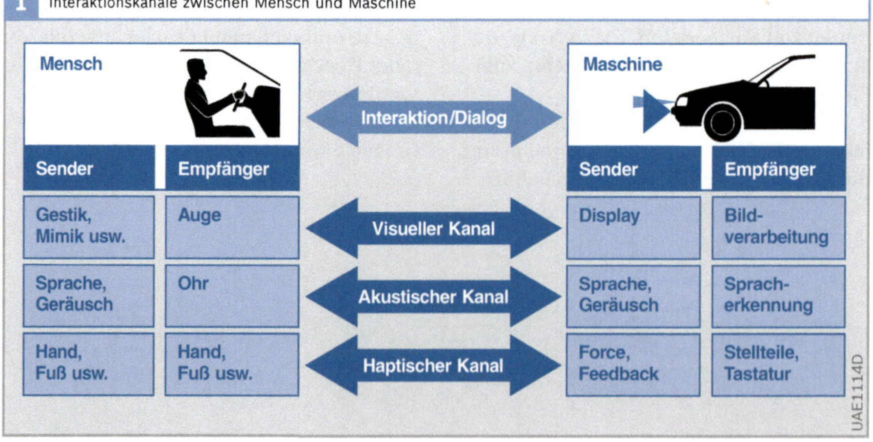

(FIS/FAS) sorgfältig auf mögliche Auswirkungen auf die Verkehrssicherheit bewertet werden.

Akustischer Kanal – Sprechen und Hören

Für die Kommunikation mit anderen Verkehrsteilnehmern, insbesondere das Anzeigen und Signalisieren von Gefahr, wird beim Menschen und bei Fahrerassistenzsystemen der akustische Kanal genutzt. Dazu gehört die Eingabe von Kommandos über Spracheingabesysteme sowie die Ausgabe von Warnhinweisen und Information vom Fahrerassistenzsystem an den Fahrer mittels Sprachausgabe.

Die Eingabe von Sprachbefehlen erfordert keine Blickzuwendung, bindet aber ebenfalls geistige Kapazität des Fahrers. Hören bedarf keiner Blickzuwendung, kann aber räumliche und komplexe Information (z. B. Beschreibung der Situation an komplexen Kreuzungen) schlecht übermitteln. Auch Fahrer ohne ausreichendes Hörvermögen müssen mit dem Fahrerassistenzsystem kommunizieren können.

Haptischer Kanal – Bedienen und Fühlen

Der haptische Kanal gibt Rückmeldung an den Fahrer bei allen motorischen Bedienvorgängen, beim Bedienen von Schaltern, beim Lenken und Bremsen. In Serie realisiert wurde bereits eine Warnung des Fahrers durch ein kurzes Straffen seines Sicherheitsgurts und durch Vibrieren des Sitzes bei Gefahr des Spurverlassens.

Auch der kinästhetische Kanal, der beim Fahren der Wahrnehmung von Beschleunigungen dient, wird in einem Serienfahrzeug bereits genutzt, um z. B. durch einen kurzen Bremsruck die Aufmerksamkeit des Fahrers herzustellen.

Allerdings wird der haptische Kanal für das Lenken und die Geschwindigkeitsregelung permanent benötigt und zusätzliche manuelle Bedienungen (z. B. Tastaturbedienung des Mobiltelefons) können die Spurführung beeinträchtigen.

Mensch-Maschine-Interface

Informations- und Kommunikationsbereiche

Im Fahrzeug gibt es vier Informations- bzw. Kommunikationsbereiche mit unterschiedlichen Anforderungen an die Eigenschaften der jeweiligen Anzeige:

- das Kombiinstrument,
- die Windschutzscheibe,
- die Mittelkonsole und
- den Fahrzeugfond.

Das verfügbare Informationsangebot und die für den jeweiligen Insassen notwendige, zweckmäßige oder wünschenswerte Information bestimmen ihre Eigenschaften.

- Dynamische Informationen (z. B. Fahrgeschwindigkeit) und Überwachungsinformationen (z. B. Tankanzeige), auf die der Fahrer reagieren soll, stellt das Kombiinstrument möglichst nahe des primären Sichtfelds dar.
- Um eine besonders hohe Aufmerksamkeit zu erregen (z. B. bei Warnungen aus einem Abstandswarnradar oder Wegleithinweise), eignet sich die Darstellung mit Hilfe eines Head-up Displays (HUD), das die Information in die Windschutzscheibe einspiegelt. Eine akustische Ergänzung bildet die Sprachausgabe.
- Statusinformationen oder Bediendialoge mit Aufforderungscharakter (z. B. für Fahrzeugnavigation) werden vorzugsweise im Zentraldisplay in der Mittelkonsole dargestellt. Die Bedieneinheiten sind allerdings nicht unbedingt direkt an diesem Zentraldisplay angeordnet, sie können auch im Mitteltunnel platziert sein.
- Unterhaltende Information gehört, fern vom primären Sichtbereich, in den Fahrzeugfond. Dort ist auch der ideale Ort für das mobile Büro. Die Rückenlehne des Beifahrersitzes ist ein geeigneter Einbauort für Display und Bedienteil eines Laptops.

Kombiinstrumente

Herkömmliche Einzelinstrumente für die optische Ausgabe von Information (z. B. Fahrgeschwindigkeit, Motordrehzahl, Tankfüllstand und Motortemperatur) wurden zunächst durch kostengünstigere Kombiinstrumente (Zusammenfassung mehrerer Informationseinheiten in einem Gehäuse) mit guter Beleuchtung und Entspiegelung verdrängt. Mit der Zeit entstand im vorhandenen Bauraum bei ständigem Informationszuwachs das moderne Kombiinstrument mit mehreren Zeigerinstrumenten und zahlreichen Kontrollleuchten (Bild 2, Pos. 1).

Messwerke

Der überwiegende Anteil der Instrumente arbeitet mit mechanischen Zeigern und Zifferblatt. Heute werden meist Getriebe-Schrittmotoren mit sehr geringer Bautiefe eingesetzt (Bild 3, Pos. 3). Sie erlauben dank kompaktem Magnetkreis und (meist) zweistufigem Getriebe mit nur etwa 100 mW Leistungsaufnahme eine schnelle und sehr präzise Zeigerpositionierung.

2 Fahrerinformationsbereich (Entwicklung)

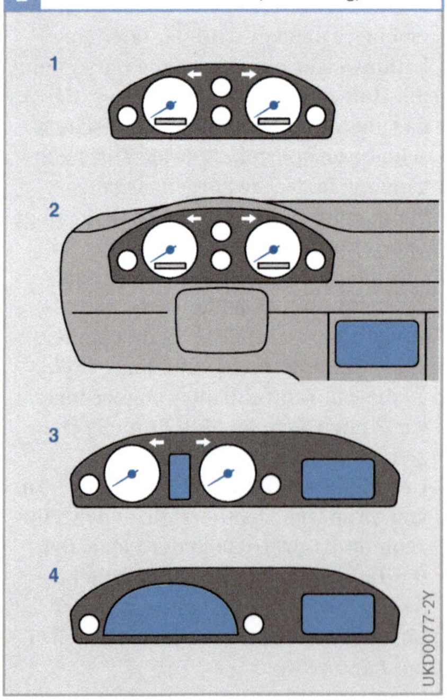

Bild 2

1 Zeigerinstrument
2 Zeigerinstrument mit TN-LCD und separatem AMLCD in Mittelkonsole
3 Zeigerinstrument- mit D-STN-LCD) und integriertem AMLCD
4 freiprogrammierbares Instrument mit zwei AMLCD-Komponenten

LCD Liquid Crystal Display (Flüssigkristall-Display)
TN-LCD Twisted-Nematic LCD
AMLCD Aktive Matrix LCD (aktiv adressierte LCD)
D-STN-LCD Double Super Twisted Nematic LCD

Beleuchtung

In Kombiinstrumenten sind LEDs (Leuchtdioden) schon seit geraumer Zeit als Kontroll- und Warnleuchten im Einsatz. Durch die Verfügbarkeit weißer LEDs werden sie neuerdings auch für die Beleuchtung verwendet und verdrängen mehr und mehr die Glühlampen. Skalen, Displays und Zeiger werden über Kunststoff-Lichtleiter in Durchlichttechnik beleuchtet.

Digitale Anzeigen

Die bis in die 1990er-Jahre teilweise eingesetzten Digitalinstrumente (z. B. für Geschwindigkeitsanzeige) mit Informationsdarstellung in Vakuumfluoreszenztechnik (VFD), später in Flüssigkristalltechnik (LCD), sind weitgehend wieder verschwunden. Stattdessen werden konventionelle Zeigerinstrumente in Kombination mit Displays eingesetzt. Dabei nehmen Fläche, Anzahl der Bildpunkte und Farbdarstellung der Displays ständig zu.

Grafikmodule

Die Serienausstattung der Fahrzeuge mit Airbag und Servolenkung hat eine kleinere Durchblicköffnung durch die obere Lenkradhälfte zur Folge. Gleichzeitig wächst die im vorhandenen Einbauraum darzustellende Informationsmenge. Dies erfordert zusätzliche grafikfähige Anzeigemodule, deren Anzeigeflächen beliebige Informationen - flexibel und nach Prioritäten geordnet - darstellen können.

Diese Tendenz führt zur Instrumentierung mit klassischem Zeigerinstrument, aber ergänzt mit einer Grafikanzeige. Auch der Zentralbildschirm befindet sich auf der Höhe des Kombiinstruments (Bild 2, Pos. 3).

Wichtig für alle optischen Darstellungen ist, dass sie im primären Blickfeld des Fahrers oder dessen Nähe leicht ablesbar sind, um kurze Blickabwendungen vom Verkehrsgeschehen sicherzustellen.

Die Grafikmodule im Kombiinstrument gestatten vorzugsweise die Darstellung von fahrerrelevanten Funktionen wie z. B. Service-Intervalle, Check-Funktionen über den Betriebszustand des Kfz oder auch Fahrzeugdiagnose für die Werkstatt. Sie können auch Wegleitinformationen aus dem Navigationssystem darstellen (keine digitalisierten Kartenausschnitte, nur Wegleitsymbole wie Pfeile als Abbiegehinweis oder Kreuzungssymbole). Den zunächst monochrom ausgeführten Modulen folgen inzwischen bei höherwertigen Fahrzeugausstattungen auch Farbdisplays (meist in TFT-Technik), deren Ablesegeschwindigkeit und -sicherheit durch die Farbdarstellung höher sind.

Seit 2005 werden auch TFT-Displays (z. B. 8-Zoll-Bildschirm) für die Darstellung analoger Instrumente genutzt. Diese Technik wird die konventionellen Anzeigen aus Kostengründen allerdings nur langsam verdrängen.

Head-up Display (HUD)

Herkömmliche Kombiinstrumente haben einen Betrachtungsabstand von ca. 0,8 m. Zum Ablesen einer Information im Bereich des Kombiinstruments muss der Fahrer seine Augen von Unendlich (Beobachtung der Straßenszene) auf den kurzen Betrachtungsabstand für das Instrument akkomodieren. Dieser Akkomodationsprozess dauert gewöhnlich 0,3...0,5 s.

Seit 1950 werden in der militärischen Luftfahrt Head-up Displays (HUD) eingesetzt. Derartige Anzeigen für Kfz-Anwendungen werden in einfacher Ausführung, meist als digitale Geschwindigkeitsanzeige, seit vielen Jahren in Japan und in den USA als Sonderausstattung angeboten. Inzwischen bieten sie auch einige europäische Hersteller in ihren Fahrzeugen an.

Das Bild des HUD wird über die Windschutzscheibe in das primäre Blickfeld des Fahrers eingespiegelt. Das optische System des HUD erzeugt ein virtuelles Bild in einem so großen Betrachtungsabstand, dass das menschliche Auge auf unendlich akkomodiert bleiben kann. HUDs erfordern keine Blickabwendung von der Fahrbahn - somit können sicherheitskritische Entwicklungen der Fahrsituation jederzeit wahrgenommen werden. Blicke auf den Tacho entfallen, wenn die Geschwindigkeit oder andere wichtige Information ebenfalls im HUD dargestellt werden.

Aufbau

Ein typisches HUD enthält ein Anzeigemodul (Bild. 4, Pos. 3) mit Ansteuerung zur Bilderzeugung (5), eine Beleuchtung, eine Abbildungsoptik (4) und einen Combiner (2, i. Allg. die Windschutzscheibe, eventu-

3 Kombiinstrument (Aufbau)

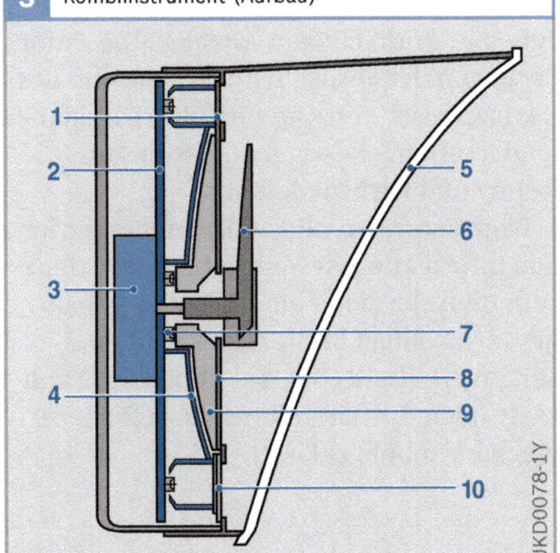

Bild 3
1 Kontrollleuchte
2 Leiterplatte
3 Schrittmotor
4 Reflektor
5 Deckscheibe
6 Zeiger
7 LED
8 Zifferblatt
9 Lichtleiter
10 LCD

4 Head-up Display (Prinzip)

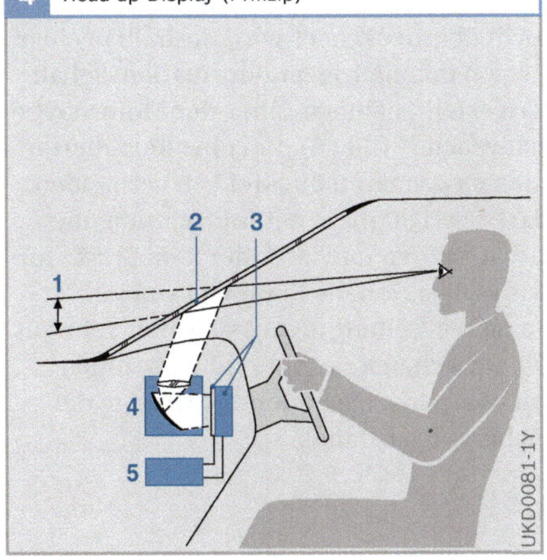

Bild 4
1 Virtuelles Bild
2 Reflexion in Windschutzscheibe
3 Anzeigemodul, LCD und Beleuchtung (oder CRT, VFD)
4 optisches System
5 Elektronik

ell versehen mit einer reflexionserhöhenden Schicht), an dem das Bild in das Auge des Betrachters reflektiert wird. Zur Vermeidung von Doppelbildern - verursacht durch Reflexionen an der inneren und äußeren Grenzfläche der geneigten Windschutzscheibe - wird die Scheibe (genauer: die Kunststofffolie des Sicherheitsglases) leicht keilförmig ausgeführt. Aus Fahrersicht decken sich dann die beiden an den Grenzflächen entstehenden Bilder.

Im Anzeigemodul wird ein reelles Zwischenbild erzeugt. Dieses Modul kann ein optisches Display sein oder eine Rückprojektion auf eine Streufläche mittels eines scannenden Laserstrahls. Das reelle Zwischenbild wird über den Combiner bzw. die Windschutzscheibe in das Fahrerauge reflektiert. Für den Fahrer überlagert sich das Bild der Fahrszene vor dem Fahrzeug. Im Strahlengang können optische Elemente (Linsen, Hohlspiegel) untergebracht sein, die den Abstand des Bildes vergrößern.

Als Display für monochrome HUD mit geringem Informationsgehalt können VFD (Vakuumfluoreszenzdisplays, meist grün) oder besonders kontrastreiche Segment-TN-LCD eingesetzt werden. Für höherwertige - auch farbige - Anzeigen werden TFT in Polysilizium-Technik verwendet.

Darstellung der HUD-Information

Das virtuelle Bild soll die Straßenszene nicht überdecken; es wird deshalb in einer Region mit niedrigem Informationsgehalt dargestellt, nämlich „über der Motorhaube schwebend“ (Bild 5). Um eine Reizüberflutung im primären Blickfeld zu vermeiden, darf das HUD nicht mit Information überladen werden und ist daher kein Ersatz für das konventionelle Kombiinstrument. Seine Darstellung eignet sich aber sehr gut für sicherheitsrelevante Informationen wie Warnanzeigen oder die Anzeige des Sicherheitsabstands.

Projektionssysteme ermöglichen einen größeren Blickwinkel und damit einen Schritt in Richtung kontaktanaloger Darstellung- also z. B. die Warnung vor einem Hindernis unter dem Blickwinkel, unter dem der Fahrer auch das Hindernis sehen würde.

Zentrale Anzeige- und Bedieneinheit in der Mittelkonsole

Mit den Navigations- und Fahrerinformationssystemen etablierten sich auch Bildschirm und Tastatur in der Mittelkonsole. Solche Systeme vereinen alle Zusatzinformation aus Funktionseinheiten und Informationskomponenten in einer zentralen Anzeige- und Bedieneinheit. Beispiele hierfür sind

- Mobiltelefon,
- Autoradio/CD,
- Bedienelemente für Heizung/Klimatisierung,
- automatische Einparkfunktion
- und - wichtig für Japan - die Funktion *Fernsehen.*

Die Komponenten sind untereinander vernetzt und dialogfähig.

Die Anordnung dieses für Fahrer und Beifahrer universell nutzbaren Terminals in der Mittelkonsole ist aus ergonomischer und technischer Sicht zweckmäßig und notwendig, um die Ablenkung zu verringern. Die optische Information erscheint auf einer grafikfähigen Anzeige. Die Anforderungen der Fernsehwiedergabe und des Navigationssystems an die Bild-/Landkartendarstellung bestimmen deren Auflösung und Farbwiedergabe.

Beim zentralen Bildschirm mit integriertem Informationssystem geht die Tendenz vom Bildschirm mit einem Seitenverhältnis 4:3 zu einem breiteren Format mit Seitenverhältnis 16:9, das neben der Landkarte noch die Darstellung zusätzlicher Wegleitsymbole zulässt.

Aspekte von Warnmeldungen

Viele Informations- und Assistenzsysteme informieren den Fahrer über anormale oder gefährliche Zustände des Autos oder des Umfeldes. Warnungen sollen dem Fahrer idealerweise nur die Information vermitteln, die er nicht schon besitzt. Sie sollen ihn dazu veranlassen, bestimmte Aktionen vorzunehmen oder zu unterlassen. Eine Warnung kann die einfache Anzeige eines Zustandes sein, bis hin zu der Aufforderung, eine bestimmte Handlung vorzunehmen; dann erfordert sie eine schnelle und richtige Reaktion des Fahrers. Man muss deshalb wissen, wie der Fahrer in einer bestimmten Situation auch ohne Warnung reagiert, um die Wirkung einer Warnung einschätzen zu können.

Gestaltung von Warnungen

Mit zunehmender Anzahl von Systemen steigt die Zahl der möglichen unterschiedlichen Warnungen. Diese müssen einzeln definiert, aber auch aufeinander abgestimmt werden.

5 Informationsdarstellung im Head-up Display (Beispiel)

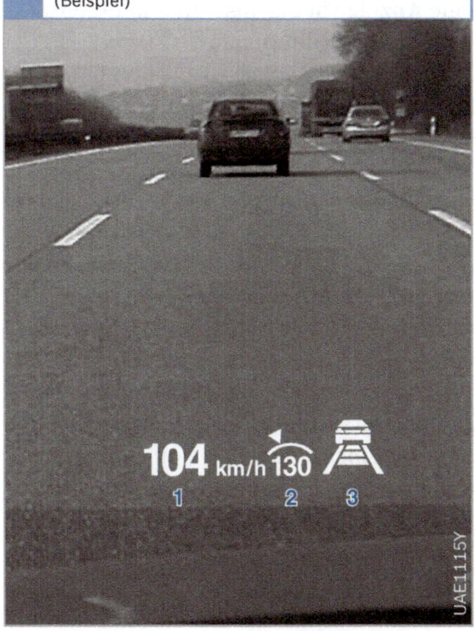

Warnungen sollen die Situation, auf die sie sich beziehen, repräsentieren. Sie müssen meist zwei Aufgaben erfüllen: sie sollen Aufmerksamkeit erregen und sie sollen informieren. Eine akustische Warnung mag in hohem Maße auffällig sein, vermittelt aber möglicherweise keinerlei Information – außer dem Hinweis, dass irgendetwas nicht in Ordnung ist. Umgekehrt mag eine Textmeldung viel Information enthalten, aber völlig unauffällig gestaltet sein, oder sie soll in gefährlichen Situationen wegen der Ablenkungsgefahr nicht abgelesen werden.

Eine gut gestaltete Warnung sollte folgendes enthalten:

- Ein Element, das die Aufmerksamkeit erregt,
- den Grund für die Warnung,
- die Folgen, die bei Nichtbeachten entstehen,
- Anweisungen, was zu tun ist.

Von Fehlwarnungen spricht man,

- wenn in einer kritischen Situation die Warnung unterbleibt,
- wenn in einer nicht kritischen Situation gewarnt wird,
- wenn zu früh oder zu spät gewarnt wird,
- wenn die Warnung zu heftig oder zu sanft erfolgt.

Der Fahrer wiederum kann den Eindruck erhalten,

- dass das System nicht so reagiert, wie es der Situation gemäß sein sollte,
- dass das System wesentliche Information nicht berücksichtigt oder andere Ziele verfolgt und
- dass er seiner eigenen Einschätzung mehr vertrauen kann als dem Warnsystem.

Oft wird eine Warnung aus einzelnen Zeichen zusammengesetzt. Es muss entschieden werden, ob ein akustisches Zeichen oder ein sprachlicher Hinweis verwendet wird, ob optische Zeichen eingesetzt werden oder ein haptisch/kinästhetisches

Bild 5
1 Momentane Geschwindigkeit
2 vom Fahrer eingestellte Sollgeschwindigkeit
3 ACC-Information: Abstand, Regelung zum vorderen Fahrzeug

- wie z. B. ein kurzer Ruck durch eine Bremsung oder durch Straffziehen des Sicherheitsgurtes. Weiterhin müssen die einzelnen Zeichen gestaltet werden, z. B. bei einem akustischen Zeichen seine Art, Dauer, Frequenz und Lautstärke. Auch die Richtung, aus der das akustische Zeichen auf den Fahrer einwirkt, ist festzulegen. Bei einem optischen Zeichen sind Form, Größe, Farbe, Ort und zeitlicher Verlauf der Darbietung zu entscheiden. Bei der Gestaltung ist die zeitliche Abfolge der einzelnen Zeichen ebenfalls zu definieren.

Zeitkritische, dringende Warnungen werden besser durch akustische Zeichen - wie z. B. eine Hupe - übermittelt. Optische Zeichen sind im Allgemeinen weniger auffällig und deshalb besonders geeignet für eine Vorwarnung zu einem Zeitpunkt, zu dem eine kritische Situation noch nicht mit Sicherheit erkannt werden kann. Mit optischen Zeichen kann man dem Fahrer auch räumliche Beziehungen übermitteln.

Die Gestaltung von Warnungen für einzelne Fahrerinformations- und Fahrerassistenzsysteme ist derzeit ein wichtiges Forschungsfeld und auch bereits Gegenstand von Normungsaktivitäten.

Zeitpunkt einer Warnung

Um dem Fahrer genügend Zeit für die Entschärfung einer sich anbahnenden kritischen Situation zu geben, soll ihn ein Warnsystem möglichst frühzeitig warnen. Zu diesem Zeitpunkt ist das Fahrerassistenzsystem aufgrund der Sensorreichweite oder räumlichen Auflösung möglicherweise noch unsicher in seiner Entscheidung, ob wirklich bereits eine kritische Situation vorliegt oder zu erwarten ist. Möglicherweise hat der Fahrer aber bereits die Gefahr erkannt und wird selbst entsprechende Aktionen einleiten. Somit besteht die Gefahr, dass man häufig unbegründet warnt und dabei den Fahrer stört, sodass er das System möglicherweise nicht akzeptiert und abschaltet.

Wartet das System andererseits mit der Ausgabe einer Warnung solange, bis eine absolut sichere Erkennung einer kritischen Situation vorliegt, kann dies für einen erfolgreichen Eingriff des Fahrers, insbesondere wenn er unaufmerksam war, zu spät sein.

Beispiel: Side Crash Warning

Am Beispiel eines Systems, das den Fahrer vor einer drohenden Seitenkollision bewahren soll, werden im Folgenden mögliche Lösungsansätze dargestellt.

Die Warnung wird aus einzelnen Zeichen mehrstufig zusammengesetzt. Der Zeitpunkt eines einzelnen Zeichens bezieht sich auf den Zeitpunkt, zu dem das eigene Fahrzeug und das gegnerische Fahrzeug aufeinander treffen würden, wenn beide ihre Geschwindigkeit und ihren Kurs beibehalten würden.

Fünf Sekunden vor dieser Kollision wird ein optisches Signal ausgelöst, z. B. ein orangefarbenes Dauerlicht in Form eines Dreiecks in einem Display, das im Sichtbereich des Fahrers zentral angeordnet ist. Dies könnte das Kombiinstrument sein, eine Anzeige in der Instrumententafel oder ein Head-up Display.

3,5 Sekunden vor der Kollision hört der Fahrer im Fahrzeuginnenraum einen Warnton, der einer Hupe gleicht; das Warnlicht erscheint weiterhin.

2,5 Sekunden vor der Kollision wird das Warnlicht auffällig blinken, der Hupton pulsiert und auch andere Verkehrsteilnehmer außerhalb des eigenen Fahrzeugs werden durch zusätzliches Betätigen der Fahrzeughupe gewarnt.

Falls der Fahrer weiterhin keine angemessene Reaktion zeigt, kann 1,6 Sekunden vor einer möglichen Kollision eine automatische Teilbremsung einsetzen.

Entwicklungen für das HMI künftiger FAS/FIS

In künftigen Fahrzeugen wird es eine Vielfalt von Fahrerassistenz- (FAS) und Fahrerinformationssystemen (FIS) geben, die miteinander vernetzt sind. Sie werden Sensorsignale gemeinsam nutzen und auch die Interaktion mit dem Fahrer und anderen Nutzern im Kfz wird einheitlich gestaltet sein. Das heißt z. B., dass Informationen und Warnungen an den Fahrer die gleiche visuelle und sprachliche Struktur besitzen werden. Ihre Ausgabe wird gemäß ihrer Bedeutung priorisiert und eventuelle Einzelmeldungen werden zu sinnvollen Hinweisen zusammengefasst.

Es werden künftig alle Sinneskanäle genutzt - der visuelle, der akustische und der haptische. Die einzelnen Eingabesysteme werden weiterentwickelt, um Leistungsfähigkeit und Robustheit gegenüber den schwierigen Bedingungen im Kfz zu verbessern. Optische Anzeigen müssen auch bei störendem Umgebungslicht gut ablesbar sein; sie werden in eine gut einsehbare Position gerückt, um die Ablesezeit zu verringern. Head-up Displays rücken nahe an das zentrale Blickfeld des Fahrers und sind ablesbar, ohne die Augen von fern auf nah umzustellen.

Weiterentwicklung der Sprachbedienung

Die Nutzung einer sprachlichen Eingabe hat sich als wirkungsvolles Mittel zur Verringerung der visuellen Abwendung des Fahrers bei der Nutzung von Informationssystemen bewährt. Insbesondere die Spurhaltung ist besser als bei einer manuellen Eingabe. Die ersten Systeme konnten eine begrenzte Zahl von Kommandos erkennen, die vom Fahrer gelernt werden mussten. Auch der Dialog mit dem Nutzer folgte nach starren Regeln und einer festgelegten Struktur. Dies ist wenig komfortabel und benötigt viel Zeit bei komplexen Eingaben.

In mehreren Forschungsprojekten gelang es, die Robustheit gegenüber Umgebungsgeräuschen und unterschiedlichen Aussprachen erheblich zu verbessern. Inzwischen verstehen diese Spracheingabesysteme einen großen Wortschatz, z. B. die Namen aller Städte und Straßen eines Landes (für Zieleingabe bei Navigationsgeräten). Weitere Entwicklungsziele sind die Robustheit gegenüber unvollständigen und fehlerhaften Eingaben sowie gegenüber Sprechpausen. Auch Mehrdeutigkeiten sollen diese Eingabesysteme beherrschen. Ziel ist der „virtuelle intelligente Beifahrer", wie er im Projekt VICO gefordert wird (Bild 6).

6 VICO – Struktur des Spracheingabesystems

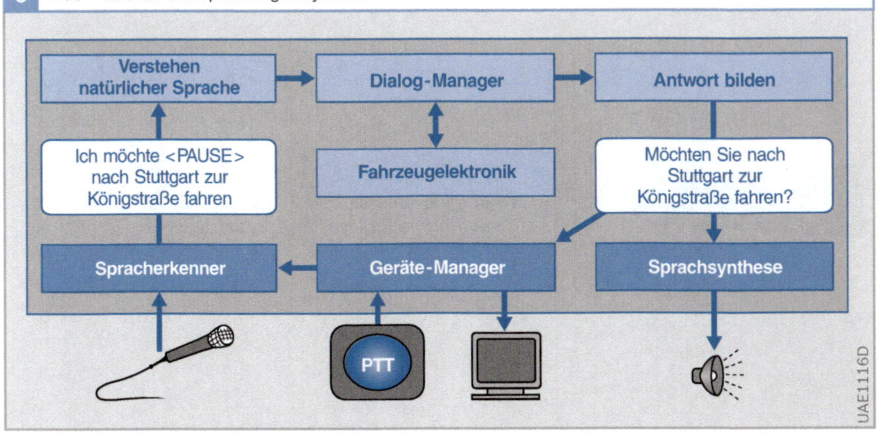

Bild 6
VICO Virtual Intelligent Co-Driver
PTT Push to Talk (Start Eingabe)

Sensorik für Fahrzeugrundumsicht

Mit einer elektronischen Rundumsicht lassen sich zahlreiche Fahrerassistenzsysteme realisieren. Das „sehende" Auto nimmt mithilfe von Sensoren das Fahrzeugumfeld wahr, interpretiert es, erkennt frühzeitig gefährliche Situationen, unterstützt den Fahrer und greift zukünftig immer heftiger selbsttätig in Fahrmanöver ein. Je nach Aufgabe und Anforderungen kommen verschiedene Sensoren zum Einsatz (Bild 1).

Übersicht

Absicherungsbereiche

Ultranahbereich

Der Ultranahbereich reicht bis ca. 2,5 m. Hindernisse, die in diesem Bereich liegen, werden von den Ultraschallsensoren der Einparkhilfe erfasst.

Nahbereich

Für den Nahbereich kommen neben Ultraschallsensoren mit erweitertem Messbereich (bis ca. 4,5 m) Short-Range-Radarsensoren (SRR) auf Basis von 24 GHz infrage. Sie können einen „virtuellen Sicherheitsgürtel" um das Fahrzeug bilden. Damit lässt sich mit beiden Sensorarten z. B. der „tote Winkel" überwachen.

Mittelbereich

Der mit Video überwachte Mittelbereich reicht bis ca. 80 m. Damit kann z. B. erkannt werden, ob das Fahrzeug die Fahrspur verlässt (Spurhalteassistent).

Nachtsichtbereich

Eine Verbesserung der Nachtsicht ergibt sich mit der Infrarottechnik. Kameras nehmen das Geschehen vor dem Fahrzeug auf und geben es über ein Display wieder. Die Reichweite entspricht mit bis zu 150 m etwa dem Fernlicht.

Fernbereich

Für den Fernbereich sind ACC-Systeme (Adaptive Cruise Control) mit Long-Range-Radarsensoren (LRR) im Einsatz. Sie arbeiten im Frequenzbereich um 76,5 GHz, die Radarkeule erfasst den Bereich bis ca. 200 m vor dem Fahrzeug. Damit können vorausfahrende Fahrzeuge detektiert werden, sodass sich die automatische Geschwindigkeitsregelung dem fließenden Verkehr anpassen kann.

Heckbereich

Für die Überwachung des Heckbereichs beim Einparken und Rangieren können neben den Ultraschallsensoren Videokameras eingesetzt werden.

1 Nah- und Fernbereichs-Abstandmessung im Kfz

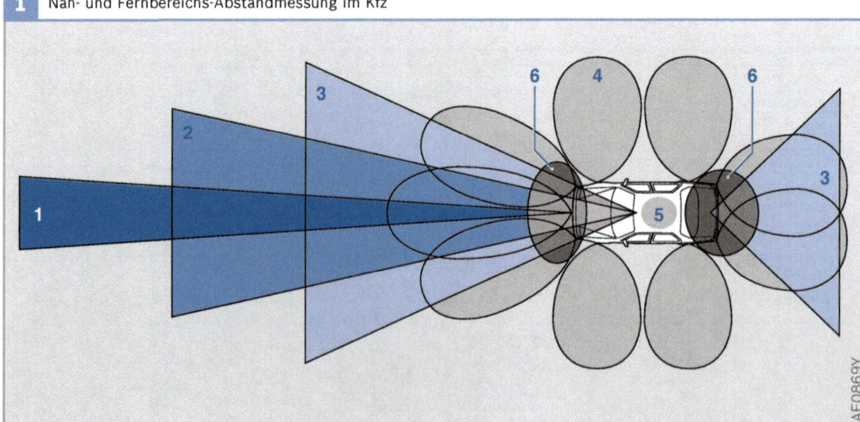

Bild 1
1. Fernbereichsradar (77 GHz) mit Reichweite < 200 m
2. Fern-/Nahbereichs-Infrarotsichtsystem mit Reichweite < 150 m (Nachtsichtbereich)
3. Außenbereich-Video (mittlerer Bereich < 80 m)
4. Nahbereichsradar 24 GHz (Nahbereich < 20 m)
5. Innenraum-Video
6. Ultraschall-Sensorik (Ultranahbereich < 2,5 m)

Ultraschalltechnik

Anwendung

Rückfahrhilfe und Einparkhilfen benutzen heute Ultranahbereichssensoren in Ultraschalltechnik. Sie haben hohe Akzeptanz beim Kunden gefunden und sind mittlerweile weit verbreitet. Ultraschallsensoren sind in den Stoßfängern von Kraftfahrzeugen integriert und dienen zur Ermittlung von Abständen zu Hindernissen und zur Überwachung eines Raumes z. B. beim Ein- und Ausparken bzw. Rangieren. Mit dem großen Erfassungswinkel, der sich bei der Nutzung mehrerer Sensoren ergibt (Fahrzeugheck und Fahrzeugfront jeweils bis zu sechs Sensoren), können mithilfe der Triangulation Entfernung und Winkel zum Hindernis bestimmt werden. Beim Annähern an ein Hindernis erhält der Fahrer eine akustische und/oder optische Anzeige.

Heutige Ultranahbereichssensoren in Ultraschalltechnik besitzen in der Standardausführung eine Reichweite von ca. 2,5 m. Mit einer erhöhten Sendeleistung sowie mit Ultraschallsensoren der nächsten Generation wird eine Reichweite von über 4 m erzielt. Dies eröffnet eine Reihe neuer Anwendungen für diesen Sensor, so etwa eine Parklückenvermessung und einen Einparkassistenten, der dem Fahrer während des Einparkvorgangs laufend Hinweise zum optimalen Einparken in die jeweilige Parklücke gibt. Bei zukünftigen Systemen geht man von einem halbautomatischen Einparken aus, bei dem der Fahrer nur noch die Längsführung des Fahrzeugs übernehmen muss, während die Lenkung automatisch betätigt wird.

Messverfahren

Analog zum Echolotverfahren senden die Sensoren Ultraschallimpulse mit einer Frequenz von ca. 43,5 kHz aus und detektieren das Zeitintervall zwischen Aussenden der Impulse und Eintreffen der von Hindernissen reflektierten Echoimpulse (Bild 2). Der Abstand d zum nächstgelegenen Hindernis ergibt sich aus der Laufzeit t_e des zuerst eintreffenden Echoimpulses und der (temperaturabhängigen) Schallgeschwindigkeit c_s in Luft (ca. 340 m/s):

$$d = 0{,}5 \cdot t_e \cdot c_s \qquad (1)$$

Ultraschallsensoren

Aufbau

Ein Ultraschallsensor (Bild 3) besteht aus einem Kunststoffgehäuse mit integrierter Steckverbindung, einem Ultraschallwandler (Aluminiumtöpfchen mit einer Membran, auf deren Innenseite ein Piezoschwinger eingeklebt ist) und einer Leiter-

2 Prinzip der Abstandsmessung mittels Ultraschall

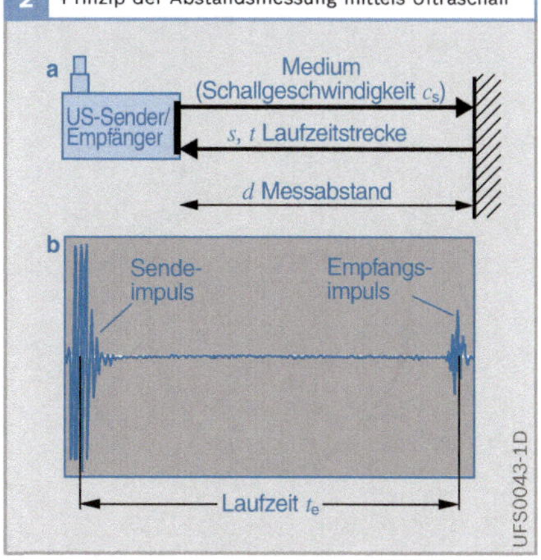

Bild 2
- a Messaufbau
- b Messsignale

3 Schnittbild eines Ultraschallsensors

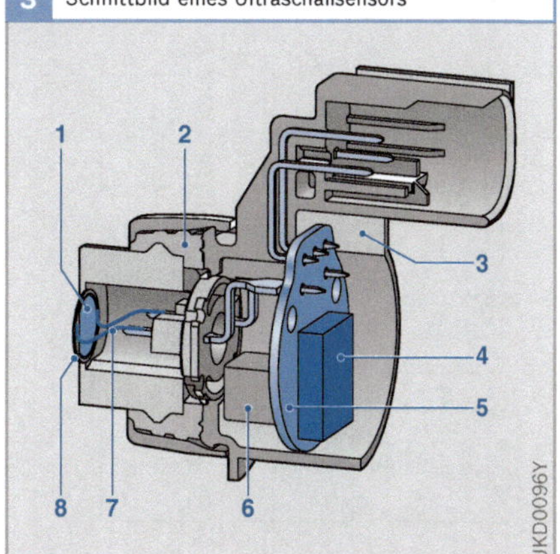

Bild 3
1. Piezokeramik
2. Entkopplungsring
3. Kunststoffgehäuse mit Steckverbinder
4. ASIC
5. Leiterplatte mit Sende- und Auswerteelektronik (ASIC)
6. Übertrager
7. Bonddraht
8. Aluminiummembran

platte mit Sende- und Auswerteelektronik. Der elektrische Anschluss an das Steuergerät erfolgt über drei Leitungen, von denen zwei der Spannungsversorgung dienen. Über die dritte, bidirektionale Leitung wird die Sendefunktion eingeschaltet und das ausgewertete Empfangssignal an das Steuergerät zurückgemeldet.

Arbeitsweise

Der Ultraschallsensor empfängt vom Steuergerät einen digitalen Sendeimpuls. Danach regt die elektronische Schaltung die Aluminiummembran mit Rechteckimpulsen bei der Resonanzfrequenz in typisch ca. 300 µs zum Schwingen an, sodass Ultraschallimpulse ausgesendet werden. Der von einem Hindernis reflektierte Schall versetzt die inzwischen wieder beruhigte Membran wiederum in Schwingungen. Während der Abklingdauer von ca. 900 µs ist kein Empfang möglich. Diese Schwingungen werden von der Piezokeramik als analoges elektrisches Signal ausgegeben und von der Sensorelektronik verstärkt und in ein digitales Signal umgewandelt. Bild 4 zeigt das Blockschaltbild eines Ultraschallsensors.

Detektionscharakteristik

Um einerseits möglichst viele Hindernisse in einem weiten Erfassungsbereich zu erkennen, andererseits aber Bodenunebenheiten zu ignorieren, ist die Detektionscharakteristik der Sensoren asymmetrisch ausgebildet. Sie besitzen eine selektive Abstrahlcharakteristik mit breiter horizontaler und schmaler vertikaler Erfassungskeule. Dies wird durch eine asymmetrisch ausgebildete Sensormembran oder vorzugsweise mit einem selektiven, länglichen dünnen Membranbereich erreicht. Der Sensor besitzt damit einen Erfassungswinkel von ± 60° in der Horizontalen, in der Vertikalen ist er auf ± 30° eingeengt. Bild 5 zeigt ein Abstrahldiagramm eines Ultraschallsensors (Messdiagramm).

4 Blockschaltbild eines Ultraschallsensors

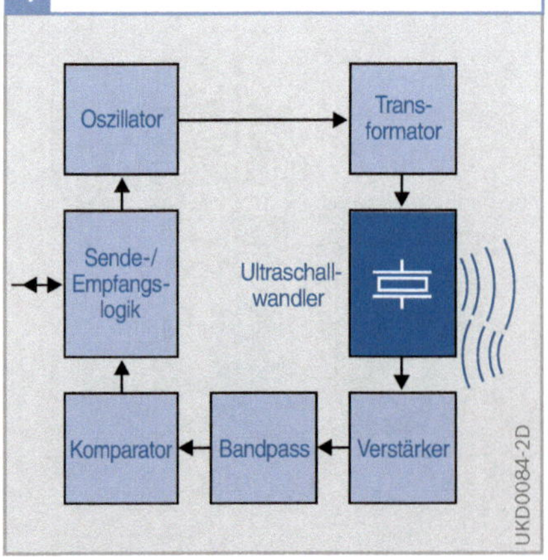

5 Abstrahldiagramm eines Ultraschallsensors

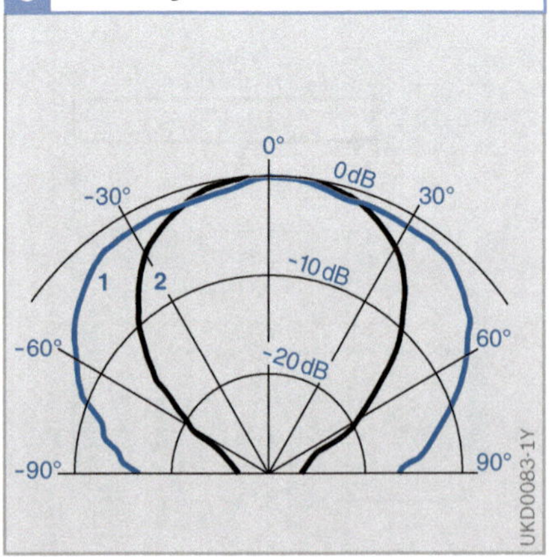

Bild 5
1 Horizontal
2 vertikal

Radartechnik

Anwendung

Die vom Radargerät ausgesendeten Wellenpakete werden an Oberflächen aus Metall oder anderen reflektierenden Materialien zurückgeworfen und können vom Empfangsteil des Radars wieder aufgenommen werden. Aus der Laufzeit dieser elektromagnetischen Wellen kann der Abstand zu den Objekten gemessen werden. Zur Messung der Ralativgeschwindigkeit bietet sich der Dopplereffekt an.

Die Radartechnik bietet somit eine Möglichkeit, das Umfeld eines Kraftfahrzeugs zu sensieren.

Messverfahren

Die empfangenen Signale werden bezüglich Zeit und/oder Frequenz mit dem ausgesendeten Signal verglichen. Gerade bei der Art dieses Vergleichs unterscheiden sich die bekannten Verfahren erheblich. Damit ein empfangenes Signal einem ausgesendeten Signal eindeutig zugeordnet werden kann, wird das ausgesendete Wellenpaket im Frequenz-Zeit-Verlauf moduliert. Die bekanntesten Arten sind die

- Puls-Modulation, bei der Pulse in der Größenordnung von 10...30 ns (entsprechend einer Länge von 3...10 m) gebildet werden, und
- die Frequenzmodulation, die beim Aussenden die (Momentan-) Frequenz der Wellen zeitlich ändert.

6 FMCW-Verfahren

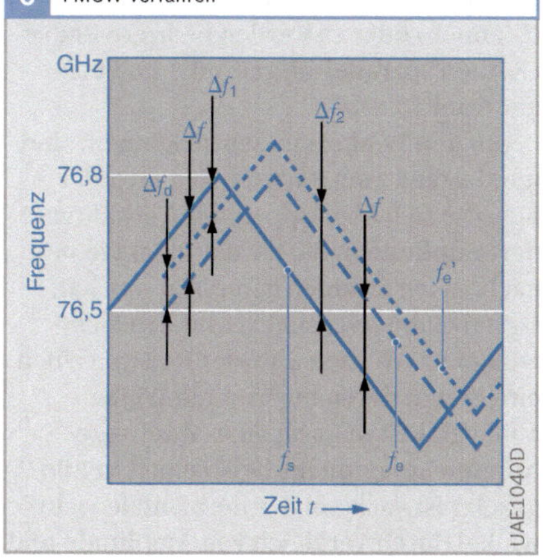

Bei allen Radarverfahren basiert die Abstandsmessung auf der direkten oder indirekten Laufzeitmessung für die Zeitdauer zwischen der Aussendung des Radarsignals und dem Empfang des Signalechos.

Puls-Modulation

Bei einem pulsmodulierten Signal wird die Laufzeit τ zwischen Aussenden und Empfang gemessen. Damit das empfangene Signal die gewünschte Information liefern kann, wird es demoduliert. Über die Lichtgeschwindigkeit kann aus dieser Zeitdifferenz der Abstand zum vorausfahrenden Fahrzeug bestimmt werden.

Diese Zeitdauer τ ist bei direkter Reflexion durch den (doppelten) Abstand d zum Reflektor und der Lichtgeschwindigkeit c gegeben:

$$\tau = 2d/c$$

Bei einem Abstand d = 150 m und $c \approx$ 300 000 km/s beträgt die Laufzeit $\tau \approx$ 1,0 µs.

FMCW-Modulation

Eine direkte Laufzeitmessung, wie sie zuvor beschreiben wurde, ist aufwändig. Einfacher ist eine indirekte Laufzeitmessung. Das Verfahren ist als FMCW (Frequency Modulated Continuous Wave) bekannt. Statt des Vergleichs der Zeiten zwischen Sendesignal und Empfangsecho werden beim FMCW-Radar die Frequenzen zwischen dem Sendesignal und dem Empfangsecho verglichen. Die Voraussetzung dafür ist eine zeitlich veränderte Sendefrequenz (Bild 6).

Beim FMCW-Verfahren werden linear in der Frequenz modulierte Radarwellen mit einer Dauer von typischerweise einigen Millisekunden und einem Hub von einigen hundert MHz ausgesandt (f_s, durchgezogene Kurve in Bild 6). Das an einem vorausfahrenden Fahrzeug reflektierte Signal ist

Bild 6
f_s Sendesignal
f_e Empfangssignal bei gleicher Geschwindigkeit
f_e' Empfangssignal bei vorhandener Relativgeschwindigkeit

entsprechend der Signallaufzeit verzögert (f_e, gestrichelte Linie in Bild 6). In der ansteigenden Rampe ist es somit von niedrigerer Frequenz, in der abfallenden Rampe von einer um den gleichen Betrag höherer Frequenz. Die Frequenzdifferenz Δf ist ein direktes Maß für den Abstand.

Besteht zusätzlich noch eine Relativgeschwindigkeit zwischen den Fahrzeugen, so wird die Empfangsfrequenz f_e wegen des Dopplereffektes sowohl in der aufsteigenden als auch in der abfallenden Rampe um einen bestimmten Betrag Δf_d erhöht (gepunktete Linie in Bild 6). Hierdurch ergeben sich zwei unterschiedliche Frequenzdifferenzen Δf_1 und Δf_2. Ihre Addition ist das Maß für den Abstand, ihre Subtraktion das Maß für die Relativgeschwindigkeit der Fahrzeuge zueinander.

Die Signalverarbeitung im Frequenzbereich liefert somit für jedes Objekt eine Frequenz, die sich als Linearkombination je eines Terms für Abstand und Relativgeschwindigkeit ergibt. Aus den gemessenen Frequenzen von zwei Rampen mit verschiedener Steigung lassen sich somit für ein Objekt Abstand und Relativgeschwindigkeit bestimmen. Für Szenarien mit mehreren Zielen sind mehrere Rampen unterschiedlicher Steigung erforderlich.

7 Antennenabstrahldiagramm

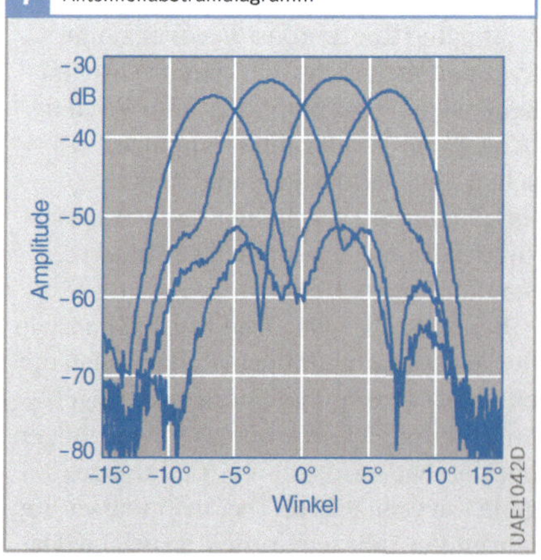

Dopplereffekt

Obwohl sich aus aufeinander folgenden Messungen des Abstands die Relativgeschwindigkeit des Messobjekts bestimmen lässt, kann diese Messgröße schneller, zuverlässiger und genauer durch die Nutzung des Dopplereffekts gemessen werden.

Für ein sich relativ zum Radarsensor bewegendes Objekt (Relativgeschwindigkeit v_{rel}) erfährt das Signalecho gegenüber dem abgestrahlten Signal eine Frequenzverschiebung f_D. Diese beträgt bei den hier relevanten Differenzgeschwindigkeiten:

$$f_D = -2 \cdot f_c \cdot v_{rel}/c$$

Dabei ist f_c die Trägerfrequenz des Signals. Bei den für ACC (Adaptive Cruise Control) gebräuchlichen Radarfrequenzen von $f_c = 76{,}5$ GHz ergibt sich eine Frequenzverschiebung von $f_D \approx 510 \cdot v_{rel}/\mathrm{m}$, also 510 Hz bei 1 m/s Relativgeschwindigkeit (Annäherung).

Winkelbestimmung

Als dritte Basisgröße wird die seitliche Lage des Radarobjekts gesucht. Diese kann nur bestimmt werden, wenn der Radarstrahl in verschiedene Richtungen abgestrahlt und aus den Signalen die Richtung mit der stärksten Reflektion bestimmt wird. Zur Bestimmung des Winkels, unter dem das Radar ein Objekt ortet, wird entweder ein einzelner Strahl geschwenkt (Scannen) oder es werden mehrere Radar-„Keulen" parallel ausgesendet und ausgewertet.

Um den Winkel messen zu können, sind mindestens zwei Radarkeulen erforderlich, die sich überlappen. Die Verhältnisse der Amplituden, die für ein Objekt in benachbarten Strahlen gemessen werden, lassen einen Rückschluss auf den Sichtwinkel zu. Werden z. B. vier Radarstrahlen eingesetzt, deren horizontale Winkelabhängigkeit in Form eines Zweiwege-Antennendiagramms beispielhaft in Bild 7 gezeigt ist, so kann der horizontale Sichtwinkel durch Vergleich von Amplitude und

Phase der gemessenen Radarsignale mit dem Antennendiagramm ermittelt werden.

Messgrößen und abgeleitete Größen

Aus den drei direkt ermittelten Größen Abstand, Relativgeschwindigkeit und Horizontalwinkel werden anschließend abgeleitete Größen wie z. B. Relativbeschleunigung, relativer Querversatz und relative Quergeschwindigkeit berechnet.

Neben der Hauptfunktion, Positionen von Objekten zu bestimmen, sind auf dem Radarsensor auch verschiedene Zusatzfunktionen ausgeführt. Hierzu zählen die Unterstützung der Sensorjustage und verschiedene Diagnosefunktionen, wie zum Beispiel die Erkennung von Sensor-Dejustage und -Blindheit sowie Funktionsausfällen.

Long Range Radar

Die adaptive Fahrgeschwindigkeitsregelung (ACC, Adaptive Cruise Control) setzt die Radartechnik ein, um vorausfahrende Fahrzeuge zu detektieren und die Fahrgeschwindigkeit daraufhin anzupassen. Der Long Range Radar (LRR) erfasst hierzu einen Bereich bis zu 200 m vor dem eigenen Fahrzeug.

Hochfrequenzteil des ACC-Sensors

Bild 8 zeigt das Blockschaltbild des Hochfrequenzteils eines FMCW-Radars. Es lässt sich in vier funktionale Gruppen unterteilen.

Der Bereich HF-Erzeugung und Regelung stellt die Hochfrequenz für die Aussendung zur Verfügung. Die HF-Leistung wird dabei mit einem spannungsgesteuerten Oszillator (VCO, Voltage-Controlled Oscillator), bestehend aus einer Gunn-Diode in mechanischem Resonator, zwischen 76 und 77 GHz erzeugt. Ein kleiner Teil der erzeugten Leistung wird mit einem Dielektrischen Resonanz-Oszillator (DRO) mit harmonischem Mischer in ein Zwischenfrequenzband heruntergemischt und der Regelelektronik (PLL-ASIC, Phase Locked Loop) zugeführt. Ein Mischer erzeugt aus zwei Eingangssignalen das Produkt (Multiplizierer, Produktmodulator), beim harmonischen Mischer handelt es sich bei den Eingangssignalen um sinusförmige Signale. Die durch den Mischer bewirkte Multiplikation erzeugt ein Ausgangssignal, das aus zwei Frequenzanteilen besteht – einem sinusförmigen Signal mit der Differenzfrequenz und einem sinusförmigen Signal mit der Summenfrequenz der beiden Eingangssignale. Der Summenfrequenzanteil (oder alternativ der Differenzfrequenzanteil) wird durch ein geeig-

8 Blockschaltbild eines 4-Kanal-FMCW-Radars

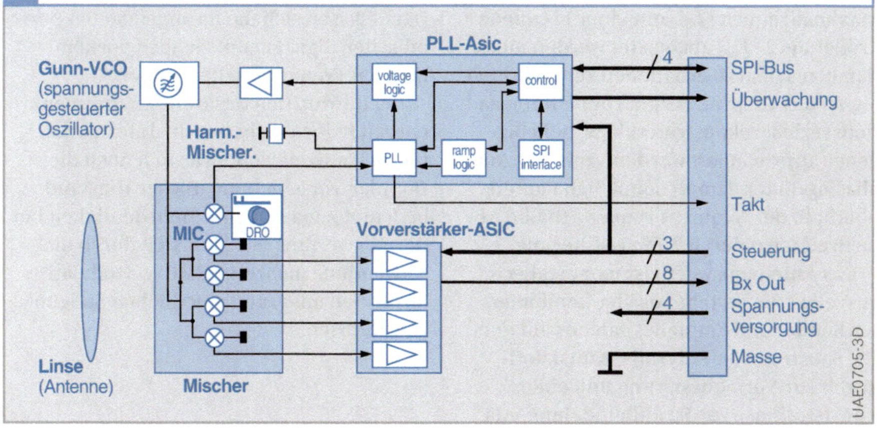

netes Filter unterdrückt, sodass zur Weiterverarbeitung wieder nur ein sinusförmiges Signal vorhanden ist. Das Signal hat die gleiche Nutzbandbreite, die nur auf eine andere Zwischenfrequenz gemischt wurde.

Der PLL-ASIC steuert über einen Leistungstreiber den VCO an und sorgt für die Frequenzstabilisierung und -modulation.

Im Bereich der Sende- und Empfangsschaltung wird die HF-Leistung über drei Wilkinson-Teiler (repräsentiert durch drei Verzweigungspunkte im Mischer, Bild 8) auf die vier Sende-/Empfangskanäle aufgeteilt. Über „Durchblase"-Mischer wird einerseits diese Leistung der Antenne zugeführt, andererseits wird das Empfangssignal ins Basisband (Frequenzbereich, in dem sich das zu übertragende Nutzsignal befindet) herunter gemischt.

Die Verstärkung der Signale im Basisband erfolgt in einem ASIC. Er besitzt vier Kanäle, eine umschaltbare Verstärkung und eine spezielle Kennlinie. Diese kompensiert einen Teil der großen Signaldynamik, indem hohe Frequenzen (entsprechend hohen Abständen) stärker verstärkt werden. Außerdem ist in der Kennlinie ein Tiefpass-Antialiasing-Filter für die nachfolgende Abtastung integriert. Dieses Filter dient dazu, das Nyquist-Shannon-Abtasttheorem einhalten zu können. Das Abtasttheorem besagt, dass ein kontinuierliches, bandbegrenztes Signal mit einer Maximalfrequenz $f_{\max}$ mit einer Frequenz größer als $2 \cdot f_{\max}$ abgetastet werden muss, damit aus dem so erhaltenen zeitdiskreten Signal das Ursprungssignal ohne Informationsverlust rekonstruiert bzw. beliebig genau approximiert werden kann. Das Antialiasing-Filter dämpft somit Signalanteile oberhalb der Nyquist-Frequenz (halbe Abtastfrequenz) durch Tiefpassfilterung.

Das Antennensystem ist monostatisch ausgelegt. Es besteht aus vier kombinierten Sende- und Empfangspatches auf dem HF-Substrat, vier Polyrods (Kunststoffkegel) zur Vorfokussierung und einer Kunststofflinse zur Strahlbündelung. Als Teil des Gehäuses dient die Linse gleichzeitig als Radar-optisches Fenster und Abschirmung. Die Radarwellen werden von den vier Antennenpatches gleichzeitig und kohärent abgestrahlt, sodass sich eine resultierende Sendewelle ergibt. Die eigentliche Trennung in die vier separaten Strahlen findet erst auf der Empfangsseite statt. Hier werden vier getrennt aufgebaute Empfangskanäle eingesetzt.

Die Sendefrequenz wird über den spannungsgesteuerten Oszillator (VCO), wie in Bild 6 dargestellt, rampenförmig linear mit der Steigung $m = \mathrm{d}f/\mathrm{d}t$ moduliert. Während das empfangene Signal nach der Laufzeit $\tau = 2d/c$ wieder eintrifft, hat sich die Sendefrequenz in der Zwischenzeit um die Differenzfrequenz $f_D = \tau \cdot m$ verändert. So kann die Laufzeit und damit die Entfernung indirekt über die Bestimmung der Differenzfrequenz zwischen Empfangs- und Sendesignal ermittelt werden. Die Differenzfrequenz kann wiederum mit einem Mischer und einer anschließenden Tiefpassfilterung (Antialiasing-Filter) gewonnen werden.

Für die Bestimmung der Frequenz wird das Zeitsignal (Gemisch von Sinussignalen verschiedener Frequenzen, die zu den verschiedenen Radarzielen im Sichtbereich gehören) digitalisiert und mithilfe einer schnellen FFT (Fast Fourier Transformation) in ein Frequenzspektrum gewandelt. Damit lassen sich die im abgetasteten periodischen Signal hauptsächlich vorkommenden Frequenzen bestimmen.

Die Information der Differenzfrequenz enthält jedoch nicht nur die Information für die Laufzeit, sondern auch noch die Doppler-Verschiebung. Dieser Umstand bedeutet zunächst eine Mehrdeutigkeit bei der Auswertung. Sie lässt sich durch die Anwendung mehrerer FMCW-Modulationszyklen mit unterschiedlichen Steigungen auflösen.

Radar-Signalverarbeitung

Bild 9 zeigt das Blockschaltbild einer Radarsignal-Verarbeitungseinheit. Für die digitale Datenverarbeitung wird ein Prozessor mit zwei Rechnerkernen (Dual-Core Prozessor) eingesetzt. Der in diesem Baustein enthaltene Digitale Signalprozessor (DSP) wird zur Datenakquisition, Berechnung der FFT und zur weiteren Basis-Signalverarbeitung eingesetzt. Daneben ist in dem Prozessor ein Mikrocontroller (µC) enthalten, in dem die weitere Signalverarbeitung (Einzelortungen mit Abstand, Geschwindigkeit und Winkel), die Anwendungssoftware (Objektgenerierung, Bestimmung der Kurskrümmung, Bestimmung des Zielobjekts für die ACC-Regelung) sowie Steuergerätefunktionen ausgeführt wird (z. B. Abfrage weiterer Sensoren, die für die ACC-Funktionalität relevant sind, aber auch von anderen Anwendungen verwendet werden können).

Weiterhin sind diverse Peripherieeinheiten im Dual-Core Prozessor integriert: Serielle Schnittstellen, zwei CAN-Controller (Controller Area Network), ein Analog-digital-Wandler sowie verschiedene digitale Ports.

Um den Prozessor sind verschiedene Peripheriebausteine angeordnet. Die analogen Radarsignale von der HF-Platine werden in einem Analog-digital-Wandler in digitale Abtastwerte umgesetzt. Dies geschieht parallel für vier Kanäle. In diesem Baustein ist auch noch ein digitales Tiefpassfilter (Antialiasing-Filter) integriert, das für eine Begrenzung auf die Nyquist-Bandbreite sorgt. Als externer, nichtflüchtiger Speicher wird ein EEPROM eingesetzt. Hier werden Applikationsparameter und ggf. Fehlereinträge gespeichert. Ein Multifunktions-ASIC dient zur Erzeugung der Versorgungsspannungen (verschiedene DC-Spannungen) und als Leistungstreiber (K-Line, CAN, Linsenheizung). Daneben ist noch ein Watchdog integriert. Mit einem Temperatursensor kann die Innentemperatur des Systems gemessen werden.

Die Verbindung des Gerätes mit dem Fahrzeug erfolgt über einen achtpoligen Stecker. Darüber werden die Batteriespannung (ca. 12 V), Masse (GND), zwei CAN-Busse, alternativ eine Wakeup-Leitung (Aufwecken aus dem Sleep-Modus) oder K-Leitung (serielle Schnittstelle für Diagnose) und ebenfalls alternativ eine Radom-Heizung (Linsenheizung) oder ein Zeitlückensignal geführt.

Die Niederfrequenzschaltung kann in Standard-Leiterplatten-Technologie ausgeführt werden.

9 Niederfrequenz-Blockschaltbild

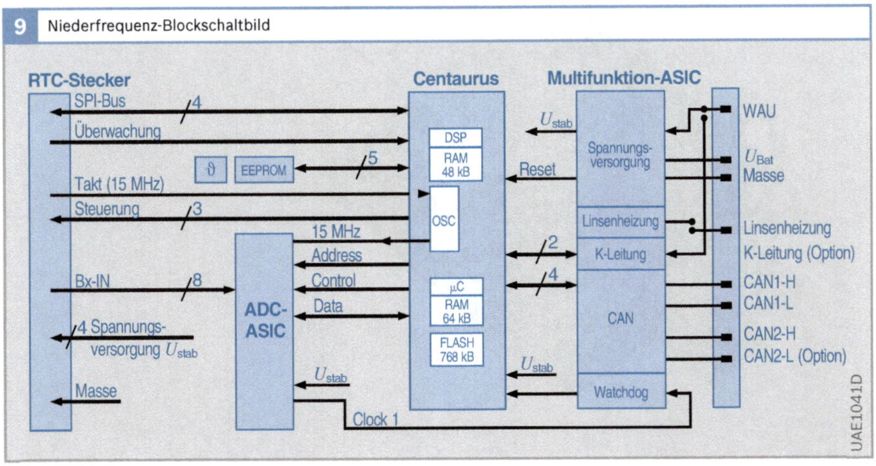

10 Explosionsdarstellung eines FMCW-Radargeräts

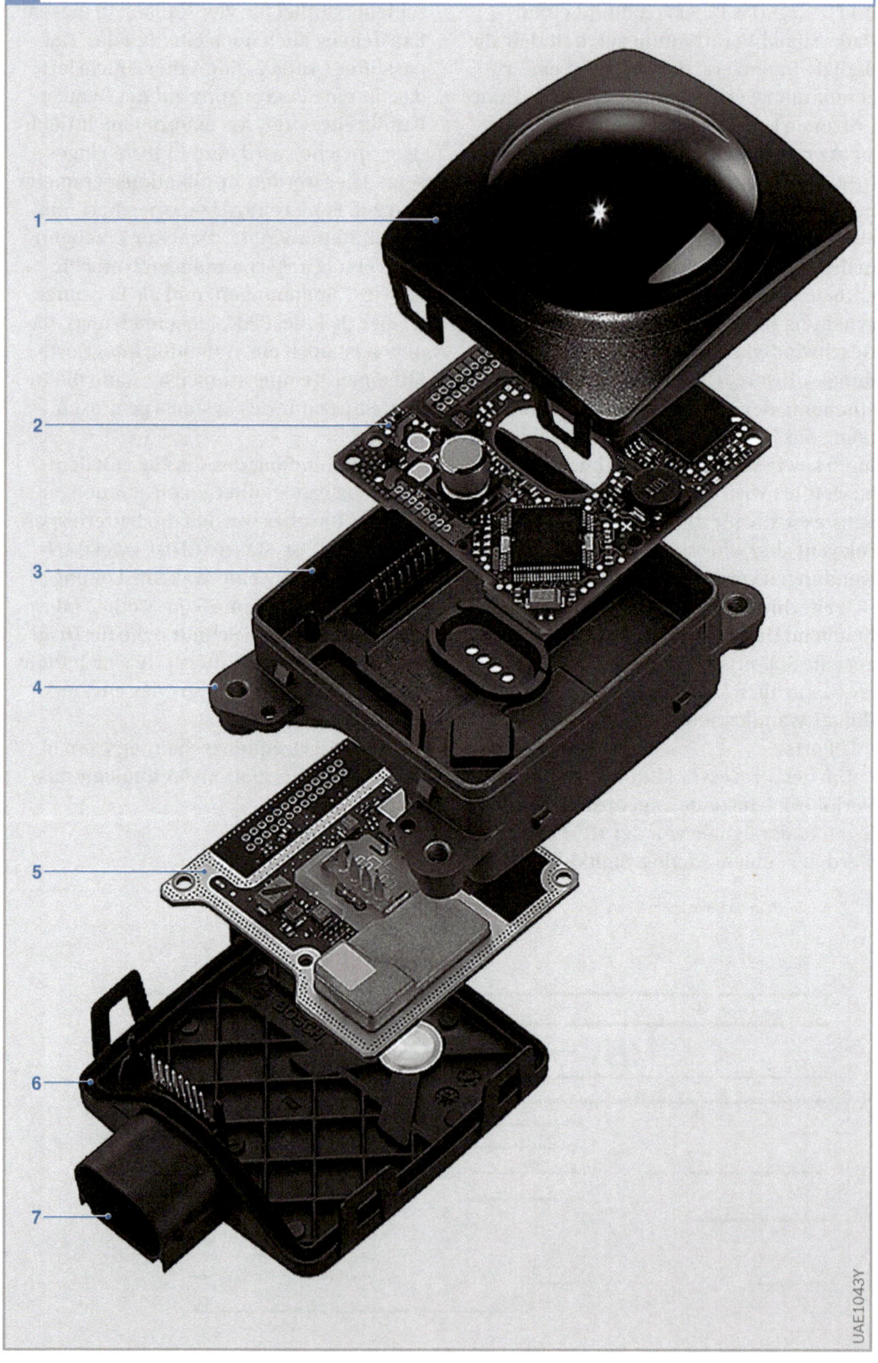

Bild 10
1 Gehäuseoberteil mit Linse
2 NF-Platine
3 Zwischenträger
4 Lagerpunkte für Justierung
5 HF-Platine
6 Gehäuseunterteil
7 Stecker

Mechanischer Aufbau eines Radargeräts

Bild 10 zeigt die Explosionsdarstellung eines FMCW-Radargeräts der zweiten Produktgeneration von der Firma Robert Bosch GmbH. Die HF-Platine (5) enthält die Komponenten aus dem in Bild 8 dargestellten Blockschaltbild, die NF-Platine (2) die Komponenten der Signalverarbeitung aus Bild 9.

Das Gehäuse besteht aus drei Komponenten und erfüllt eine Vielzahl von Funktionen. Es ist wasserdicht und schützt damit gegen das Eindringen von Wasser und Schmutz. Gleichzeitig wird über ein spezielles Druckausgleichselement im Gehäuseboden der Ausgleich von Druckschwankungen bzw. Luft möglich, ohne Wasser einzulassen.

Der Zwischenträger (3) - das Zentrale Teil - wird per Aluminium-Druckguss hergestellt. Er dient gleichzeitig als Träger für die beiden Leiterplatten und als Kühlkörper zur Abführung der Wärme von den elektronischen Bauteilen. An den Ecken des Zwischenträgers erkennt man außerdem die Lagerpunkte (4), mit denen das Gerät an der Halterung befestigt wird.

Das Gehäuseunterteil (6) enthält neben dem Druckausgleichselement auch noch den Gerätestecker (7). Außerdem dient es als Abschirmung, indem es in Verbindung mit dem Zwischenträger die Hochfrequenz einkapselt. Dadurch wird die Übertragung möglicher Störfrequenzen nach außen und nach innen unterbunden.

In das Gehäuseoberteil (1) ist eine Linse integriert, die die Radarstrahlen bündelt. Weiterhin ist in die Linse eine Heizung integriert, mit der eine Vereisung verhindert werden kann.

Nahbereichsradar 24 GHz (Short Range Radar)

Beim Pulsradar werden sehr kurze Impulse ausgesendet. Objekte reflektieren diese Signale zum Sensor zurück. Die Laufzeit dieser Signale muss gemessen werden. Bei der Ausbreitungsgeschwindigkeit elektromagnetischer Wellen (Lichtgeschwindigkeit) ist dies keine einfache Messaufgabe. Bild 11 zeigt das Blockschaltbild eines Pulsradars.

Ein Oszillator, der mit einer Frequenz von z. B. 24 GHz schwingt, gibt seine Signale auf einen Leistungsteiler (Power-Splitter). Dessen Ausgänge münden auf zwei Hochgeschwindigkeitsschalter in den beiden im Diagramm gezeichneten Kanälen. Im oberen Pfad werden die Signale eines Impulsgenerators zunächst moduliert und dann auf den Hochgeschwindigkeitsschalter (HF-Modulationsschalter) gegeben. Von dieser Baugruppe gehen die Signale zur Sendeantenne.

Im unteren Parallelpfad erzeugt eine einstellbare Verzögerung Bezugssignale,

11 Blockschaltbild des Pulsradars

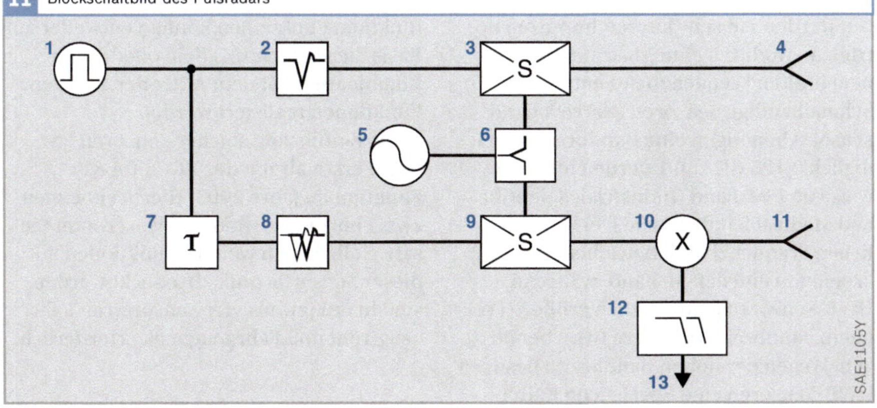

Bild 11
1 Pulsgenerator
2 Modulation Pulsgenerator
3 Hochfrequenz-Modulationsschalter
4 Sendeantenne
5 Oszillator 24 GHz
6 Leistungsteiler
7 Zeitverzögerung
8 Modulation Pulsgenerator
9 Hochfrequenz-Modulationsschalter
10 Mischer
11 Empfangsantenne
12 Doppler-Filter
13 Ausgang

die auf einen Hochgeschwindigkeitsschalter im Empfangspfad münden. Das empfangene Echosignal wird mit dem Ausgangssignal des Oszillators gemischt, der als kohärenter Bezug dient, um Frequenzänderungen im empfangenen Echosignal zu erkennen. Kohärenz bedeutet hier, dass die Phase des gesendeten Impulses im Referenzsignal gespeichert bleibt. Die Änderung wird durch den Doppler-Filter ermittelt.

Bei einer abgestrahlten Spitzenleistung von 20 dBm EIRP (Leistungspegel mit der Bezugsgröße 1 mW, Equivalent Isotropic Radiated Power, effektive isotrope Strahlungsleistung) ergibt sich eine Messentfernung von 20...50 m, je nach Größe und Reflexionseigenschaften des Objekts. Die minimale Messentfernung beträgt etwa 25 cm.

Die Messgenauigkeit eines solchen Sensors ist hoch und liegt im Bereich weniger Zentimeter bei einer Objekttrennfähigkeit von etwa 1,5 m. Die mit solchen Sensoren angedachten Sicherheitsfunktionen (z. B. PreCrash-Sensorik zur frühzeitigen Detektion einer bevorstehenden Kollision) erfordern kurze Messzyklen; sie liegen im Bereich von 2 msec und darunter.

Funkzulassung

Für den Betrieb von Radarsensoren ist eine Funkzulassung erforderlich. Es gibt heute zwei verschiedene Arten von SRR-Sensoren: Ultra-Wide-Band (UWB)-Sensoren werden mit sehr kurzen Impulsen betrieben, wodurch eine Abstrahlung in einem breiten Frequenzband entsteht. Schmalbandige Sensoren (Narrow band sensors) benötigen eine Bandbreite von lediglich 0,125 GHz und werden üblicherweise im ISM-Band (Industrial, Scientific and Medical Band), einem frei zugänglichen Frequenzband, betrieben. Das LRR arbeitet in einem ISM-Band, während UWB-Sensoren eine deutlich größere Frequenzbandbreite (mehrere GHz) benötigen. Wegen der hohen Bandbreite besitzen UWB-Sensoren eine überlegene Entfernungsmessgenauigkeit zusammen mit einer sehr guten Objektseparierung gegenüber Schmalbandsensoren. So erfüllen die UWB-Sensoren speziell für Anwendungen im niedrigen Geschwindigkeitsbereich alle geforderten Eigenschaften.

Wegen der Verfügbarkeit von kostengünstigen HF-Komponenten wurde das 24-GHz-Band gewählt. Schmalbandig emittierende Sensoren können ohne spezielle Funkzulassung betrieben werden, wenn sie sich im Rahmen des ISM-Bandes halten. Hochauflösende Sensoren benötigen jedoch eine höhere Bandbreite, typischerweise 5 GHz. Damit überstreichen diese Sensoren aber den durch Fußnote 5.340 in der internationalen Frequenzzuweisungstabelle geschützten Frequenzbereich von 23,6...24 GHz („all emissions are prohibited", zum Schutz der Radioastronomie).

Nach langen Verhandlungen wurde das beantragte Frequenzband von 24,125 ± 2,5 GHz unter folgenden Auflagen freigegeben: Maximalleistung - 41,3 dBm/MHz, Laufzeit bis zum 30.06.2013 bei einer maximalen Fahrzeugdurchdringung von 7% je europäischem Land. Die Nachfolgefrequenz von 79 ± 2 GHz wurde mit der Auflage einer Kompatibilität mit den etablierten Nutzern in Europa ohne weitere Auflagen freigegeben.

Die Reichweite typischer Nahbereichssensoren in Radartechnik liegt zwischen 2 und 20...50 m, je nach Fahrerassistenzfunktion. Funktionen können entweder auf Basis dieser Technik allein oder durch Kombination mit dem ACC oder anderen Funktionen realisiert werden.

Die Einführung solcher Sensoren erfolgte erstmals mit der ACC-Stop&Go-Funktion im Jahre 2005. Hierbei kommen zwei Short Range Radarsensoren zum Einsatz. Sollen noch weitere Funktionen mit dieser Sensortechnik abgedeckt werden, sind bis zu jeweils vier Sensoren an Fahrzeugfront und Fahrzeugheck erforderlich.

Lidar

Lidarsensoren (Light Detection and Ranging) für ACC-Anwendungen sind in Japan seit einigen Jahren im Einsatz, wenngleich mit gegenüber Radar reduziertem Leistungsvermögen. Im Prinzip arbeiten Lidarsensoren wie Radarsensoren, mit dem Unterschied, dass sie elektromagnetische Wellen im infraroten Wellenlängenbereich zwischen 800 und 1 000 nm benutzen anstatt Mikrowellen im mm-Bereich. Lidarstrahlen werden durch Nebel und schlechte Sichtverhältnisse, vor allem Gischt, mitunter erheblich gedämpft. Die Messreichweite kann dadurch entsprechend reduziert werden. Dies macht sie für Sicherheitsanwendungen weniger gut geeignet als Radarsensoren.

Die Infrarotstrahlung wird in ihrer Intensität, nicht in ihrer Frequenz moduliert. Das Blockdiagramm eines Lidarsensors ist in Bild 12 dargestellt.

Der Lidarsensor emittiert modulierte Infrarotstrahlung, die von einem Objekt reflektiert und von einer oder mehreren Fotodioden im Sensor empfangen wird. Modulationsformen können sein: Rechteckschwingungen, Sinusschwingungen oder Pulse. Der Modulator sendet die Modulationsinformation an den Empfänger. Dadurch kann das empfangene Signal mit dem ausgesendeten verglichen werden, um daraus entweder die Phasendifferenz der Signale oder ihre Laufzeit zu ermitteln und hieraus die Entfernung zum Objekt zu berechnen.

12 Lidar-Blockdiagramm

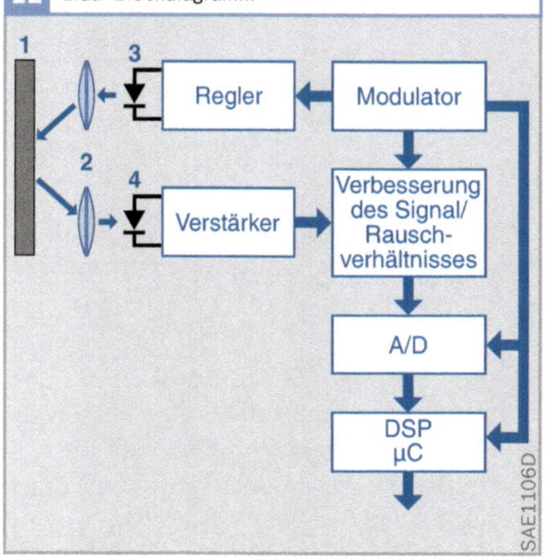

Das Signal/Rauschverhältnis hängt stark von der Modulationsart ab, beste Ergebnisse werden mit Pulsmodulation erreicht. Daher ist Pulsmodulation für Lidare mit großer Reichweite das in der Praxis eingesetzte Verfahren. Typische Werte für die Pulsdauern liegen im Bereich von Nanosekunden, die Pulslängen liegen somit im 1-m-Bereich. Durch geeignete Signalverarbeitungsverfahren können Messgenauigkeiten im cm-Bereich realisiert werden.

Laterale und vertikale Auflösung wird entweder durch einen mehrstrahligen Aufbau (Multibeam) oder durch mechanisches Scannen erreicht. Mechanisches Scannen hat den Vorteil einer sehr feinen Winkelauflösung, wenn nur ein Sende- und Empfangsteil benutzt wird. Die Strahlablenkung wird entweder durch einen rotierenden Spiegel oder durch Hin- und Herbewegen der Optik des Senders und/ oder des Empfängers erreicht.

Im Gegensatz zu den meisten Radarsensoren misst Lidar die Objektgeschwindigkeit nicht direkt. Stattdessen wird sie durch Differenzierung des Entfernungssignals errechnet, wodurch eine gewisse Verzögerung und eine reduzierte Signalqualität entsteht. Andererseits ist die gute laterale Auflösung des scannenden Lidars der heutiger typischer Radarsensoren deutlich überlegen.

Von herausragender Bedeutung für Automobilanwendungen und insbesondere Sicherheitsfunktionen ist die Wettertauglichkeit des Lidarsensors. Lidar hat, wie andere optische Sensorverfahren auch, deutliche Defizite bei Gischt und Nebel. So haben Messungen gezeigt, dass es momentan keine Alternative für Radar bei Sicherheitsfunktionen gibt.

Bild 12
1 Reflektierendes Objekt
2 Optik
3 Sendediode
4 Empfängerdiode

DSP Digitaler Signalprozessor
A/D Analog-digital-Wandler
μC Mikrocontroller

Videotechnik

Anwendung

Bilder besitzen den höchsten Informationsinhalt für den Menschen. Er nimmt seine Eindrücke von der Fahrzeugumgebung mit seinen Augen auf, und wertet die Verkehrssituationen mit seiner Intelligenz und Erfahrung aus. Folglich ist es für die Entwicklung von Fahrerassistenzsystemen naheliegend, Bilder aufzunehmen, relevante Details aus ihnen zu extrahieren und gefährliche Situationen über Bildverarbeitungsmethoden zu ermitteln.

In einem ersten Schritt werden neue, videobasierte Funktionen wie z. B. Spurverlassenswarner, Systeme zur Nachtsichtverbesserung oder zur Abstandswarnung in den Markt eingeführt. In einem zweiten Schritt werden Funktionen, die (auch durch Zusammenwirken mehrerer Sensoren) in die Fahrzeugdynamik durch Einwirkung auf Bremse, Lenkung und Gas eingreifen, neue Perspektiven für Unfallvermeidung und Unfallfolgenminderung eröffnen.

Grundlagen Videotechnik

Bild 13 zeigt die grundlegenden Bestandteile eines Kamerasystems und den Signalfluss in einem Bildverarbeitungssystem bis hin zur Mensch-Maschine-Schnittstelle (HMI, Human Machine Interface).

Die Optik des Videosystem bildet eine Bildquelle – z. B. einen beleuchteten Gegenstand – auf einen Bildsensor ab. Dieser wandelt die gesammelte Strahlung in den einzelnen Bildpunkten des Bildsensors (Imager) in eine elektrische Ladung um, die wiederum elektronisch weiter verarbeitet werden kann. Sofern es sich um eine Analog-Kamera handelt, wird diese Information mit einem Analog-digital-Wandler (ADC, Analog-Digital Converter) in digitale Signale zur weiteren Verarbeitung in einem Bildverarbeitungsrechner gewandelt.

Im Falle eines Automobilsystems unterscheidet man zwei verschiedene Aufgaben. Geht es darum, ein besonders kontrastreiches und brillantes Bild zu erzeugen, wie es bei Nachtsichtsystemen gefordert wird, wird eine Bildbearbeitung durchgeführt. Das bearbeitete Bild wird dann einem Display direkt zugeführt. Im anderen Fall besteht die Aufgabe darin, bestimmte Bildinhalte unter Verwendung spezieller Algorithmen zu extrahieren (Bildverarbeitung, z. B. Verkehrszeichenerkennung). Die so gewonnene Information kann dann dazu verwendet werden, eine Warnung für den Fahrer über das Display auszugeben oder einen Fahrzeugeingriff über Aktoren zu erzeugen.

13 Signalfluss in einem Kamerasystem

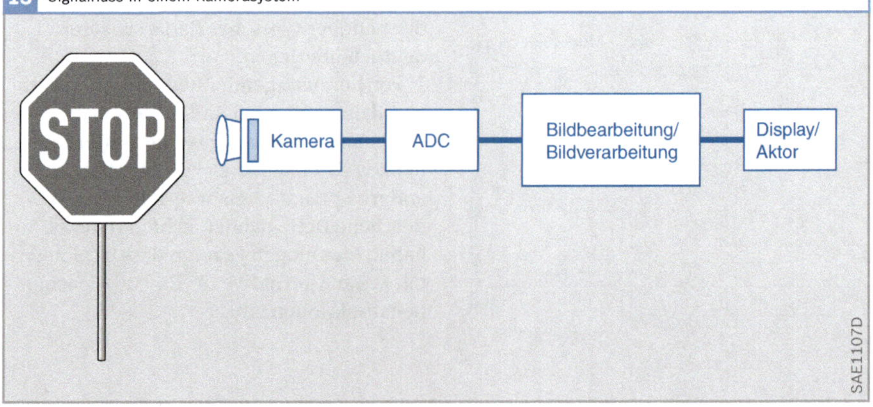

Bildsensoren

Ein Bildsensor (Imager) besteht aus einer Vielzahl einzelner Bildpunkte. Typische Auflösungen liegen heute bei VGA (Video Graphics Array, 640 × 480 Bildpunkte bzw. Pixel). Einfallende Fotonen dringen in den Halbleiter ein, wobei die meisten von ihnen Elektron-Loch-Paare erzeugen. Diese Ladungspaare erzeugen einen Fotostrom, der zur Intensität des einfallenden Lichts über viele Größenordnungen proportional ist.

Es gibt eine starke spektrale Abhängigkeit der Absorptionstiefe der Fotonen im Halbleiter. Strahlung mit kurzer Wellenlänge wird an der Oberfläche überwiegend absorbiert, während langwellige Strahlung (rot, infrarot) tief in den Halbleiter eindringt. Folglich sinkt die erreichbare räumliche Auflösung erheblich mit zunehmender Wellenlänge. Bilder, die mit rotem oder infrarotem Licht (z. B. für Nachtsichtsysteme) aufgenommen wurden, zeigen viel geringeren Kontrast als solche, die mit grünem oder blauem Licht aufgenommen wurden. Für reine Taganwendungen werden daher häufig optische Filter vor die Linse gesetzt, die den einfallenden Infrarotteil abschneiden. Im Konsumbereich, z. B. bei Videokameras, ist diese Filterung üblich.

Der Wirkungsgrad eines Fotoempfängers wird üblicherweise durch den Quantenwirkungsgrad beschrieben. Er gibt an, wie viele Ladungspaare pro Foton erzeugt werden. Die wichtigsten Fotodetektoren sind Fotodioden und Kondensatoren in MOS-Technik (Metall-Oxid-Halbleiter). Letztere werden in den CCD-Sensoren (Charge Coupled Device) verwendet. Beide Sensoren können mit Standard Halbleiterprozessen hergestellt werden.

Der klassische Sensor für Videokameras ist der CCD-Imager. Diese Technik hat während der letzten 30 Jahre eine hohe Produktreife erreicht und CCD-Benutzer haben sich vielfach mit den Einschränkungen bezüglich Auflösung, Helligkeitsdynamikbereich und Temperaturverhalten abgefunden. CCD-Sensoren neigen zum „Blooming", einem Überstrahlen einzelner Bildpunkte oder Bildpunktbereiche bei starker Lichteinstrahlung. Das Blooming ist bedingt durch ein Überlaufen der Ladung auf benachbarte Punkte.

CMOS-Sensoren haben einige Vorteile gegenüber CCD-Sensoren. Da sie in Standard VLSI-Technologie (Very Large Scale Integration) hergestellt werden, kann weitere elektronische Beschaltung auf dem gleichen Halbleiterchip untergebracht werden. Sie benötigen weniger Leistung für die Ansteuerung, da jeder Bildpunkt nur während des Ausleseprozesses aktiv ist. Wegen dieser Eigenschaften sind CMOS-Sensoren die bevorzugte Technologie für anspruchsvolle Anwendung im Fahrzeug.

Das menschliche Auge besitzt eine nichtlineare Empfindlichkeitscharakteristik über die Helligkeit, die etwa logarithmisch verläuft. Es liegt daher nahe, dieses Verhalten auch in einem Fotosensor zu

14 Vergleich der Abbildungseigenschaften

Bild 14
- a Bild einer CCD-Kamera
- b Bild einer HDRC-Kamera (CMOS-Bildsensor)

realisieren. Neuere Entwicklungen von CMOS-Sensoren zeigen eine Helligkeitsdynamik von mehr als 120 dB, man spricht auch von HDRC-Sensoren (High Dynamic Range Camera). Mit dieser Dynamik erscheinen im Falle eines entgegenkommenden Fahrzeugs die Scheinwerfer als helle Punkte mit nur geringen Überstrahlungseffekten. CMOS-Technologie ist daher herkömmlichen CCD-Sensoren weit überlegen. Bild 14 zeigt einen Vergleich der beiden Technologien am Beispiel einer Tunnelausfahrt.

Bild 14a ist mit einer CCD-Kamera aufgenommen, Bild 14b mit einer HDRC-Kamera mit großem Dynamikbereich. Man sieht deutlich, dass die CCD-Kamera fast keine Graustufen in der Tunnelöffnung auflösen kann, während im unteren Bild alle Details (Bäume, entgegenkommende Fahrzeuge) erkannt werden.

Heutige Videosensoren sind bezüglich Auflösung, Empfindlichkeit und Helligkeitsdynamik noch weit von der Leistungsfähigkeit des menschlichen Sehapparates entfernt, aber moderne Methoden der Bildverarbeitung zusammen mit neu entwickelten hochdynamischen Bildsensoren lassen bereits heute das enorme Potenzial dieser Sensorik erkennen.

Mit CMOS-Sensoren wurde mittlerweile eine gute räumliche Auflösung erreicht. Die Größe der Bildpunkte liegt normalerweise im Bereich von 5 × 5 µm². Auflösung und Chipgröße sind letztlich eine Frage der gewünschten Empfindlichkeit des Sensors; ein kleiner Bildpunkt oder eine hohe Auflösung bedeuten eine niedrige Empfindlichkeit und umgekehrt. Der Entwurf eines Imager-Designs für Automobilanwendungen stellt heute noch einen Kompromiss dar: Eine hohe räumliche Auflösung (z. B. 4k × 4k Pixel) kann nur durch Beschränkung der Pixelgröße und damit auch des Füllfaktors erreicht werden. Niedrigere Empfindlichkeit ist die Folge.

15 CMOS-Kamera für Automobilanwendungen

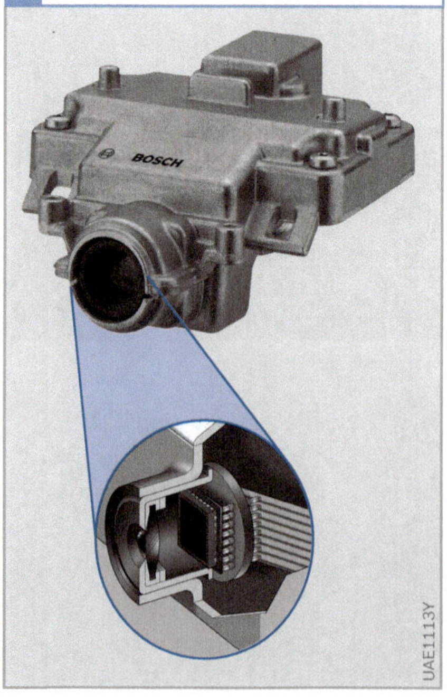

Videokamera

Bild 15 zeigt eine automobiltaugliche Videokamera. Dieser Kamerakopf enthält den Bildsensor-Chip und die Optik sowie eine Elektronik zur Ansteuerung der Kamera. Die Bildverarbeitung erfolgt in einem separaten Hochleistungsrechner.

Heutige Kameras sind weitestgehend in monochromer Form realisiert, da interne Farbfilter zu einer nicht akzeptablen Reduktion der Empfindlichkeit, insbesondere für Nachtanwendungen, führen würden.

Range-Imager-Technik

Range-Imager sind eine neue Technik, die sowohl Charakteristika der Lidartechnik wie auch der Kameratechnik miteinander kombinieren. Sie können als ein Videosensor angesehen werden, der zusätzlich die Fähigkeit besitzt, mit jedem Kamerabildpunkt die Entfernung zum nächsten Objekt zu messen. Hierdurch entsteht ein dreidimensionales Bild der Fahrzeugumgebung. Bild 16 zeigt das Blockdiagramm.

Es gibt verschiedene Range-Imager-Techniken, die sich in Details unterscheiden. Das bekannteste Prinzip im automobilen Bereich ist momentan das Photonic Mixer Device (PMD), eine Gemeinschaftsentwicklung der Universität Siegen und Audi.

Das Prinzip ist in Bild 17 dargestellt: Das Objekt wird durch modulierte Strahlung von LEDs im nahen Infrarotbereich bestrahlt. Die negativ geladenen Ladungsträger, die durch die einfallende Strahlung in jedem Bildpunkt (pixel) erzeugt werden, werden durch ein elektrisches Feld, das sich mit der Modulation des emittierten Lichtes verändert, auf zwei Kondensatoren C1 und C2 aufgeteilt. Dadurch entspricht die Differenz der Ladungen der Kapazitäten direkt der Phasendifferenz zwischen der einfallenden und der austretenden Strahlung und kann daher dazu verwendet werden, die Entfernung zum Objekt auszurechnen.

Die Summe der Ladung beider Kapazitäten entspricht der Gesamtmenge der eingefallenen Strahlung und kann daher in einen Grauwert des jeweiligen Bildpunktes umgerechnet werden.

Jeder Bildpunkt benötigt Chipfläche für die individuelle Ansteuerelektronik. Daher ist der Füllfaktor von Range-Imagern viel niedriger als der von Videosensoren. Momentane PMD-Sensoren besitzen maximal 64 × 16 Pixel und sind somit nur sehr eingeschränkt für die Klassifikation von Objekten einsetzbar.

Die Szene vor dem Fahrzeug muss mit naher Infrarotstrahlung ausgeleuchtet werden. Dies erfordert für Reichweiten über 5...10 m sehr leistungsstarke Infrarotlampen, die im MHz-Bereich moduliert werden müssen. Dies ist mit großer Wärmeentwicklung verbunden und stellt eine Herausforderung an die weitere Entwicklung PMD-basierter Systeme dar. Außerdem ist auf die Einhaltung der Laser-Schutzbestimmungen zu achten. Falls die Probleme gelöst werden, stellt die PMD-Technik eine ernstzunehmende Alternative zu anderen Sensoren im Nah- und Mittelbereich dar.

16 Blockdiagramm Range-Imager

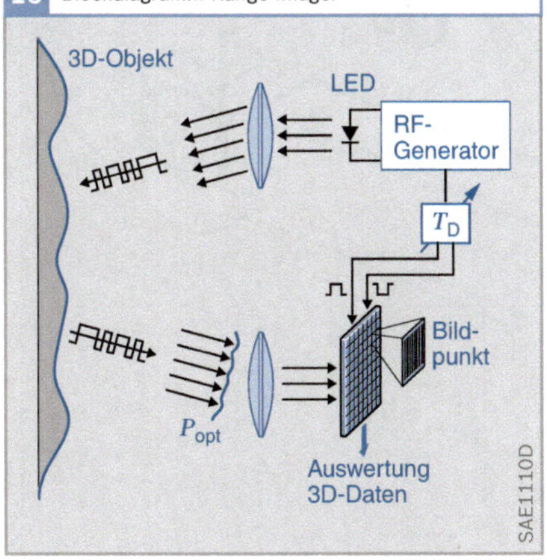

17 PMD-Prinzip

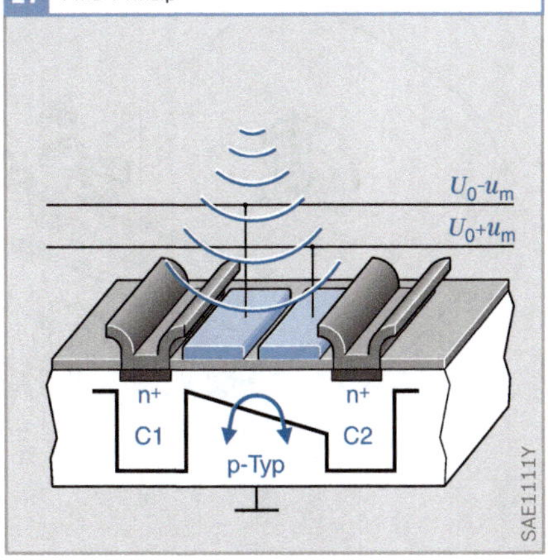

Systeme zur Fahrzeugstabilisierung

Kritische Fahrsituationen im Straßenverkehr entstehen z. B. bei Vollbremsungen und Ausweichmanövern. Elektronische Systeme greifen situationsbedingt selbsttätig in das Bremssystem des Fahrzeugs ein, um es zu stabilisieren: Das Antiblockiersystem (ABS) verhindert das Blockieren der Räder und stabilisiert das Fahrzeug in Längsrichtung, das Elektronische Stabilitätsprogramm (ESP) sorgt mit individuellen Bremseingriffen an den einzelnen Rädern für Stabilität in Querrichtung. Zusätzliche in diesen Systemen integrierte Bremsfunktionen leisten einem Beitrag zu Sicherheit und Komfort.

Diese Fahrdynamiksysteme werden detailliert im Heft „Fahrstabilisierungssysteme“ dieser Schriftenreihe beschrieben.

Fahrstabilisierungssysteme

Das Antiblockiersystem (ABS, Bild 1) wurde von Bosch zum ersten Mal 1978 in einem Kraftfahrzeug eingesetzt. Mittlerweile gehört es zur Serienausstattung aller in Europa hergestellten Pkw. Dieses System wurde zum Elektronischen Stabilitätsprogramm (ESP) weiterentwickelt, das mit zusätzlicher Sensorik die Gierbewegung um die Fahrzeughochachse und damit Schleuderbewegungen schon im Ansatz detektieren kann.

Antiblockiersystem (ABS)

Aufgabe

Tritt der Fahrer zu stark auf die Bremse, blockieren bei einem Fahrzeug ohne ABS-Funktion die Räder. Die Reifen können dann Seitenkräfte nicht mehr auf die Straße übertragen. Deshalb kann das Fahrzeug mit blockierenden Vorderrädern nicht mehr auf Lenkbewegungen reagieren, es schiebt geradeaus.

1 Systembild einer Bremsanlage mit Antiblockiersystem (ABS)

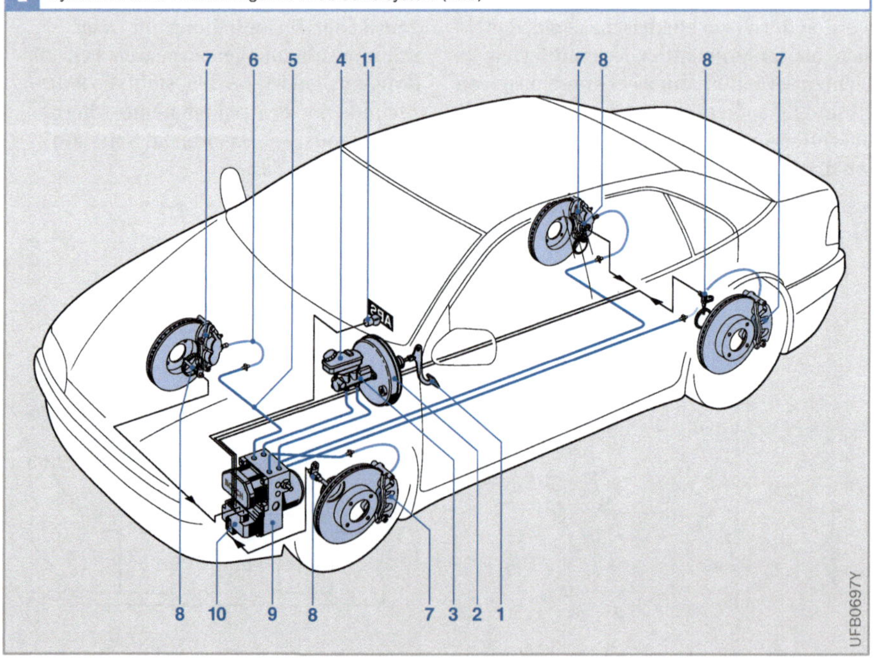

Bild 1
1 Bremspedal
2 Bremskraftverstärker
3 Hauptzylinder
4 Ausgleichsbehälter
5 Bremsleitung
6 Bremsschlauch
7 Radbremse mit Radzylinder
8 Raddrehzahlsensoren
9 Hydroaggregat
10 ABS-Steuergerät (hier als Anbausteuergerät am Hydroaggregat)
11 ABS-Kontrollleuchte

Blockieren die Hinterräder, wird das Fahrzeug instabil und schleudert. Durch kurzzeitiges Lösen der Bremse kann der Fahrer die Lenkbarkeit bzw. Stabilität des Fahrzeugs wieder herstellen. Wiederholtes kurzzeitiges Bremsen und Lösen der Bremse wird als Stotterbremse bezeichnet.

Das ABS verhindert das Blockieren der Räder, indem es den vom Fahrer vorgegebenen Bremsdruck begrenzt. Es hält somit die Lenkfähigkeit des Fahrzeug aufrecht.

Arbeitsweise

Das ABS arbeitet nach dem Prinzip der Stotterbremse, es kann das Stottern aber sehr viel präziser und schneller dosieren als ein Fahrer. Der Fahrer gibt durch Druck auf das Bremspedal den maximalen Bremsdruck vor. Das ABS-Steuergerät berechnet aus den Signalen der Raddrehzahlsensoren (Bild 1, Pos. 8) den Bremsschlupf λ. Diese Größe gibt an, in welchem Maße die Radumfangsgeschwindigkeit v_R der Fahrzeuggeschwindigkeit v_F nacheilt.

$$\lambda = \frac{(v_F - v_R)}{v_F} \cdot 100\,\%$$

Beim ungebremsten Rad ist λ annähernd Null ($v_F \approx v_R$), beim blockierten Rad 100 % ($v_R = 0$). Das ABS kann frühzeitig erkennen, ob sich ein Rad der Blockiergrenze nähert.

Um ein Blockieren zu verhindern, muss das ABS den vom Fahrer über das Bremspedal vorgegebenen Bremsdruck beeinflussen. Hierzu ist zwischen Hauptzylinder (Bild 2, Pos. 1) und Radzylinder (4) ein Einlass- (7) und ein Auslassventil (8) geschaltet. Beim ungeregelten Bremsvorgang ist das Einlassventil in Durchlassstellung, das Auslassventil sperrt. Der Bremsdruck wird mittels Bremsflüssigkeit vom Hauptzylinder in den Radzylinder übertragen.

Erkennt das ABS aufgrund des ansteigenden Radschlupfs eine Blockiergefahr, kann es durch Umschalten des Einlassventils den weiteren Druckaufbau im Radzylinder unterbinden. Das Einlassventil sperrt, der Druck im Radzylinder bleibt erhalten. Steigt der Radschlupf weiter, dann muss der Druck im Radzylinder abgebaut werden. Hierzu schaltet das ABS das Auslassventil auf Durchgang und aktiviert die Rückförderpumpe (6). Die Bremsflüssigkeit wird zum Hauptzylinder zurückgepumpt und der Bremsdruck im Radzylinder dadurch abgebaut.

Bei Vierkanal-Systemen verfügt jedes Rad über solch eine Ventilanordnung. Alle Ventile und die Rückförderpumpe sind in einem Hydroaggregat integriert (Bild 1, Pos. 9).

Antriebsschlupfregelung (ASR)

Aufgabe

Tritt der Fahrer beim Anfahren zu stark aufs Gaspedal, drehen bei einem Fahrzeug ohne ASR-Funktionalität die Räder durch. Die Reifen können dann die Antriebskraft nicht mehr auf die Straße übertragen. Die ASR verhindert durch Eingriffe in das

2 Prinzip des ABS-Hydroaggregats mit 2/2-Magnetventilen

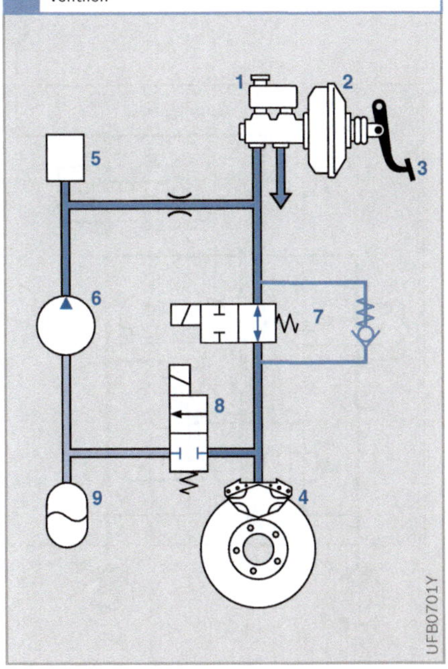

Bild 2
1 Hauptzylinder mit Ausgleichsbehälter
2 Bremskraftverstärker
3 Bremspedal
4 Radbremse mit Radzylinder

Hydroaggregat mit
5 Dämpferkammer
6 Rückförderpumpe
7 Einlassventil (hier im Durchlassbetrieb)
8 Auslassventil (hier im Sperrbetrieb)
9 Speicher für Bremsflüssigkeit

Motormanagement und die Bremsanlage ein Durchdrehen der Räder.

Arbeitsweise

Die ASR-Funktion ist im ABS- bzw. ESP-Steuergerät integriert und kann somit die Signale der Raddrehzahlsensoren auswerten. Aus dem berechneten Radschlupf wird erkannt, ob die Räder zum Durchdrehen neigen ($\lambda < 0$). Um dem entgegenzuwirken, muss das Antriebsmoment reduziert oder/und die durchdrehenden Räder abgebremst werden.

Das Steuergerät kann über den CAN-Bus mit dem Motormanagement Daten austauschen und somit eine Reduzierung des Antriebsmoments anfordern. Beim Ottomotor kann das Antriebsmoment vom Motormanagement auf verschiedene Arten reduziert werden:

- Verringerung des Öffnungsquerschnitts der Drosselklappe, sodass weniger Luft in die Zylinder einströmt. Entsprechend geringer ist die zugemessene Kraftstoffmenge und damit das Drehmoment.
- Spätverstellen des Zündwinkels.
- Ausblenden einzelner Einspritzungen.

Beim Dieselmotor wird das Antriebsmoment über die Menge des eingespritzten Kraftstoffs reduziert.

Reichen diese Eingriffe nicht aus, kann die ASR die Räder gezielt abbremsen. Hierzu sind im Hydroaggregat zusätzliche Ventile sowie eine Pumpe, mit der aktiv Bremsdruck erzeugt werden kann, integriert. Das Hydroaggregat der ASR ist im Prinzip gleich aufgebaut wie das im Folgenden beschriebene ESP-Aggregat.

3 Hydraulischer Schaltplan eines ESP-Hydroaggregats

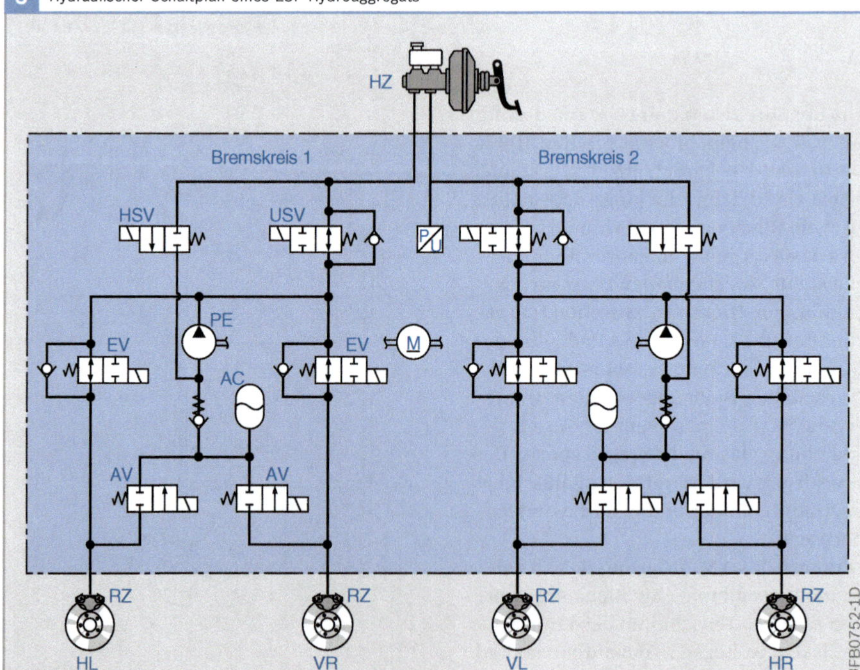

Bild 3
- HZ Hauptzylinder
- RZ Radzylinder
- EV Einlassventil
- AV Auslassventil
- USV Umschaltventil
- HSV Hochdruckkschaltventil
- PE Pumpe
- M Pumpenmotor
- AC Niederdruckspeicher
- V Vorne
- H Hinten
- R Rechts
- L Linkks

4 Querdynamik bei einem Pkw mit ESP

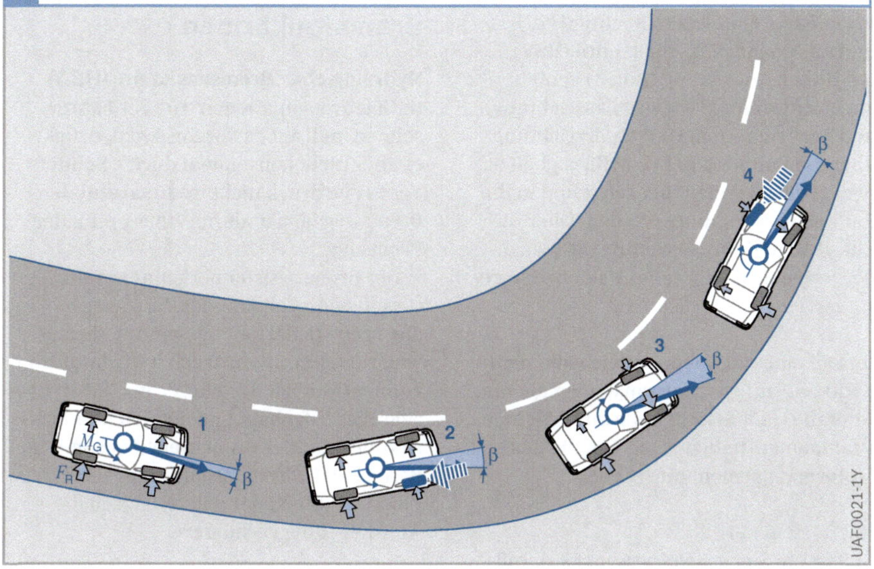

Bild 4
1 Fahrer lenkt, Seitenkraftaufbau
2 drohende Instabilität (Fahrzeug übersteuert), ESP-Eingriff vorne rechts
3 Pkw bleibt unter Kontrolle
4 drohende Instabilität, ESP-Eingriff vorne links, vollständige Stabilisierung

M_G Giermoment
F_R Radkräfte
β Fahrtrichtungsabweichung von der Fahrzeuglängsachse (Schwimmwinkel)
Bremskrafterhöhung

Elektronisches Stabilitätsprogramm (ESP)

Aufgabe

ABS und ASR dienen der Stabilisierung des Fahrzeugs in Längsrichtung. Diese Funktionalitäten sind auch im ESP integriert. Schnelle Lenkvorgänge - z. B. bei Ausweichmanövern - können kritische Fahrzustände hervorrufen. ESP kann das seitliche Ausbrechen des Fahrzeugs durch gezielte Bremseingriffe an den einzelnen Rädern und durch Eingriff in das Motormanagement verhindern.

Arbeitsweise

ESP erhält Informationen über den Bewegungszustand des Fahrzeugs von folgenden Sensoren:

- Raddrehzahlsensoren: sie messen die Raddrehzahlen an allen vier Rädern.
- Drehratesensor: er misst die Giergeschwindigkeit des Fahrzeugs um die Hochachse.
- Querbeschleunigungssensor: er ist im Drehratesensor integriert und misst die Beschleunigung des Fahrzeugs in Querrichtung.
- Lenkwinkelsensor: damit lässt sich der Lenkeinschlag der Vorderräder bestimmen.

Aus den Radgeschwindigkeiten und dem Lenkwinkel wird durch eine Modellbildung der Wunschkurs berechnet. Der Drehrate- und der Beschleunigungssensor geben Auskunft über den tatsächlich gefahrenen Kurs. Bei schnellen Lenkbewegungen kann das Fahrzeug dem vorgegebenen Lenkeinschlag nicht mehr folgen. Das Fahrzeug über- oder untersteuert.

ESP erkennt diese Abweichungen und greift selektiv an verschiedenen Rädern bremsend ein. Beim Übersteuern wird primär das kurvenäußere Vorderrad abgebremst (Bild 4, Pos. 2), beim Untersteuern das kurveninnere Hinterrad. Hierdurch werden einseitig wirkende Längskräfte erzeugt, die ein Giermoment entgegen der Gierbewegung bewirken und das Fahrzeug stabilisieren.

Die Bremseingriffe werden über das Hydroaggregat vorgenommen. Dieses enthält neben den vom ABS bekannten

Ein- und Auslassventilen zusätzlich pro Bremskreis ein Umschaltventil (USV) und ein Hochdruckschaltventil (HSV). Mit dieser Anordnung (Bild 3) kann bei angesteuertem HSV (Durchlassrichtung) und angesteuertem USV (Sperrrichtung) über die Pumpe (PE) Bremsflüssigkeit aus dem Hauptzylinder angesaugt und in die Radzylinder gepumpt werden. Über die Ein- (EV) und Auslassventile (AV) wird der Bremsdruck für jedes Rad einzeln gesteuert.

Im Fall eines zu hohen Antriebsmoments wirkt ESP auf das Motormanagement ein. Über die CAN-Schnittstelle gibt ESP eine Drehmomentreduzierung vor, die das Motormanagement umsetzt.

Nutzen von ESP

ESP ist ein Sicherheitssystem. Es stabilisiert das Fahrzeug, wenn aufgrund äußerer Umstände (z. B. plötzlich auftauchendes Hindernis) starke Lenkbewegungen erforderlich sind und das Fahrzeug dadurch in einen Zustand gelangt, in dem es sich ohne ESP nicht mehr sicher beherrschen lässt.

ESP kann den Fahrer aber auch bei geringen Geschwindigkeiten, z. B. bei Fahrten auf schneebedeckter Straße unterstützen. Hier sind bei Fahrzeugen ohne ESP u. U. ständig Lenkbewegungen erforderlich. ESP macht diese durch gezielte Bremseingriffe weitgehend überflüssig und entlastet dadurch den Fahrer.

Im ESP ist neben der Funktionalität zur Fahrstabilisierung zusätzlich eine Reihe von Komfort- und Sicherheitsfunktionen implementiert (automatische Bremsfunktionen).

Automatische Bremsfunktionen

Hydraulischer Bremsassistent (HBA)

In Gefahrensituationen tritt der Fahrer sehr schnell auf das Bremspedal, drückt es aber nicht konsequent durch. Somit ist der Bremsdruck nicht maximal und der Bremsweg länger als bei einer optimalen Bremsung.

Der Bremsassistent erkennt aus der Geschwindigkeit, mit der der Fahrer das Bremspedal betätigt, eine Notbremssituation. Der Bremsdruck wird daraufhin automatisch mit der Pumpe im ESP-Hydroaggregat aufgebaut und auf den Maximalwert erhöht. Der Bremsweg liegt somit im Bereich des physikalisch möglichen Werts. Blockierende Räder werden durch die ABS-Regelung verhindert.

Elektromechanische Parkbremse (EMP)

Bei der elektromechanischen Parkbremse (EMP) wird die Kraft zum Arretieren der Feststellbremse elektromechanisch erzeugt. Die Funktion des Feststellhebels übernimmt ein Fahrer-Interface mit einer Elektro-Getriebe-Kombination. Bei Betätigung des Interface wird der Elektromotor aktiviert, nachdem Fahrzeugstillstand erkannt wurde.

Controlled Deceleration for Parking Brake (CDP)

Die CDP-Funktion ermöglicht auf Anforderung des Fahrers (über Knopfdruck) eine Verzögerung des Fahrzeugs bis zum Stillstand. Nach Erreichen des Fahrzeugstillstands übernimmt die ESP-Hydraulik für kurze Zeit alle statischen Feststellbremsvorgänge, danach übernimmt die EMP das Festhalten des Fahrzeugs.

Hill Hold Control (HHC)

Der Anfahrassistent (Hill Hold Control) verhindert beim Anfahren an Steigungen das Zurückrollen des Fahrzeugs. Das sonst übliche Betätigen der Handbremse beim Anfahren entfällt.

Um den Anfahrassistenten zu aktivieren, muss bei Fahrzeugstillstand über die Fußbremse Bremsdruck aufgebaut werden. Dieser vom Fahrer vorgegebene Druck bleibt erhalten, auch wenn der Fuß vom Bremspedal genommen wird. Spätestens nach einer Druckhaltezeit von 2 s wird der Druck wieder abgebaut. Innerhalb dieser Zeit kann der Fahrer das Gaspedal betätigen und anfahren. Nach Erkennen des Anfahrwunsches wird der Bremsdruck sofort abgebaut.

Hill Descent Control (HDC)

Der Bergabfahrassistent (Hill Descent Control) ist eine Komfortfunktion für Geländefahrzeuge, die den Fahrer beim Bergabfahren im Gelände durch automatischen Bremseingriff unterstützt. Nach Aktivieren dieser Funktion wird ohne Zutun des Fahrers eine vorgegebene niedrige Sollgeschwindigkeit eingeregelt. Zu- und Abschalten der HDC-Funktion erfolgt auf Knopfdruck.

Hydraulic Rear Wheel Boost (HRB)

Diese Funktion bietet im Falle von ABS-geregelten Vorderrädern eine zusätzliche Bremskraftunterstützung für die Hinterräder. In der Regel drückt der Fahrer das Bremspedal mit Beginn der ABS-Regelung nicht weiter durch, obwohl die Situation es verlangen würde. Die HRB-Funktion setzt ein, sobald die Vorderräder in den ABS-Regelbereich kommen. Der Bremsdruck an den Rädern der Hinterachse wird so weit erhöht, bis diese ebenfalls das Blockierdruckniveau erreichen und die ABS-Regelung einsetzt. Der Bremsweg liegt somit im Bereich des physikalisch möglichen Werts.

Brake Disk Wiping (BDW)

Die Bremsfunktion ist bei nassen Bremsscheiben nicht optimal. Die BDW-Funktion baut Bremsdruck auf, um Feuchtigkeit und Spritzwasser auf der Bremsscheibe zu entfernen. Damit sind auch bei Nässe minimale Bremsreaktionszeiten gewährleistet. Das Druckniveau des Trockenbremsens ist so eingestellt, dass die Fahrzeugverzögerung an der Wahrnehmensgrenze liegt. Die Information über den Nässegrad der Bremsscheiben wird aus dem Scheibenwischer- oder Regensensorsignal abgeleitet.

Das Trockenbremsen geschieht wiederholt in einem definierten Intervall, solange das System Regen oder Fahrbahnnässe erkennt.

Hydraulic Fading Compensation (HFC)

Die HFC-Funktion bietet dem Fahrer eine zusätzliche Bremskraftunterstützung. Sie erfolgt, wenn selbst bei starker Bremspedalbetätigung, mit der normalerweise das Blockierdruckniveau erreicht wird, nicht die maximal mögliche Fahrzeugverzögerung eintritt. Dies ist z. B. bei hohen Bremsscheibentemperaturen oder bei Bremsbelägen mit deutlich reduziertem Reibwert der Fall.

Die Aktivierung von HFC erfolgt, wenn bei hohen Bremsdrücken die Fahrzeugverzögerung signifikant geringer ist als erwartet. Daraufhin werden die Raddrücke so weit erhöht, bis alle Räder das Blockierdruckniveau erreicht haben und die ABS-Regelung einsetzt.

Electronic Brake Prefill (EBP)

Die EBP-Funktion reduziert den Anhalteweg in Notsituationen, bei denen der Fahrer nach schneller Gaspedalrücknahme das Bremspedal betätigt. Dies wird dadurch erreicht, dass nach Freigabe des Gaspedals die Bremsanlage vorgespannt wird, sodass bei der nachfolgenden Bremspedalbetätigung der Druckaufbau deutlich dynamischer erfolgt. Somit stellt sich früher eine hohe Fahrzeugverzögerung ein.

Das Vorspannen der Bremsanlage wird über das ESP-Hydroaggregat eingestellt. Die Bremsbeläge sind dann fest an den Bremsscheiben angelegt. Bleibt direkt nach einer schnellen Gaspedalrücknahme die Betätigung des Bremspedals aus, so wird die Bremsanlage wieder entspannt.

Einparksysteme

Bei nahezu allen Fahrzeugen ist die Sicht beim Rangieren stark eingeschränkt. Dies liegt vor allem an den modernen Fahrzeugkarosserien, mit denen möglichst niedrige Luftwiderstandsbeiwerte erreicht werden, um den Kraftstoffverbrauch zu reduzieren. In der Regel entsteht dadurch eine leichte Keilform. Vorhandene Hindernisse sind somit häufig nur schlecht oder überhaupt nicht erkennbar. So sieht der Durchschnittsfahrer beim Blick durch die Heckscheibe die Straßenoberfläche erst in einem Abstand von 8...10 m. Auch direkt vor dem Fahrzeug befindliche Hindernisse entziehen sich dem Blick des Fahrers, da sie durch den Fahrzeugvorbau verdeckt werden.

1 Einparkhilfesystem (Maximalkonfiguration)

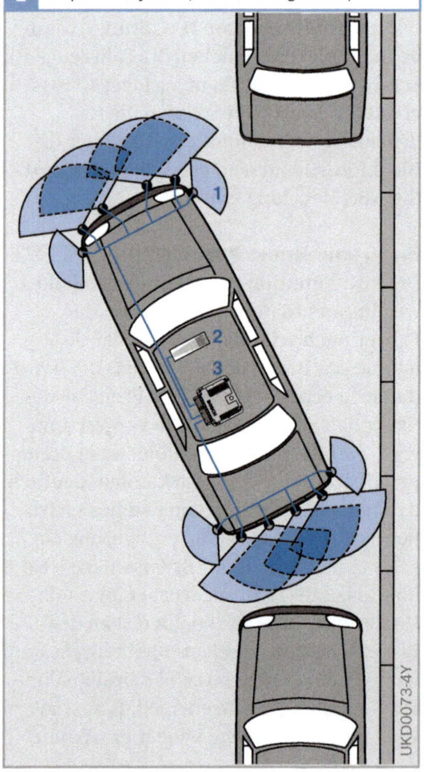

Bild 1
1 Ultraschallsensoren
2 Warnelement (optisch und akustisch)
3 Steuergerät

Einparkhilfe

System

Um die Sicht des Fahrers um eine „elektronische Sicht" zu erweitern, sind Einparkhilfen auf Basis von Ultraschallsensoren (s. Kapitel „Sensorik für Fahrerassistenzsysteme") gut geeignet. Sie haben mittlerweile hohe Akzeptanz gefunden.

Einparkhilfen überwachen einen Bereich von ca. 20...250 cm hinter oder vor dem Fahrzeug (Bild 1). Andere Fahrzeuge und Hindernisse werden erkannt und durch optische und/oder akustische Mittel (Warnelemente) angezeigt.

Es gibt verschiedene Ausführungsformen der Einparkhilfe. Einfache Systeme nutzen drei oder vier Sensoren am Fahrzeugheck, aufwändigere Lösungen setzen bis zu 12 Sensoren am Fahrzeug ein (sechs vorn, sechs hinten). Hierbei kann durch Anbringung von Sensoren an den Fahrzeugecken auch eine wirkungsvolle Eckenabsicherung realisiert werden.

Neben den Ultraschallsensoren besteht das Gesamtsystem noch aus den Komponenten Steuergerät und Warnelement. Die Aktivierung des Systems erfolgt selbsttätig mit dem Einlegen des Rückwärtsgangs bzw. bei Systemen mit zusätzlicher Frontabsicherung mit dem Unterschreiten einer Geschwindigkeitsschwelle von ca. 15 km/h. Während des Betriebes gewährleistet die Selbsttestfunktionalität eine permanente Überwachung aller Systemkomponenten.

Komponenten

Ultraschallsensor

Die Sensoren der Einparkhilfe arbeiten nach dem Echolotverfahren. Sie senden Ultraschallimpulse von ca. 43,5 kHz aus und empfangen anschließend das Echo der an Hindernissen reflektierten Schallwellen. Aus der Laufzeit von Sende- und Empfangssignal ergibt sich der Abstand zum Hindernis.

Bild 2 zeigt eine Ausführung eines Ultraschallsensors der 4. Generation.

Einbau
Spezifisch angepasste Einbauhalter fixieren die Sensoren an den jeweiligen Positionen innerhalb des Stoßfängers. Für die Erstausrüstung werden die Halterungen in den Stoßfänger integriert. Bild 3 zeigt ein Einbaubeispiel.

Der kurze Aufbau des Sensors kommt insbesondere den erhöhten Anforderungen an den Fußgängerschutz im Bereich der Stoßfänger entgegen, da er das Eintauchen des Sensors nach innen bei einem Unfall begünstigt.

Detektionscharakteristik
Um einen möglichst großen Bereich erfassen zu können, muss die Detektionscharakteristik im horizontalen Bereich besonders breit sein um möglicht viele Hindernisse zu erfassen, im vertikalen Erfassungsbereich hingegen relativ schmal, um störende Bodenechos zu vermeiden. Der horizontale Erfassungswinkel beträgt ± 60°, der vertikale ± 30°.

Steuergerät

Das Steuergerät enthält eine Spannungsstabilisierung für die Sensoren und den eingebauten Mikroprozessor (µC) sowie alle erforderlichen Interfaceschaltungen zur Anpassung der unterschiedlichen Ein- und Ausgangssignale (Bild 4). Die Software übernimmt folgende Aufgaben:

- Sensoransteuerung und Echoempfang,
- Laufzeitauswertung und Berechnung des Hindernisabstands,
- Ansteuerung der Warnelemente,
- Auswertung der Eingangssignale,
- Überwachung der Systemkomponenten,
- Fehlerspeicherung und Diagnose.

Warnelemente

Über die Warnelemente wird der Abstand zu einem Hindernis angezeigt. Ihre Ausführung ist fahrzeugspezifisch geprägt und besteht in der Regel aus einer Kombination von akustischer und optischer Anzeige. Aktuell kommen optische Anzeigen sowohl mit LED- als auch in LCD-Technik zum Einsatz.

3 Montageprinzip des Sensors im Stoßfänger

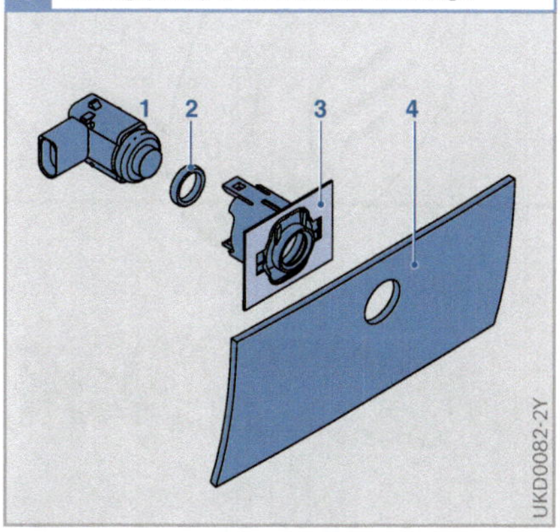

Bild 3
1 Sensor
2 Entkopplungsring
3 Einbaugehäuse
4 Stoßfängerhaut

2 Ultraschallsensor der 4. Generation

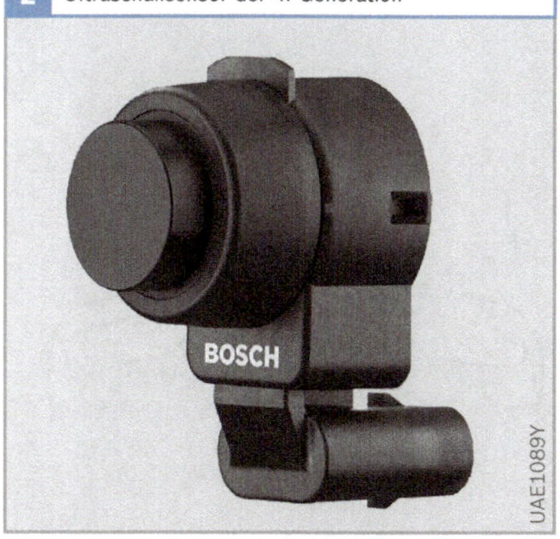

4 Blockschaltbild des Steuergeräts

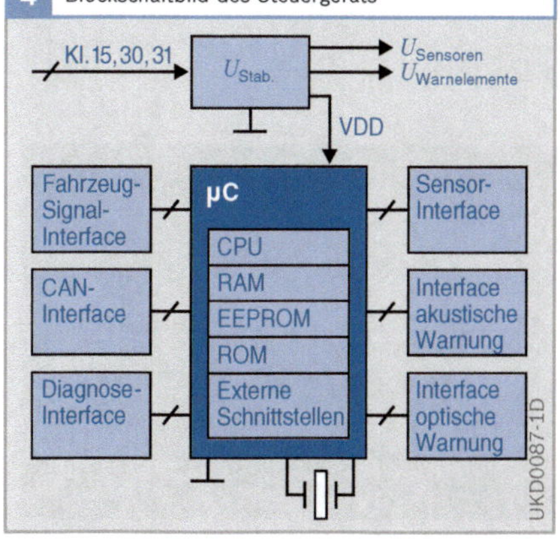

Bild 2
Sensorausführung mit abgewinkeltem Stecker

In dem in Bild 5a gezeigten Beispiel eines Warnelements ist die Anzeige des Abstandes zum Hindernis in mehrere Hauptbereiche eingeteilt (Tabelle 1).

Tabelle 1

1 Bereiche der Abstandsanzeige (Beispiel)

Bereich	Abstand	Optische Anzeige (LED)	akustische Anzeige
I	< 1,5 m	grün	Intervallton
II	< 1,0 m	grün + gelb	Intervallton
III	< 0,5 m	grün + gelb + rot	Dauerton
IV	< 0,3 m	alle LEDs blinken	Dauerton

5 Warnelemente einer Ultraschall-Einparkhilfe

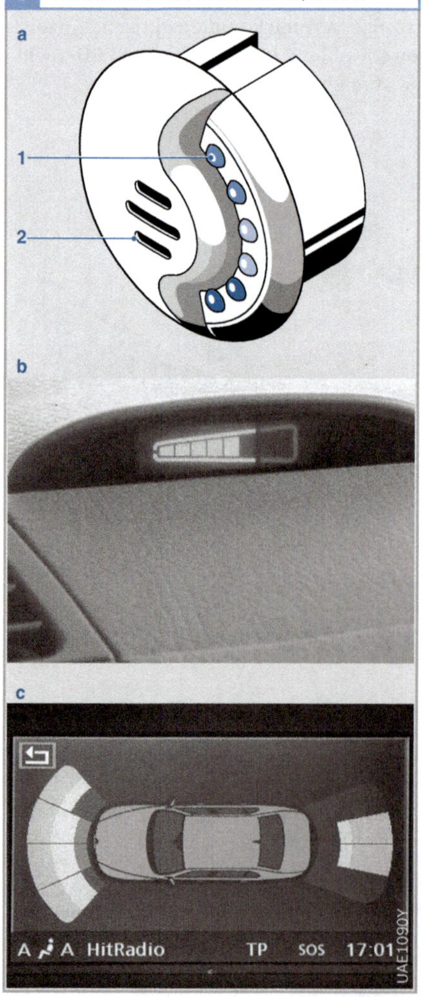

Bild 5
- a Beispiel eines Warnelements
- 1 LED-Warnleuchte
- 2 Lautsprecher
- b Warnelement in der Mercedes S-Klasse
- c Grafikdisplay im 5er-BMW oberhalb der Mittelkonsole

Abstandsberechnung

Der Einbauwinkel und die Abstände der Sensoren zueinander werden fallweise und fahrzeugspezifisch ermittelt. Die Geometriedaten des Fahrzeugs werden im Steuergerät in einem Speicher abgelegt. Da der einzelne Sensor lediglich eine direkte Entfernungsmessung ohne Richtungsinformation durchführen kann, wird zur Berechnung des kürzesten Abstandes zwischen Fahrzeug und Hindernis eine Triangulationsrechnung durchgeführt (Bild 6). In diese Rechnung fließen die Geometriedaten des jeweiligen Fahrzeugs ein.

6 Abstandsberechnung für ein Hindernis

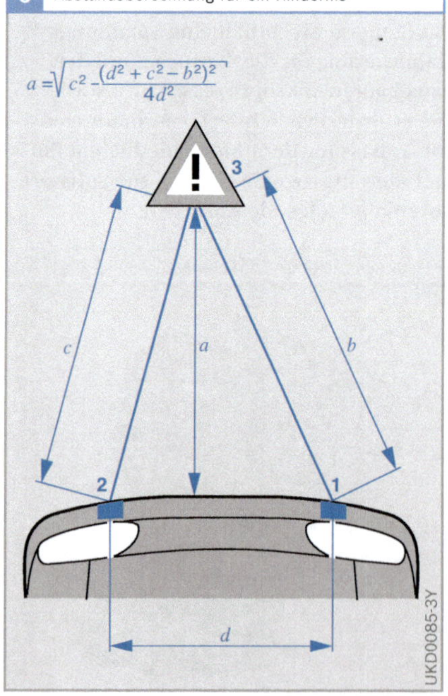

Bild 6
- *a* Abstand Stoßfänger – Hindernis
- *b* Abstand Sensor 1 – Hindernis
- *c* Abstand Sensor 2 – Hindernis
- *d* Abstand Sensor 1 – Sensor 2
- 1 Ultraschallsensor
- 2 Ultraschallsensor
- 3 Hindernis

Einparkassistent

Der Bosch-Einparkassistent basiert auf der Ultraschall-Einparkhilfe und ist evolutionär in Stufen konzipiert. Jede Stufe stellt eine eigenständige Funktion dar und besitzt für sich allein einen hohen Kundennutzen. Hierzu wird das System durch Hinzufügen eines zusätzlichen Sensors pro Fahrzeugseite erweitert. Die Signale dieses zusätzlichen Sensors werden durch zusätzliche Softwaremodule im Steuergerät des Einparkhilfesystems verarbeitet. Die Anzeige erfolgt über einen (bereits vorhandenen) Bildschirm oder im Grafikdisplay des Kombiinstruments.

7 Parklückenvermessung (Prinzip)

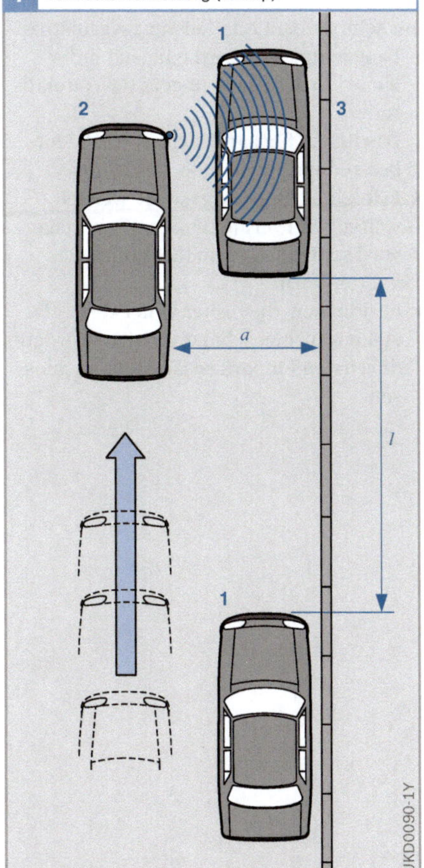

Stufe 1: Parklückenvermessung

Nach Aktivierung des Systems durch den Fahrer misst dieser zusätzliche Sensor die Länge der Parklücke aus. Nach einem Vergleich des Messwertes mit den Signalen des Radimpulszählers zur Plausibilisierung gibt das System ein Signal an den Fahrer, ob die Parklücke lang genug ist. Sollte sich ein Hindernis in der Parklücke befinden, wird es erkannt und der Fahrer erhält einen entsprechenden Hinweis. Bild 7 zeigt das Prinzip der Parklückenvermessung, in Bild 8 ist ein Beispiel für die Ausgestaltung der Mensch-Maschine-Schnittstelle (HMI, Human Machine Interface) dargestellt.

Stufe 2: Informierender Einparkassistent

In einem zweiten Entwicklungsschritt wird dem Fahrer nach dem Ausmessen der Länge der Parklücke während des Einparkvorgangs eine Empfehlung gegeben, wie er das Lenkrad optimal einschlagen sollte, um möglichst glatt in die Lücke einzuparken. Hierzu berechnet der Mikrocomputer im Steuergerät aus den Signalen des gleichen zusätzlichen Ultraschallsensors die optimale Trajektorie zum Einparken (Bild 9, nächste Seite). Während des Einparkvorgangs wird die Trajektorie ständig nachberechnet und im Display angezeigt (Bild 10). Aus der Einparkhilfe wird so der Einparkassistent.

8 Grafische Darstellung der Parklückenvermessung

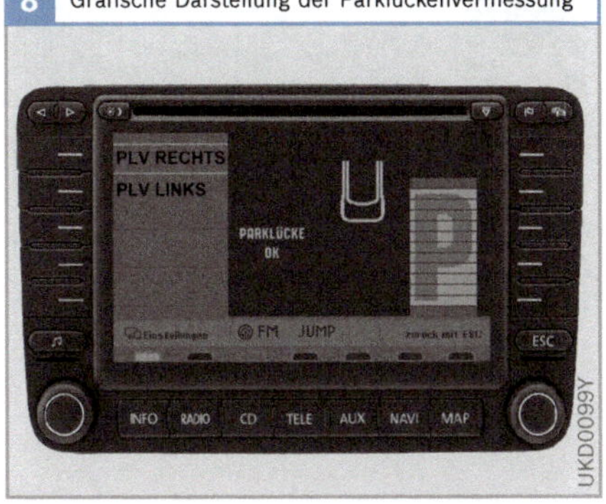

Bild 7
1 Geparkte Fahrzeuge
2 einparkendes Fahrzeug
3 Parkfront

a gemessener Abstand
l Länge der Parklücke

9 Einparken mit Einparkassistenten (Prinzip)

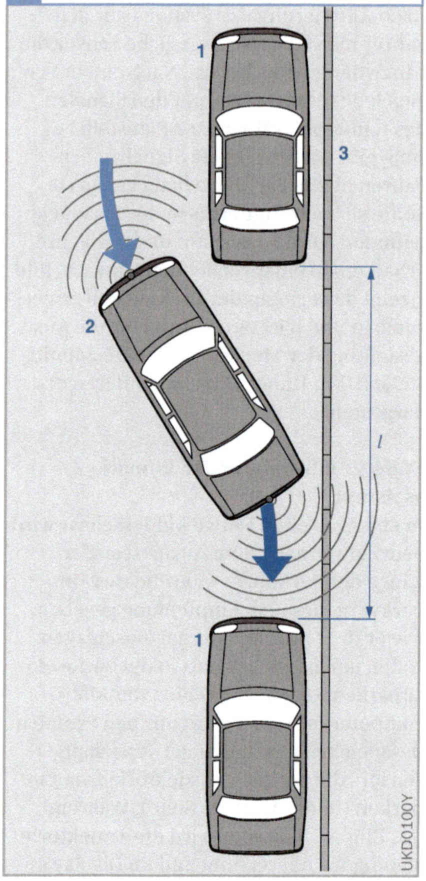

Bild 9
1 Geparkte Fahrzeuge
2 einparkendes Fahrzeug
3 Parkfront

l Länge der Parklücke

10 Grafische Darstellung des Einparkassistenten

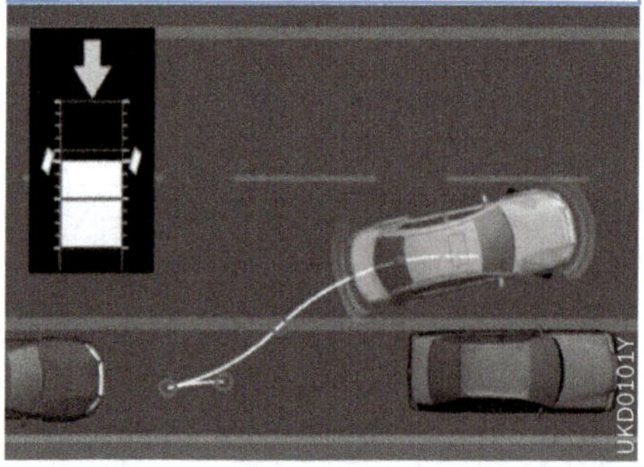

Stufe 3: Der lenkende Einparkassistent

Die dritte Evolutionsstufe wird durch ein System mit elektrischer Lenkungsbetätigung gebildet. Der Fahrer kann nach dem Ausmessen der Parklückenlänge und dem Einlegen des Rückwärtsgangs die Hände in den Schoß legen. Er muss nur noch Gas geben und bremsen. Das Lenken übernimmt der Computer. Voraussetzung hierfür ist, dass das Fahrzeug über eine elektrisch betätigte Servolenkung verfügt. Dies ist bereits bei einigen Serienfahrzeugen der oberen Mittelklasse der Fall.

Vorteile des Einparkassistenten

Durch den geringen Zusatzaufwand an Hardware ergibt sich für alle Ausbaustufen des Einparkassistenten ein Kundennutzen mit sehr gutem Preis-Leistungsverhältnis:

- Längseinparken wird nahezu kinderleicht, auch für den ungeübten Autofahrer.
- Das Risiko für Parkschäden wird deutlich reduziert.
- Erfolglose Einparkversuche werden weitgehend vermieden. Das Fahrzeug wird schnell aus dem fließenden Verkehr entfernt.
- Parklücken, die bisher vom Fahrer als zu knapp eingeschätzt wurden, werden durch den Einparkassistenten erschlossen.

Verkehrsstau

Entstehen von Verkehrsstaus

In den letzten 40 Jahren ist das Straßennetz in Deutschland um ca. 20 % gewachsen, die Fahrleistungen auf diesen Verkehrswegen hat sich dagegen verachtfacht. Die Verkehrsdichte auf den Autobahnen ist so hoch, dass Störungen, z.B. Unfälle oder Baustellen, unweigerlich Staus verursachen.

Das Phänomen Stau wird von Instituten und Hochschulen wissenschaftlich untersucht. Das Nagel-Schreckenberg-Modell, Anfang der 1990er-Jahre entwickelt, ist ein theoretisches Modell zur Simulation des Straßenverkehrs. Mit Hilfe mathematischer Formeln liefert es Voraussagen insbesondere für die Verkehrsdichte (Fahrzeuge je Streckenabschnitt) und den Verkehrsfluss (vorbeifahrende Fahrzeuge pro Zeiteinheit). Das Modell erklärte das erste Mal den „Stau aus dem Nichts" als Folge von hoher Verkehrsdichte und Überreaktion beim Bremsen. Lokal entstehende Verkehrsbehinderungen, die sich bei geringer Verkehrsdichte schnell wieder auflösen, treten bei hoher Verkehrsdichte in Beziehung zueinander und verbinden sich zu einem längeren Stau, der entgegen der Fahrtrichtung mit einer Geschwindigkeit von ungefähr 15 km/h wandert (Bild).

Der maximal mögliche Durchfluss beträgt erfahrungsgemäß rund 2500 Fahrzeuge pro Stunde und Fahrbahn. Bei höherem Verkehrsaufkommen kommt es zum Stau, obwohl keine offensichtlichen Hindernisse die freie Fahrt einschränken. Die Geschwindigkeit, bei der am meisten Fahrzeuge durchgeschleust werden können, wäre theoretisch die Höchstgeschwindigkeit. Da wegen der großen Geschwindigkeitsdifferenzen der Fahrzeuge diese häufiger bremsen und den Verkehrsfluss behindern, wird für die Praxis oft 85 km/h als Geschwindigkeit mit maximalem Durchfluss angegeben.

Stauvorhersagen

Für das Bundesland Nordrhein-Westfalen kann die aktuelle Verkehrslage auf allen Autobahnen im Internet abgefragt werden (www.autobahn.nrw.de). Das Simulationsmodell, das hierzu eingesetzt wird, nutzt u.a. die Daten über das Verkehrsaufkommen und die Geschwindigkeit der Fahrzeuge. Diese Daten werden minütlich von ca. 4000 an den Autobahnen installierten automatischen Erfassungsanlagen bereitgestellt.

Mit Hilfe eines physikalischen Modells kann nicht nur der tatsächliche Verkehr simuliert werden, es gibt auch eine Vorhersage der Verkehrslage für die kommenden 30 und 60 Minuten. Hieraus kann die Simulation die Fahrzeit für einen abgefragten Streckenabschnitt voraussagen – die Größe, die letztendlich für den Autofahrer aussagekräftiger ist als die Staulänge.

Stausimulation

Wie sich ein Stau infolge von Fahrzeugen, die an einer Autobahneinfahrt einscheren, bilden kann, zeigt der Stausimulator, der im Internet unter

www.traffic-simulation.de

aufgerufen werden kann. Mit dem Simulator können mehrere Szenarien mit verschiedenen Parametern durchgespielt werden. Der Stau aus dem Nichts lässt sich mit der Simulation nachbilden, indem man die Verkehrsdichte erhöht.

Entstehung eines Staus in der Simulation

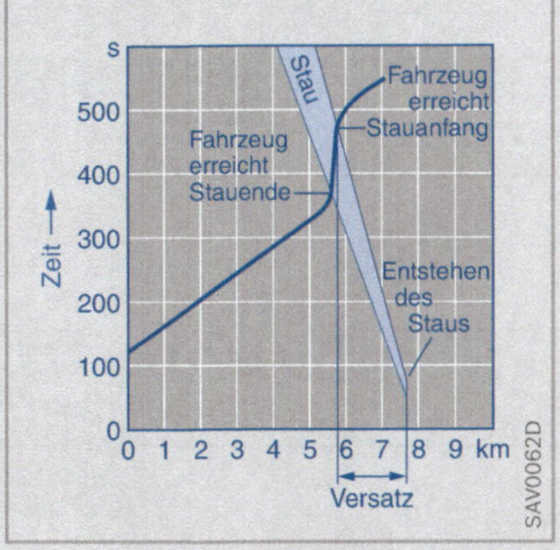

Adaptive Cruise Control (ACC)

Die adaptive Fahrgeschwindigkeitsregelung (ACC, Adaptive Cruise Control) ist eine Weiterentwicklung der konventionellen Fahrgeschwindigkeitsregelung, die eine konstante Fahrgeschwindigkeit einstellt. ACC überwacht mittels eines Radarsensors den Bereich vor dem Fahrzeug und passt die Geschwindigkeit den Gegebenheiten an. ACC reagiert auf langsamer vorausfahrende oder einscherende Fahrzeuge mit einer Reduzierung der Geschwindigkeit, sodass der vorgeschriebene Mindestabstand zum vorausfahrenden Fahrzeug nicht unterschritten wird. Hierzu greift ACC in Antrieb und Bremse ein. Sobald das vorausfahrende Fahrzeug beschleunigt oder die Spur verlässt, regelt ACC die Geschwindigkeit wieder auf die vorgegebene Sollgeschwindigkeit ein (Bild 1). ACC steht somit für eine Geschwindigkeitsregelung, die sich dem vorausfahrenden Verkehr anpasst.

Systemübersicht

Aufgabe

Die zentrale Aufgabe des Radarsensors mit integrierter Elektronik ist das Erkennen von Objekten und deren Zuordnung zur eigenen oder fremden Fahrspur. Diese Spurzuordnung verlangt einerseits eine genaue Erfassung vorausfahrender Fahrzeuge (hohe Winkelauflösung und -genauigkeit) und andererseits eine genaue Kenntnis der eigenen Fahrzeugbewegung. Letztere wird aus den Signalen von Sensoren, die auch für das Elektronische Stabilitätsprogramm (ESP) verwendet werden, berechnet (Kursprädiktion).

Die Entscheidung, welches der erkannten Objekte zur Abstandsregelung herangezogen wird, ergibt sich im Wesentlichen aus dem Vergleich der Positionen und Bewegungen der erkannten Objekte mit den Bewegungsdaten des eigenen Fahrzeugs.

1 ACC-Funktion

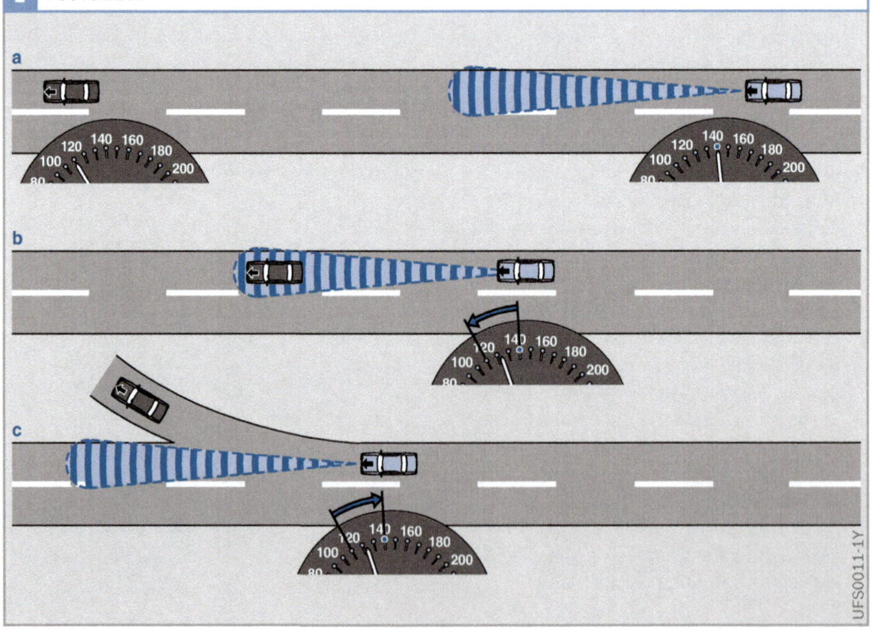

Bild 1
- a Annäherung an ein vorausfahrendes Fahrzeug bei Fahren mit Konstantgeschwindigkeit (Wunschgeschwindigkeit)
- b Abbremsen und Hinterherfahren hinter langsamerem Fahrzeug
- c nach Abbiegen des vorausfahrenden Fahrzeugs Beschleunigen und Wiederaufnahme der ursprünglich eingestellten Wunschgeschwindigkeit

2 ACC-System

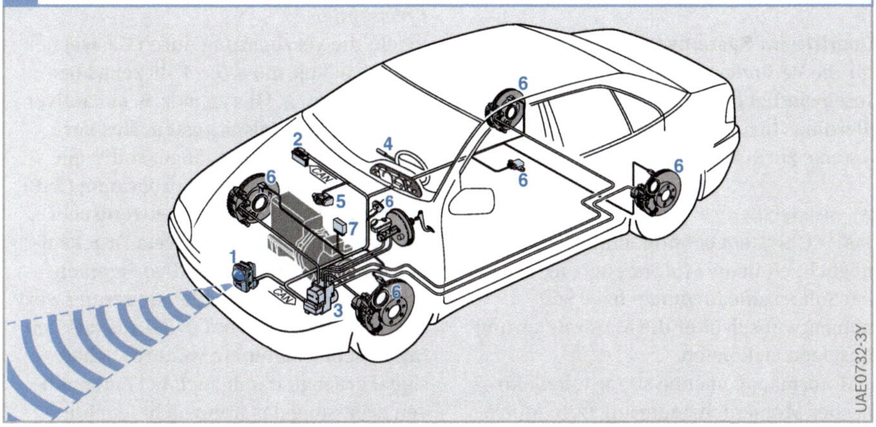

Bild 2

1 ACC Sensor & Control Unit
2 Motormanagement-Steuergerät (Motronic bei Ottomotoren bzw. EDC bei Dieselmotoren)
3 aktiver Bremseingriff über ESP
4 Bedien- und Anzeigeeinheit
5 Motoreingriff über elektrisch verstellbare Drosselklappe (bei Motronic)
6 Sensoren
7 Getriebeeingriff über elektronische Getriebesteuerung (optional)

Arbeitsweise

Das ACC-System misst den Abstand, die Relativgeschwindigkeit und die seitliche Lage von vorausfahrenden Fahrzeugen. Dazu sendet der Radarsensor (Radio Detection and Ranging, Erkennung und Entfernungsmessung mit Radiowellen) Wellenpakete von mm-Wellen aus. Für den Einsatz im Straßenverkehr aller wichtigen Automobilmärkte ist dazu das Frequenzband 76...77 GHz (Wellenlänge ≈ 4 mm) freigegeben worden.

Eine der Basisfunktionen ist zunächst die herkömmliche Fahrgeschwindigkeitsregelung, bei der eine einmal eingestellte Sollgeschwindigkeit konstant gehalten wird (Tempomatfunktion). Diese ist immer dann aktiv, wenn kein vorausfahrendes Fahrzeug detektiert wird, das langsamer fährt als die vom Fahrer eingestellte Wunschgeschwindigkeit.

Wird nun aber im Detektionsbereich des Radars (bis etwa 200 m) ein Fahrzeug erkannt, das die Fortsetzung der Fahrt mit der Wunschgeschwindigkeit behindert, wird die Geschwindigkeit an die des vorausfahrenden Fahrzeugs angepasst. Bei leichten Geschwindigkeitsdifferenzen kann dies allein durch die Wegnahme von Gas geschehen, bei größeren Differenzen ist hierzu ein Bremseingriff notwendig. Ist der Geschwindigkeitsausgleich geschehen, folgt das ACC-Fahrzeug dem vorausfahrenden Fahrzeug mit weitgehend konstantem Abstand.

Für die Bedienung des ACC sind Schalter, Taster oder Drehrädchen vorhanden. Damit kann die Funktion aktiviert sowie Wunschgeschwindigkeit und Wunschzeitlücke eingestellt werden. Im Kombiinstrument werden die eingestellten Werte und weitere ACC-Informationen (z. B. Folgemodus) angezeigt.

Die größte technische Herausforderung für die Signalverarbeitung innerhalb des ACC-Steuergeräts stellt die Auswahl des „richtigen" Zielfahrzeugs dar. So gilt es zunächst aus den vielen Radarreflexionen diejenigen wiederzuerkennen, die zu vorher erkannten vorausfahrenden Fahrzeugen gehören. Dann ist abzuschätzen, ob diese Fahrzeuge auch wirklich in der gleichen Spur fahren. Diese Frage ist wegen des begrenzten seitlichen Auflösungsvermögen des Radarsensors (± 8°) insbesondere vor und in Kurven nicht mehr einfach zu lösen, obwohl die Sensoren der Fahrdynamikregelung (Elektronisches Stabilitätsprogramm, ESP) wichtige Vergleichsgrößen liefern.

Der Fahrer kann die ACC-Funktion jederzeit durch eigene Eingriffe übersteuern oder abschalten (z. B. durch Betätigung von Gas- oder Bremspedal).

Systemverbund

Eingriffe im Systemverbund

Für die Veränderung und Regelung der Geschwindigkeit wird auf bestehende, allerdings für ACC modifizierte Subsysteme zurückgegriffen (Bild 3).

Motoreingriff

Das ACC-System benötigt eine Eingriffsmöglichkeit in die Motorsteuerung, um einen Sollbeschleunigungs- bzw. Sollmomentwunsch über die Motorsteuerung umsetzen zu können.

Motormanagementsysteme mit elektronischer Momentensteuerung (z. B. Motronic für Ottomotoren, EDC für Dieselmotoren) können das Antriebsmoment über das elektronisches Gaspedal (EGAS) unabhängig vom Fahrer beeinflussen. Damit ist es möglich, ohne Kenntnis von Motorkennfeldern den Antriebsstrang auf Basis von Motordrehmomenten anzusteuern. Das Fahrzeug kann auf die Wunschgeschwindigkeit beschleunigt bzw. bei Auftauchen eines Hindernisses durch automatisches Gaswegnehmen verzögert werden.

Bremseneingriff

Bremssysteme

Reicht die Verzögerung durch Gaswegnehmen nicht aus, muss das Fahrzeug abgebremst werden. Hierzu ist z. B. ein aktiver Booster (elektronisch gesteuertes Verschieben des Pedalgestänges) oder ein Elektronisches Stabilitätsprogramm (ESP) erforderlich, das mittels elektronischer Bremsmodulation mit aktivem Druckaufbau einen Bremseneingriff vornehmen kann. Für die Bremslichtansteuerung wird zum bestehenden, vom Pedal ausgelösten Bremslichtschalter ein weiteres Schaltsignal erzeugt, damit auch bei einer aktiven Bremsung das Bremslicht leuchtet.

Gänzlich ohne Zusatzhardware kommt die elektrohydraulische Bremse (Sensotronic Brake Control, SBC) aus. Sie ist als Brake-by-wire-System geradezu ideal für ACC. Die ACC-Anforderung ist für dieses System nur ein zusätzlicher Sollwertzweig.

Bremsverzögerung mit ACC

Aufgrund der Auslegung des ACC als Komfortsystem wird die vom ACC-Regler berechnete Verzögerung bei derzeitigen

3 Grundstruktur und Komponenten der ACC-Regelung

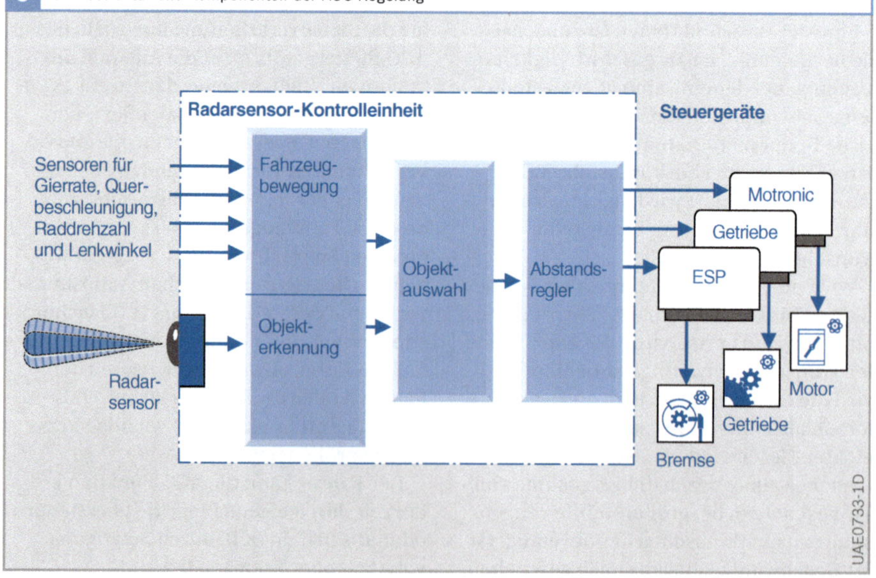

ACC-Systemen auf ca. 2...3 m/s^2 begrenzt. Sollte diese aufgrund der aktuellen Verkehrssituation nicht ausreichen (z. B. bei stark bremsendem vorausfahrenden Fahrzeug), erfolgt eine akustische, zuweilen auch optische Übernahmeaufforderung an den Fahrer („Take over request"). Dieser muss dann die entsprechende Verzögerung über die Betriebsbremse einleiten. Sicherheitsfunktionen wie Notbremsung sind im ACC nicht enthalten.

Falls notwendig, werden auch während einer aktivierten ACC-Regelung die stabilisierenden Systeme ABS (Antiblockiersystem), ASR (Antriebsschlupfregelung) oder ESP (Elektronisches Stabilitätsprogramm) in gewohnter Weise aktiv. Je nach Parametrierung des ACC führen Stabilisierungseingriffe zur Abschaltung des ACC.

Getriebeeingriff

Wünschenswert für den vollen Komfort ist die Kombination von ACC mit einer Getriebeautomatik. Die Automatik schaltet weicher und schneller als dies von Hand möglich ist und erhöht damit den Fahrkomfort deutlich.

Systemarchitektur

Da es sich bei ACC um eine Funktion über mehrere Subsysteme hinweg handelt, kommt der Systemarchitektur eine Schlüsselrolle zu. Nur mit einer geeigneten Systemarchitektur lassen sich die Teilfunktionen miteinander so verknüpfen, dass sich eine harmonische und sichere Gesamtfunktion ergibt. Eine besondere Herausforderung an die Systemarchitektur ergibt sich aus dem Umstand, dass die beteiligten Subsysteme oft von verschiedenen, häufig im Wettbewerb stehenden Zulieferern entwickelt werden und z. T. im gleichen Fahrzeugmodell variieren.

Datenaustausch im Systemverbund

Bild 4 gibt einen Überblick über die beteiligten Partnersysteme, die für die ACC-Gesamtfunktion notwendig sind:

- Die Umsetzung der ACC-Sollwerte zur Längsbeschleunigung erfolgt durch die Motorsteuerung bzw. das Bremssystem. Umgekehrt benötigt ACC von diesen Partnersystemen Informationen zum Fahrzeugzustand, wie z. B. Fahrgeschwindigkeit, Fahrzeugbeschleuni-

4 ACC im Systemverbund mit den beteiligten Partnersystemen

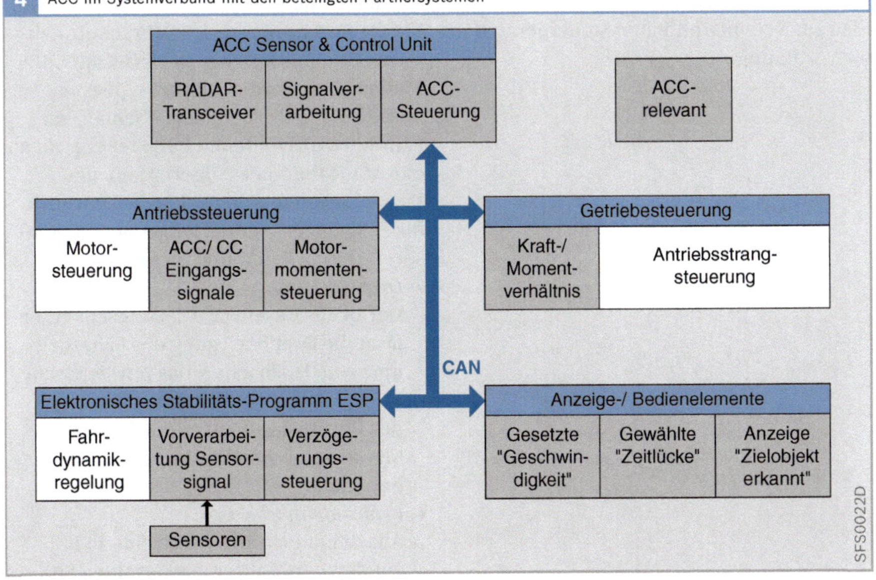

gung, Drehbewegung des Fahrzeugs, aktuelles Motormoment usw.
- ACC erhält die Informationen zum Fahrerwunsch (gesetzte Geschwindigkeit, gewählte Zeitlücke) über die Bedienelemente. Die Informationen für den Fahrer werden über Anzeigeelemente ausgegeben.
- Die Getriebesteuerung wird von ACC nicht als Aktorsystem genutzt. Allerdings werden Informationen von der Getriebesteuerung zum aktuell wirkenden Kraft-/Momentverhältnis des Getriebes benötigt.

ACC ist also kein autarkes System, sondern basiert auf der Vernetzung der verschiedenen beteiligten Partnersysteme. Für die Datenübermittlung wird der Steuergerätebus CAN (Controller Area Network) eingesetzt. Dieser verbindet Motorsteuerung, Getriebesteuerung, ESP, Kombiinstrument und Bedienelemente. Oftmals sind auch noch weitere Geräte (z. B. Sensoren, sofern deren Signale nicht vom ESP-Steuergerät geliefert werden) angeschlossen oder über Gateway-Funktionen erreichbar.

Die Sensorsignale der einzelnen Steuergeräte stehen als physikalische Größen allen am Netz befindlichen Steuergeräten zur Verfügung.

Sensorik für ACC

Abstandsradar

Zum Erfassen vorausfahrender Fahrzeuge und Messen des Abstands und der Geschwindigkeit dieser Fahrzeuge wird ein Abstandssensor benötigt. ACC-Systeme verfügen derzeit zumeist über einen Long-Range-Radarsensor (s. Kapitel *Sensorik für Fahrerassistenzsysteme*), der in einem Frequenzbereich zwischen 76 und 77 GHz arbeitet.

Die Baueinheit enthält neben der Sensorfunktion auch die Regler-Logik für ACC und trägt daher die Bezeichnung *ACC-SCU, Sensor & Control Unit* (Sensor- und Steuereinheit).

ACC tastet nach seiner Aktivierung den Bereich bis ca. 200 m vor dem Fahrzeug ab. Die von vorausfahrenden Fahrzeugen reflektierten Radarstrahlen werden bezüglich Laufzeit, Dopplerverschiebung und Amplitudenverhältnis analysiert. Daraus werden Abstand, Relativgeschwindigkeit und Winkellage zu vorausfahrenden Fahrzeugen berechnet.

Kurvensensorik

Bei den bekannten ACC-Systemen werden für die Beschreibung der Fahrzeugtrajektorie ESP-Sensorensignale verwendet. Die Messgrößen werden hierbei typischerweise über CAN von einem ebenfalls im Fahrzeug vorhandenen ESP-Steuergerät an das ACC-Steuergerät übertragen, um Zusatzkosten für eine exklusive Sensorik für ACC zu vermeiden. Folgende ESP-Sensoren sind bekannt und im Einsatz:
- *Drehratesensor*:
  Der Drehratesensor (Gierratesensor) erfasst die Drehbewegung des Fahrzeugs um seine Hochachse. Das physikalische Messprinzip beruht auf der Messung der Corioliskraft auf eine schwingende Masse unter dem Einfluss einer Drehbewegung.
- *Lenkradwinkelsensor*:
  Aus dem Lenkradwinkel schließt ESP auf den vom Fahrer gewünschten Soll-

kurs. Der Lenkradwinkelsensor misst den Drehwinkel des Lenkrads. Je nach Aufgabenstellung messen diese Sensoren über Schleifkontakt (potenziometrisch) oder berührungslos (optische oder magnetische Messprinzipien).

- *Querbeschleunigungssensor*:
  Der Querbeschleunigungssensor misst die auf das Fahrzeug quer zur Fahrtrichtung wirkende Beschleunigung. Das physikalische Messprinzip beruht auf der Messung der Auslenkung einer elastisch gelagerten Masse bei wirkenden Trägheitskräften quer zur Fahrzeuglängsachse.
- *Raddrehzahlsensoren*:
  Aus den Signalen der Drehzahlsensoren leitet das zugehörige Steuergerät die Drehgeschwindigkeit der Räder (Raddrehzahl) ab. Hierzu wird bei Systemen mit aktiven Drehzahlsensoren ein Multipolring mit der Radnabe verbunden. Am Umfang des Multipolrings sind Magnete mit wechselnder Polarität angeordnet. Ein Hall-Sensor ist so montiert, dass sich beim Drehen des Rades die Magnete an ihm vorbei bewegen. Der Sensor misst die Änderung des magnetischen Flusses, die sich beim Drehen ergibt.

5 Wandlung der Zeitsignale in Frequenzsignale mittels FFT

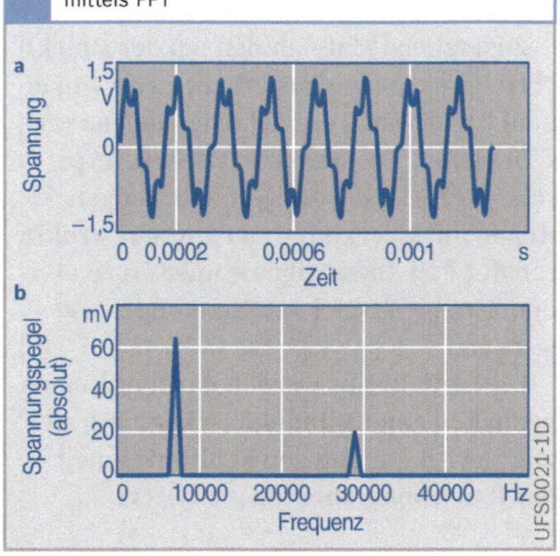

Bild 5
a Zeitsignal
b Frequenzsignal

Detektion und Objektauswahl

Radarsignalverarbeitung

Fourier-Transformation

Alle gleichzeitig georteten Objekte (z. B. verschiedene Fahrzeuge) erzeugen charakteristische Signalanteile, deren Frequenzen aus dem Abstand und der Relativgeschwindigkeit und deren Amplitude aus den Reflexionseigenschaften dieser Objekte resultieren. Alle Signalanteile überlagert ergeben das Empfangssignal.

Nach der Analog-digital-Wandlung der Empfangssignale erfolgt zunächst eine Spektralanalyse zur Bestimmung von Abstand und Relativgeschwindigkeit der Objekte. Dazu gibt es einen leistungsfähigen Algorithmus (Rechenvorgang), der als FFT (Fast Fourier Transformation) bekannt ist. Er wandelt eine Folge von äquidistant (gleiche Abstände aufweisenden) abgetasteten Zeitsignalwerten in eine Folge von spektralen Leistungsdichtewerten und zwar mit äquidistanten Frequenzintervallen (Bild 5).

Das berechnete Spektrum weist bei den Frequenzen besonders hohe Leistungsdichtewerte auf, die den Radarechos zugeordnet sind. Darüber hinaus beinhaltet das Spektrum auch Rauschsignalanteile, die im Sensor entstehen und dem Nutzsignal der Zielobjekte überlagert sind.

Die spektrale Auflösung ist durch die Anzahl der Abtastwerte und der Abtastrate definiert.

Detektion von Hindernissen

Die Detektion ist die Suche nach den charakteristischen Frequenzsignalen der Radarobjekte. Wegen der stark unterschiedlichen Signalstärken der verschiedenen Objekte, aber auch desselben Objekts zu verschiedenen Zeiten, wird der ACC-Radarsensor verwendet. Er muss einerseits möglichst alle von realen Objekten stammenden Signale finden. Andererseits muss er aber unempfindlich gegen Signalanteile sein, die durch Rauschen oder Störsignale entstanden sind. So ist das im Radar selbst entstehende Rauschsignal im Spektrum nicht konstant, sondern frequenz- und zeitabhängig.

Für jedes Spektrum wird zunächst eine Rauschanalyse durchgeführt. Abhängig von der spektralen Verteilung der Rauschleistung wird eine Schwellwertkurve festgelegt. Nur Signalspitzenwerte, die oberhalb dieser Schwelle liegen, werden als Zielfrequenzen interpretiert.

Objekterkennung

Die Echosignale in den einzelnen Modulationszyklen (FMCW-Radar) beinhalten zwar die Information über Abstand und Relativgeschwindigkeit der Objekte, sind aber nicht eindeutig den Objekten zuordenbar. Erst durch die Verknüpfung der Detektionsergebnisse der Modulationszyklen ergeben sich die Ergebnisse für Abstand und Relativgeschwindigkeit der Objekte.

Eine gefundene Zielfrequenz setzt sich aus einem vom Abstand abhängigen und einem von der Relativgeschwindigkeit abhängigen Anteil zusammen. Um also Abstand und Relativgeschwindigkeit ermitteln zu können, müssen Zielfrequenzen aus mehreren Modulationsrampen zueinander passen. Für das Mehrrampen-FMCW-Messprinzip muss für ein physikalisch vorhandenes Radarobjekt in jeder Modulationsrampe eine Zielfrequenz gefunden worden sein, die sich aus dem Abstand und der Relativgeschwindigkeit des Objekts ergeben muss. Die Zuordnung wird schwierig, wenn sehr viele Zielfrequenzen in den Spektren enthalten sind.

Die Winkellage eines Radarziels zur Achse des Fahrzeugs wird aus dem Vergleich der Amplitudenwerte geschätzt, die sich für ein Zielobjekt in den vier benachbarten Radarstrahlen ergeben.

Tracking

Unter Tracking versteht man die weitere Verfolgung eines zuvor erkannten Zielobjekts. Damit werden die Messdaten der aktuell detektierten Objekte mit den Messdaten aus der vorherigen Messung verglichen.

Ein Objekt, das bei der letzten Messung im Abstand d mit einer Relativgeschwindigkeit v_{rel} gemessen wurde, hat sich in der Zeit Δt zwischen der vorherigen Messung und einer neuen Messung fortbewegt und sollte jetzt im erwarteten Abstand

$$d_e = d + v_{rel} \cdot \Delta t$$

gemessen werden. Wird der Umstand berücksichtigt, dass das gemessene Objekt auch beschleunigen oder verzögern kann, gibt es einen Unsicherheitsbereich um den Abstand d_e, in dem der neu gemessene Abstandswert erwartet werden darf.

Wird bei der neuen Messung tatsächlich ein Objekt im Erwartungsbereich für Abstand und Relativgeschwindigkeit gefunden, kann man davon ausgehen, dass es sich um dasselbe Fahrzeug handelt. Das bereits zuvor gemessene Objekt wurde also in der aktuellen Messung wieder gefunden. Die Messdaten werden unter Berücksichtigung der „historischen“ Messdaten gefiltert.

Wird ein zuvor gemessenes Objekt in der aktuellen Messung nicht mehr wiedergefunden (z. B. weil es sich außerhalb des Radarstrahls befindet oder ein zu geringes Signalecho erzeugt), werden die prädizierten Objektdaten eine Weile weiterverwendet.

Zusätzliche Maßnahmen bei der Objektverfolgung sind erforderlich, wenn von einem Objekt mehrere Echosignale aus verschiedenen Abständen entstehen. Typischerweise ist das bei Nutzfahrzeugen wegen ihrer zerklüfteten Fahrzeugstrukturen der Fall. Diese Signale müssen zu einem einzigen Objekt zusammengefasst werden.

Die Signalechos werden darüber hinaus bezüglich einer Blindheitserkennung sowie zur Erkennung von Fehlfunktionen der Radarkomponenten analysiert.

Objektauswahl

Für die Auswahl der relevanten Objekte wird in einem ersten Schritt die laterale (seitliche) Position d_{yc} relativ zum vorhergesagten Kurs des eigenen Fahrzeugs bestimmt (Kursversatz). Sie ergibt sich entsprechend Bild 6 aus dem Lateralversatz d_{yv} bezogen auf die Fahrzeugachse. Hierbei werden die vom Radarsensor bestimmten Lateralversätze relativ zur Sensorachse x_S über den Sensorversatz $d_{ySensor}$ auf die Fahrzeugmittenachse x_F transformiert.

Über eine Beschreibung des vorhergesagten Kurses $d_{yvCourse}$, z. B. über einen Parabelansatz als Kreisbogenannäherung, ergibt sich der Kursversatz zu

$$d_{yc} = d_{yv} - d_{yvCourse}$$

Die Bestimmung von d_{yc} hängt somit von der Art der Beschreibung des eigenen Kurses ab.

In einem zweiten Schritt wird für jeden Messzyklus eine Spurwahrscheinlichkeit berechnet. Sie gibt die Wahrscheinlichkeit an, mit der sich das vorausliegende Radarobjekt auf der eigenen Spur befindet. Die eigene Spur wird hierbei über geometrische Ansätze beschrieben, die sowohl die Fahrspurbreite als auch Größen wie die Ungenauigkeit der Kursbestimmung mit einbeziehen.

Die Spurwahrscheinlichkeit ist Eingangsgröße für die Plausibilität eines Objekts. Diese Größe bestimmt als Kennzahl die Güte und Sicherheit, dass es sich bei dem Objekt um ein relevantes Objekt handelt. Sie berücksichtigt auch die Sensoreigenschaften (z. B. Genauigkeit der Winkelbestimmung) und Detektionseigenschaften.

Das Objekt findet nur dann Eingang in die Zielobjektauswahl, wenn eine Mindestplausibilität für die eigene Spur erreicht wird. Bei den heutigen bekannten ACC-

6 Bestimmung der lateralen Objektposition d_{yc} relativ zum Kurs (Kursversatz)

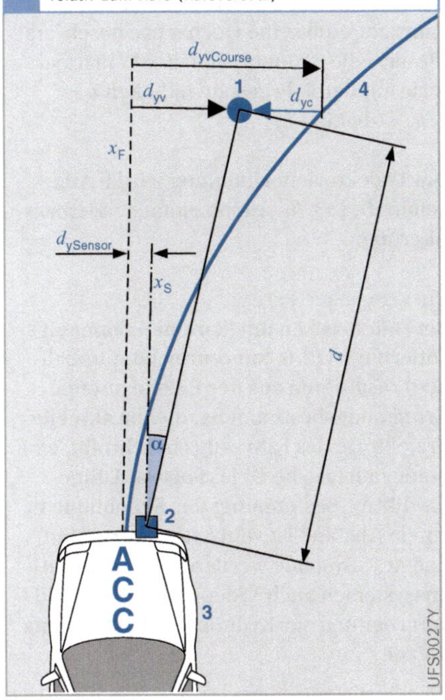

7 Kursprädiktion und Objektauswahl

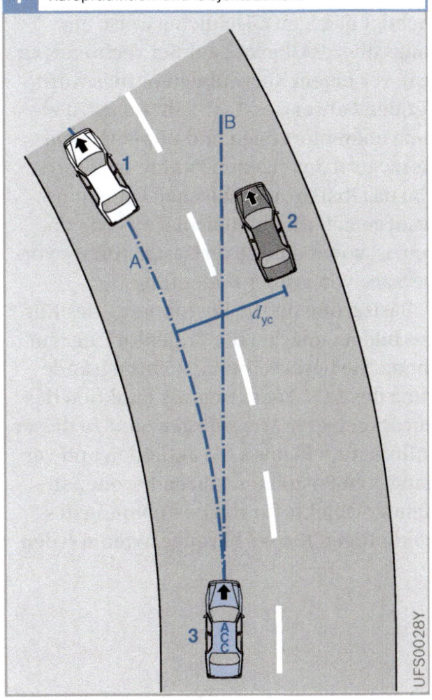

Bild 6
1 Objekt
2 Sensor
3 ACC-Fahrzeug
4 Kurs

d_{yv} Lateralversatz
d_{yc} Kursversatz
$d_{yvCourse} = k_y \cdot d^2/2$ vorhergesagter Kurs mit Messabstand d zum Objekt
k_y aktuelle Krümmung
$d_{ySensor}$ Sensorversatz
x_F Fahrzeugmittenachse
x_S Sensorachse
α Winkel der Abweichung des Objekts von der Sensorachse

Bild 7
1 Objekt 1
2 Objekt 2
3 ACC-Fahrzeug

A Kurs A
B Kurs B
d_{yc} Kursversatz

Systemen werden hierbei nur bewegte Objekte mit gleicher Fahrtrichtung berücksichtigt. Wegen der Gefahr von Fehldetektionen und derzeit einer mit Radar nicht möglichen Objektklassifikation (z. B. Getränkedose auf der Fahrbahn oder stehendes Fahrzeug) werden stehende Objekte ausgeblendet.

Kursprädiktion

Regelqualität

Die Kursprädiktion (Kursvorhersage) spielt für die Zuordnung der detektierten vorausfahrenden Fahrzeuge zum eigenen Kurs die entscheidende Rolle und beeinflusst damit besonders stark die Regelqualität von ACC. In dem in Bild 7 dargestellten Beispiel richtet sich die Regelung eines auf der linken Spur fahrenden ACC-Fahrzeugs bei einer stationären Kurvenfahrt mit dem gekrümmten Kurs A nach dem vorausfahrenden Objekt 1. Dies führt zu dem vom Fahrer gewünschten Folgefahren.

Der dargestellte gerade Kurs B berücksichtigt dagegen fälschlicherweise ein langsameres Objekt 2 auf der rechten Spur z. B. vor einem Kurvenbeginn. Dies würde für den Fahrer des ACC-Fahrzeugs zu einem unkomfortablen und unplausiblem Verzögern des eigenen Fahrzeugs führen. Um das Risiko einer falschen Objektauswahl gemäß diesem Beispiel zu reduzieren, ist somit eine zuverlässige Kurvenvorhersage von großer Bedeutung.

Basisgröße für die Bestimmung des Kurses bildet zunächst die Trajektorienkrümmung. Sie beschreibt die Richtungsänderung des ACC-Fahrzeugs als Funktion des zurückgelegten Wegs. Ergänzend zu dieser Information können die aktuellen und vergangenen Positionen fahrender oder stehender Objekte für die Bestimmung des zukünftigen Kurses herangezogen werden.

Krümmungsbestimmung

Die Krümmung k beschreibt die Richtungsänderung eines Fahrzeug in Abhängigkeit vom zurückgelegten Weg. Sie ergibt sich als:

$k = 1/R$ (R = Kurvenradius)

Die Krümmung der Fahrzeugtrajektorie lässt sich über verschiedene fahrzeugseitige Sensoren bestimmen, wobei bei allen Berechnungen vorausgesetzt wird, dass sie innerhalb fahrdynamischer Grenzbereiche verwendet werden. Sie gelten also nicht für Situationen beim Schleudern oder beim Auftreten eines größeren Radschlupfes.

Für die Kursbestimmung wird bei den derzeit bekannten ACC-Systemen eine offsetkorrigierte Gierrate benötigt. Diese wird entweder direkt vom ESP-System aus den Signalen des Lenkradwinkelsensors, des Querbeschleunigungssensors, der Raddrehzahlsensoren und des Drehratesensors gewonnen oder vom ACC-System selbst über eine Offsetkorrektur bestimmt.

Die Gierrate $d\psi/dt$ als Drehung des Fahrzeugs um seine Hochachse beschreibt die aktuelle Krümmung k_y der Fahrtrajektorie mit der Fahrgeschwindigkeit v_x:

$k_y = (d\psi/dt) / v_x$

Die Trajektorienkrümmung wird i. Allg. gemittelt, z. B. über eine einfache Tiefpassfilterung.

Kurvenvorhersage

Bei Fahrstrecken mit starken Krümmungsänderungen (z. B. kurvenreiche Autobahnen) resultieren aus der ESP-gestützten Krümmungsbestimmung, die die aktuelle Trajektorie des Fahrzeugs beschreibt, eine potenziell falsche Objektauswahl. Eine prädiktive Bestimmung der Krümmung in einem Abstand ist wünschenswert. Künftige ACC-Systeme werden neben Navigationssystemen auch Videosysteme mit Bildverarbeitung zur Krümmungsbestimmung nutzen.

ACC-Funktion

Reglerfunktionen

Der ACC-Regler (Bild 8) umfasst folgende Reglerfunktionen:

- Fahrgeschwindigkeitsregelung,
- Folgeregelung,
- Kurvenregelung und
- Beschleunigungsregelung.

Fahrgeschwindigkeitsregelung

Der Fahrer stellt an den Bedienelementen die gewünschte Fahrgeschwindigkeit ein. Daraufhin berechnet die Regelung im ersten Schritt einen Sollwert, um die Fahrgeschwindigkeit an diese Wunschgeschwindigkeit anzugleichen.

Das Anzeige- und Bedienkonzept heutiger ACC-Systeme bringt es mit sich, dass es zwei Situationen gibt, in denen eine (vom Fahrer nicht beabsichtigte) große Differenz zwischen der aktuellen Fahrgeschwindigkeit und der gewünschten Setzgeschwindigkeit auftreten kann:

- Eine Wiederaufnahme der Fahrgeschwindigkeitsregelung mit der Resume-Taste aktiviert die zuletzt gesetzte Wunschgeschwindigkeit als aktuelle Wunschgeschwindigkeit. Unter Umständen kann der Fahrer durch eigenes Gasgeben eine weit höhere Geschwindigkeit als die Setzgeschwindigkeit erreichen, bevor er mit der Resume-Taste den ACC-Betrieb wieder aufnimmt.
- Im laufenden ACC-Betrieb kann der Fahrer durch eigenes Gasgeben die ACC-Regelung aussetzen. Auch damit kann er eine weit höhere Geschwindigkeit als die gesetzte Wunschgeschwindigkeit erzielen.

8 ACC-Reglerkreis mit Reglerfunktionen

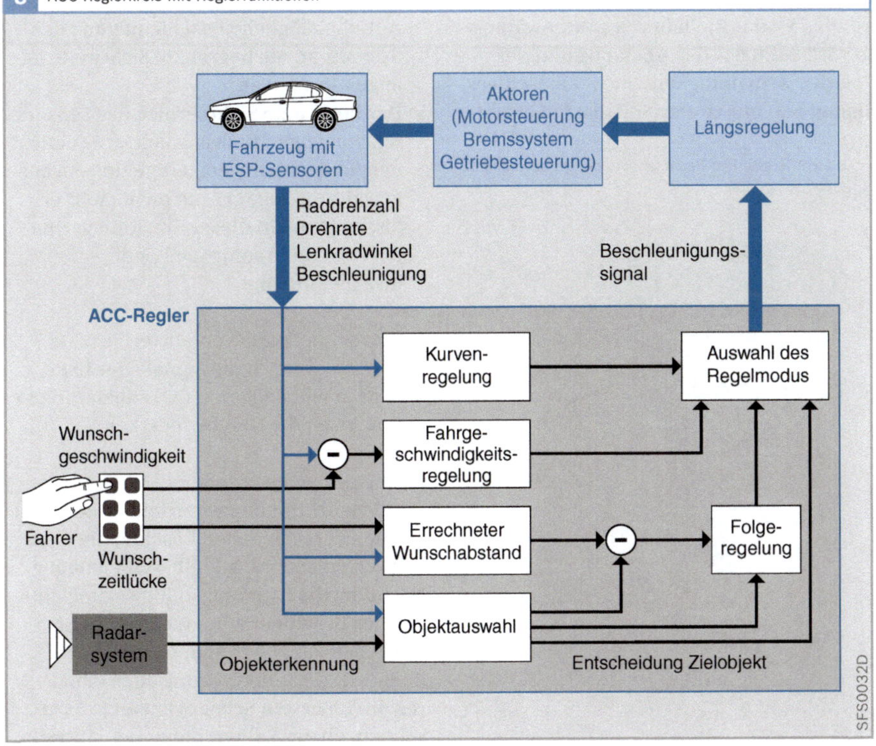

In beiden Situationen ist sich der Fahrer unter Umständen nicht der großen Differenz zwischen Ist- und Setzgeschwindigkeit bewusst. Die ACC-Fahrgeschwindigkeitsregelung unterstützt den Fahrer in diesen Situationen durch eine moderate Regelreaktion.

Folgeregelung

Im zweiten Schritt gilt es, das relevante vorausfahrende Fahrzeug auszuwählen. Dazu werden die Objektdaten mit der Geometrie des prädizierten (vorhergesagten) eigenen Kurses verglichen. Befinden sich mehrere Fahrzeuge im Bereich dieses prädizierten Kurses, so ist meistens das nächste vorausfahrende Fahrzeug für die Regelung maßgebend.

Ideal ist die Auswahl desjenigen Fahrzeugs, das die niedrigste Sollbeschleunigung am Reglerausgang liefert. Dazu ist allerdings eine Rückkopplung des Reglerwerts auf die Zielfahrzeugauswahl notwendig. Ist das Zielfahrzeug ausgewählt, so wird auf Basis des Abstands und der Relativgeschwindigkeit eine Sollbeschleunigung berechnet. Der Sollabstand ergibt sich dabei aus der Fahrgeschwindigkeit v_F und der vom Fahrer eingestellten Sollzeitlücke τ_{Set}:

$$d_{Set} = \tau_{Set} \cdot v_F$$

Die Sollzeitlücke liegt meist im Bereich von 1...2 s mit einer Tendenz zu größeren Werten bei kleineren Geschwindigkeiten und dichtem Verkehr.

9 Sichtbereich des Radarsensors bei Geradeausfahrt und in Kurven

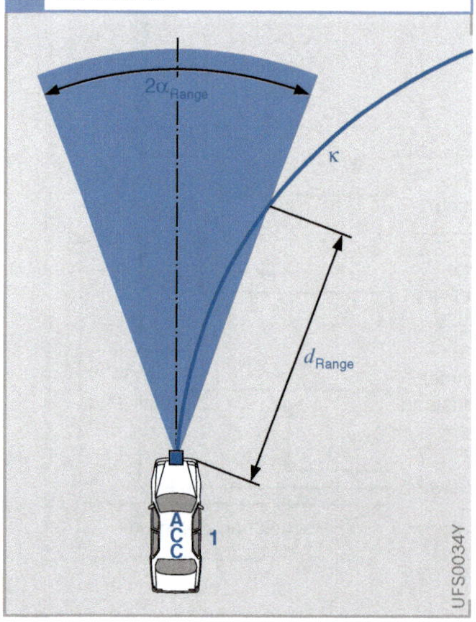

Bild 9
1 ACC-Fahrzeug
k Kurvenkrümmung
$2\alpha_{Range}$ Radar-Sichtfeld
$d_{Range} \approx 2\alpha_{Range}/k$

Kurvenregelung

Obwohl das ACC-System hauptsächlich für den Einsatz auf Autobahnen (mit relativ großen Kurvenradien) entwickelt wurde, lässt es sich auch auf kurvigen Strecken einsetzen. Dabei sind allerdings einige Besonderheiten zu beachten:

- Als Komfortsystem darf ACC den Fahrer nicht durch unkomfortable Längsbeschleunigungen im Kurvenbereich überraschen.
- Wegen des eingeschränkten Winkelbereichs des Radarsensors (Bild 9) passt ACC die mögliche Beschleunigung des Systems an die begrenzte Sichtweite in engen Kurven an.
- Der begrenzte Sichtbereich des Sensors führt in engen Kurven auch zu Situationen, in denen die Folgeregelung ein ausgewähltes Zielfahrzeug nicht mehr erfassen kann. In dieser Situation verhindert ACC eine sofortige Wiederbeschleunigung.

Um zu schnelle Kurvenfahrten auszuschließen, werden die Signale der ESP-Sensoren einbezogen. ACC reduziert dann automatisch die Geschwindigkeit.

Beschleunigungsregelung

Der Beschleunigungskoordinator ermittelt aus den verschiedenen Beschleunigungssollwerten eine ACC-Sollbeschleunigung. Nachdem die Fahrzeugsollbewegung mittels des Beschleunigungssollwertes beschrieben ist, gilt es in der nächsten Ebene, diese Sollbewegung auch einzuregeln. Im ersten Schritt ist dabei auszuwählen, ob der Sollwert über den Antriebsstrang (i. Allg. bei positiven und betragsmäßig kleinen negativen Beschleunigungen) oder über das Bremssystem (für stärkere Verzögerungen) eingestellt werden soll.

Nach dieser Entscheidung erfolgt die Umsetzung auf Momentengrößen.

Funktionshierarchie

Die ACC-Gesamtfunktion lässt sich als Funktionshierarchie beschreiben. In der obersten Funktionsebene (ACC-Fahrzeugführung) wird die Sollbewegung des Fahrzeugs (Fahrgeschwindigkeit und Beschleunigung) berechnet. Die Berechnung erfolgt modular für die Wunschgeschwindigkeitsregelung (Set Speed Control), die eigentliche ACC-Folgeregelung (Follow Control) und die Geschwindigkeitsanpassung an die Kurve (Curve Speed Control). Weitere Funktionalitäten können sowohl in den einzelnen Blöcken (Bild 8) als auch durch weitere Blöcke hinzugefügt werden. Basis-Ergebnisgröße für jeden Block ist eine aufgabenspezifische Fahrzeugsollbeschleunigung.

Bedienung und Anzeige

Bedien- und Anzeigeelemente stellen die unmittelbare Schnittstelle von ACC zum Fahrer dar. Die Betätigung und die Interpretation sollen möglichst einfach, eindeutig und intuitiv sein. Gerade bei den Bedien- und Anzeigeelementen gibt es einen großen Gestaltungsfreiraum, den die Hersteller unterschiedlich nutzen. Daher wird im Folgenden nicht auf eine bestimmte Ausgestaltung eingegangen, sondern es werden die typischen Elemente und deren Funktionen wiedergegeben (Beispiel für Anzeigeelemente in Bild 11). Da häufig die Bedienung mit einer Anzeigefunktion quittiert wird, werden Bedienung und Anzeige zusammengefasst.

Aktivierung

Obwohl ACC eine häufig genutzte Funktion ist, ist sie vom Fahrer aktiv einzuschalten. Bei einigen Fahrzeugmodellen ist sie zunächst durch einen Hauptschalter erst einmal freizuschalten, bei anderen befindet sie sich gleich nach dem Einschalten der Zündung im passiven Wartezustand.

Die Bedingungen für die Aktivierung sind u. a.:

- Fahrgeschwindigkeit größer als minimale Wunschgeschwindigkeit,
- Bremspedal nicht getreten,
- Handbremse gelöst,
- kein Fehler in der ACC-SCU oder im ACC-System erkannt.

Sobald die Bedingungen für eine Aktivierung erfüllt sind und der Fahrer einen für die Aktivierung vorgesehenen Bedienknopf betätigt, beginnt ACC zu regeln. Wichtige Voraussetzung für die Aufnahme dieser Regelung ist natürlich eine für den Anfangszeitpunkt definierte Wunschgeschwindigkeit und -zeitlücke. Daher ist eine Anzeige dieser Werte zumindest bei der Aktivierung absolut notwendig, damit der Fahrer sofort Rückmeldung über die eingestellten Wunschgrößen erhält und ggf. noch modifizieren kann.

Zur eindeutigen Unterscheidung von anderen Funktionen wurde von der ISO ein Symbol definiert (Bild 10). Dieses Symbol kann sowohl als Bereitschaftsanzeige als auch zur Aktivierungsanzeige Verwendung finden.

Setzen und Anzeige der Wunschgeschwindigkeit

Alle bisher bekannten Bedienkonzepte kombinieren Aktivierung und Setzen der Wunschgeschwindigkeit. Sobald der Fahrer/die Fahrerin das erste Mal aus dem Wartezustand heraus den Schalter für die Einstellung der Wunschgeschwindigkeit benutzt, wird ACC auch gleich aktiviert.

Obwohl oftmals die gleichen Schalter wie für den herkömmlichen Fahrgeschwindigkeitsregler verwendet werden, so unterscheidet sich die Einstellung doch erheblich (Bild 12). Insbesondere hat sich gezeigt, dass bei ACC eine gröbere Abstufung sinnvoll ist. Statt etwa 1 km/h beim herkömmlichen Fahrgeschwindigkeitsregler haben sich beim ACC Stufen von 5 oder 10 km/h bewährt. Mit diesen gröberen Stufen fällt es leichter, die Wunschgeschwindigkeit über größere Geschwindigkeitsbereiche anzupassen, z. B. bei Wechsel von einer Baustelle zur *freien Fahrt* auf der Autobahn und umgekehrt. Manche Fahrzeughersteller bieten auch beide Einstellmodi an.

Für das Setzen gibt es vier Funktionen:

- Übernahme der Ist-Geschwindigkeit als Wunschgeschwindigkeit: Set.
- Übernahme der zur Ist-Geschwindigkeit nächst höheren Stufe (Step): Set +.
- Übernahme der zur Ist-Geschwindigkeit nächst niedrigeren Stufe (Step): Set -.
- Übernahme der gespeicherten Wunschgeschwindigkeit: Wiederaufnahme/ Resume.

Die Anzeige erfolgt integriert mit der Tachoskala (Bild 11) oder in einem separaten Anzeigefeld als Digitalwert.

10 ISO-Symbole für die ACC-Aktivierung

Bild 10
a ACC-Funktion
b ACC-Fehlfunktion

11 Fahrerinformationsbereich mit Anzeigeelementen für ACC (Beispiel)

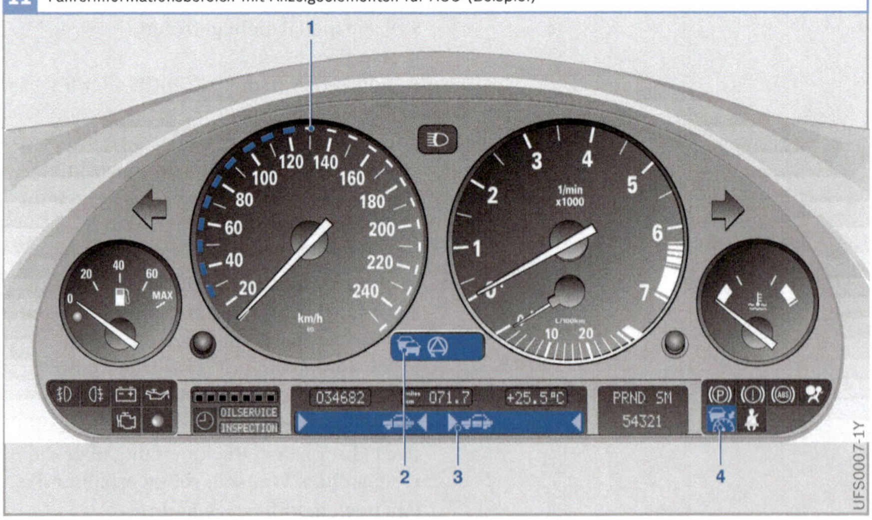

Bild 11
1 Tachometer, Leuchtdioden für Anzeige der Wunschgeschwindigkeit (*ACC aktiv*)
2 relevantes Zielobjekt erkannt (*ACC aktiv*)
3 Anzeige ***gewählter Sollabstand*** mit Fahrzeugpiktogrammen (leuchtet 6 s lang nach Aktivieren von ACC und nach Eingaben) oder Fehlermeldung *ACC inaktiv* oder Aufforderung zur Sensorreinigung (*clean sensor*)
4 Betriebsbereitschaft (*stand by*)

Setzen des Wunschabstands (Zeitlücke)

Der Wunschabstand hängt von den persönlichen Vorlieben ab, aber auch von der Verkehrslage und den Wetterbedingungen. Um dieser Variation nachzukommen, bieten alle Hersteller mindestens drei verschiedene Einstellungen im Bereich von 1,0 s bis etwa 2,0 s (Zeitlücke). Hier gibt es verschiedene Bedienphilosophien. Neben einer kontinuierlichen Verstellung per Drehrädchen (Bild 13a) im Mittelkonsolenbereich oder am Stellhebel für den Fahrgeschwindigkeitsregler (Bild 13b) werden Stufenschalter oder Taster zum Durchsteppen einer Programmsequenz (z. B. lang, mittel, kurz, lang, mittel ...) verwendet (Bild 13c).

Bei Änderung der Zeitlücke erhält der Fahrer/die Fahrerin über die gewählte Einstellung Rückmeldung in einer Anzeige. Zwei Möglichkeiten der Darstellung sind in Bild 14 dargestellt.

Anzeige *Objekt erkannt*

Neben den absolut notwendigen Anzeigen für Wunschgeschwindigkeit und Wunschabstand hat sich die Anzeige für *Objekt erkannt* bewährt. Sie informiert den Fahrer darüber, ob der ACC-Sensor ein relevantes Objekt erkannt hat, das dann als Regelobjekt verwendet wird, wenn es langsamer

13 Bedienelemente für die Einstellung des Wunschabstands bzw. der Wunschzeitlücke

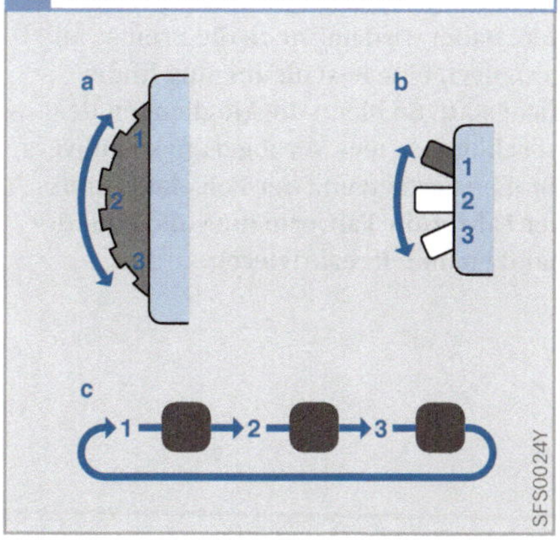

12 ACC-Bedienelemente im Lenkrad (Beispiel)

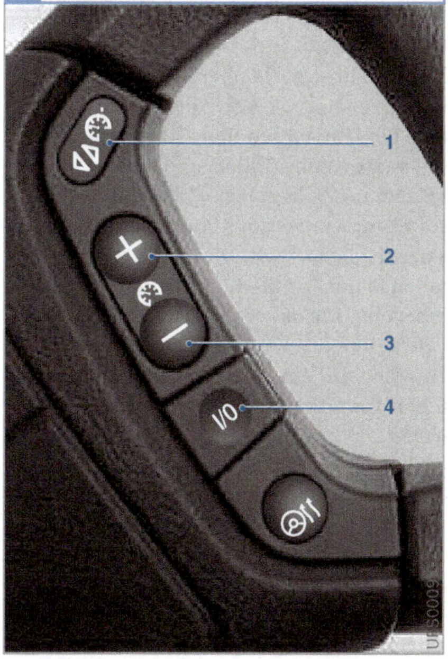

14 Anzeige der Einstellung *Wunschabstand* bzw. *Wunschzeitlücke*

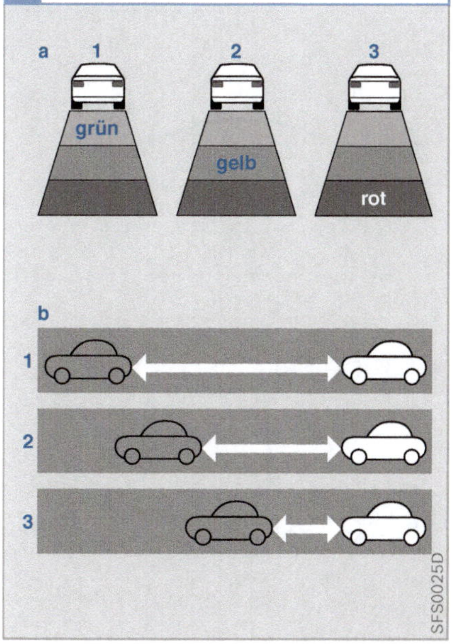

Bild 13

a Drehrädchen
b Stufenschalter
c Taster zum Durchsteppen einer Programmsequenz

Bild 12

1 *Resume*
Abruf der zuletzt gewählten Wunschgeschwindigkeit (ACC passiv)
Wahl und Anzeige des Sollabstands für drei Abstandsstufen (ACC aktiv)
2 Taste +
Aktivieren der vom Tachometer angezeigten Geschwindigkeit (ACC aktiv)
Wahl der Wunschgeschwindigkeit in Schritten von 10 km/h nach oben (ACC aktiv)
3 Taste –
analog zu Taste +, jedoch Wahl der Wunschgeschwindigkeit in Schritten von 10 km/h nach unten
4 Taste I/O
Ein-und Ausschalten des ACC-Systems im Zustand *Aus* und *ACC aktiv* Schalten zu *ACC passiv*

Bild 14

a Perspektivische Darstellung in Fahrtrichtung
b seitliche Darstellung

1 *grüner* Bereich großer Abstand
2 *gelber* Bereich mittlerer Abstand
3 *roter* Bereich geringer Abstand

ist als die aktuelle gesetzte Wunschgeschwindigkeit. Bild 15 zeigt zwei Beispiele für mögliche Ausführungsformen.

Deaktivierung

Die Deaktivierung erfolgt ähnlich wie beim herkömmlichen Fahrgeschwindigkeitsregler über einen Ausschalter oder durch die Betätigung des Bremspedals. Eine Teildeaktivierung ist nach Eingriffen der Schlupfregelsysteme (ESP, ASR) vorgesehen. Dabei wird nur noch die Bremse angesteuert, eine Beschleunigung findet nicht statt. So bleibt die Möglichkeit des Abschlusses eines Verzögerungsmanövers, für eine Fortsetzung der Folgefahrt muss der Fahrer/die Fahrerin die volle Funktionalität manuell reaktivieren.

15 Beispiele für die Anzeige *Objekt erkannt*

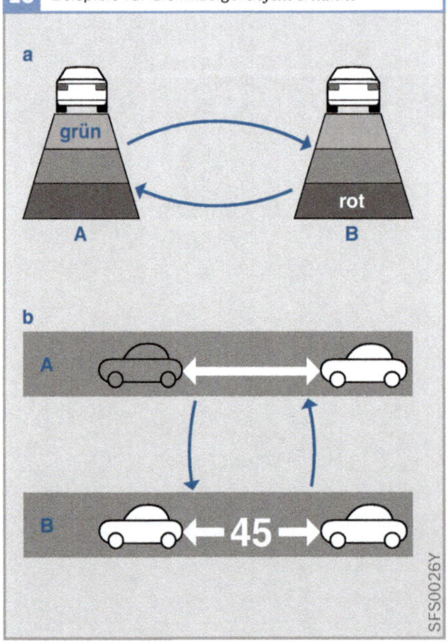

Bild 15
a Perspektivische Darstellung in Fahrtrichtung
b seitliche Darstellung

A Kein relevantes Objekt
B relevantes Objekt erkannt

Funktionsgrenzen

Geschwindigkeitsbereich

Ein ACC-System ist hauptsächlich für die Fahrt auf Autobahnen und schnellen Landstraßen vorgesehen. Die derzeit verwendeten Sensoren decken die volle Breite der eigenen Fahrbahn auf gerader Strecke erst ab ca. 40 m ab, sodass vorausfahrende Fahrzeuge auf Straßen mit engen Kurven und im Stadtverkehr nur eingeschränkt erkannt werden können.

Aus diesem Grund liegt die untere Geschwindigkeitsgrenze von ACC-Systemen (je nach Systemauslegung) im Bereich von 30 km/h. Wegen der Komfortauslegung gängiger ACC-Systeme liegt die obere Geschwindigkeitsgrenze im Bereich von 160...200 km/h.

Längsdynamik

Da eine absolut richtige Reglerreaktion nicht garantiert werden kann, gilt es, die Auswirkungen der Regelung (d. h. die Fahrzeugbeschleunigung und Fahrzeugverzögerung) zu begrenzen. Diese Begrenzung kann sich sowohl auf die absolute Beschleunigung als auch deren zeitliche Änderung beziehen.

Während sich die oberen Beschleunigungsgrenzen auf Werte beziehen, die auch bei konventioneller Fahrgeschwindigkeitsregelung üblich sind (ca. 0,6...1,0 m/s^2), liegt für ACC mit aktiver Bremsung ein Verzögerungsgrenzwert von typisch 2,5 m/s^2 fest. Dieser Wert reicht in vielen Fällen für die Geschwindigkeitsänderung. Die dabei vom Fahrer deutlich wahrnehmbare Verzögerung beträgt aber trotzdem nur ein Viertel der maximal möglichen Verzögerung auf einer trockenen Straße.

Allerdings resultiert aus der begrenzten Verzögerungsfähigkeit unter Berücksichtigung der ebenfalls begrenzten Reichweite des Radarsensors eine maximale Differenzgeschwindigkeit, die ACC ohne Eingreifen des Fahrers noch ausgleichen kann. Die scheinbar daraus abzuleitende Forderung nach einer größeren Reichweite zum Erreichen eines früheren Reaktionsbeginns lässt sich aus folgenden Gründen nicht realisieren:

- Die Sicherheit für die richtige Spurzuordnung sinkt stark mit steigendem Abstand.
- Die Wahrscheinlichkeit eines Überholmanövers steigt mit höherer Differenzgeschwindigkeit und kann erst in unmittelbarer Nähe zum Zielobjekt eindeutig bestätigt werden.
  Dadurch entsteht ein Zielkonflikt: Bei hoher Differenzgeschwindigkeit ist einerseits eine frühe Reaktion notwendig, andererseits ist gerade in diesem Fall die Überholwahrscheinlichkeit recht hoch und damit eine frühe Verzögerung unerwünscht.
- Durch den Spurwechsel der vorausfahrenden Fahrzeuge oder des ACC-Fahrzeugs wird der Reaktionsbeginn nicht allein durch eine Entfernung, sondern auch durch den Beginn der Objektzuordnung zur eigenen Spur festgelegt. Deshalb muss der Fahrer auch bei Spurwechsel damit rechnen, dass die Geschwindigkeitsdifferenz nicht von ACC ausgeglichen werden kann.
- In Kurven mit einem Radius unterhalb von 1 000 m kann die Sicht für den ACC-Sensor durch Randbebauungen und Fahrzeuge auf der Nachbarspur eingeschränkt sein, sodass zwar noch ein Folgen in der Kurve möglich ist, aber die Vorausschauweite für eine frühzeitige Reaktion beim Annähern an ein neu auftauchendes Fahrzeug nicht ausreicht.

Zwar lässt sich in dem einen oder anderen Fall eine höhere Aussagequalität erreichen, dies geht aber häufig zu Lasten der Transparenz und kann damit die Einschätzbarkeit durch den Fahrer vermindern.

Stehende Objekte

Grundsätzlich ist ACC in der Lage, stehende Objekte von fahrenden Objekten zu unterscheiden. Das Radarsystem misst die Relativgeschwindigkeit v_{rel} eines Objekts, der Vergleich mit der Eigengeschwindigkeit v_F des ACC-Fahrzeugs ergibt die Absolutgeschwindigkeit v_j des Objekts.

$$v_j = v_F + v_{rel,j}$$

Berücksichtigt man dabei Messabweichungen und zeitliche Verzögerung der Signale, so wird ein Objekt dann als stehendes Objekt betrachtet, wenn die Geschwindigkeit unterhalb einer Schwelle von ca. 5 km/h liegt.

Stehende Objekte werden von der ACC-Folgeregelung generell ausgeschlossen. Dafür gibt es vor allem zwei Gründe:

- ACC ist ein Komfortsystem. Die Verzögerungsfähigkeit ist deshalb nicht dazu ausgelegt, das Fahrzeug rechtzeitig vor stehenden Objekten abzubremsen.
- Es ist derzeit technisch außerordentlich schwierig, allein auf Basis von Radarsignalen eine ausreichend genaue Entscheidung darüber zu fällen, um was für ein Objekt es sich handelt und ob es sich in der eigenen Fahrspur befindet oder nicht. Bei der Vielzahl stehender Objekte am Fahrbahnrand wäre es deshalb sehr wahrscheinlich, dass ACC auf ein solches Objekt unberechtigterweise reagiert.

Aus diesen Gründen gelten folgende Einschränkungen:

- Stehende Objekte werden derzeit von der Sensorik nur im niedrigen Geschwindigkeitsbereich berücksichtigt und ausgewertet.
- Nur fahrende oder angehaltene Objekte (die zuvor als bewegte Objekte erkannt wurden) werden für die Folgeregelung berücksichtigt. Damit ist eine unberechtigte Verzögerung wegen eines stehenden Objekts am Fahrbahnrand nahezu ausgeschlossen.
- Es wird verhindert, dass ACC das Fahrzeug beschleunigt, wenn stehende Objekte in der eigenen Fahrspur erkannt werden.

Sicherheitskonzept

Aufgabe des Sicherheitskonzepts

Ziel des Sicherheitskonzepts ist es, ACC-bedingte kritische Fahrsituationen und Fahrzeugzustände zu vermeiden, gleichzeitig jedoch die von den Sicherheitsmaßnahmen ausgehenden Einschränkungen der Verfügbarkeit zu minimieren.

Das Sicherheitskonzept muss bei Eintritt von Fehlerzuständen zwei grundlegende Forderungen erfüllen. Die erste verlangt vom Steuergerät ein Fail-Safe-Verhalten, d. h., im Falle eines erkannten Fehlers darf keine Radarstrahlung erfolgen und die Aktoren dürfen nicht mit einem Sollwert beaufschlagt werden. Als zweite Forderung darf das ACC-Steuergerät den restlichen Steuergeräteverbund zu keinem Zeitpunkt beeinträchtigen.

Aufbau des Sicherheitskonzepts

Allgemein anerkannte Verfahren zur Überwachung sicherheitsrelevanter Systeme sind Diversität und Redundanz. Bei der diversitären Informationsverarbeitung werden sämtliche Berechnungen auf Kontrollrechnern unterschiedlichen Typs mit unterschiedlicher Software nachvollzogen. Zum Erreichen der Redundanz wird lediglich die gleiche Hard- und Software doppelt implementiert.

Für das ACC-Steuergerät wurde ein Überwachungskonzept entwickelt, das auf der ACC-spezifischen Rechnerstruktur aufsetzt und gleichermaßen der Komplexität der Aufgaben und den spezifischen Sicherheitsanforderungen Rechnung trägt. Das ACC-Steuergerät erfüllt mit seiner Zwei-Prozessor-Struktur und der damit verbundenen internen Kommunikation die Sicherheitsanforderungen bezüglich redundanter Hardware-Strukturen und Überwachungseinheiten.

Das Überwachungskonzept des ACC-Steuergeräts gliedert sich in drei logische Ebenen, die in den beiden Controller-Einheiten sowie in den externen Partnersteuergeräten lokalisiert sind.

Ebene Komponentenüberwachung

Diese Ebene besteht aus zwei voneinander unabhängigen Teilen in den beiden Controllern. Sie beschränkt sich auf die Entdeckung von Fehlern in der Peripherie der Controller (z. B. Überwachung des Radar-Transceivers, Erkennen von Sensordejustage, Überwachung des CAN-Datenbusses). Eine Überwachung der Rechenlogik ist hiermit nicht verbunden.

Ebene Funktionsüberwachung

Diese Ebene ist ebenfalls unabhängig in beiden Controllern implementiert. Jeder Controller führt Tests seiner eigenen Rechenlogik durch. Hinzu kommen außerhalb des ACC-Steuergeräts lokalisierte Plausibilisierungen, die von den Partnersteuergeräten ausgeführt werden, indem diese die ACC-Botschaften auf Konsistenz und Plausibilität überprüfen. Hierdurch werden Fehler der ACC-Funktion erkannt, die zu nicht plausiblen CAN-Signalen oder einem unregelmäßigen CAN-Sendezyklus führen. Beispiele für die Funktionsüberwachung sind prozessorinterne Hardwaretests, prozessorinterne Checksummentests, Prüfung von CAN-Checksummen und CAN-Botschaftszählern.

Ebenso findet auch im ACC-Steuergerät eine Plausibilisierung der Partnersteuergeräte durch Überprüfen der eingehenden Botschaften statt.

Ebene der gegenseitigen Kontrolle

Diese Ebene umfasst das Zusammenspiel beider Controller in einer gemeinsamen Überwachungsstruktur. Der wesentliche Unterschied zur Funktionsüberwachung besteht darin, dass die Überwachung und die zu überwachende Funktion nicht auf derselben Hardware laufen, sondern dass eine gegenseitige Kontrolle zwischen den beiden Controllern stattfindet.

Beispiele für die gegenseitige Kontrolle sind Checksummenprüfung und Timing-Überwachung der internen Kommunikation, Berechnung und gegenseitige Überprüfung von Testaufgaben.

Weiterentwicklungen

Bisherige ACC-Systeme besaßen noch gewisse Einschränkungen im Funktionsumfang, die durch eingeschränkte Funktionalität von Sensorik und Aktorik bedingt sind. Dies hatte zur Folge, dass ACC nur oberhalb 30 km/h funktioniert, also nicht bis in den Stillstand bremst und auch nicht auf stehende Objekte regelt. Dies war eine Herausforderung für die Entwicklung von ACC-Folgegenerationen. Im Rahmen der Produktpflege zeigen die zukünftigen Systeme eine höhere Zuverlässigkeit bei der Zielauswahl und eine noch bessere Erkennungsleistung von Objekten im Nahbereich. Dies lässt nun auch den Einsatz von ACC in Stausituationen zu.

Für den Einsatz in Stausituationen wurde vor Kurzem zunächst ACCplus entwickelt. Die nächste Funktionsstufe wird in den kommenden Jahren folgen.

ACCplus

Ausschließlich auf Basis des ACC-Sensors wird ACCplus in der Lage sein, das Fahrzeug in einem Geschwindigkeitsbereich zwischen 0 und 200 km/h zu regeln, d. h. auch bis in den Stillstand abzubremsen. Um Komfortbremsungen zu ermöglichen, muss das Fahrzeug mit einem komfortoptimierten Bremssystem ausgerüstet sein, das wegen der stärkeren Bremsenbelastung auch über ein höheres Lastkollektiv verfügen muss.

Als Wiederanfahrstrategie bietet sich vor allem an, dass der Fahrer startet, das System übernimmt. Aus Produkthaftungserwägungen ist ein automatisches Wiederanfahren möglicherweise nicht zielführend.

ACC mit Funktion „Staufolgefahren“

Die nächste Stufe der Funktionserweiterung erfolgt mit der Funktion *Staufolgefahren* (Low Speed Following, LSF), bei der eine Fusion der Daten des Long Range Radars und eines Mittelbereich- oder eines Nahbereichsensors vorgenommen wird. Sie wird in der Kombination Long Range Radar mit zwei Short Range Radarsensoren bereits von einem deutschen Fahrzeughersteller angeboten. Die Radarsensoren mit kurzer Reichweite haben einen deutlich breiteren Erfassungsbereich im Nahbereich und erlauben eine zuverlässige Erkennung knapp einscherender Fahrzeuge. Diese Funktion erlaubt es auch, das Fahrzeug bis zum Stillstand abzubremsen und bei freier Fahrt auf Fahrerwunsch wieder zu beschleunigen.

Durch die Fusion von ACC LSF und einer Videosensorik wird es möglich sein, eine vollständige Längsführung in allen Geschwindigkeitsbereichen und auch im Stadtverkehr vorzunehmen (FSR, Full Speed Range). Die Überlappung der Bereiche der einzelnen Sensortypen erlaubt in dieser Kombination eine weitere Steigerung der Detektionszuverlässigkeit.

Kopplung ACC mit Navigation

Auf Basis von digitalen Karten ist prinzipiell die Bestimmung von prädiktiven Krümmungsinformationen in definierten Abständen voraus möglich. Hierbei lassen sich über Interpolationsverfahren auf Basis der vorhandenen Stützstellen z. B. 50 m voraus die Krümmung bestimmen. Prinzipbedingte Probleme verursachen z. B. Ungenauigkeiten in den digitalen Karten selbst oder aber nicht dem aktuellen Straßenverlauf entsprechende Karten. Allerdings verbessert sich die Qualität der Digitalisierung von Landkarten kontinuierlich. Weitere Informationen wie z. B. die Anzahl der Spuren oder der Straßentyp lassen zukünftig weitere Anwendungen zu.

16 Sensorik des ACC FSR

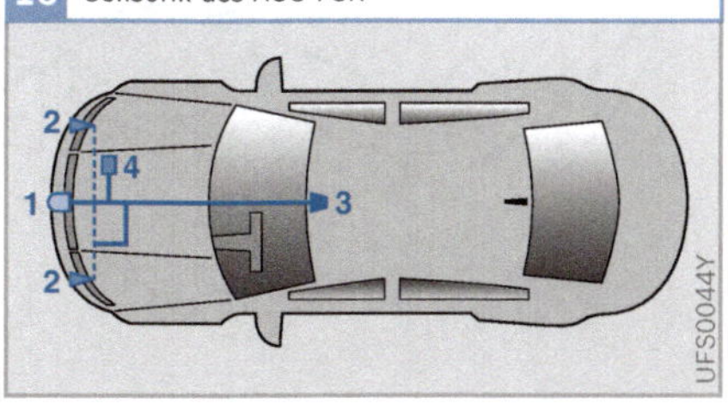

Bild 16
1 Long Range Radar
2 Nahbereichsensoren (optional)
3 Videokamera
4 komfortoptimiertes Bremssystem

Sicherheitssysteme

Fahrerassistenzsysteme helfen, Unfälle zu vermeiden. Das Ziel ist das unfallfreie Fahren. Mit immer effizienteren elektronischen Systemen und verbesserter Sensorik wird versucht, diesem Ziel nahezukommen. Für die Fälle, in denen ein Unfall nicht verhindert werden kann, müssen die Unfallfolgen gemildert werden. Das erste passive Sicherheitssystem für Pkw wurde mit dem Sicherheitsgurt eingeführt. In Deutschland ist er für die Vordersitze seit 1970, für die Rücksitze seit 1979 vorgeschrieben. Die Gurtanlegepflicht wurde 1976 eingeführt. Die Elektronik ermöglichte seit den 1980er-Jahren weitere Systeme, die die Sicherheit der Insassen im Falle eines Unfalls erhöhen.

Insassenschutzsysteme

Passive Sicherheitssysteme sollen die bei einem Unfall auf die Passagiere wirkenden Kräfte gering halten und somit die Unfallfolgen vermindern. Einen wesentlichen Beitrag hierzu leisten die folgenden Insassenschutzsysteme (Bild 1):

- Sicherheitsgurte mit Gurtstraffern und Gurtkraftbegrenzern,
- verschiedene Airbags und
- Überrollschutzsysteme.

Sicherheitsgurte mit Gurtstraffer stellen den größten Teil der Schutzwirkung dar, da sie 50...60 % der Bewegungsenergie der Insassen aufnehmen. Mit Frontairbag beträgt die Energieabsorption ca. 70 % bei optimaler Abstimmung der Auslösezeitpunkte.

Um eine optimale Schutzwirkung zu erzielen, muss das Verhalten aller Komponenten des gesamten Insassenschutzsystems aufeinander abgestimmt sein. Dies wird durch geeignete Sensoren und mit einer schnellen Signalverarbeitung ermög-

1 Elektronisches Aufprallschutzsystem

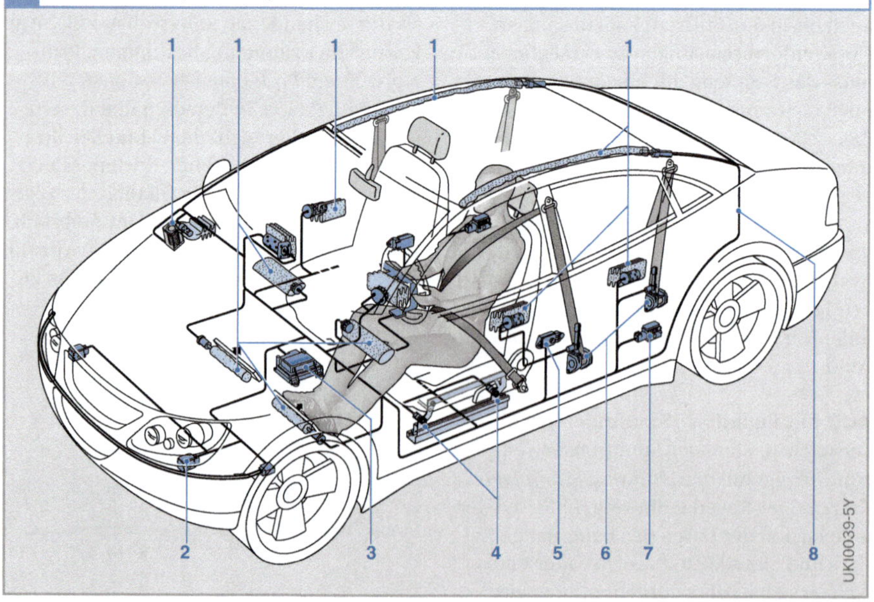

Bild 1
1 Airbag mit Gasgenerator
2 Upfront-Sensor
3 zentrales Steuergerät für Gurtstraffer, Front- und Seitenairbags sowie Überrollschutzeinrichtungen mit integriertem Überrollsensor
4 iBolt™
5 peripherer Drucksensor PPS (Peripheral Pressure Sensor)
6 Gurtstraffer mit Treibsatz
7 peripherer Beschleunigungsensor PAS (Peripheral Acceleration Sensor)
8 Bus-Architektur (CAN)

licht. Die Steuerungsalgorithmen für die Gurtstraffer, die Airbags und ggf. die Überrollschutzsysteme sind in einem kombinierten Steuergerät abgelegt.

Sicherheitsgurte und Gurtstraffer

Aufgabe

Sicherheitsgurte haben die Aufgabe, die Insassen eines Fahrzeugs im Sitz zurückzuhalten, wenn dieses auf ein Hindernis aufprallt. Somit werden die Insassen während eines Aufpralls frühzeitig an der Fahrzeugverzögerung beteiligt (Bild 2). Standard ist der Dreipunktgurt mit Aufrollautomatik, der immer häufiger auch beim Mittelsitz im Fahrzeugfond eingesetzt wird. Das Gurtschloss ist bei verstellbaren Sitzen direkt am Sitz befestigt, die Aufrollvorrichtung an der B- bzw. C-Säule (Bild 1).

Ein locker anliegender Gurt (z. B. wegen dicker Winterbekleidung) führt zu einer Gurtlose. Aufgrund der Nachgiebigkeit der Bekleidung wird der Insasse im Falle einer Kollision nicht rechtzeitig an der Fahrzeugverzögerung beteiligt. Dadurch bewegt sich der Insasse zunächst ungebremst weiter, was die Schutzwirkung des Gurts vermindert. Ferner tragen auch die verzögernde Wirkung der Aufrollautomatik (Filmspuleneffekt) sowie die Gurtbanddehnung zur Gurtlose bei.

Aufgrund der Gurtlose haben Dreipunkt-Automatikgurte beim Frontalaufprall mit Geschwindigkeiten von über 40 km/h gegen feste Hindernisse nur eine begrenzte Schutzwirkung, da sie ein Auftreffen von Kopf und Körper auf das Lenkrad und Armaturenbrett nicht sicher verhindern können. Gurtstraffer ziehen bei einem Aufprall die Sicherheitsgurte enger an den Körper und halten den Oberkörper möglichst dicht an der Sitzlehne. So wird eine zu weite, durch die Massenträgheit verursachte freie Vorverlagerung der Insassen verhindert. Gurtstraffer verbessern damit die Rückhalteeigenschaften eines Dreipunkt-Automatikgurts und erhöhen den Schutz vor Verletzungen.

Um eine optimale Schutzwirkung zu erreichen, müssen die Fahrzeuginsassen nach möglichst geringer Vorverlagerung aus den Sitzen an der Fahrzeugverzögerung teilnehmen. Die Aktivierung des Gurtstraffers sorgt bereits kurz nach Aufprallbeginn dafür und stellt damit die frühest mögliche Rückhaltewirkung der Insassen sicher. Die maximale Vorverlagerung bei gestrafften Gurten beträgt ca. 2 cm, der mechanische Straffungseingriff dauert 5...10 ms.

Gurtstraffer werden insbesondere bei Frontalaufprall, zunehmend aber auch bei Seitenaufprall aktiviert. Denn auch bei diesen Unfällen sind die Insassen durch den enger anliegenden Gurt besser geschützt.

Aufbau und Arbeitsweise

Schultergurtstraffer

Der Schultergurtstraffer beseitigt bei einem Aufprall die Gurtlose und den Filmspuleneffekt, indem er das Gurtband aufrollt und strafft. Die Schutzwirkung des Sicherheitsgurts setzt somit früher ein.

2 Verzögerung bis Stillstand und Vorverlagerung eines Insassen bei einer Aufprallgeschwindigkeit von 50 km/h

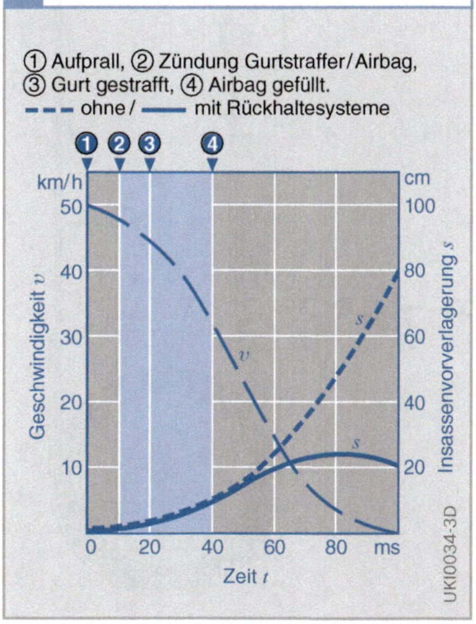

Seine volle Wirkung erreicht dieses System bei einem Aufprall mit einer Geschwindigkeit von 50 km/h innerhalb der ersten 20 ms nach Aufprallbeginn; es unterstützt damit die schützende Wirkung des nach 40 ms voll aufgeblasenen Airbags.

Bei der Aktivierung zündet das System elektrisch einen pyrotechnischen Treibsatz (Bild 3, Pos. 3). Die dabei freigesetzte Gasladung wirkt auf einen Kolben (4), der über ein Stahlseil (6) die Gurtrolle (7) so dreht, dass sich das Gurtband (8) straff an den Körper des Insassen anlegt. Das Gurtband ist somit schon vor Beginn der Vorverlagerung des Insassen gespannt. Mit diesen Gurtstraffern kann das Gurtband innerhalb von 10 ms um bis zu 12 cm zurückgezogen werden.

Die Aktivierung des Gurtstraffers wird von Beschleunigungssensoren, die im Steuergerät integriert sind, ausgelöst. Um eine schnelle und sichere Unfallerkennung zu gewährleisten, werden im Frontbereich des Fahrzeugs zusätzlich noch ausgelagerte Sensoren verbaut. Es kommen vorwiegend mikromechanische Beschleunigungssensoren zur Anwendung. Die Auswertealgorithmen im Steuergerät lesen permanent die Daten der Sensoren ein und berechnen, ob ein Unfall vorliegt.

Da die Zündung des pyrotechnischen Treibsatzes irreversibel ist, muss die Entscheidung über die Zündung abgesichert sein und vom Überfahren z. B. einer Bordsteinkante differenziert werden, da dies nicht zum Auslösen führen darf. Die Signalverarbeitung muss in kürzester Zeit erfolgen, damit nach dem Aufprall auf ein Hindernis der Gurtstraffer rechtzeitig ausgelöst wird.

3 Schultergurtstraffer

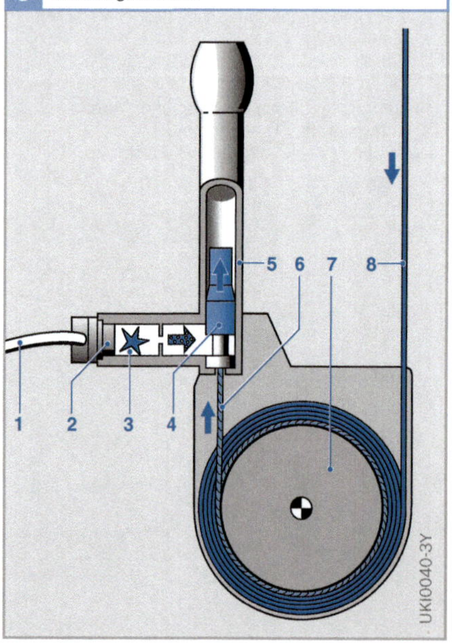

Bild 3
1 Zündleitung
2 Zündelement
3 Treibladung
4 Kolben
5 Zylinder
6 Stahlseil
7 Gurtrolle
8 Gurtband

Schlossstraffer
Der Schlossstraffer zieht, ausgelöst von einer Treibladung oder von Federsystemen, das Gurtschloss nach hinten und strafft dadurch gleichzeitig Schulter- und Beckengurt. Er verbessert die Rückhaltewirkung und den Schutz davor, unter dem Gurt hindurchzurutschen (Submarining Effect) noch weiter.

Die Straffung geht wie beim Schultergurtstraffer in der gleichen Zeit vonstatten.

Kombination zweier Gurtstraffer
Einen größeren Strafferweg zum Erzielen einer besseren Rückhaltewirkung bietet die Kombination von zwei Gurtstraffern pro Gurt, die aus einem Schultergurtstraffer und einem Schlossstraffer besteht. Die Aktivierung des Schlossstraffers erfolgt entweder erst ab einer bestimmten Crash-Schwere oder mit einer bestimmten Zeitverzögerung nach Auslösen des Schultergurtstraffers.

Gurtkraftbegrenzer
Bei dieser Variante ziehen die Straffer zuerst voll an (z. B. mit ca. 4 kN) und halten den Insassen zurück. Beim Überschreiten einer bestimmten Gurtbandkraft erhöht sich die Gurtlänge, wodurch sich der Vorverlagerungsweg des Insassen verlängert. Dessen Bewegungsenergie wird in Verformungsenergie von Verformungselementen

umgewandelt. Als Verformungselement dient z. B. ein Torsionsstab in der Gurtaufrollerwelle oder eine Reißnaht im Gurt.

Eine weitere Variante ist die elektronisch gesteuerte, einstufige Gurtkraftbegrenzung, die eine definierte Zeit nach Auslösung der zweiten Frontairbagstufe - und damit bei voll gefülltem Airbag - und nach Erreichen einer definierten Vorverlagerung die Gurtkraft durch Aktivierung eines Zündelements auf 1...2 kN reduziert (z. B. duch Reißnähte im Gurt)

Die Gurtkraftbegrenzung verhindert das Auftreten von Beschleunigungsspitzen und vermindert damit die Gefahr von Schlüsselbein- und Rippenbrüchen mit resultierenden inneren Verletzungen

Weiterentwicklungen

Die Straffungsleistung pyrotechnischer Gurtstraffer wird ständig weiter verbessert. Hochleistungsstraffer sind in der Lage, ca. 15 cm Gurtauszugslänge in ca. 5 ms zurückzuziehen.

Zukünftig gibt es auch zweistufige Gurtkraftbegrenzungen, realisiert durch zwei Torsionsstäbe mit zeitversetztem Eingriff oder einen Torsionsstab mit zusätzlichem Biegeblech im Retraktor (Gurtaufroller).

Frontairbag

Aufgabe

Frontairbags haben die Aufgabe, bei einem Fahrzeugaufprall auf Hindernisse (d. h. Frontalaufprall) mit je einem Airbag den Fahrer und den Beifahrer vor Kopf- und Brustverletzungen zu schützen (Bild 4). Ein Sicherheitsgurt mit Gurtstraffer allein kann bei einem schweren Aufprall das Aufschlagen des Kopfes auf das Lenkrad bzw. das Armaturenbrett nicht verhindern. Airbags haben zur Erfüllung dieser Aufgabe je nach Einbauort, Fahrzeugart und Strukturdeformationsverhalten (Fahrzeuge werden im Crashfall unterschiedlich deformiert) unterschiedliche, den Fahrzeugverhältnissen angepasste Füllmengen und Formen.

Die beste Schutzwirkung für die Insassen ergibt sich durch eine optimale Abstimmung zwischen Gurt- und Frontairbagsystem.

4 Insassenschutzsysteme mit Gurtstraffer und Frontairbags

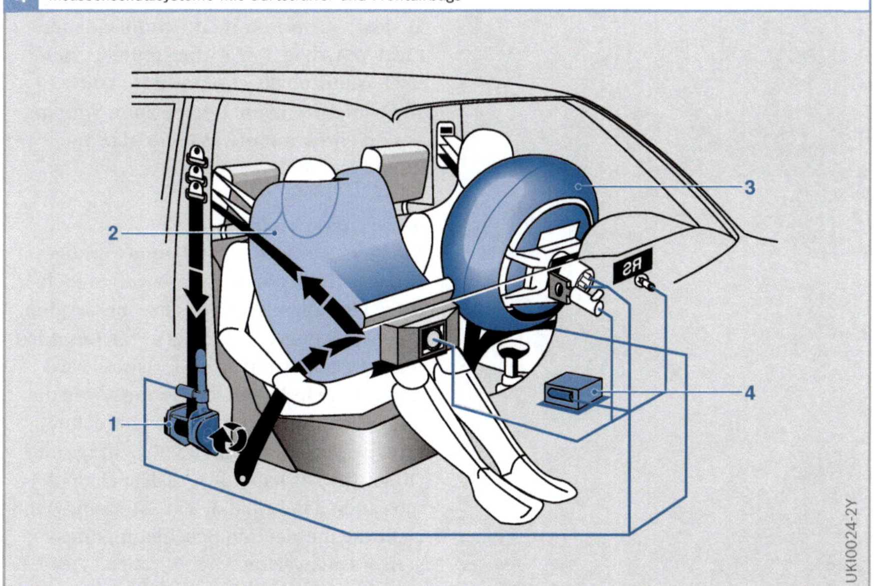

Bild 4
1 Aufrollvorrichtung mit Gurtstraffer
2 Frontairbag für Beifahrer
3 Frontairbag für Fahrer
4 Steuergerät

5 „Hochdynamische" Entfaltung eines Fahrerairbags

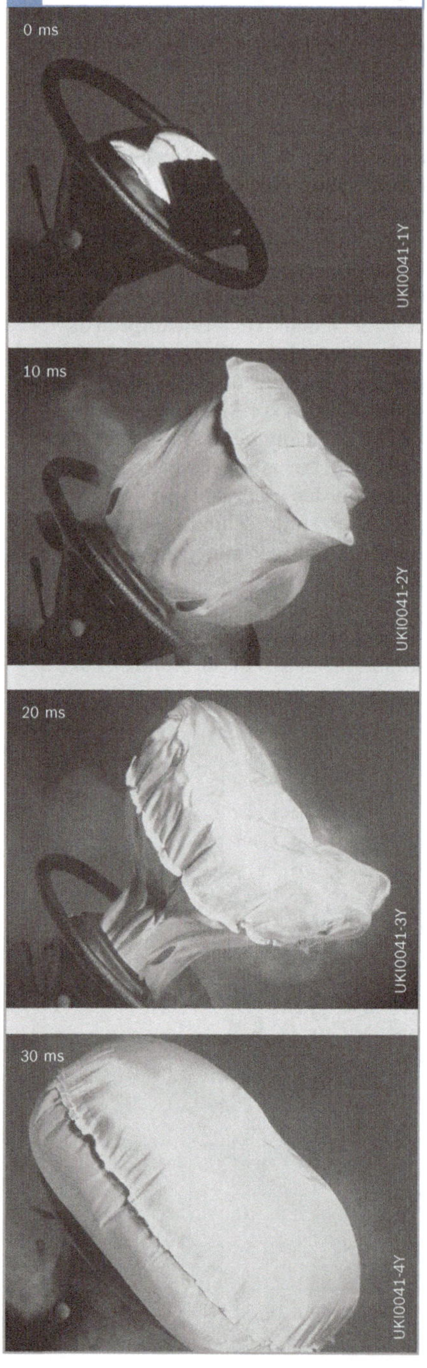

Arbeitsweise

Nach einem von den Beschleunigungssensoren erkannten Fahrzeugaufprall blasen je ein pyrotechnischer Gasgenerator Fahrer- und Beifahrerairbag hochdynamisch auf (Bild 5). Um die maximale Schutzwirkung zu erhalten, muss ein Airbag ganz gefüllt sein, bevor der Insasse in ihn eintaucht. Beim Auftreffen des Insassen wird der Airbag über Abströmöffnungen teilweise wieder entleert. Die Energie, mit der die zu schützende Person auftrifft, wird mit verletzungsunkritischen Flächenpressungs- und Verzögerungswerten „sanft" absorbiert.

Die Aufblasgeschwindigkeit und die Härte des aufgeblasenen Airbags kann bei zweistufigen Gasgeneratoren durch zeitverzögertes Zünden der zweiten Stufe beeinflusst werden.

Die maximal zulässige Vorverlagerung des Fahrers, bis der Airbag auf der Fahrerseite gefüllt ist, beträgt ca. 12,5 cm. Das entspricht einer Zeit von ca. 40 ms nach Aufprallbeginn (bei einem Aufprall mit 50 km/h auf ein hartes Hindernis). 10 ms dauert es, bis die Elektronik den Aufprall sensiert und die elektronische Zündung auslöst, 30 ms beträgt die Aufblasdauer für den Airbag. Der Airbag entleert sich nach weiteren 80...100 ms durch die Abströmöffnungen. Der gesamte Vorgang dauert somit nur etwas mehr als eine Zehntelsekunde.

Aufprallerkennung

Die beim Aufprall entstehende Verzögerung wird mit einem (oder zwei) in Richtung der Fahrzeuglängsachse messenden, meist im Steuergerät integrierten Beschleunigungssensor(en) erfasst. Daraus wird die Geschwindigkeitsänderung sowie die Vorverlagerung des Insassen berechnet. Zum besseren Erkennen von Schräg- und Offset-Crashs kann der Auslösealgorithmus auch das Signal des in Fahrzeug-Querrichtung messenden Beschleunigungssensors auswerten.

Zusätzlich zur Aufprallerkennung muss der Aufprall bewertet werden. Ein Hammerschlag in der Werkstatt, leichte Rempler, Aufsetzer, Fahren über Bordsteinkanten oder Schlaglöcher dürfen den Airbag nicht auslösen. Die Sensorsignale werden dazu im Steuergerät in Auswertealgorithmen verarbeitet, deren Empfindlichkeitsparameter mithilfe von Crashdatensimulationen optimiert wurden.

Die z. B. durch die Ausstattung und das Deformationsverhalten der Karosserie beeinflussten Beschleunigungssignale sind für jedes Fahrzeug anders. Sie bestimmen die Einstellparameter, die für die Empfindlichkeit beim Auslösealgorithmus und schließlich für die Airbag- und Gurtstrafferzündung maßgebend sind.

Um bei einem möglichen Sensordefekt des Beschleunigungssensors eine Fehlauslösung des Airbags zu verhindern, ist im Airbag-Steuergerät mindestes noch ein weiterer Beschleunigungssensor vorhanden. Dieser Sensor muss im Falle eines Unfalls ebenfalls einen vordefinierten Schwellwert überschreiten, damit die Auslösung der Airbags freigegeben wird.

Die erste Gurtstraffer-Auslöseschwelle wird je nach Aufprallart oder -schwere innerhalb von 8...30 ms erreicht, die erste Frontairbag-Auslöseschwelle nach ca. 10...50 ms.

Angepasste Airbagauslösung

Zur Vermeidung airbagbedingter Verletzungen von Insassen, die sich „Out of Position“ befinden (z. B. sich weit nach vorne lehnen) oder von Kleinkindern in Reboard-Kindersitzen (rückwärts gerichtet), muss die Auslösung des Frontairbags und dessen Befüllung situationsangepasst erfolgen. Hierzu gibt es folgende Maßnahmen:

Deaktivierungsschalter

Mit einem manuell betätigten Deaktivierungsschalter kann der Beifahrerairbag außer Funktion gesetzt werden.

Zunehmend gibt es Kindersitze mit genormten Verankerungen (ISOFIX-Kindersitze). In den Verankerungsschlössern eingebaute Schalter bewirken automatisch eine Beifahrerairbag-Abschaltung, die über eine spezielle Lampe im Kombiinstrument angezeigt werden muss.

Depowered Airbags

In den USA wird versucht, die Wucht des Aufblasvorgangs mit der Einführung von Depowered Airbags zu reduzieren. Dies sind Airbags mit um 20...30 % reduzierter Gasgeneratorleistung, durch die die Aufblasgeschwindigkeit und die Härte des aufgeblasenen Airbags reduziert und die Verletzungsgefahr für Insassen, die sich „Out-of-Position“ befinden, verringert. Diese Airbags können von großen und schweren Insassen leichter durchgedrückt werden, d. h., sie haben ein reduziertes Energieabsorptionsvermögen.

In den USA bevorzugt man gegenwärtig die Low-Risk-Deployment-Methode. Dabei wird in Out-of-Position-Situationen nur die erste Frontairbagstufe gezündet. Bei schweren Aufprallen lässt sich dann durch Auslösen beider Generatorstufen immer noch die volle Gasgeneratorleistung zur Wirkung bringen.

Eine andere Realisierung des Low-Risk-Deployments bei einstufigen Generatoren ist das ständige Offenhalten der Abströmventile.

Intelligente Airbagsysteme

Das Verletzungsrisiko soll durch verbesserte und zusätzliche Sensierungsfunktionen und Steuermöglichkeiten des Airbag-Aufblasvorgangs bei gleichzeitiger Verbesserung der Schutzwirkung Schritt für Schritt verringert werden. Derartige Funktionsverbesserungen sind:

- Aufprallschwereerkennung durch weitere Optimierung des Auslösealgorithmus, bzw. durch Verwendung von ein oder zwei Upfront-Sensoren. Letztere sind in der Knautschzone (z. B. auf dem Kühlerquerträger) eingebaute Beschleunigungssensoren, die eine frühzeitige Erkennung und Unterscheidung der unterschiedlichen Aufprallarten, z. B. ODB (Offset Deformable Barrier Crash, Offset-Crash gegen weiche Barrieren), Pfahl- oder Unterfahraufpralle unter einen Lkw, ermöglichen. Sie erlauben auch eine Abschätzung der Aufprallenergie. Bei weniger schweren Unfällen, bei denen die Schutzwirkung durch den Gurtstraffer ausreicht, muss der Airbag nicht ausgelöst werden (Reduzierung der Reparaturkosten).

- Gurtbenutzungserkennung.
- Insassenpräsenz-, Positions- und Gewichtserkennung (Insassen-Klassifizierung).
- Verwendung von Gurtstraffern mit vom Insassengewicht abhängiger Gurtkraftbegrenzung.
- Sitzpositions- und Lehnenneigungserkennung.
- Verwendung von Frontairbags mit mehrstufigen Gasgeneratoren oder mit einstufigem Gasgenerator und pyrotechnisch aktivierbarem Gasauslassventil. Mit mehreren Auslöseschwellen kann die Aufblasgeschwindigkeit und die Härte der Airbags an die Unfallschwere und Art des Unfalls angepasst werden.
- Durch den Datenaustausch mit anderen Systemen, z. B. ESP (Elektronisches Stabilitätsprogramm) und Umfeldsensorik können Informationen aus der Phase kurz vor dem Aufprall dazu genutzt werden, die Auslösung der Rückhaltemittel weiter zu optimieren. Beispiel: Durch die Verwendung von ESP-Daten ist es möglich, bei bestimmten Fahrzeugüberschlagunfällen den seitlichen Windowairbag früher zu aktivieren.

Knieairbag

Frontairbags werden in einigen Fahrzeugtypen auch mit aufblasbaren Kniepolstern kombiniert, die den „Ride Down Benefit", d. h. den Geschwindigkeitsabbau der Insassen zusammen mit dem Geschwindigkeitsabbau der Fahrgastzelle, gewährleisten. Somit wird die rotationsförmige Vorwärtsbewegung von Oberkörper und Kopf, die für einen optimalen Airbagschutz benötigt wird, sichergestellt.

Darüber hinaus verhindert der Knieairbag einen Kontakt mit dem Instrumententräger und verringert so die Verletzungsgefahr in diesem Bereich.

Seitenairbag

Aufgabe

Seitenairbags, die sich zum Kopfschutz entlang des Dachausschnitts (z. B. Inflatable Tubular System, Window Bag, Inflatable Curtain) bzw. aus der Tür oder der Sitzlehne (Thoraxbag) zum Oberkörperschutz entfalten, sollen die Insassen bei einem Seitenaufprall weich abfangen und sie so vor Verletzungen schützen.

Arbeitsweise

Ein rechtzeitiges Entfalten der Seitenairbags gestaltet sich wegen der fehlenden Knautschzone und dem kleinen Abstand zwischen den Insassen und den seitlichen Fahrzeugstrukturteilen besonders schwierig. Die Zeit für die Aufprallerkennung und Aktivierung der Seitenairbags muss deshalb bei harten Seitenaufprallen bei ca. 5...10 ms liegen. Die Aufblasdauer der ca. 12 *l* großen Thoraxbags darf maximal 10 ms betragen.

Diese Forderungen können durch Auswertung peripherer, lateral (seitlich) messender Beschleunigungs- und Drucksensoren erfüllt werden. Diese Sensoren sind an geeigneten Stellen der Karosserie, z. B. B-Säule oder Tür, eingebaut.

Die peripheren Beschleunigungssensoren (PAS, Peripheral Acceleration Sensor) übertragen Beschleunigungswerte an das zentrale Steuergerät über eine digitale Schnittstelle. Das Steuergerät löst die Seitenairbags aus, sofern der Quersensor durch eine Plausibilitätskontrolle einen Seitenaufprall bestätigt hat.

Alternativ wird im Türhohlraum mit einem Drucksensor (PPS, Peripheral Pressure Sensor) die durch die Türdeformation hervorgerufenen Druckänderungen (Luftdruck im Türhohlraum) gemessen. Daraus resultiert eine schnelle Türaufprallerkennung. Die Ermittlung der Plausibilität erfolgt mit an tragenden, peripheren Strukturteilen montierten PAS. Sie ergibt sich jetzt eindeutig schneller als mit den zentralen Querbeschleunigungssensoren.

Überrollschutzsysteme

Aufgabe

Bei offenen Kraftfahrzeugen wie z. B. Cabriolets fehlt bei einem Unfall mit Überschlag die schützende und abstützende Dachstruktur der geschlossenen Fahrzeuge. Deshalb gab es Überrollsensierungs- und Schutzsysteme zunächst nur für Cabriolets und Roadster ohne fest installierte Schutzbügel.

Nun wird die Überrollsensierung auch für den Einsatz in geschlossenen Pkw eingesetzt. Bei einem Überschlag besteht die Gefahr, dass nicht angeschnallte Insassen vorwiegend durch die Seitenfenster herausgeschleudert und vom eigenen Fahrzeug überrollt werden, oder dass Körperteile angeschnallter Insassen (z. B. Arme) aus dem Fahrzeug herausragen und schwer verletzt werden. Zum Schutz davor werden ohnehin schon vorhandene Rückhalteeinrichtungen wie Gurtstraffer, Seiten- und Kopfairbags aktiviert. In Cabriolets werden zusätzlich die ausfahrbaren Überrollbügel oder Kassetten (hochfahrbare Kopfstützen) angesteuert.

Arbeitsweise

Aktuelle Sensierungskonzepte lösen bei einer situationskonformen Schwelle und nur bei einem Fahrzeugüberrollen, d. h. einem Überschlag um die Längsachse, der weitaus am häufigsten vorkommt, aus. Die Sensierung geschieht beim Bosch-Konzept mit einem oberflächenmikromechanischen Drehratesensor und hochauflösenden Beschleunigungssensoren in Fahrzeugquer- und -hochrichtung (y- und z-Achse). Der Drehratesensor ist der Hauptsensor, die y- und z-Beschleunigungssensoren dienen sowohl der Plausibilitätsüberprüfung als auch dem Erkennen der Überrollart (Böschungs-, Abhang-, Bordsteinanprall- oder Bodenverhakungs- bzw. Soil-Trip-Überschlag). Diese Sensoren sind bei Bosch mit in das Airbag-Auslösegerät integriert.

Je nach Überrollsituation, Drehrate und Querbeschleunigung werden die Insassenschutzeinrichtungen an die Situation angepasst, d. h. unter automatischer Wahl und Anwendung des für den entsprechenden Überrollvorgang passenden Algorithmusmoduls nach 30...3000 ms ausgelöst.

Airbag-Steuergeräte

Die bestmögliche Insassenschutzwirkung bei einem Front-, Offset-, Schräg- oder Pfahlaufprall bewirkt ein abgestimmtes Zusammenspiel von pyrotechnischen, elektronisch gezündeten Frontairbags und Gurtstraffern. Um die Wirkung beider Schutzeinrichtungen zu maximieren, werden sie von einem gemeinsamen, in der Fahrgastzelle eingebauten Steuergerät (Airbag-Steuergerät) zeitoptimiert aktiviert. Zusätzlich ist die Steuerung für die Seitenairbags und die Überrollschutzeinrichtung integriert.

In diesem zentralen elektronischen Steuergerät, auch Auslösegerät genannt, sind derzeit folgende Funktionen integriert (Bild 6):

- Aufprallerkennung durch Beschleunigungssensor und Sicherheitsschalter (mechanischer Beschleunigungsschalter bei älteren Steuergeräten) oder durch zwei Beschleunigungssensoren ohne Sicherheitsschalter (redundante, vollelektronische Sensierung).
- Zeitrichtige Ansteuerung von Frontairbags und Gurtstraffern bei unterschiedlichen Aufprallarten in Fahrzeuglängsrichtung (z. B. Front, Schräg, Offset, Pfahl, Heck).
- Überrollerkennung durch Drehrate- und Beschleunigungssensoren, die im Nie-

6 Zentrales kombinierte Steuergerät Airbag 9 (Blockschaltbild)

Klemmenbezeichnungen:

Klemme 30	Direktes Batterie-Plus, nicht über das Zündschloss geführt
Klemme 15R	geschaltetes Batterie-Plus bei Zündschloss in Stellung „Radio", „Zündung ein" oder „Starter"
Klemme 31	Karosserie-Masse (an einer der Geräteanschraubstelle)

Abkürzungen:

CROD	Crash Output Digital
OC/AKSE	Occupant Classification / Automatische Kindersitzerkennung
SBE/AKSE	Sitzbelegungserkennung / Automatische Kindersitzerkennung
CAN low	Controller Area Network, Low-Pegel
CAN high	Controller Area Network, High-Pegel
CAHRD	Crash Active Head Rest Driver (Crash-aktive Kopfstütze Fahrer)
CAHRP	Crash Active Head Rest Passenger (Crash-aktive Kopfstütze Beifahrer)
UFSD	Upfront Sensor Driver
PASFD	Peripheral Acceleration Sensor Front Driver
PASFP	Peripheral Acceleration Sensor Front Passenger
BLFD	Belt Lock (Switch) Front Driver
BLFP	Belt Lock (Switch) Front Passenger
BLRL	Belt Lock (Switch) Rear Left
BLRC	Belt Lock (Switch) Rear Center
BLRR	Belt Lock (Switch) Rear Right
BL3SRL	Belt Lock (Switch) 3rd Seat Row Left
BL3SRR	Belt Lock (Switch) 3rd Seat Row Right
PPSFD	Peripheral Pressure Sensor Front Driver
PPSFP	Peripheral Pressure Sensor Front Passenger
UFSP	Upfront Sensor Passenger
PPSRD	Peripheral Pressure Sensor Rear Driver
PPSRP	Peripheral Pressure Sensor Rear Passenger
ZP	Zündpillen 1...4 bzw 21...24
FLIC	Firing Loop Integrated Circuit
PIC	Periphery Integrated Circuit
SCON	Safety Controller
µC	Mikrocontroller

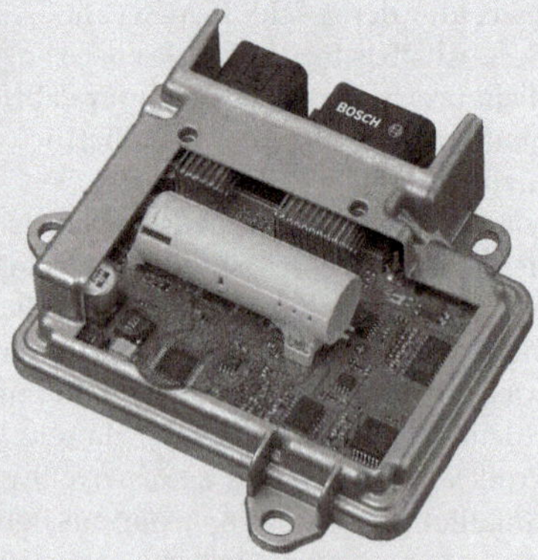

UKI0050

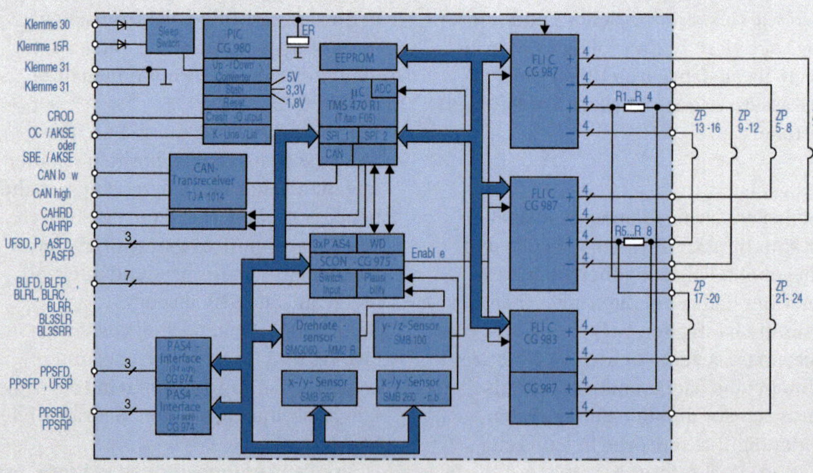

UKI0036-4D

der-g-Bereich (bis ca. 5 g, 1 g = 9,81 m/s²) die y- und z-Beschleunigung (Querbeschleunigung und Beschleunigung in Richtung der Hochachse) erfassen.
- Ansteuerung von Überrollschutzeinrichtungen.
- Für die Aktivierung der Seitenairbags arbeitet das Steuergerät mit einem zentralen Querbeschleunigungssensor, zwei bzw. vier peripheren Beschleunigungssensoren sowie jeweils einem im Türhohlraum eingebauten Drucksensor (PPS, Peripheral Pressure Sensor) zusammen.
- Spannungswandler und Energiespeicher für den Fall, dass die Versorgung durch die Fahrzeugbatterie unterbrochen wird.
- Selektive Auslösung der Gurtstraffer, abhängig von den Gurtschlossabfragen: Die Zündung des Airbags erfolgt nur bei gestecktem Gurtschloss (Erkennung über Gurtschlossschalter).
- Einstellung von mehreren Auslöseschwellen für zweistufige Gurtstraffer und zweistufige Frontairbags, abhängig vom Gurtbenutzungs- und Sitzbelegungszustand.
- Einlesen der Signale der Insassenklassifizierung (iBolt) und entsprechende Auslösung der Rückhaltemittel.
- Watchdog: Airbag-Auslösegeräte müssen hohen Sicherheitsanforderungen hinsichtlich Fehlauslösung und korrekter Auslösung im Bedarfsfall (Crash) genügen. Deshalb wurden bei der im Jahr 2003 angelaufenen Airbag-9-Generation (AB 9) von Bosch drei unabhängige Hardware-Watchdogs integriert.
- Zur Absetzung eines Notrufs nach einem Aufprall und zur Aktivierung sekundärer Sicherheitssysteme (Warnblinker, Öffnung der Zentralverriegelung, Abschalten der Kraftstoffpumpe, Trennen der Batterie usw.) wird vom Airbag-Steuergerät das Signal über einen erkannten Aufprall z. B. über den CAN-Bus ausgesendet.

Gasgeneratoren

Die pyrotechnischen Treibladungen der Gasgeneratoren zur Erzeugung des Airbag-Füllgases und zur Gurtstrafferbetätigung werden von einem elektrischen Zündelement aktiviert. Der Gasgenerator füllt den Airbag mit Füllgas.

Die Zündpille (Bild 7) enthält einen Behälter mit der Treibladung (1) und einen Zünddraht (5). Über die Anschlusspins (8) und eine Zweidrahtleitung ist die Zündpille mit dem Airbag-Steuergerät verbunden. Zum Auslösen des Airbags erzeugt das Steuergerät mithilfe von Zündendstufen einen Strom, der innerhalb der Zündpille durch den Zünddraht fließt. Dieser verglüht und aktiviert die Treibladung.

Der in der Lenkradnabe eingebaute Fahrerairbag (Volumen ca. 60 *l*) bzw. der im Bereich des Handschuhfachs eingebaute Beifahrerairbag (ca. 120 *l*) ist ca. 30 ms nach der Zündung gefüllt.

Wechselstromzündung

Um unerwünschte Auslösungen durch einen Kontakt des Zündelements mit der Bordnetzspannung (z. B. durch fehlerhafte Isolation im Kabelbaum) zu vermeiden,

7 Zündpille für die Airbagauslösung

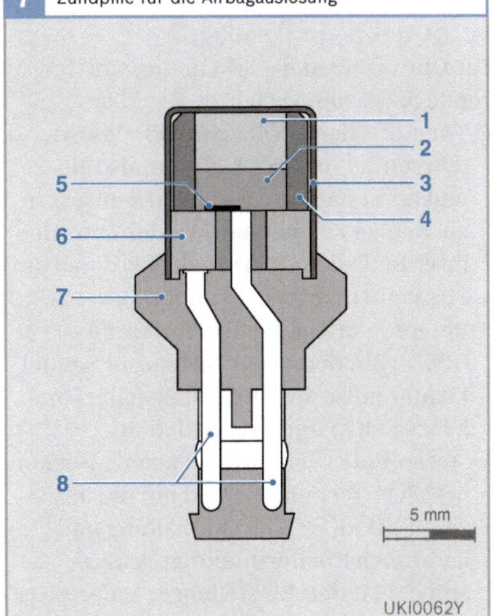

Bild 7
1 Treibladung
2 Zündsatz
3 Kappe
4 Ladungshalter
5 Zünddraht
6 Zündkopf
7 Gehäuse
8 Anschlusspins

wird das Zündelement durch Wechselstromimpulse mit ca. 80 kHz gezündet (AC-Firing). Ein in den Zündkreis eingefügter kleiner Zündkondensator im Stecker des Zündelements trennt den Zünder galvanisch vom Gleichstrom. Diese Trennung von der Bordnetzspannung verhindert eine ungewollte Auslösung, selbst wenn nach einem Unfall ohne Airbagauslösung die Insassen mit der Rettungsschere aus der deformierten Fahrgastzelle befreit und dabei die im Lenksäulen-Kabelbaum vorhandenen Zündleitungen durchtrennt und nach Plus und Masse kurzgeschlossen werden.

Innenraumsensierung

Insassen-Klassifizierung

Zur Insassen-Klassifizierung steht mit dem iBolt („intelligenter" Bolzen) ein Absolutgewicht messendes Verfahren zur Verfügung. Diese kraftmessenden iBolts (Bild 1, Pos. 4) befestigen den Sitzrahmen (Sitzschwinge) am Gleitschlitten und ersetzen die sonst verwendeten vier Befestigungsschrauben. Sie messen die vom Gewicht abhängige Abstandsänderung zwischen ihrer Hülse (Topf) und der mit dem Gleitschlitten verbundenen Innenschraube mit einem Hall-Element.

Out-of-Position-Erkennung

Zur Out-of-Position- Erkennung sind folgende optischen Verfahren denkbar:

- Time-of-Flight-Prinzip (TOF): Das System sendet Infrarot-Lichtimpulse aus und misst die vom Abstand der Insassen abhängige Zeit bis zum Wiedereintreffen ihrer Reflexion. Es handelt sich dabei um Messzeiten im Picosekunden-Bereich.
- Photonic-Mixer-Device-Verfahren (PMD): Ein derartiger Bildsensor sendet Lichtimpulse aus und ermöglicht räumliches Sehen und Triangulation.
- Stereo-Video-Innenraumkamera, iVision in CMOS-Technik: Sie erkennt die Insassenposition, -größe und -haltung und kann auch Komfortfunktionen (Sitz-, Spiegel-, Radio-Einstellungen), angepasst an den jeweiligen Insassen, steuern.

Ein einheitlicher Standard für die Innenraumsensierung konnte sich noch nicht durchsetzen. Es gibt z. B. auch Insassen-Klassifizierungsmatten kombiniert mit Ultraschallsensoren.

Weiterentwicklungen

Folgende weitere Verbesserungen im Bereich Insassenschutz werden entwickelt.

Airbag mit aktivem Ventilationssystem

Dieser Airbag verfügt über eine regelbare Abströmöffnung, mit der sich der Airbag-Innendruck auch bei „hineinfallenden" Insassen konstant und so die Insassenbelastung möglichst gering halten lässt. Eine einfachere Version ist ein Airbag mit „Intelligent Vents" (intelligente Ventile). Diese Ventile bleiben so lange geschlossen (und der Luftsack entleert sich noch nicht), bis sie sich infolge des durch den Insassenaufprall verursachten Druckanstiegs öffnen und Füllgas abströmen lassen. Dadurch bleibt die volle Energieaufnahmekapazität des Airbags bis zum Beginn seiner Dämpfungswirkung erhalten.

Adaptive, pyrotechnisch gesteuerte Lenksäulenentriegelung

Damit kann sich das Lenkrad bei einem harten Crash nach vorn bewegen, sodass sich der Insasse auf einem längeren Abbremsweg sanfter abfangen lässt.

Verknüpfung von passiver und aktiver Sicherheit

Beispiele für eine synergetische Nutzung von Sensoren verschiedener Sicherheitssysteme (hier ESP) sind die Funktionen ROSE II (Rollover-Sensierung II), EPCD (Early Pole Crash Detection) und PrefireESP. ROSE II nutzt zur besseren Erkennung von Bodenverhakungs-Überrollvorgängen (Soil Trip Rollover) über CAN die Signale des ESP. Mit Hilfe dieser Daten wir im Airbag-Steuergerät der Schwimmwinkel und die Lateralgeschwindigkeit berechnet. Hieraus wird die Abweichung des Fahrzeugbewegungsvektors von der Fahrzeuglängsachse und somit eine seitliche Bewegung des Fahrzeugs bestimmt.

EPCD nutzt zur besseren Erkennung eines seitlichen Pfahlaufpralls ebenfalls die Signale des ESP. Dabei wird die Tatsache genutzt, dass im Falle eines seitlichen Pfahlaufpralls das Fahrzug vor dem Aufprall schleudert; dies wird mit den Signalen des ESP erkannt. Die Information über die seitliche Bewegung des Fahrzeugs wird anschließend im Auslösealgorithmus für eine schnellere Auslösung der Seitenairbags genutzt.

PrefireESP

PrefireESP nutzt für die Erkennung instabiler oder kritischer Zustände (unter- und übersteuern, schleudern, Notbremsung) Signale aus dem ESP. Erkennt der PrefireESP-Algorithmus einen instabilen Fahrzustand, so können abgestuft Sicherheitsmaßnahmen eingeleitet werden, wie das Schließen der Fenster, des Schiebedachs, oder das Anspannen eines wiederverwendbaren (reversiblen) elektromotorischen Gurtstraffers. Dieser reduziert in einer kritischen Fahrsituation die Gurtlose und vermindert so die unkontrolliert seitliche Bewegung des Insassen, wodurch in einem folgenden Seitenaufprall der Seitenairbag seine optimale Schutzwirkung entfalten kann.

ESP kann Signale der ROSE II Nieder-g-Beschleunigungssensoren (y- und z-Richtung) zur besseren Erkennung instabiler Fahrzustände nutzen.

Precrash-Sensierung

Zur weiteren Verbesserung der Auslösefunktion und zur besseren Früherkennung der Aufprallart (Precrash-Erkennung) werden Relativgeschwindigkeit, Abstand und Aufprallwinkel bei einem Frontalaufprall mit Mikrowellenradar-, Ultraschall- oder LIDAR-Sensoren (optisches Verfahren mit Laserlicht) aufgenommen.

Im Zusammenhang mit Precrash-Sensierung werden wiederverwendbare Gurtstraffer (Reversible Seatbelt Pretensioners) eingesetzt. Sie sind elektromechanisch betätigt. Die Reversibilität ermöglicht es, die Gurtstraffer bereits vor einer möglichen Kollision zu straffen. Dadurch ist die Gurtlose bereits zu Crashbeginn eliminiert und die Insassen sind frühzeitig an die Verzögerung des Fahrzeugs angekoppelt.

Weitere Airbagvarianten

Für eine weitere Verbesserung der Rückhaltewirkung wird es im Thoraxteil des Gurts integrierte Airbags geben (Air Belts, Inflatable Tubular Torso Restraints oder Bag-in-Belt-Systeme), die die Gefahr von Rippenbrüchen verringern.

In die gleiche Richtung der Schutzfunktionsverbesserung geht die Entwicklung von Inflatable Headrests (Vermeidung des Schleudertraumas und von Halswirbelverletzungen durch adaptive Kopfstützen), Inflatable Carpets (Vermeidung von Fuß- und Knöchelverletzungen), zweistufigen Gurtstraffern und Active Seats. Hier wird ein Airbag im vorderen Teil der Sitzfläche aufgeblasen, um den Neigungswinkel zu erhöhen und das Nach-vorne-Gleiten (Submarining Effect) des Insassen zu erschweren.

Prädiktive Sicherheitssysteme (PSS)

Die passiven Sicherheitssysteme (Insassenschutz) befinden sich bereits auf einem hohen Niveau und haben durch ständig sinkende Zahlen der Verkehrstoten ihre Wirksamkeit unter Beweis gestellt. Durch prädiktive Systeme, die vorausschauend einen bevorstehenden Unfall erkennen, lässt sich wichtige, zusätzliche Zeit gewinnen, um Maßnahmen zur optimalen Vorbereitung von Insassen und Fahrzeug auf den Unfall einleiten.

Die Einführung von aktiven Sicherheitssystemen führt zunächst über die Komfortsysteme, da ein Fahrzeugkäufer eher bereit ist, für ein Komfortsystem Geld auszugeben. Er erwartet ein hohes Sicherheitsniveau von seinem Fahrzeug und ist daher weniger bereit, für Sicherheitssysteme zusätzliches Geld auszugeben. Bei diesem Übergang geht man davon aus, dass die Signale der Sensoren der Komfortsysteme gleichzeitig auch für die Sicherheitssysteme genutzt werden.

Der Weg zu den aktiven Sicherheitsfunktionen mit den höchsten Ansprüchen an Performance, wie aktive Unfallvermeidung in allen Situationen, führt über die prädiktiven Sicherheitssysteme (PSS, Predictive Safety System). Sie werden in drei Stufen ausgebaut.

1 Bremsverzögerung bei Unfällen

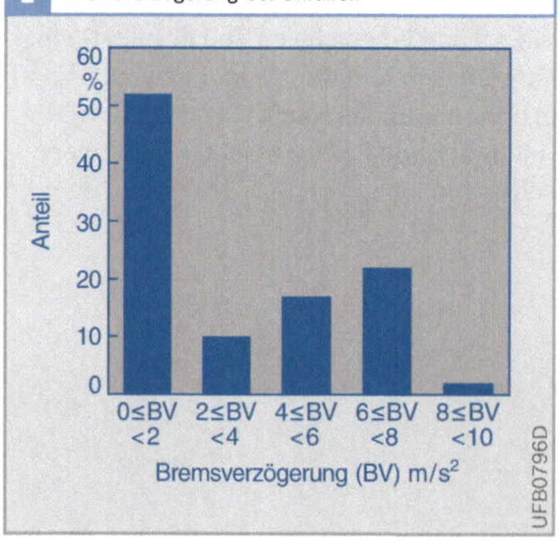

Bild 1
Quelle:
GIDAS, German In-Depth Accident Study

Prädiktive Fahrerassistenzsysteme

Auf dem Weg zur Unfallvermeidung mit vollem Eingriff in die Fahrzeugdynamik werden prädiktive Fahrerassistenzsysteme zum Einsatz gelangen. Sie stützen ihre Funktionsumfänge auf die Signale neuer Sensoren, die eine Einbeziehung des Fahrzeugumfeldes gestatten. Aus der Messung der Relativgeschwindigkeit zwischen den erkannten Objekten und dem eigenen Fahrzeug können gefährliche Situationen frühzeitig erkannt werden. Aus ihnen lassen sich Warnungen und stufenweise Fahrzeugeingriffe ableiten.

In 68 % aller Auffahrunfälle ist Unachtsamkeit die Ursache (Quelle: Unfallstatistik NHTSA, National Highway Traffic Safety Administration). In weiteren 11 % kommt zur Unaufmerksamkeit noch zu dichtes Auffahren hinzu, in 9 % aller Auffahrunfälle ist zu dichtes Auffahren die alleinige Ursache. 88 % der Auffahrunfälle können somit durch Fahrerassistenzsysteme zur Längsführung beeinflusst werden.

Bild 1 zeigt die Analyse des Bremsverhaltens bei Unfällen (Quelle: GIDAS, German In-Depth Accident Study, eine der größten Unfalldatenerhebungen in Deutschland). Die GIDAS-Datenbank sagt aus, dass lediglich in 1 % der Unfälle tatsächlich eine Vollbremsung erfolgt. In etwa 45 % der Kollisionen wird nur eine Teilbremsung durchgeführt, obwohl die jeweilige Situation eine Vollbremsung erfordert hätte. In mehr als 50 % der Unfälle wird gar nicht oder nur wenig stark gebremst (Bremsverzögerung < 2 m/sec²).

Diese Analyse bestätigt, dass Unaufmerksamkeit die häufigste Ursache für Auffahrunfälle ist. Sie macht auch deutlich, welch hohen Beitrag prädiktive Fahrerassistenzsysteme zur Vermeidung von Unfällen oder zur Minderung von Unfallfolgen leisten können, wenn es gelingt, mit ihnen das Bremsverhalten des Fahrers zu unterstützen, zu beschleunigen oder durch einen Rechnereingriff vornehmen zu lassen.

Für die Einführung von Fahrerassistenzsystemen zur Längsführung wurde ein dreistufiges Vorgehen definiert. Alle Stufen basieren auf dem Radarsensor des ACC-Systems (Adaptive Cruise Control), da nur er die Voraussetzungen für eine sehr schnelle und genaue Entfernungsmessung zum vorausfahrenden Fahrzeug mitbringt und gleichzeitig eine Relativgeschwindigkeitsmessung zulässt. Diese Assistenzsysteme sind immer aktiv, auch wenn ACC deaktiviert ist.

Stufe 1: Vorbereitung der Bremsanlage

In der ersten Stufe (PBA, Predictive Brake Assist, Serieneinführung 2005) bereitet das System die Bremsanlage auf eine mögliche Notbremsung vor. In unfallkritischen Situationen baut es dazu Bremsdruck auf, legt die Bremsbeläge unmerklich an die Scheiben an und passt den hydraulischen Bremsassistenten an (Absenken der Auslöseschwelle). Der Fahrer gewinnt so wichtige Sekundenbruchteile, bis die volle Bremswirkung eintritt. Macht er nun eine Notbremsung, so erhält er die schnellstmögliche Bremsreaktion bei optimalen Verzögerungswerten (Bild 2) und damit den kürzestmöglichen Anhalteweg. Bleibt die Bremsung aus, werden diese Fahrzeug vorbereitenden Maßnahmen zurückgenommen. Kommt es zu einem Unfall, kann das System die Folgen mindern.

2 Bremsverzögerung mit dem Bremsassistenten

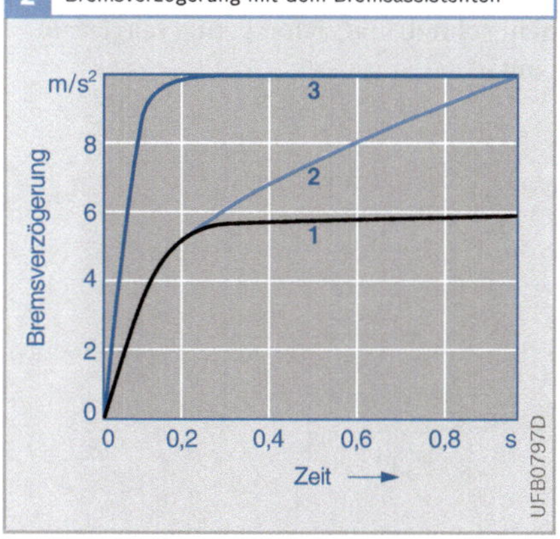

Bild 2
1 Unzureichende Bremsung
2 zögerliche Bremsung
3 Bremsung mithilfe des Bremsassistenten

Eine typische unfallträchtige Situation ist das Einscheren eines erheblich langsameren Fahrzeugs vor dem eigenen auf der Autobahn. Ist das eine Fahrzeug 140 km/h schnell und das nur 40 m davor einscherende 80 km/h, bereitet das Predictive Safety System in nur 0,2 s die Notbremsung vor.

Bei einer Notbremsung profitiert der Fahrer vom schnelleren Ansprechen der Bremsanlage, die bei trockenen Bremsscheiben etwa 30 msec Zeitgewinn bringt. Allein hierdurch wird die Unfallwahrscheinlichkeit für den Auffahrunfall um einige Prozent reduziert. Bei nassen Bremsscheiben, die durch die Vorbefüllung trocken gewischt werden, kann diese Reduktion noch deutlich höher sein.

Zudem werden alle zu zaghaften Bremsvorgänge (die mittleren Balken in Bild 1) bei noch vorhandener Gefahrensituation im Bremsfall positiv beeinflusst, wodurch eine weitere Reduktion der Unfälle erreicht wird.

In ungefähr der Hälfte aller Kollisionen prallen die Fahrzeuge ungebremst auf das Hindernis auf. Dieser Art von Unfällen können die zwei Folgegenerationen des Predictive Safety Systems entgegen wirken.

Stufe 2: Warnung bei drohenden Auffahrunfällen

PCW (Predictive Collision Warning) bereitet nicht nur die Bremsanlage (Funktionsumfang von PBA) vor, es warnt den Fahrer zudem rechtzeitig vor kritischen Verkehrssituationen und kann damit in vielen Fällen Unfälle verhindern. Dazu löst das System einen kurzen, starken Bremsruck aus. Wie Fahrerstudien gezeigt haben, lenkt der Bremsimpuls die Aufmerksamkeit des Fahrers am Besten auf das Fahrgeschehen, da der Mensch auf diese kinästhetische Warnung am schnellsten reagiert. Alternativ oder zusätzlich kann das System den Fahrer auch durch optische oder akustische Signale sowie durch Anziehen des normalerweise lose anliegenden Sicherheitsgurtes ala1rmieren.

Durch PCW lassen sich zusätzlich zu den Unfallsituationen, in denen PBA wirkt, auch die in Bild 1 dargestellten Fälle adressieren, bei denen gar nicht gebremst wird (ca. 52% der Auffahrunfälle).

Beim zuvor dargestellten Beispiel mit dem einscherenden Fahrzeug bereitet PCW in nur 0,2 s die Notbremsung vor. Im Unterschied zur 1. Generation des Sicherheitssystems wird der Fahrer jedoch zusätzlich gewarnt, falls er in den folgenden 0,3 s nicht ausweicht oder bremst. Der Fahrer kann in diesem Fall den Aufprall noch durch Ausweichen abwenden. Bremst er nur, kann er sein Fahrzeug zumindest noch erheblich verzögern. Während die Fahrzeuge ohne Fahrerwarnung ungebremst aufeinanderprallen, reduziert das Predictive Safety System die Aufprallgeschwindigkeit und damit die Unfallschwere wesentlich. Abhängig von den Sensorinformationen wird das System den Fahrer in vielen Situationen sogar so frühzeitig warnen, dass der Unfall auch durch alleiniges Bremsen vermieden werden kann.

Die Serieneinführung der PCW-Funktion erfolgte 2006 im Audi Q7.

Stufe 3: Notbremsung bei unvermeidbaren Kollisionen

Die Automatische Notbremsfunktion PEB (Predictive Emergency Braking), die dritte Ausbaustufe des Predictive Safety Systems, wird nicht nur eine unvermeidbare Kollision mit einem vorausfahrenden Fahrzeug erkennen, das System löst in diesem Fall eine automatische Notbremsung mit maximaler Fahrzeugverzögerung aus. Damit reduziert es insbesondere die Schwere eines Unfalls, wenn der Fahrer nicht oder nur unzureichend auf die vorausgegangenen Warnungen reagiert hat.

Die automatische Steuerung der Fahrzeugfunktion verlangt eine sehr hohe Sicherheit bei der Erkennung von Objekten und der Abschätzung des Unfallrisikos. Um die Unvermeidbarkeit der Kollision noch sicherer zu erkennen, können weitere Messsysteme, beispielsweise Videosensoren, die Radarsensorik unterstützen (Sensordatenfusion).

Für derart schwerwiegende Eingriffe in die Fahrzeugdynamik wird es noch erforderlich sein, die rechtlichen Voraussetzungen für den Einsatz des Systems im öffentlichen Straßenverkehr zu schaffen.

In-Crash Braking

Sehr häufig wird bei Auffahrunfällen das vom Auffahrenden getroffene Fahrzeug nach vorn oder zur Seite geschleudert und verursacht dadurch weiteren Schaden. Crash-Sensoren können eine solche Situation erkennen und eine Bremsung auslösen, die das getroffene Fahrzeug zum Stillstand bringt. Hierdurch lassen sich mit geringem Aufwand Sekundärunfälle vermeiden, da der Mensch wegen des Unfallschocks nach einem ersten Crash häufig nicht schnell und sicher genug reagieren kann.

Fußgängerschutz

Fußgänger und Radfahrer sind im Straßenverkehr besonders gefährdet. Beim größten Teil der Unfälle kollidiert der Fußgänger bzw. Radfahrer mit der Fahrzeugfront. Schwere Verletzungen können entstehen, wenn z. B. der Kopf auf die Motorhaube aufprallt. Der europäische Standard zum Fußgängerschutz (EC-Richtlinie, 2005 eingeführt) schreibt deshalb vor, dass die Motorhaube in den kritischen Zonen einen Teil der Aufprallenergie absorbieren muss, um das Verletzungsrisiko zu mindern. Die zweite Stufe der EC-Richtlinie, die 2010 in Kraft treten soll, sieht noch strengere Vorschriften vor.

Bei einem passiven Schutzsystem verringern konstruktive Maßnahmen an der Fahrzeugfront des Fahrzeugs das Verletzungsrisiko. Eine Alternative hierzu sind elektronisch gesteuerte Systeme, die Kollisionen mit Fußgängern erkennen und Schutzsysteme wie z. B. eine aktive Motorhaube ansteuern.

Elektronisches Fußgängerschutzsystem

Das elektronische Fußgängerschutzsystem EPP (Electronic Pedestrian Protection) erkennt Kollisionen innerhalb von 10...15 ms nach dem Aufprall mithilfe von zwei oder drei im vorderen Stoßfänger integrierten mikromechanischen Beschleunigungssensoren (PCS, Pedestrian Contact Sensor).

Das Steuergerät berechnet aus den Sensorsignalen die Masse und die Steifigkeit des getroffenen Objekts, um zwischen Fußgängern und Objekten zu unterscheiden, bei denen das Schutzsystem nicht ausgelöst werden muss. Die EPP-Funktion lässt sich in das Airbag-Steuergerät integrieren oder in einem separaten Steuergerät realisieren.

Im Falle einer Kollision mit einem Fußgänger hebt die Aktorik innerhalb von Sekundenbruchteilen z. B. die Motorhaube um 8...10 cm an, um dem aufprallenden Körper eine wirksame Knautschzone zu bieten.

Das Bosch-System kann sowohl reversible als auch irreversible Aktoren ansteuern. Die reversiblen Aktoren arbeiten elektromechanisch mit Federsystemen, die über Elektromagnete ausgelöst werden. Irreversible Aktoren werden pyrotechnisch ausgelöst, ähnlich wie die Gasgeneratoren der Airbagsysteme. Mit ihnen sind kürzere Auslösezeiten möglich.

Alternativ zur aktiven Motorhaube sind auch Außenairbags als Aufprallschutz – z. B. an der Windschutzscheibe – denkbar.

Ausblick

Zukünftig werden Daten aus der Umfeldsensorik (z. B. Videokamera) verarbeitet und so Synergien mit anderen Fahrzeugsystemen, z. B. den Fahrerassistenzsystemen, geschaffen. Die Signale der Umfeldsensoren kann das Fußgängerschutzsystem nutzen, um über eine Vorausberechnung der drohenden Kollision noch schneller zu reagieren.

Fahrzeugnavigation

Navigationssysteme haben in den letzten Jahren eine weite Verbreitung gefunden. Neben den zum Festeinbau in Fahrzeugen vorgesehenen Systemen kommen zunehmend Systeme auf den Markt, die portabel sind und außer der Stromversorgung keine Verbindung zum Fahrzeug benötigen. Allen Systemen gemeinsam sind die Grundfunktionen Ortung, Zielauswahl, Routenberechnung und Zielführung.

Navigation ist der ständige Vergleich der Fahrzeugposition mit dem Verlauf einer zuvor bestimmten Route. Das Ergebnis dieses Vergleichs ergibt für den Fahrer eine Zielführung durch visuelle Darstellung (z.B. Richtungspfeile, Ausschnitt des Stadtplans) und/oder Sprachausgabe von Fahrempfehlungen.

Nach Eingabe des Fahrtziels berechnet das Navigationsgerät die Route dorthin in einer digitalen Straßenkarte. Die Fahrzeugposition wird jeweils mithilfe von Ortungssatelliten bestimmt.

Navigationsgeräte

Systemübersicht

Ein Navigationsgerät, wie es im Fahrzeug fest eingebaut ist, besteht aus folgenden Komponenten (Bild 1):

- Antennen (getrennte Anordnung oder als Kombinationsantenne zusammengefasst) für den Empfang der Satellitensignale, Radio und Telefon (optional).
- GPS-Empfänger für die Auswertung der Satellitensignale.
- Navigationsrechner.
- Bedienteil mit Tasten oder anderen Bedienelementen wie Dreh-Druckknopf, Touchscreen usw. (für Eingaben in den Navigationsmenüs, z.B. Ziele, Routenoptionen) sowie Multifunktionsdisplay (Anzeige der Fahrempfehlungen, Landkarte und Menüführung).
- Fahrgeschwindigkeitssensor (Signal wird als Impulsfolge oder als numerischer Wert über CAN-Bus übertragen).
- Drehratesensor (zur Erfassung der Drehbewegung des Fahrzeugs um die Hochachse und somit zur Erkennung von Richtungsänderungen des Fahrzeugs).

1 Navigationssystem

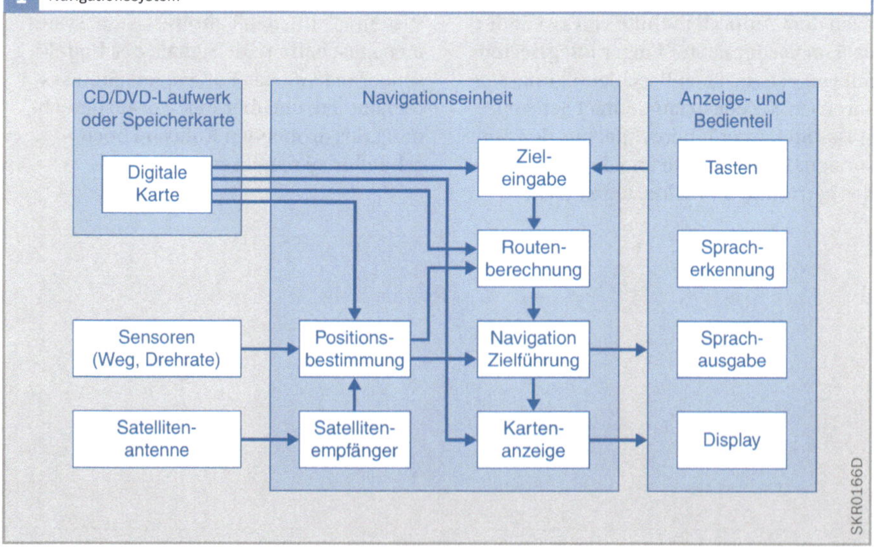

- CD/DVD/HD-Laufwerk oder Steckvorrichtung für Speicherkarten.
- Digitale Karte, gespeichert z. B. auf CD, DVD, HD (Festplatte), SD-Karte o.ä.
- RDS-TMC-Empfänger (Radio).
- Lautsprecher (für Radiobetrieb und akustische Ausgabe von Fahrempfehlungen).

Geräteausführungen

Fahrzeuge können ab Werk mit fest eingebauten Navigationsgeräten ausgestattet werden (Erstausrüstung). Festeinbaugeräte für den Handelsmarkt haben wegen des Einbauaufwandes gegenüber den portablen Navigationsgeräten an Marktanteilen verloren. Der Festeinbau im Fahrzeug ermöglicht gegenüber portablen Geräten eine bessere Ortungs- und somit eine bessere Zielführungsqualität, da zusätzliche Sensoren für Weg- und Richtungssignale (Fahrgeschwindigkeitssensor und Drehratesensor) verwendet werden können und die Antenne für den Satellitenempfang an günstigerer Stelle montiert sein kann. Bei Erstausrüstung ist auch eine Vernetzung mit anderen Komponenten üblich und damit eine Integration in das Bedienkonzept des Fahrzeugs möglich. Sprachausgaben können über die Audioanlage erfolgen und bei Telefonaten stumm geschaltet werden. Die Zielführungsinformationen können im Kombiinstrument oder Head-up Display und damit im primären Blickfeld des Fahrers angezeigt werden.

Für alle Funktionen ist eine digitale Karte des Straßennetzes erforderlich, die - abgesehen von Off-Board-Navigationssystemen (siehe Abschnitt „Verkehrstelematik") - auf den oben genannten Datenträgern gespeichert ist.

Ortung

Die Positionsbestimmung beruht in erster Linie auf der Nutzung des Satellitenortungssystems GPS (Global Positioning System). Portable Systeme verwenden dieses ausschließlich, während fest eingebaute Systeme zusätzlich eine Koppelortung durchführen, wenn sie über zusätzliche Sensoren verfügen.

Satellitenortungssystem GPS

Satelliten

Das Satellitenortungssystem GPS dient derzeit allen Navigationssystemen für die Positionsbestimmung des Kraftfahrzeugs. Es beruht auf einem Netz von 24 zusammenwirkenden, militärischen US-Satelliten, die weltweit für diesen Zweck genutzt werden können (Bild 2).

Die Satelliten umkreisen die Erde auf sechs verschiedenen Umlaufbahnen in einer Höhe von ca. 20 000 km jeweils im 12-Stundentakt. Sie sind so verteilt, dass von jedem Punkt auf der Erde stets mindestens vier (meist bis zu acht) über dem Horizont sichtbar sind.

Die Satelliten senden auf einer Trägerfrequenz von 1,57542 GHz 50-mal pro Sekunde spezielle Positions-, Identifikations- und Zeitsignale aus. Zur hochgenauen Bestimmung der Sendezeit stehen an Bord

2 Satellitenortungssystem GPS

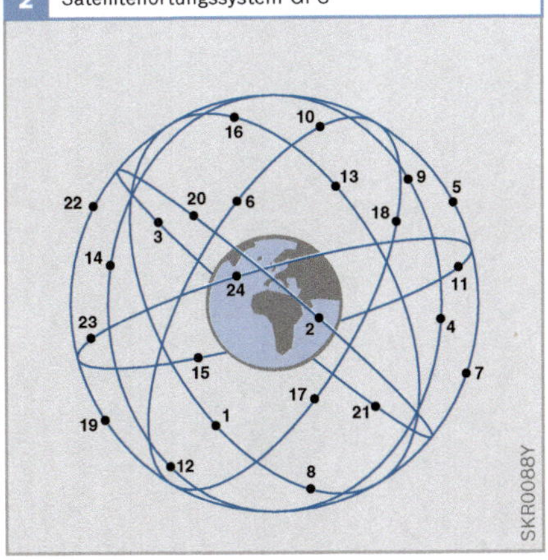

Bild 2
1...24
24 Satelliten dienen der Positionsbestimmung des Fahrzeugs

der Satelliten je zwei Cäsium- und zwei Rubidiumuhren zur Verfügung, die eine Abweichung von weniger als 20...30 ns aufweisen.

Positionsbestimmung

Die Satellitensignale treffen von den verschiedenen Satelliten wegen der unterschiedlichen Laufzeiten zeitversetzt beim Fahrzeug ein. Die Berechnung der Position des Empfängers erfolgt nach dem Verfahren der Trilateration. Wenn die Signale von mindestens drei Satelliten eintreffen, kann ein Rechner im GPS-Empfänger seine eigene geografische Position zweidimensional (geographische Länge und Breite, jedoch nicht die Höhe) berechnen. Es gibt genau einen Punkt, der die Abstandsbedingungen (Signallaufzeiten) erfüllt. Treffen die Signale von mindestens vier Satelliten ein, ist eine dreidimensionale Positionsberechnung möglich. Bild 3 zeigt dieses Verfahren vereinfacht in nur zwei Raumdimensionen.

Genauigkeit

Die erreichbare Genauigkeit hängt von der Stellung der empfangbaren Satelliten relativ zum Fahrzeug ab. Je größer der aufgespannte Raumwinkel (Bild 4) der Satelliten zum Fahrzeug ist, um so besser ist die Positionsbestimmung möglich. Die erreichbare Genauigkeit der Positionsbestimmung liegt in der Ebene bei ca. 3...5 m, bei der Höhenbestimmung bei etwa 10...20 m.

Der Empfang der Satellitensignale kann beeinträchtigt werden (Bild 5). In tiefen Häuserschluchten können Satellitensignale nur empfangen werden, wenn die Satelliten weitgehend in einer Linie, nämlich der Richtung der Straße entsprechend angeordnet sind. Dann ist jedoch der von den Satelliten aufgespannte Raumwinkel sehr gering und die Positionsbestimmung ungenau.

4 Darstellung des Raumwinkels

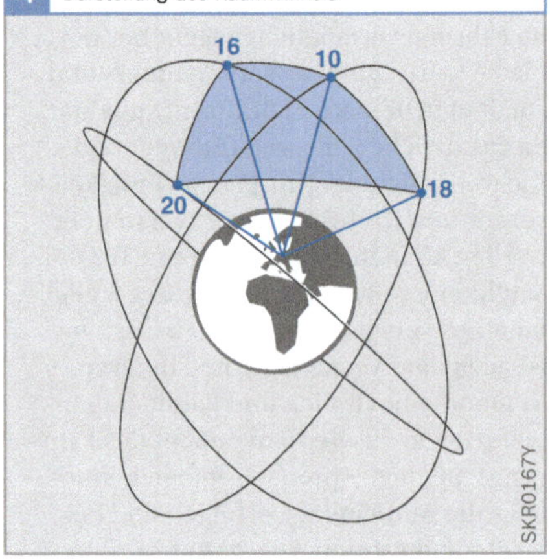

Bild 4
Der Raumwinkel ist definiert als Quotient von der von den Punkten (Satellitenposition) aufgespannten Fläche zum Quadrat des Abstands zur Erdoberfläche

3 Positionsbestimmung mit GPS

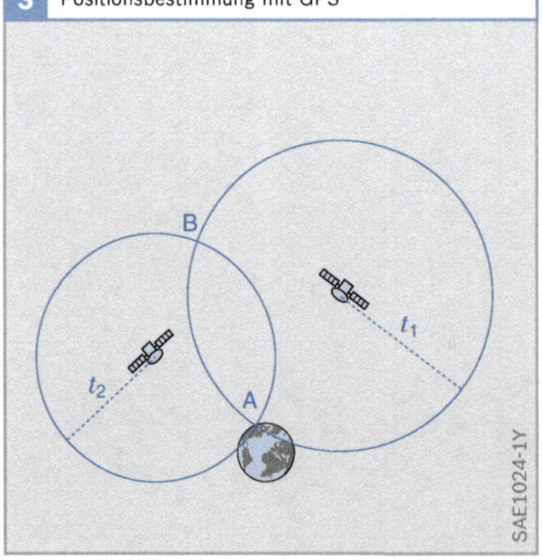

Bild 3
Vereinfachte Darstellung in der Ebene (zweidimensional): Bei bekannter Position der Satelliten liegen bei den gemessenen Laufzeiten t_1 und t_2 die möglichen Empfangsorte auf zwei Kreisen um die Satelliten, die sich in den Punkten A und B schneiden. Der auf der Erdoberfläche liegende Punkt A ist der gesuchte Standort des Empfängers.

5 Abschattung der GPS-Signale (Beispiele)

Bild 5
1 GPS-Satellit
2 Fahrzeug
3 Täler
4 Häuserschluchten
5 Tunnel und Tiefgaragen

Fehler bei der Positionsbestimmung können auch durch Reflektion der Satellitensignale z. B. an metallisierten Gebäudefronten entstehen.

Fahrtrichtungsbestimmung

Die Fahrtrichtung kann im Prinzip über die Auswertung von aufeinander folgenden Positionen berechnet werden. Aufgrund der Ungenauigkeit in der Positionsbestimmung kann der Richtungsfehler bei niedrigen Geschwindigkeiten und damit kurzen Messstrecken unakzeptabel groß werden.

Eine schnellere Erfassung der Fahrtrichtung ergibt sich über die Unterschiede in der Empfangsfrequenz der Satelliten, die durch den Dopplereffekt entstehen (Bild 6). Fährt das Auto auf den Satelliten zu, sieht der GPS-Empfänger des Navigationsgeräts eine höhere Frequenz als die Sendefrequenz. Vom zurückliegenden Satelliten empfängt er eine niedrigere Frequenz (analog Tonhöhenunterschied bei vorbeifahrendem Polizeiauto mit Martinshorn). Dieser Effekt ist ab einer Fahrgeschwindigkeit von ca. 30 km/h ausreichend groß für eine Richtungsbestimmung.

Koppelortung

Die Koppelortung stellt eine Positionsbestimmung auch dann sicher, wenn z. B. in Tunnels keine GPS-Signale empfangen werden können. Sie addiert zyklisch erfasste Wegelemente vektoriell nach Betrag und Richtung.

Zur Wegmessung wird ein Impulssignal oder das von ABS oder ESP über den CAN-Bus übertragene Tachosignal verwendet. Richtungsänderungen werden von einem Drehratesensor (Gyro) erfasst. Damit wird die Fahrtrichtung ausgehend von einer absoluten Richtung bestimmt, die zuvor einmal über den Dopplereffekt aus den GPS-Signalen berechnet worden sein muss.

7 Koppelortung (Prinzip)

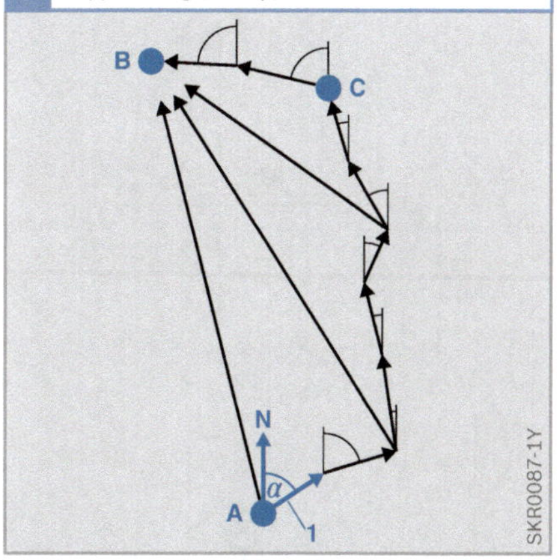

Bild 7
A Bekannter Startpunkt
B Ziel
C gegenwärtiger Standort (berechnete Position)
N Nordachse
1 gerichtetes Streckenelement (Abweichung von Nordachse im Winkel α)

6 Dopplereffekt

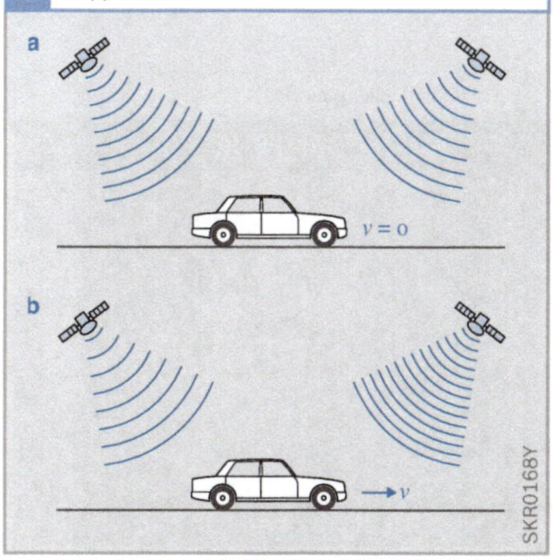

Bild 6
a Ausbreitung der Wellen von einem ruhenden Punkt auf der Erdoberfläche aus betrachtet
b Ausbreitung der Wellen vom fahrenden Auto aus betrachtet

8 Kombination Koppelortung und Satellitenortung

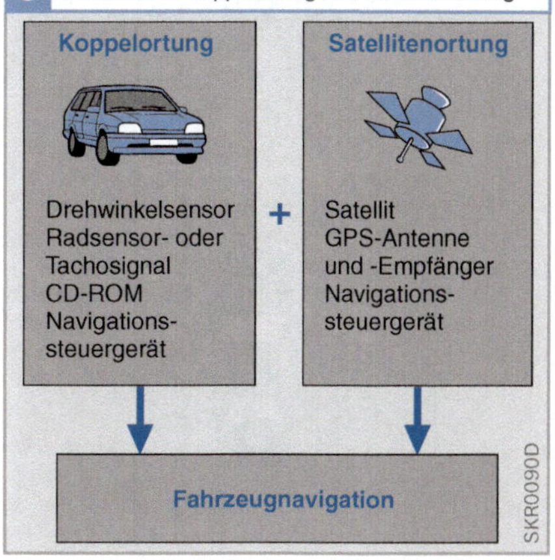

Map Matching

Ein als Map Matching bezeichnetes Verfahren vergleicht die Ortungsposition ständig mit dem Straßenverlauf der digitalen Karte (Bild 9), damit die Fahrzeugposition auch bei Ortungsungenauigkeiten (verursacht z. B. durch fehlendes GPS-Signal und Fehler bei der Koppelortung) exakt in der Karte dargestellt wird und Fahrempfehlungen der Zielführung am optimalen Ort ausgegeben werden können. Außerdem können Sensorfehler und sich akkumulierende Fehler der Koppelortung hiermit ausgeglichen werden.

9 Map Matching

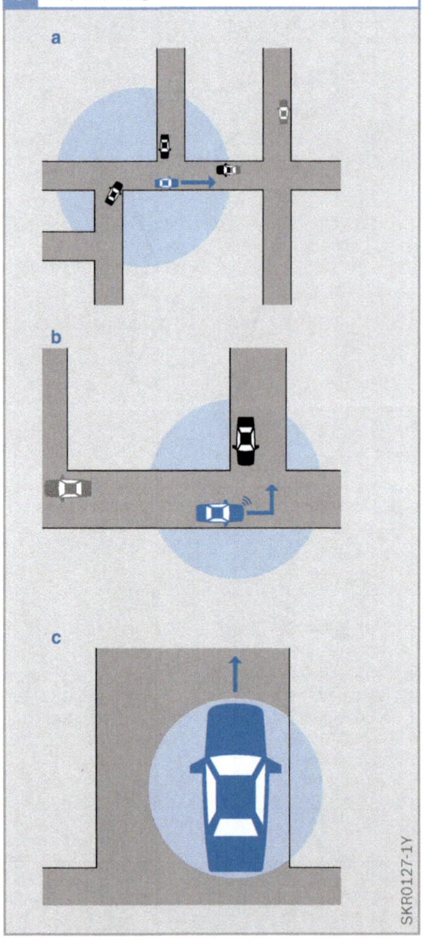

Bild 9
- a Erste grobe Ortung durch GPS-System
- b nach wenigen Metern Identifikation der befahrenen Straße. Drehratesensor registriert das Abbiegen.
- c Position ist punktgenau bestimmt und wird durch ständigen Abgleich der Sensordaten mit der digitalen Karte auf aktuellem Stand gehalten.

Zielauswahl

Die digitale Karte enthält Verzeichnisse, um ein Fahrziel als Adresse eingeben zu können. Hierzu sind Listen aller verfügbaren Orte erforderlich. Zu allen Orten existieren wiederum Listen mit den Namen der gespeicherten Straßen. Zur weiteren Präzisierung von Zielen können auch Kreuzungen von Straßen oder Hausnummern ausgewählt werden..

Für Flughäfen, Bahnhöfe, Tankstellen, Parkhäuser usw. gibt es thematische Verzeichnisse, in denen diese Ziele (Point of Interest, POI) aufgelistet sind. Diese Verzeichnisse ermöglichen es z. B., eine Tankstelle in der näheren Umgebung zu finden (Bild 10).

Ziele können bei vielen Systemen auch in der Kartenanzeige markiert werden. Hierzu kann beispielsweise ein Fadenkreuz mit Cursortasten bewegt werden. Bei manchen Systemen mit Touchscreen kann man direkt auf die gewünschte Stelle tippen.

Ein Zielspeicher ermöglicht es, bereits benutzte Ziele wieder abzurufen (z. B. die zuletzt verwendeten Ziele oder die am häufigsten benutzten Ziele).

10 Kartendarstellung mit POI

Bild 10
Farbige Karten informieren über Parkplätze, Tankstellen, Sehenswürdigkeiten (POI, Point of Interest)

Routenberechnung

Standardberechnung

Ausgehend vom aktuellen Standort berechnet das Navigationsgerät eine Route, die zum eingegebenen Ziel führt. Die Berechnung lässt sich den Wünschen des Fahrers anpassen. Er kann verschiedene Optionen vorgeben, wie z. B.

- Optimierung der Route nach Fahrzeit,
- Berechnung der kürzesten Fahrstrecke,
- Berechnung einer Route, die zu einem ausgewogenen Mittel zwischen kurzer Fahrstrecke und Fahrzeit führt (ökonomischer Mix),
- mögliches Meiden von Autobahnen, Fährverbindungen oder mautpflichtigen Straßen.

Fahrempfehlungen entlang der Route werden in weniger als einer halben Minute nach Eingabe des Ziels erwartet. Problematisch ist die Neuberechnung, wenn der Fahrer die empfohlene Route verlässt. Die neuen Fahrempfehlungen müssen gegeben werden, noch bevor die nächste Kreuzung oder Abzweigung erreicht ist. Dies kann besonders in engmaschigen Innenstadtnetzen innerhalb weniger Sekunden der Fall sein. Liegt dann keine neue Route vor, verlässt der Fahrer möglicherweise ungewollt die neu berechnete Route gleich wieder.

Eine „Stau"-Taste ermöglicht dem Fahrer die interaktive Sperrung voraus liegender Strecken und die Berechnung einer alternativen Route. Durch eine eingebbare Distanz kann der Fahrer angeben, wie weiträumig er die Störung umfahren will.

Dynamisierte Routen

Viele Rundfunksender übertragen Verkehrsmeldung nicht nur als gesprochenen Text, sondern auch in codierter Form. Hierzu gibt es den ALERT-C-Standard für den Traffic-Message-Channel (TMC). Die Übertragung der TMC-Inhalte erfolgt über das Radio-Data-System (RDS) des UKW-Rundfunks.

Die codierten Meldungen enthalten u. a. den Ort (Location) einer Störung, seine Ausdehnung im Netz (Extension), die tatsächliche Länge und den Grund (Event). Als Locations dienen festgelegte Nummerncodes für alle Autobahnanschlussstellen und Knotenpunkte sowie für wichtige Kreuzungen im Bundesstraßennetz. Die Extension gibt an, in welcher Richtung und über wie viele weitere Locations sich eine Störung erstreckt.

Ein Navigationssystem kann eine solche codierte Meldung empfangen. Es ordnet die Location und die Extension über ein Referenzierungsverfahren (s. Telematik)

11 Dynamische Zielführung (Beispiel)

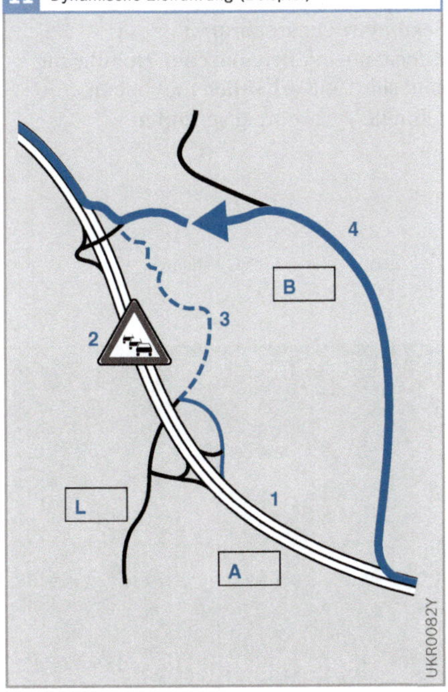

Bild 11
1 Ursprüngliche Hauptroute
2 Stau
3 vom Fahrer eingeschätzte Alternativroute
4 durch dynamische Zielführung automatisch berechnete günstigste Alternativroute
A Autobahn
B Bundesstraße
L Landstraße

seiner digitalen Karte zu und kann feststellen, ob eine Störung auf einer geplanten Route liegt. Ist dies der Fall, wird die Route neu berechnet, wobei der gestörte Abschnitt aufgrund der gemeldeten Störungslänge und des Events mit einer längeren Fahrzeit bewertet wird. In vielen Fällen ergibt sich dadurch eine neue Route, die die Störung umgeht (Bild 11). Der Fahrer erhält den Hinweis, dass die Route aufgrund von Verkehrsmeldungen neu berechnet wurde. Entsprechend der neuen Route folgen dann die weiteren Fahrempfehlungen.

In den Fällen, in denen die Umfahrung länger dauern würde als z. B. die gestörte Strecke in zäh fließendem Verkehr zu durchfahren, kann die Route auch unverändert bleiben. In diesem Fall erhält der Fahrer zu Beginn der gestörten Strecke einen Warnhinweis, der ihn auf die Störung aufmerksam macht.

Da die erforderlichen TMC-Location-Codes aufgrund des Übertragungskanals in ihrer Anzahl begrenzt sind, sind sie auf Autobahnen und wichtige Fernstraßen im Sekundärnetz beschränkt.

Systeme mit dynamischer Zielführung sind seit 1998 erhältlich und haben schnelle Verbreitung gefunden.

Zielführung

Fahrempfehlungen

Die Zielführung erfolgt durch Vergleich der aktuellen Fahrzeugposition mit der berechneten Route. Die Fahrempfehlungen werden in erster Linie akustisch ausgegeben (Sprachausgabe). Der Fahrer kann diesen Empfehlungen ohne Ablenkung vom Verkehr folgen. Grafiken möglichst im primären Blickfeld (z. B. Kombiinstrument) unterstützen die Verständlichkeit. Sie reichen von einfachen Pfeilsymbolen (Bild 12a) bis hin zu einer in der Größe optimal angepassten Darstellung eines Kartenausschnitts (Bild 12b und Bild 10).

Die Prägnanz dieser akustischen und grafischen Empfehlungen ist maßgebend für die Qualität der Zielführung. Viele Systeme bieten auch eine Kartenanzeige an, in der die Route hervorgehoben dargestellt wird. Prinzipiell stellt die Karte auf dem Display während der Fahrt immer eine erhöhte Ablenkungsgefahr für den Fahrer dar.

12 Beispiele für optische Zielführung

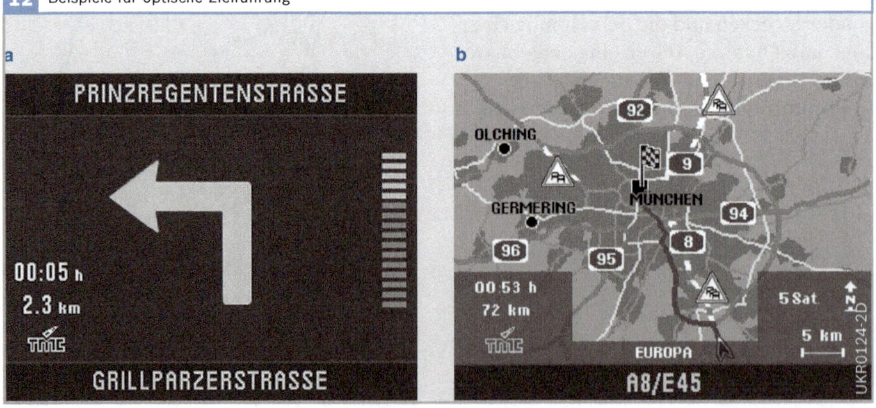

Bild 12
- a Große Piktogramme unterstützen die akustische Zielführung
- b Darstellung der Route in einer Karte. Verkehrsinformationen (z. B. Stau) werden als Symbole in der Karte angezeigt und bei der Zielführung berücksichtigt.

Digitale Karte

Kartendarstellung

Die Darstellung der Karte auf Farbdisplays erfolgt je nach System über Maßstäbe ab ca. 1:2 000 in 2-D-, perspektivischer 2-D-(Pseudo-3D) oder echter 3-D-Darstellung.

Die digitale Karte enthält nicht nur eine detaillierte Beschreibung des Straßennetzes, sondern auch mehrere generalisierte Darstellungsebenen, die vergleichbar mit den verschieden detaillierten Darstellungen in Karten eines Straßenatlas mit unterschiedlichen Maßstäben sind (Beispiele in Bild 10 und Bild 12b). Diese Ebenen werden benötigt, um Fernrouten durch die große Anzahl von Straßenabschnitten der digitalen Karte in akzeptabler Zeit ermitteln zu können. Sie dienen auch dem schnellen Verändern der Maßstäbe in einer Kartendarstellung.

Digitalisierung

Die Grundlage für die Digitalisierung der Daten bilden hochpräzise amtliche Karten, Satelliten- und Luftaufnahmen. Bei unzureichenden oder nicht aktuellen Vorlagen werden Vermessungen vor Ort vorgenommen. Die Digitalisierung wird manuell aus Kartenmaterial bzw. Satelliten- und Luftbildern durchgeführt. Anschließend werden Namen und Klassifikation der Objekte (z. B. Straßenzüge, Gewässer, Grenzen) in die Datenbasis integriert.

Durch Befahrung von Straßen mit speziell ausgerüsteten Fahrzeugen werden zusätzliche verkehrsrelevante Attribute (z. B. Einbahnstraßen, Durchfahrtsbeschränkungen, Über- und Unterführungen, Abbiegeverbote an Kreuzungen) erfasst und die Daten der Erstdigitalisierung vor Ort geprüft. Die Ergebnisse der Befahrung fließen in die Datenbasis mit ein und werden zur Anfertigung digitaler Landkarten verwendet.

Datenspeicher

Als Speicher für die digitale Karte ist die CD weit verbreitet. Die DVD mit einer mehr als siebenfachen Kapazität kann das Straßennetz weitaus größerer Gebiete aufnehmen und hat deshalb die CD in zunehmendem Maß verdrängt.

Für portable Systeme wird die digitale Karte vorzugsweise auf Halbleiterchips (z. B. SD-Karten) gespeichert, deren Kapazität inzwischen die einer CD überschreitet.

Erste Systeme sind auch mit fahrzeugtauglichen Harddisks (Festplatten) ausgerüstet. Ihre noch höhere Kapazität ermöglicht noch umfangreichere Karteninhalte. Die Beschreibbarkeit von Harddisks ermöglicht es dem Navigationssystem zukünftig, Daten über Vorzugsrouten oder Fahrverhalten – wie z. B. die mittleren Geschwindigkeiten auf verschiedenen Straßenklassen – zu sammeln und bei späteren Routen in Betracht zu ziehen. Die Systeme können auf diese Weise lernfähig werden.

Die Datenstrukturen der digitalen Karte im Fahrzeug sind bis heute herstellerspezifisch, sodass es oft nicht möglich ist, Datenträger zwischen Systemen unterschiedlicher Hersteller oder Fahrzeugtypen auszutauschen. Ein Standard, der eine Austauschbarkeit gewährleisten soll, ist jedoch bereits in Bearbeitung.

Verkehrstelematik

Zur Verkehrstelematik gehören Systeme, die verkehrsrelevante Informationen von und zu Fahrzeugen übertragen und diese meist automatisch auswerten. Neben Mautsystemen, die auch zur Verkehrstelematik gerechnet werden können, beschränkt sich diese bis heute weitgehend auf die Übermittlung von Verkehrsnachrichten von Leitzentralen zu den Fahrzeugen.

Die Möglichkeit, Informationen zwischen Fahrzeugen auszutauschen und so ohne Nutzung von Infrastruktur Meldungen weiter zu reichen, könnte in den nächsten Jahren zunehmend an Bedeutung gewinnen.

Verkehrsnachrichten

Mit Verkehrsnachrichten werden bisher im Wesentlichen Verkehrsstörungen gemeldet. Es bleibt dem Fahrer oder dem Navigationssystem im Fahrzeug überlassen, wie auf die Informationen reagiert wird. Der Fahrer kann die Meldung als Warnung entgegennehmen und seine Fahrt trotzdem auf der ursprünglicher Route fortsetzen, oder er lässt sich vom Navigationssystem eine Alternativroute berechnen, um die Störung zu umgehen. Dabei gehen diese Systeme von der Annahme aus, dass alle Straßen, für die keine Verkehrsnachrichten vorliegen, in vollem Leistungsumfang nutzbar sind. Diese Annahme trifft jedoch nur bedingt zu, da für überlastete Regional- und Innenstadtstraßen bisher keine codierten Verkehrsmeldungen ausgesendet werden und die Alternativrouten im Fall von Vollsperrungen oft nicht in der Lage sind, den abgeleiteten Verkehr voll aufzunehmen.

Alternativroutenempfehlungen werden durch Leitzentralen nur selten ausgegeben. Diese beschränken sich dann auf ausgeschilderte Standardumleitungen zu Autobahnabschnitten oder sind sehr unpräzise, indem sie Ortskundigen eine weiträumige Umfahrung empfehlen. Solche Umgehungsempfehlungen sind nicht automatisch auswertbar.

Erst in den letzten Jahren haben Forschungsprojekte (z. B. INVENT, Intelligenter Verkehr und nutzgerechte Technik)

13 Datenübermittlung und Datenauswertung im Kraftfahrzeug mit RDS-TMC (Schema)

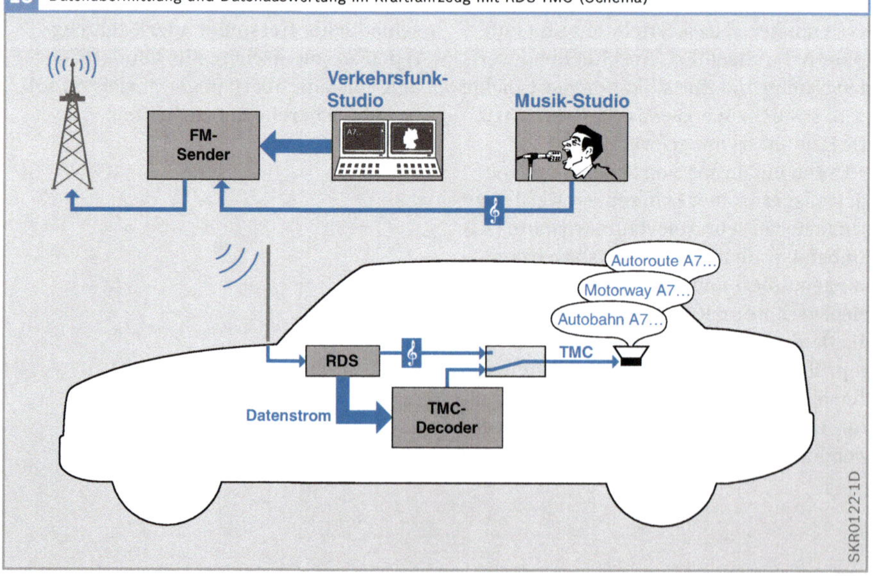

Möglichkeiten untersucht, Alternativroutenempfehlungen in Abhängigkeit von Fahrzielen in Verkehrsmeldungen zu übertragen. Auf diese Weise sollen Verkehrsströme so aufgeteilt werden, dass Ausweichstrecken nicht überlastet werden.

Übertragungswege

Als Übertragungswege für die Telekommunikation stehen heute in erster Linie der Rundfunk sowie die Mobilfunknetze zur Verfügung.

Im herkömmlichen analogen FM-Rundfunk (UKW) wird das Radio Data System (RDS) verwendet, um Verkehrsnachrichten in einem darin definierten Traffic Message Channel (TMC) zu übertragen (Bild 13). Der RDS-Datenkanal ist jedoch sehr schmalbandig ausgeführt (ca. 100 Bit/s), da er auf ein Seitenband (Oberwelle der Stereo-Pilotfrequenz) moduliert ist. Im TMC werden Orte und Ursachen von Störungen als numerisch vordefinierte Codes übertragen. Hinzu kommen Länge und ggf. voraussichtliche Dauer.

Als digitales Rundfunkverfahren kommt das Digital Audio Broadcast (DAB) für die Datendienste TMC und TPEG hinzu.

Es gibt auch Mobilfunk-Provider, die TMC-codierte Meldungen gegen Gebühr über GSM (Global System for Mobile Communications, Standard für volldigitale Mobilfunknetze) übertragen.

Der Rundfunk ermöglicht nur den Weg ins Fahrzeug und nicht die Übermittlung individueller Nachrichten vom Fahrzeug zu einer Dienstezentrale. Mit dem Mobilfunknetz ist eine Übertragung in beiden Richtungen über Short Message Services (SMS) und General Packet Radio Service (GPRS) möglich (Bild 14).

Die Informationsmenge ist jeweils durch die Bandbreite der verfügbaren Übertragungskanäle begrenzt. Diese wurde mit moderner Technik immer größer, jedoch hängen Übertragungskosten von der Datenmenge ab, sodass auch weiterhin eine möglichst redundanzfreie Codierung erstrebenswert ist.

Zum Austausch von Informationen zwischen Fahrzeugen untereinander oder von

14 Verkehrstelematik für Informationserfassung und Informationsübertragung (Beispiel für Europa)

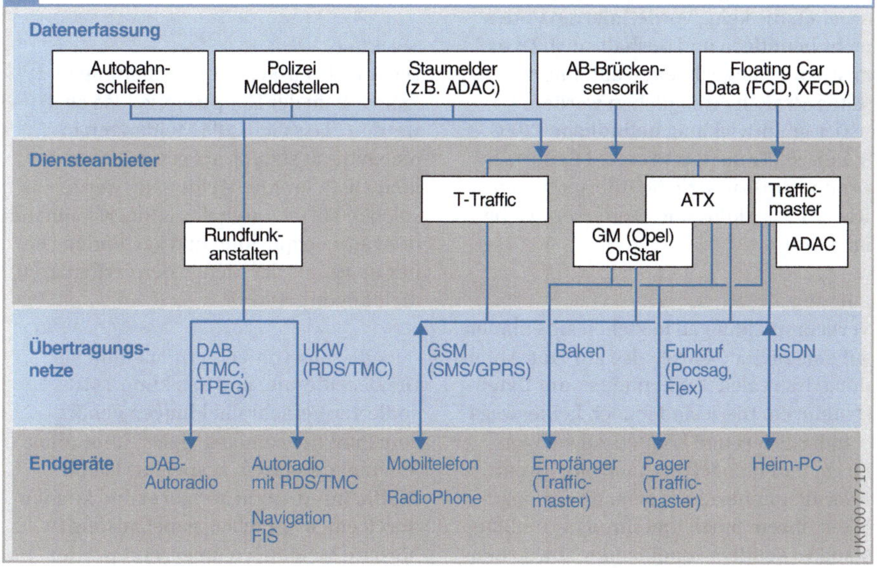

Fahrzeugen zu straßenseitig installierten Einheiten wird der Einsatz von drahtlosen ad-hoc-Netzwerken nach dem WLAN-Standard angestrebt.

Standardisierung

Die Standardisierung von Meldungsinhalten ist eine wichtige Voraussetzung, um Systeme mit Erfolg im Markt zu etablieren. Informationen aus verschiedenen Quellen müssen von unterschiedlichen Endgeräten ausgewertet werden können.

Der bestehende ALERT-C-Standard für den Traffic-Message-Channel des Radio-Data-Systems (RDS-TMC) hat sich seit Jahren bewährt. Er definiert Meldungen über die Art von Verkehrsstörungen (z. B. Stau, Vollsperrung), über Ursachen (z. B. Unfall, Glatteis), über die voraussichtliche Dauer sowie über die Identifikation der betroffenen Straßenabschnitte. Eine numerische Codierung für einzelne Verkehrsknoten, längere Autobahnabschnitte und geographische Regionen existiert bereits in vielen Ländern, ist aber auf Hauptverkehrswege (Autobahnen und Bundesstraßen) begrenzt.

Deshalb wird an neuen Verfahren gearbeitet, die keine vordefinierten Codes mehr benötigen und deshalb auch Dynamisierungsmöglichkeiten auf innerstädtischen Straßen ermöglichen werden.

Der in Entwicklung befindliche TPEG-Standard (Transport Protocol Experts Group) wird zusätzliche Informationen wie z. B. Parkinfos und Wetterservice beinhalten.

Referenzierung

Verkehrsmeldungen beziehen sich immer auf eine digitale Karte, also auf eine Abbildung des realen Straßennetzes auf Datenstrukturen. Diese sind jedoch keineswegs standardisiert und können sowohl von ihrem Datenmodell als auch von ihrem Koordinatenbezugssystem, ihrer Genauigkeit, ihrem Inhalt und ihrem Aktualitätsstand wesentlich voneinander abweichen. Aufgabe einer Referenzierung ist es, die von einem Dienst ausgestrahlten Meldungen auf der Empfangsseite eindeutig und fehlerfrei auf eine dort vorhandene, lokale Datenbasis abzubilden.

Vordefinierte, numerische Codes für Knotenpunkte und Streckenabschnitte im Straßennetz sind in TMC die Referenz zwischen senderseitiger und fahrzeugseitiger Karte. Die Codes werden als Tabellen in die digitale Karte im Fahrzeug integriert. Wegen des Codeumfangs und der begrenzten Bandbreite im RDS des FM-Rundfunks sind sie auf die Hauptverkehrswege (Autobahnen und Bundesstraßen) beschränkt.

Der Aktualisierungsaufwand für die Referenztabellen ist nicht unerheblich. Deshalb wurde in einem EU-weiten Projekt (AGORA) ein Verfahren entwickelt, das es ermöglicht, Meldungen für beliebige Straßen zu codieren, ohne versionsgleiche Referenztabellen bei Sender und Empfänger verwenden zu müssen. Das Verfahren basiert auf einem Vergleich von Straßengeometrien und Attributen (z. B. Straßenklasse, Straßennummer). Es hat sich in Tests bewährt und befindet sich in der internationalen Standardisierungsphase.

Selektion

Die Anzahl ausgestrahlter Meldungen kann z. B. in der Hauptreisezeit so groß werden, dass nicht alle Meldungen in einem Gerät ständig ausgewertet werden können. Relevante Meldungen werden in solchen Fällen durch das Endgerät anhand der Fahrzeugposition und ggf. entlang einer Route aus der Menge der verfügbaren Meldungen gefiltert.

Decodierung von Verkehrsmeldungen

Die Decodierung und Selektion TMC-codierter Verkehrsmeldungen gehört zum Funktionsumfang vieler Autoradios. Meldungen werden gespeichert (TIM, Traffic Information Memory) und können durch einen Sprachausgabebaustein in hörbare Meldungen umgesetzt werden. Da die Meldungen standardisiert sind, kann eine Umsetzung in verschiedene Sprachen erfolgen. Für diese Anwendung wurde die Codierung der Meldungen noch weit vor ihrem Einsatz zur Routendynamisierung in Navigationssystemen entwickelt.

Dynamische Zielführung

Die am weitesten automatisierte Auswertung von Verkehrsinformationen erfolgt zur dynamischen Zielführung. Durch die standardisierte Codierung von Straßenabschnitten, Ereignissen, örtlicher Ausdehnung und voraussichtlicher Dauer ist es dem Navigationssystem möglich, die Auswirkung einer Verkehrsstörung auf den Routenverlauf zu bewerten und dann zu berechnen, ob eine günstigere Alternativroute existiert.

Informationserfassung

Erfassung durch Infrastruktur an den Straßen

Der Nutzen der Verkehrstelematik ist von der Qualität und Aktualität der Meldungen abhängig. Informationen über den Verkehrsfluss auf wichtigen Straßenabschnitten werden bereits seit vielen Jahren durch Induktionsschleifen in den Fahrbahnen erfasst. Die Schleifen können die Anzahl und die Geschwindigkeit von Fahrzeugen messen und daraus Verkehrsdichte und Verkehrsstärke berechnen. Die Installation solcher Schleifen wurde in den letzten Jahren intensiviert, ist aber aufwändig und teuer.

Zusätzlich wurden von Diensteanbietern Sensoren an Autobahnbrücken installiert, die Fahrzeuge zählen, in ihrer Geschwindigkeit grob klassifizieren und diese Informationen drahtlos in eine Zentrale übertragen können.

Floating Car Data

Verkehrsinformationen werden auch nach dem Floating-Car-Data-Prinzip erfasst. Ein Auto „fließt" (floating car) im Verkehrsstrom mit und überträgt zyklisch seine Position und Geschwindigkeit in eine Zentrale. Durch statistische Auswertung dieser Daten werden aktuelle Meldungen über die Verkehrssituation generiert. Voraussetzung für diese statistische Methode ist die Ausrüstung einer ausreichend hohen Anzahl von Fahrzeugen mit einer Ortungs- und Sendevorrichtung (GSM-SMS). Diese Bedingung ist bisher noch nicht erfüllt.

Innerstädtische Dynamisierung

Im öffentlich geförderten Projekt INVENT (Intelligenter Verkehr und nutzgerechte Technik, Projekt von 2001 bis 2005) haben sich in den letzten Jahren verschiedene Firmen an der Entwicklung einer Meldungskette beteiligt, die es ermöglichen soll, Daten über Verkehrsflüsse auszuwerten, Prognosen zu erstellen und Meldungen an Verkehrsteilnehmer zu senden. Das Ziel ist, auf Basis von Leitstrategien das Straßennetz gleichmäßiger auszulasten und Verkehrsstörungen vorzubeugen. Das System ist in der Lage, Verkehrsströme zielgebietsabhängig und nach Fahrzeugarten (Pkw, Lkw) aufzuteilen. Navigationssysteme, die diese Meldungen auswerten, können Alternativroutenempfehlungen unter Berücksichtigung des individuellen Fahrzieles ausgeben. Die Ortscodierung nach AGORA fand hier bereits Anwendung.

Eine Weiterentwicklung zur Produktreife ist in den nächsten Jahren zu erwarten.

Off-Board-Navigation

Off-Board-Navigation bietet Zielführung über einen Diensteanbieter im GSM-Netz. Im Fahrzeug wird nur noch eine Eingabemöglichkeit für Ziele, eine Ausgabe für Fahrempfehlungen und eine Ortungseinheit benötigt. Routen und Fahrempfehlungen werden zentral bei einem Diensteanbieter berechnet und über GSM ins Fahrzeug übertragen.

Off-Board-Navigationssysteme haben bisher allerdings keine weite Verbreitung gefunden.

Videobasierte Systeme

Videosensoren spielen für Fahrerassistenzsysteme eine zentrale Rolle, da sie die Interpretation visueller Informationen (Objektklassifikation) gezielt unterstützen. Im Heckbereich kann die Videosensorik in der einfachsten Variante die ultraschallbasierte Einparkhilfe bei Einpark- und Rangiervorgängen unterstützen. Beim Nachtsichtsystem NightVision wird das mit Infrarotlicht angestrahlte Umfeld vor dem Fahrzeug mit einer Frontkamera aufgenommen und im Fahrzeugcockpit auf einem Display dem Fahrer angezeigt (s. Nachtsichtsysteme). Andere Fahrerassistenzsysteme verarbeiten die Videosignale und generieren daraus gezielt Informationen, die für eigenständige Funktionen (z. B. Spurverlassenswarner) oder aber als Zusatzinformation für andere Funktionen ausgewertet werden (Sensordatenfusion).

Bildverarbeitungssystem

Bild 1 macht das grundlegende Prinzip eines Bildverarbeitungssystems für Kraftfahrzeuganwendung deutlich . Der Bildverarbeitungsrechner (ECU, Electronic Control Unit, Steuergerät) extrahiert verschiedene Prädikate in Form von Objektlisten aus dem aufgenommenen Bild, wie z. B. den Spurverlauf, Geschwindigkeitsbegrenzungen oder die Entfernung zu Gegenständen vor dem Fahrzeug. Diese Merkmale erlauben es, ein virtuelles Modell der Fahrzeugumgebung zu erstellen. Aus den Objektlisten können die in Bild 1 dargestellten Informationen abgeleitet werden. Hieraus können wiederum verschiedene Informationen oder Warnungen an den Fahrer oder Fahrzeugeingriffe abgeleitet werden. Die Informationen können über einen Datenbus anderen Komponenten im Fahrzeug zur Verfügung gestellt werden.

In den im Bild 1 dargestellten Beispiel wird die vom Bildverarbeitungsrechner erkannte und als solches interpretierte Geschwindigkeitsbeschränkung vom

1 Bilderfassungs- und -verarbeitungssystem

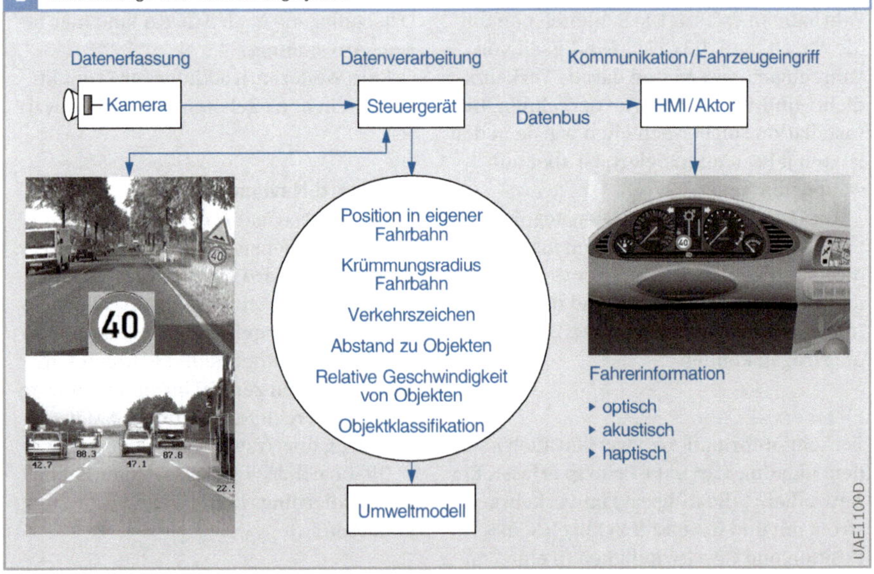

Kombiinstrument übernommen und als Symbol in dessen Display angezeigt. Beachtet der Fahrer die Geschwindigkeitsbegrenzung nicht, so kann ihn das System zusätzlich akustisch oder haptisch, beispielsweise durch Erschweren der Gaspedalbetätigung, warnen.

Das enorme Potenzial der Videosensierung ist intuitiv aus der Leistung des menschlichen Sehapparates abzuleiten. Obwohl Computersehen noch weit von dem Leistungsvermögen des menschlichen Sehapparates entfernt ist, können heute schon einige videobasierte Funktionen dargestellt werden, wie z. B.

- Spurerkennung,
- Spurverlassenswarnung,
- Verkehrszeichenerkennung (Geschwindigkeit, Überholverbot usw.), mit entsprechender Warnung an den Fahrer,
- Erkennung von Hindernissen vor dem eigenen Fahrzeug,
- Kollisionswarnung oder
- Fahrzeugneigung (Nickwinkel) zur adaptiven Scheinwerferhöhenverstellung.

Beste Ergebnisse der Bildverarbeitung sind mit einer Stereokamera möglich. Für Kraftfahrzeuganwendungen ist dies jedoch heute noch zu kostspielig, sodass die Tendenz zum Einsatz einer Monokamera geht. Dies gestattet jedoch nur eine 2D-Bildauswertung, die einige Einschränkungen mit sich bringt. Funktionen wie Spurerkennung und Verkehrszeichenerkennung sind Beispiele, die gut mit einem Monosystem dargestellt werden können. Weiterhin ergänzt die Videotechnik in idealer Weise die Unzulänglichkeiten der Radarsensorik, die heute nicht oder nur sehr eingeschränkt in der Lage ist, eine Größenabschätzung oder gar eine Objektklassifikation durchzuführen.

Bildverarbeitung

Bildverarbeitung ist die Grundlage für videobasierte Systeme. Je nach Komplexität der Bildverarbeitung unterscheidet man verschiedene Stufen. Sie sind in Bild 2 dargestellt.

Die einfachste Stufe wird durch die reine Bildwiedergabe gebildet, wobei bei anspruchsvollen Funktionen wie Nachtsicht-

2 Stufen der Bildverarbeitung

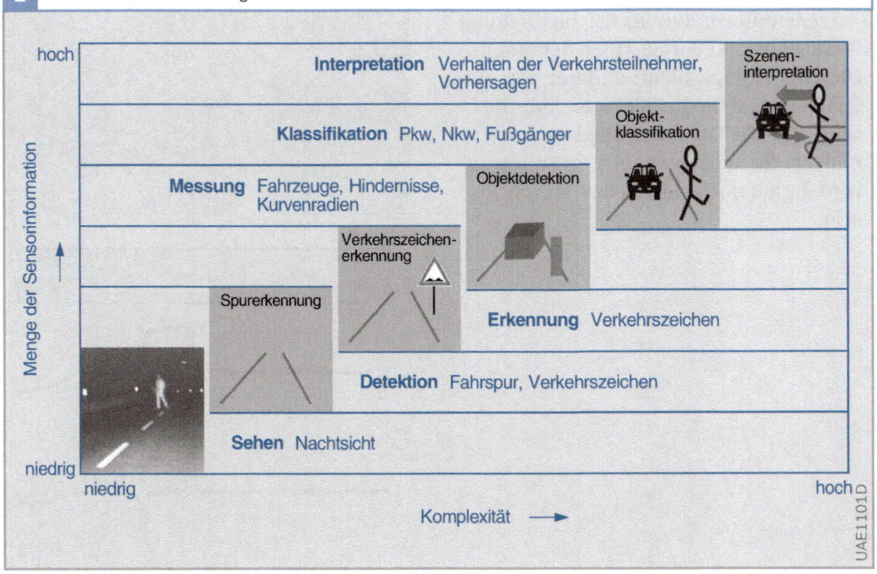

verbesserung mit Bildwiedergabe durchaus sehr hohe Anforderungen an Bildqualität, Kontrast und Brillanz der dargebotenen Bilder gestellt werden. Dies bedeutet, dass auch für solche Systeme nicht auf einen Rechner mit hoher Rechenleistung verzichtet werden kann.

Im zweiten Schritt werden relevante Teile des Bildes basierend auf einem Modell oder auf bestimmten Eigenschaften extrahiert. Beispiele sind Spurerkennung oder die Geometrie und das Tracking eines Verkehrszeichens. Verkehrszeichenerkennung setzt voraus, dass die zu erkennenden Muster zuvor dem Rechner eingelernt wurden.

Objektdetektion ist wichtig zur Größenabschätzung von Objekten, die beispielsweise von einem Radargerät detektiert wurden. Sie ist eine wirksame Methode, um Objekte zu bestätigen und auf ihre Relevanz für Fahrzeugeingriffe zu überprüfen.

Objektklassifikation ist im militärischen Bereich im Einsatz, jedoch im Automobil mit vertretbaren Kosten zurzeit nicht darstellbar. Mit zunehmender Leistungsfähigkeit von Mikrorechnern sind in den kommenden Jahren einige Anwendungen zu erwarten.

Szeneninterpretation, also die Deutung von Szenen und Voraussagen der möglichen Bewegungsabläufe anderer Verkehrsteilnehmer, stellt die höchsten Anforderungen an die Leistungsfähigkeit eines Bildverarbeitungsrechners. Im Fahrzeug wird darauf noch einige Jahre zu warten sein.

Spurverlassenswarner und Spurhalteassistent

Unbeabsichtigtes Verlassen der Fahrspur gehört mit zu den häufigsten Unfallursachen. Sie sind zumeist durch Müdigkeit des Fahrers (Sekundenschlaf) oder durch Ablenkung verursacht. Ein Spurverlassenswarner soll dieser Unfallursache entgegenwirken, indem er die voraus liegenden Fahrbahnbegrenzungen detektiert und den Fahrer warnt, wenn die Gefahr besteht, dass eine Begrenzungslinie überfahren wird, ohne dass der Blinker gesetzt wurde.

Systeme zur Spurverlassenswarnung (LDW, Lane Departure Warning) benutzen Videokameras und können sowohl in Mono- wie auch in Stereotechnik aufgebaut werden. Die Reichweite eines Monosystems liegt bei guten Wetterverhältnissen und guten Spurmarkierungen im Bereich knapp über 40 m, beim Stereosystem sind es etwa 10...20 % mehr. Bisher konnten sich aus Kostengründen nur Monosysteme am Markt etablieren.

3 Spurerkennung

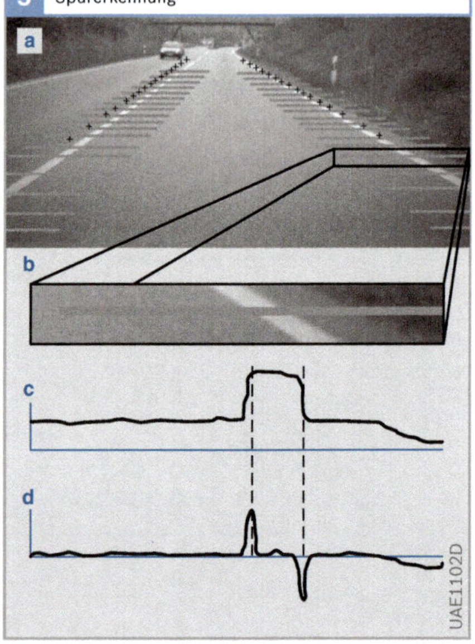

Bild 3
- a Kamerabild mit Suchlinien
- b Detailausschnitt
- c Luminanzsignal (hoher Pegel bei heller Fahrspurmarkierung)
- d Hochpassfilterung des Luminanzsignals (Spitzen an den Hell-dunkel-Übergängen)

Bild 3 zeigt das Prinzip der Fahrspurerkennung. Das Bildverarbeitungssystem sucht nach Fahrspurmarkierungen, indem Kontrastunterschiede zwischen Straßenbelag und Spurmarkierung ausgewertet werden. Bild 3a zeigt das Kamerabild mit Suchlinien, Bild 3b einen Detailausschnitt. Die Kreuze im Bild 3a markieren den Spurverlauf, der vom Bildverarbeitungsrechner berechnet wird. Um eine Linie zu detektieren, wird das Luminanzsignal innerhalb der Suchlinie analysiert (Bild 3c). Durch Hochpassfilterung (Bild 3d) werden die Grenzen der Fahrspurmarkierung detektiert.

Aus diesen Signalen kann eine Warnung für den Fahrer abgeleitet werden, wenn er die Fahrspur überfährt. Verschiedene Warnmodalitäten sind hierbei denkbar:

- Akustische Warnungen aus dem Fahrzeuglautsprecher in Form eines Warntons (Stereoton vermittelt zusätzlich eine Richtung) oder ein „Nagelbandrattern" haben sich als wirksame Formen der Warnung erwiesen.
- Neuerdings erschließt man für diese Warnung den haptischen Sinneskanal. Ein System mit vibrierendem Sitz (mit Richtungsinformation) ging Ende 2004 in Serie. Vibrieren des Lenkrads oder Beaufschlagung der Lenkung mit einem leichten Gegenmoment werden derzeit auf ihre Signifikanz untersucht.

Der Vorteil der Warnung über das Lenkrad besteht in der direkten Assoziation der Gefahr mit der Lenkung für den Fahrzeugführer.

Der Schritt zu einer automatischen Querführung (Spurhalteassistent mit aktivem Lenkeingriff) erscheint nicht mehr groß. Zu beachten ist dabei allerdings, dass ein solches System nach heutiger Vorschriftenlage nur dann aktiv sein darf, wenn der Fahrer die Hände am Lenkrad hat. Außerdem ist sicherzustellen, dass das System jederzeit vom Fahrer übersteuert werden kann.

Verkehrszeichenerkennung

Gemäß Bild 1 extrahiert der Bildverarbeitungsrechner verschiedene Merkmale aus dem Kamerabild. Verkehrszeichenerkennung setzt voraus, dass die zu erkennenden Muster zuvor dem Rechner eingelernt wurden.

Bild 4 verdeutlicht die Funktionsweise der Verkehrszeichenerkennung. Während der Fahrt sucht der Rechner ständig nach Objekten, die wegen ihrer äußeren Form Verkehrsschilder sein könnten. Ist ein solches Objekt gefunden, wird es so lange verfolgt (Tracking), bis es nahe genug ist, um von der Videokamera erkannt werden zu können.

Die vom Bildverarbeitungsrechner erkannte und als solche interpretierte Geschwindigkeitsbeschränkung wird vom Kombiinstrument übernommen und als Symbol im Graphikdisplay des Instruments angezeigt. Beachtet der Fahrer die Geschwindigkeitsbegrenzung nicht, so kann ihn das System zusätzlich akustisch oder haptisch warnen.

Eine zuverlässige Verkehrszeichenerkennung ist mittlerweile bis zu Geschwindigkeiten von 160 km/h und auch bei Regen und mäßiger Gischt möglich.

4 Verkehrszeichenerkennung

Videobasierte Systeme – Ausblick

In Verbindung mit stetig zunehmenden Rechenleistungen ermöglichen neue Video-Algorithmen ganz neue Funktionen. So erlaubt z. B. die Bildflussanalyse die Entwicklung neuer Algorithmen zur Unfallvermeidung. Grundidee ist die Analyse der Veränderungen zwischen aufeinanderfolgenden Einzelbildern einer mit hoher Geschwindigkeit (z. B. 40-ms-Takt) aufgenommenen Bildfolge. Bild 5 soll die Funktion beispielhaft erläutern:

Im rechten Teilbild (Bild n) ist eine gefährliche Situation mit dem Auge zu erkennen: Der Kopf eines Kindes ist zu sehen, das offensichtlich im Begriff ist, auf die Straße zu laufen. Das zweite Teilbild (Mitte, Bild n+1) kommt 40 ms nach dem ersten Bild, 80 ms sind vergangen. Wie der Kreis im Bild kennzeichnet, ist durch Bildflussanalyse der Kopf des Kindes, der jetzt ein wenig mehr hinter dem Fahrzeug hervorragt, bereits erkannt worden.

Noch ein Bild später (Bild n+2) wird vom Bildverarbeitungsrechner nun auch der Fuß des Kindes erkannt – damit ist die Gefährlichkeit der Situation offensichtlich. Seit dem ersten Bild sind jetzt 120 ms verstrichen. In dieser Zeitspanne hat das mit 50 km/h fahrende Fahrzeug lediglich 1,7 m zurückgelegt – es bleibt noch Zeit für die Einleitung unfallvermeidender Maßnahmen. Legt man dagegen die typische Schrecksekunde des Fahrers zugrunde, so wäre allein mit dem menschlichen Reaktionsvermögen ein Unfall kaum noch vermeidbar, da das Fahrzeug in dieser Sekunde etwa 14 m zurücklegen würde.

Kombiniert man die Fähigkeiten der Bildflussanalyse mit einer stereofähigen Kamera, so kommt man zu einer sehr robusten Fußgängererkennung. Während der Fußgänger mit Hilfe der Bildflussanalyse detektiert wird, ist durch die Disparität der beiden Teilbilder des Stereo-Videosystems eine zuverlässige Entfernungsmessung möglich. Beide Algorithmen zusammen geben eine sehr zuverlässige Aussage über die Relevanz des erkannten Objekts in definierter Entfernung.

5 Objekterkennung durch Bildflussanalyse

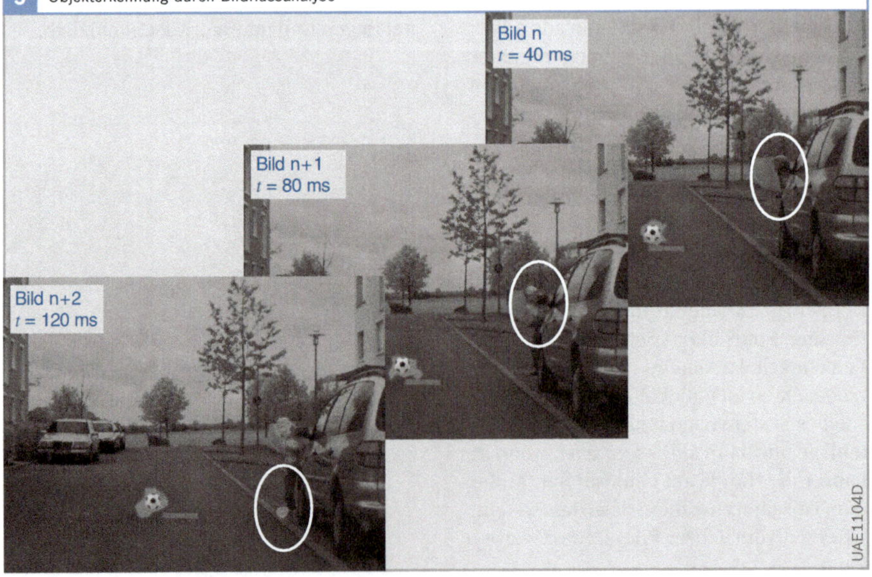

▶ Geschichte der Fahrerassistenzsysteme

Historie

Fahrerassistenz gehörte schon zu Beginn der Automobilentwicklung zu den Entwicklungszielen. Der Autofahrer sollte bei der Fahrzeugführung entlastet werden. Deshalb wurden im Laufe der Entwicklungsgeschichte des Kraftfahrzeugs Funktionen und Systeme eingebaut, die dem Fahrer assistieren. Hierzu einige Beispiele:

- Im Jahre 1912 kam zum ersten Mal in einem Cadillac ein elektrisch aktivierter Starter (Anlasser) zum Einsatz, der die handbetätigte Anlasserkurbel ablöste.
- 1918 wurde in einem Cadillac ein Vorläufer des Kurvenlichts angeboten (zusätzliche Laterne in der Mitte). 1968 gehörte das dynamische Kurvenlicht im Citroen DS zur Serienausstattung. Über einen Seilzug, der mit der Lenkung verbunden war, wurde das Fernlicht gelenkt. Das Mitschwenken des Abblendlichts ist in Europa erst seit 2003 zugelassen.
- 1932 führte Chrysler den Bremskraftverstärker in die Serie ein, der die vom Fahrer beim Bremsen aufzubringende Kraft verringerte.
- Ab 1940 wurden alle Fahrzeuge von Oldsmobile mit Automatikgetriebe ausgerüstet.
- Der Chrysler Imperial war 1951 das erste Fahrzeug, das serienmäßig mit einer Servolenkung ausgestattet war.
- Um den kalten Motor in Gang zu halten, musste früher das Luft-Kraftstoff-Gemisch von Hand über den Choke angefettet werden. Zunächst übernahmen bei Vergasermotoren Startautomatiken diese Aufgabe. Bei den heute eingesetzten Motormanagementsystemen erfassen Sensoren die Betriebszustände und stellen das Gemisch exakt und bedarfsgerecht ein.

All diese Systeme sind längst zur Selbstverständlichkeit geworden. Deshalb werden sie weder den Komfort- noch den Fahrerassistenzsystemen zugeordnet – obwohl sie den Fahrer entlasten.

Aktuelle Fahrer assistierende Systeme

Der Einzug der Elektronik im Kraftfahrzeug ermöglichte weitere Funktionen. In modernen Fahrzeugen finden sich eine ganze Reihe von Systemen, die dem Fahrer Handgriffe abnehmen und ihm damit assistieren. Oft genügt schon eine von Sensoren gelieferte Information, um Zusatzfunktionen zu realisieren. Einige Beispiele sollen an dieser Stelle erwähnt werden,

- Der Regensensor erkennt Wassertropfen auf der Windschutzscheibe und sorgt für das automatische Einschalten der Scheibenwischer. Abhängig von der Regenmenge steuert er das Wischintervall.
- Der Lichtsensor erkennt die verschiedenen Lichtsituationen (z. B. Dämmerung, Tunnelein- und -ausfahrten) und gibt die Information an das Bordnetzsteuergerät weiter. Dieses schaltet das Abblendlicht nach Bedarf ein- oder aus.
- Die von Sensoren erfasste Neigung des Fahrzeugs wird in der Leuchtweitenregelung (LWR) verarbeitet. Die Scheinwerfer werden je nach Beladung des Fahrzeugs so eingestellt, dass die Fahrbahn gut ausgeleuchtet, der Gegenverkehr aber nicht geblendet wird.
- Die Scheinwerferverstellung für das Kurvenlicht erfolgt nun nicht mehr rein mechanisch, sondern über Stellmotoren.
- Die Einstellungen der über Stellmotoren verstellbaren Sitze können gespeichert werden (Memoryfunktion). Damit ist nach Fahrerwechsel eine schnelle Anpassung an die einmal gespeicherte Sitzstellung möglich.

Diese Beispiele zeigen, dass solche Systeme für den Fahrer einerseits einen Komfortgewinn darstellen (z. B. muss er bei leichtem Nieselregen den Scheibenwischer nicht ständig bedienen), andererseits aber auch einen Sicherheitsgewinn mit sich bringen (z. B. ist das Abblendlicht bei Tunnelfahrten stets eingeschaltet).

Nachtsichtsysteme

Systeme zur Verbesserung der Nachtsicht können einen wesentlichen Beitrag zur Verkehrssicherheit leisten, da sich mehr als 40 % aller Unfälle mit Todesfolge bei Nacht ereignen, obwohl nur 20 % aller Fahrten bei Nacht stattfinden. Gründe hierfür sind u. a. schlechte Wetterverhältnisse und eingeschränkte Sicht durch Blendung des Gegenverkehrs.

Zur Beseitigung dieses Problems wurden in der Vergangenheit zahlreiche Anstrengungen unternommen. Schon vor einigen Jahrzehnten wurden zur Reduzierung der Blendwirkung Versuche mit polarisiertem Licht durchgeführt, die aber wegen der hohen Transmissionsverluste der Polarisatoren eingestellt wurden. Adaptives Kurvenlicht wurde 1968 eingeführt (mechanische Kopplung der Scheinwerfer mit der Lenkung). Intelligente Frontscheinwerfer, die ihre Lichtverteilung automatisch an die Verkehrsverhältnisse (z. B. Landstraße, Autobahn) anpassen, sind ebenfalls in Serie gegangen. Seit einigen Jahren sind Nachtsichtsysteme verfügbar, die auf der Basis von Infrarotstrahlung arbeiten.

Fern-Infrarot-Systeme (FIR)

Prinzip

Nachtsichtverbesserungssysteme auf Basis von Fern-Infrarot (FIR) werden für militärische Anwendung seit Jahren verwendet. Für Kfz-Anwendungen wurden sie erstmals im Jahre 2000 in den USA am Markt eingeführt. Sie detektieren Wärmestrahlung im Wellenlängenbereich zwischen 7 und 12 µm, die von Gegenständen ausgestrahlt wird. Man spricht demzufolge von einem passiven System, das keine zusätzlichen Strahlungsquellen zur Beleuchtung der Objekte benötigt (Bild 1a). Das Wärmebild wird über ein Display (HMI, Human Machine Interface) angezeigt.

Videosensorik

Die pyroelektrische Wärmebildkamera oder Mikrobolometerkamera ist nur im oben angegebenen Wellenlängenbereich sensibel. Da Windschutzscheibenglas für diese Wellenlängen nicht transparent ist, muss die Kamera im Außenbereich des Fahrzeugs, üblicherweise hinter einem Siliziumfenster, platziert werden.

1 Vergleich von Nah- und Fern-Infrarot-System

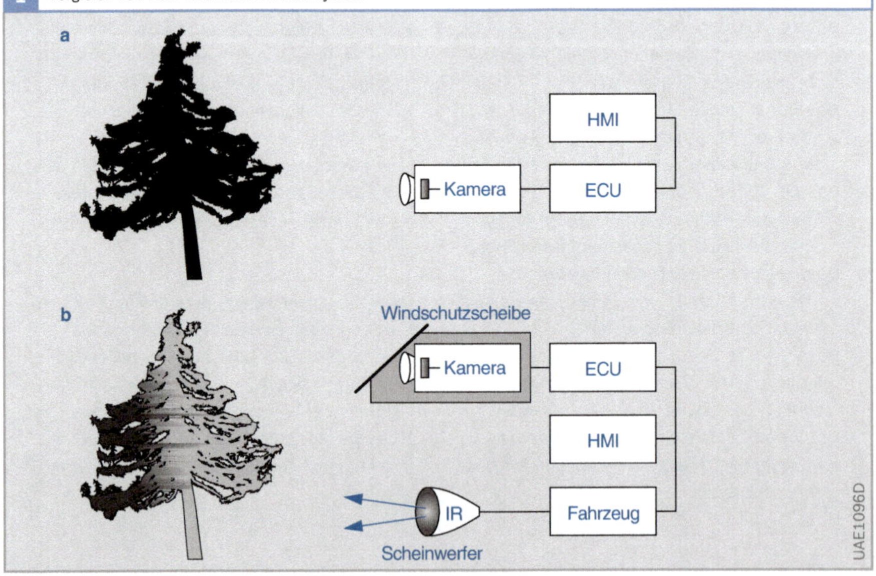

Bild 1
a Fern-Infrarot-System (FIR)
b Nah-Infrarot-System (NIR)

HMI Human Machine Interface
ECU Electronic Control Unit
IR Infrarot

Wärmebildkameras verwenden Germaniumoptiken. Tex-Glas mit hohem Germaniumanteil und entsprechendem Durchlassbereich ist in der Entwicklung.

Aktuell verfügbare Kameras besitzen QVGA-Auflösung (Quarter Video Graphics Array, 320 × 240 Bildpunkte). Die Signale der Kamera werden in einem Steuergerät (ECU, Electronic Control Unit) verarbeitet. Das erzeugte Videosignal wird auf ein Display gegeben, auf dem das Bild betrachtet werden kann.

Bilddarstellung

Warme Gegenstände zeichnen sich im Bild als helle Konturen im dunklen (kalten) Umfeld ab (Bild 2a), wobei der Kontrast umso besser ist, je höher die Temperaturdifferenz zwischen Objekt und Lufttemperatur ist. Die Bilddarstellung ist jedoch für den Beobachter eher ungewöhnlich, da das Erscheinungsbild nicht dem eines normalen Reflexionsbildes entspricht.

2 Erscheinungsbild von NIR- und FIR-Systemen

Bild 2
a Fern-Infrarot-System (FIR)
b Nah-Infrarot-System (NIR)

Nah-Infrarot-Systeme (NIR)

Prinzip

Eine andere Möglichkeit zur Realisierung eines Nachtsichtsystems basiert auf Infrarotstrahlung zwischen 800 nm und 1 000 nm, d. h. nahe dem sichtbaren Spektrum (Nah-Infrarot). Da Gegenstände keine Strahlung in diesem Wellenlängenbereich aussenden, müssen sie mit speziellen Scheinwerfern bestrahlt werden. Die reflektierte Strahlung kann dann von einer Videokamera aufgenommen werden (Bild 1b). Man spricht hier von einem aktiven System.

NIR-basierte Systeme wurden zunächst 2003 in einer einfacheren Version hinsichtlich der Bilddarstellung und mit herkömmlicher CCD-Kameratechnik in Japan eingeführt.

Videosensorik

Neuere NIR-Systeme arbeiten mit CMOS-Imagerchips, wie sie neuerdings vermehrt auch in hochwertigen Digitalkameras eingesetzt werden. CMOS-Imager aus Silizium sind in einem Wellenlängenbereich bis etwa 1 000 nm empfindlich. Neben der Aufzeichnung von Bildern im sichtbaren Wellenlängenbereich sind sie damit auch für Nachtsichtsysteme sehr gut einsetzbar. Durch die Synergie zu anderen videobasierten Systemen außerhalb des Kraftfahrzeugbereichs sind Imager mit VGA-Auflösung (640 × 480 Bildpunkte) und höher verfügbar.

Ausleuchtung

Halogenlampen, wie sie üblicherweise für Automobilscheinwerfer verwendet werden, besitzen einen hohen Anteil an Infrarotstrahlung. Sie reicht von der Grenze des sichtbaren Spektrums (380...780 nm) bis zu Wellenlängen jenseits 2 000 nm, mit einem Maximum zwischen 900 und 1 000 nm. Die Obergrenze der nutzbaren Wellenlänge bei Verwendung einer Videokamera liegt bei 1 100 nm, der Empfindlichkeitsgrenze von Silizium.

In der Praxis werden zur Realisierung des NIR-Systems zusätzliche NIR-Module in den Frontscheinwerfer integriert. Sie bestehen aus einem Halogenscheinwerfer mit vorgesetztem optischem Filter, der die sichtbaren Anteile des emittierten Spektrums herausfiltert. Bezüglich der Transmissionscharakteristik des Filters sind strenge gesetzliche Vorgaben zu beachten, die vorschreiben, dass keine rot erscheinende Lichtquelle an der Fahrzeugfront eingesetzt werden darf.

Arbeitsweise

Das Prinzip des NIR-Systems ist in Bild 3 dargestellt. Das normale Abblendlicht strahlt den Fußgänger nicht an; er wird vom Fahrer übersehen. Die modifizierten Frontscheinwerfer emittieren zusätzlich zum Abblendlicht NIR-Strahlung mit Fernlichtcharakteristik. Sie trifft den Fußgänger, er reflektiert IR-Strahlung zum Fahrzeug zurück. Die dort im Bereich der Windschutzscheibe angebrachte Videokamera nimmt die Szene vor dem Fahrzeug auf, die in einem Display im Fahrzeugcockpit angezeigt wird. Dies kann ein Head-up Display, ein Bildschirm in der Mittelkonsole oder im Kombiinstrument sein. Um zu einem brillanten und kontrastreichen Bild zu gelangen, ist es i. Allg. notwendig, die Kameradaten in einem Bildverarbeitungsrechner zu bearbeiten.

Das Licht entgegenkommender Fahrzeuge wird durch die Nichtlinearität des Imagers so stark reduziert, dass es nicht zu einer starken Überstrahlung im Display kommt.

In Europa ging 2005 das erste System mit CMOS-Kamera mit erweiterter VGA-Auflösung und brillanter Bilddarstellung im Kombiinstrument in Serie (NightVision, Bild 4).

3 Nah-Infrarot-System

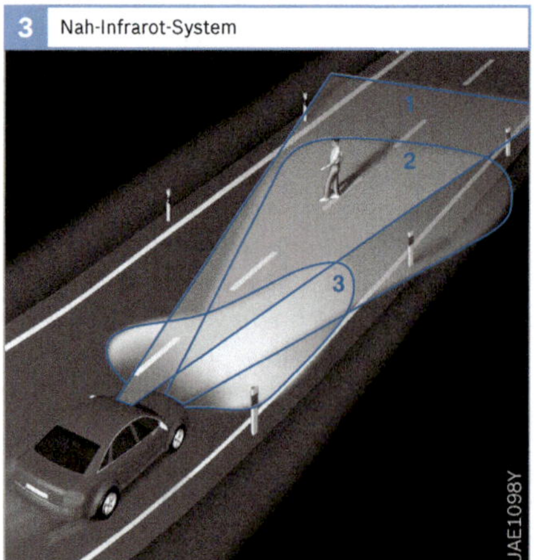

Bild 3
Abbildung nicht maßstabsgetreu

1 Erfassungsbereich Videosensor
2 Infrarotkegel
3 Lichtkegel Abblendlicht

Vergleich der Leistungsmerkmale von NIR- und FIR-Systemen

Durch die unterschiedlichen physikalischen Erfassungsprinzipien gibt es sehr große Unterschiede in der Bilddarstellung. Bild 2 zeigt die Bilder eines NIR-Systems und eines FIR-Systems.

Aufgrund der Nähe des NIR-Spektrums zum sichtbaren Spektrum reflektieren Objekte NIR ähnlich wie sichtbares Licht, d. h., das Bild erscheint dem Betrachter natürlich (Bild 2b). Im NIR-Bild fallen vor allem das vertraute Erscheinungsbild von Personen und Objekten und die deutlich sichtbaren Spurmarkierungen auf.

Das FIR-Bild ist gekennzeichnet durch das fremdartige Erscheinungsbild von Personen und Gegenständen (warme Zonen am Körper und die Fahrzeugreifen erscheinen im FIR-Bild hell). Die Fahrspurmarkierungen sind fast nicht sichtbar. Auch zeigen Verkehrszeichen oft nur einen sehr geringen Kontrast, da ihre Temperatur der Umgebungstemperatur angepasst ist.

NIR-Systeme zeigen somit deutliche Vorteile gegenüber FIR-Systemen: Aufgrund der brillanten Bilddarstellung können Objekte rasch erkannt werden und die visuelle Belastung durch den Ablesevorgang ist gering.

HMI-Lösungen für Nachtsichtsysteme

Anzeigeeinheiten

Für die Darstellung von Nachtsichtinformation (sowohl NIR als auch FIR) bietet sich zunächst die direkte Bilddarstellung an. Heutige Systeme benutzen hierzu ein Head-up Display (HUD), bei dem die monochrome Information auf die Windschutzscheibe projiziert wird. Entsprechend den Gestaltungsrichtlinien für Fahrerinformationssysteme sollte das Bild im unteren Bereich der Scheibe dargestellt werden. Die ideale Darstellungsform wäre eine kontaktanaloge HUD-Anzeige, bei der sich das projizierte Bild genau mit dem natürlichen Bild überdeckt, das der Fahrer durch die Windschutzscheibe sieht. Solche Lösungen erfordern aber einen hohen technischen Aufwand wie z. B. die Erkennung der Kopfposition zum „Nachfahren" des HUD in den Sichtstrahl des Fahrers und/oder große Projektionsoptiken, für die der Raum im Fahrzeugcockpit nicht zur Verfügung steht.

Neben der Darstellung im HUD bietet sich die Darstellung in einem Graphikdisplay im Fahrzeugcockpit an. Hierbei ist allerdings darauf zu achten, dass der Bildschirm möglichst nahe der Windschutzscheibe und nicht zu weit von der normalen Blickrichtung des Fahrers entfernt ist, um lange Blickabwendungen vom Verkehrsgeschehen zu vermeiden. Besonders vorteilhaft in Bezug auf Ablesedauer und Ablenkung ist die Anordnung des Bildschirms im Kombiinstrument. Bild 4 zeigt als Beispiel das Instrument der Mercedes S-Klasse in den beiden Betriebsmodi.

4 NightVision: Anzeige im Kombiinstrument

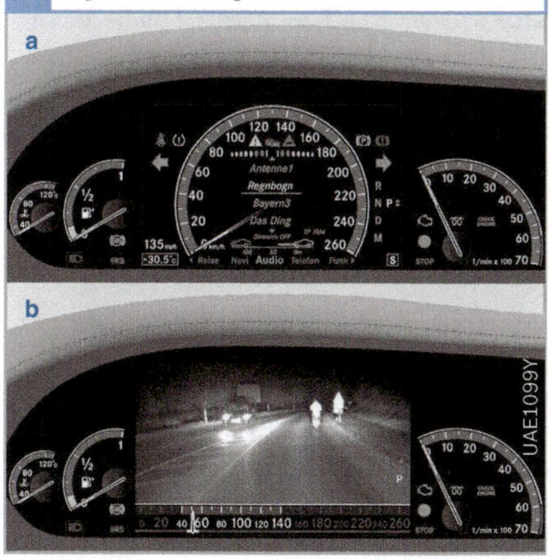

Bild 4: Kombiinstrument der Mercedes S-Klasse

- a Tagbetrieb Tachometer wird auf dem LCD-Bildschirm dargestellt
- b Nachsichtbetrieb Auf dem Bildschirm wird das Videobild der Nachtsichtkamera dargestellt

Zukunftsperspektiven

Zukünftig werden Nachtsichtsysteme über Möglichkeiten der Objekterkennung und Objektklassifikation verfügen, sodass es möglich sein wird, auf die Bilddarstellung zu verzichten und den Fahrer nur dann situationsbezogen zu warnen, wenn sich ein Hindernis auf der Fahrspur oder in ihrer Nähe befindet.

Mit der gleichen Hardware, die für Nachtsichtsysteme verwendet werden, sind weitere videobasierte Assistenz- und Sicherheitsfunktionen möglich. Grundsätzlich erlaubt nur eine NIR-Kamera die Realisierung dieser Funktionen, wobei auch diesen die sehr gute Nachtsichtfähigkeit zusätzlich zugute kommt.

Abkürzungen

A

A/D: Analog/Digital
ABS: Antiblockiersystem
ACC: Adaptive Cruise Control (Adaptive Fahrgeschwindigkeitsregelung)
ADC: Analog Digital Converter (Analog-digital-Wandler)
AKSE: Automatische Kindersitzerkennung
AMLCD: Active Matrix LCD (aktiv adressiertes LCD)
AMR: Anisotrop magnetoresistiv
ASC: Anti-Slipping-Control (Antriebsschlupfregelung)
ASIC: Application Specific Integrated Circuit (anwendungsbezogene integrierte Schaltung)
ASR: Antriebsschlupfregelung
AV: Auslassventil

B

BA: Bremsassistent
BDW: Brake Disc Wiping
BL: Belt Lock (Switch)

C

C2CC: Car to Car Communication
C2IC: Car to Infrastructure Communication
C2X: Sammelbegriff für C2CC und C2IC
CAHR: Crash Active Head Rest (Crash-aktive Kopfstütze)
CAN: Controller Area Network (Steuergeräte Datennetzwerk)
CCD: Charge Coupled Device
CD: Compact Disc
CDD: Controlled Deceleration for Driver Assistance Systems
CDP: Controlled Deceleration for Parking Brake
CMOS: Complementary Metal Oxide Semiconductor
CPU: Central Processing Unit (Zentrale Recheneinheit des Mikrocontrollers)
CROD: Crash Output Digital
CRT: Cathode Ray Tube (Bildröhre)

D

DAB: Digital Audio Broadcast
DC: Direct Current (Gleichstrom)
DRO: Dielektrischer Resonanz-Oszillator
DRS: Drehratesensor
DSP: Digitaler Signalprozessor
DSRC: Dedicated Short Range Communication
D-STN-LCD: Double Super Twisted Nematic LCD
DVD: Digital Versatile Disc

E

EBP: Electronic Brake Prefill
EBV: Elektronische Bremskraftverteilung
ECU: Electronic Control Unit (Steuergerät)
EDC: Electronic Diesel Control (Elektronische Dieselregelung)
EEPROM: Electrically Erasable Programmable Read-Only Memory
EGAS: Elektronisches Gaspedal (Elektronische Drosselklappenasteuerung)
EHB: Elektrohydraulische Bremse
EIRP: Equivalent Isotropic Radiated Power
EMP: Elektromechanische Parkbremse
EPCD: Early Pole Crash Detection
EPP: Electronic Pedestrian Protection (elektronisches Fußgängerschutzsystem)
ESoP: European Statement of Principles (on HMI)
ESP: Elektronisches Stabilitätsprogramm
EU: Europäische Union
EV: Einlassventil

F

FAS: Fahrerassistenzsystem
FDR: Fahrdynamikregler
FFT: Fast Fourier Transformation
FIR: Fern-Infrarot
FIS: Fahrerinformationssystem
FLIC: Firing Loop Integrated Circuit
FM: Frequenzmodulation
FMCW: Frequency Modulated Continuous Wave
FMVSS: Federal Motor Vehicle Safety Standard
FSR: Full Speed Range (ACC für alle Geschwindigkeitsbereiche)

G

GIDAS: German In-Depth Accident Study (Unfalldatenerhebung)
GMA: Giermomentaufbauverzögerung (ABS)
GPRS: General Packet Radio Service (Allgemeiner paketorientierter Funkdienst)
GPS: Global Positioning System
GSM: Global System for Mobile Communications

H

HBA: Hydraulic Brake Asset (Hydraulischer Bremsassistent)
HD: Harddisc (Festplatte)
HDC: Hill Descent Control (Bergabfahrassistent)
HDRC: High Dynamic Range Camera
HF: Hochfrequenz
HFC: Hydraulic Fading Compensation
HHC: Hill Hold Control (Anfahrassistent)

HMI: Human Machine Interface (Mensch-Maschine Schnittstelle)
HMI: Human Machine Interaction (Mensch-Maschine Interaktion)
HRB: Hydraulic Rear Wheel Boost
HSV: Hochdruckschaltventil
HUD: Head-up Display
HZ: Hauptzylinder

I

IC: Integrated Circuit
IEEE: Institute of Electrical and Electronics Engineers
INVENT: Intelligenter Verkehr und nutzgerechte Technik
ISM: Industrial, Scientific, Medical
ISO: International Organisation for Standardization (Organisation für internationale Normung)

L

LCD: Liquid Crystal Display (Flüssigkristallanzeige)
LDW: Lane Departure Warning (Spurverlassens-warnung)
LED: Light Emitting Diode (Leuchtdiode)
LIDAR: Light Detection and Ranging
LRH: Lenkrollhalbmesser
LRR: Long Range Radar
LSF: Low Speed Following (Staufolgefahren)
LWR: Leuchtweitenregelung
LWS: Lenkradwinkelsensor

M

MBWA: Mobile Broadband Wireless Access
MC: Microcomputer
MME: Motormomenteneingriff
MOD: Mono-Objekt-Detektion
MOS: Metal Oxide Semiconductor
MOV: Mono-Objekt-Vertifikation
MSR: Motorschleppmomentregelung
MV: Magnetventil
µC: Mikrocontroller

N

n.c.: normally closed (stromlos geschlossen)
NF: Niederfrequenz
NHTSA: National Highway Traffic Safety Administration
NIC: Newly Industrialized Countries (Schwellenländer)
NIR: Nah-Infrarot
n.o.: normally open (stromlos offen)

O

OC: Occupant Classification
ODB: Offset Deformable Barrier Crash (Offset-Crash gegen weiche Barrieren)
OMM: Oberflächenmikromechanik

P

PAS: Peripheral Acceleration Sensor (peripherer Beschleunigungssensor)
PBA: Predictive Brake Assist
PCS: Pedestrian Contact Sensor
PCW: Predictive Collision Warning
PEB: Predictive Emergency Braking
PIC: Periphery Integrated Circuit
PLL: Phase Locked Loop
PMD: Photonic Mixing Device
POI: Point of Interest
PPS: Peripheral Pressure Sensor (peripherer Drucksensor)
PSS: Predictive Safety System (Prädiktive Sicherheitssysteme)
PTT: Push to Talk

Q

QVGA: Quarter Video Graphics Array (320 x 240 Bildpunkte)

R

Radar: Radio Detection and Ranging (Erkennung und Entfernungsmessung mit Radiowellen)
RAM: Random Access Memory (Schreib-/Lese-speicher)
RDS: Radio Data System
ROM: Read Only Memory (Nur-Lese-Speicher)
ROSE: Rollover Sensing (Überrollsensierung
RS: Rotational-Speed Sensor (Drehgeschwindig-keitssensor)
RZ: Radzylinder

S

SA: Analoge Signalaufbereitung
SBC: Sensotronic Brake Control (Elektro-hydraulische Bremse)
SBE: Sitzbelegungserkennung
SCON: Safety Controller
SCU: Sensor & Control Unit
SD: Secure Digital (Memory Card)
SG: Steuergerät
SMS: Short Message Service
SPI: Serial Peripheral Interface
SRR: Short Range Radar
SUV: Sport Utility Vehicle

T

TCS: Traction Control System (Traktionskontroll-system)
TFT: Thin-Film Transistor (Dünnschichttransistor)
TIM: Traffic Information Memory
TMC: Traffic Message Channel
TN-LCD: Twisted Nematic LCD
TOF: Time of Flight
TPEG: Transport Protocol Experts Group

U

UFS: Upfront Sensor
UKW: Ultrakurzwelle
UMTS: Universal Mobile Telecommuncations System
USA: United States of America (Vereinigte Staaten von Amerika)
USV: Umschaltventil
UWB: Ultra Wide Band

V

VCO: Voltage-Controlled Oscillator
VDA: Verband der Automobilindustrie
VFD: Vacuum Fluorescent Display (Vakuumfluoreszenzanzeige)
VGA: Video Graphics Array (640 x 480 Bildpunkte)
VICO: Virtual Intelligent Co-Driver
VLSI: Very Large Scale Integration

W

WiMAX: Worldwide Interoperability for Microwave Access
WLAN: Wireless Local Area Network

Z

ZP: Zündpille

Sachwortverzeichnis

A

Abbildungseigenschaften 143
Abrollbewegung 22
ABS 34, 146
ABS-Hydroaggregat 97, 147
ABS-Regelkreis 38
ABS-Regelung 100
Abstandmessung 130 f.
Abstandsberechnung 154
Abstandsradar 162
Abstrahldiagramm 132
ACC 81, 158
ACC im Systemverbund 161
ACC-Bedienelement 171
ACC-Funktion 167
ACCplus 175
ACC-Regelung 160
ACC-Steuergerät 174
ACC-System 159
Adaptive Cruise Control (ACC) 81, 158
adaptive Fahrgeschwindigkeitsregelung 158
Airbagauslösung 181
Airbag-Steuergerät 183
aktive Sicherheitssysteme 11
aktiver Bremseingriff 81
aktiver Drehzahlsensor 87
Akustischer Kanal – Sprechen und Hören 123
Allradantrieb 48
Ampelerkennung 112
AMR-Lenkradwinkelsensor 95
AMR-Winkelsensor 95
Anbremsvorgang 39, 41
Anfahrassistent 79, 150
Anisotrop magnetoresistive Sensoren 95
Antennenabstrahldiagramm 134
Antiblockiersystem (ABS) 34, 146
Antischlupfregelung (ASR) 50
Antriebskraft 30
Antriebsschlupf 50
Antriebsschlupfregelung (ASR) 147
Antriebsschlupfregler 73
Anzeige 169
Anzeigeelement 170
Aquaplaning 27
ASR 50, 147
ASR-Eingriff 51
ASR-Hydroaggregat 98
ASR-Stelleingriffe 51
Aufblasgeschwindigkeit 180
Aufprallerkennung 180
Aufstandsfläche 29
Ausgangsgröße 57
Ausleuchtung 211
Auslösegerät 183
Ausweichmanöver 63
automatische Bremsfunktion 74, 150
automatische Notbremsfunktion 190
automatische Notbremsung 190

B

BDW 82, 151
bedarfsgerechte Ansteuerung 101
Bediendialog 118
Bedienung 169
Bergabfahren 80
beschleunigte Kurvenfahrt 67
Beschleunigungsregelung 168
Bewegungsrichtungen eines Fahrzeugs 83
Bildflussanalyse 208
Bildsensoren 143
Bildverarbeitung 205
Bildverarbeitungssystem 204
Brake Disc Wiping (BDW) 82, 151
Bremsassistent 78
Bremsassistenzfunktion 78
Bremsbeläge 25
Bremsdruck 43
Bremsdruckerhöhung 78
Bremseingriff 80
Bremsen in der Kurve 17
Bremseneingriff 160
Bremskraft 76
Bremskraftunterstützung für die Hinterräder 82, 151
Bremskraftverteilung 76
Bremskreisaufteilung 97
Bremsmoment 25
Bremsmomentenverläufe 53 f.
Bremsregelung 36, 42, 44, 48
Bremsscheiben 25
Bremsschlupf 37, 40, 147
Bremsschlupfregler 72
Bremstrommel 25
Bremsverzögerung 188

C

C2C 114
C2I 114
C2X-Anwendung 114
Car-To-Car 114
Car-to-Infra-structure 114
CCD-Imager 143
CCD-Sensoren 143

CDP 78
CMOS-Kamera 144, 212
CMOS-Sensoren 143
Controlled Deceleration for Parking Brake (CDP) 78

D
Datenfusion 111
Datenspeicher 199
Datenstrukturen 199
Decodierung von Verkehrsmeldungen 202
Depowered Airbags 181
Detektion von Hindernissen 163
Detektionsmöglichkeiten 115
Diagonalreifen 21
Differenzdrehzahlregler 52
Differenzialsperre 56
digitale Karte 199
digitale Signalaufbereitung 89
Digitalisierung 199
direkte Laufzeitmessung 133
Dopplereffekt 134, 195
D-Regler 57
Drehbewegungen 92
Drehratesensor 183
Drehzahlerfassung 88
Drehzahlsensor 86
Druckerzeugung 101
Druckhaltephase 43f.
Druckmodulation 100
DVD 199
dynamische Zielführung 197, 203
dynamisierte Routen 197

E
EBP 151
EBV 76
Echolotverfahren 131
Einbauverhältnisse 87
Einknicken 19
Einparkassistent 155
Einparkhilfe 152
Einparkhilfesystem 152
Einparksysteme 152
Einspurmodell 71
„Elch-Test“ 15, 17
Electronic Brake Prefill (EBP) 151
Electronic Pedestrian Protection 191
elektromechanische Parkbremse (EPB) 78, 150
elektronische Bremskraftverteilung (EBV) 76
elektronische Bremssysteme 74
elektronische Differenzialsperre 55
elektronische Rundumsicht 130
elektronisches Aufprallschutzsystem 176
elektronisches Fußgängerschutzsystem 191
elektronisches Stabilitätsprogramm (ESP) 58, 149
Entfaltung eines Fahrerairbags 180
EPB 78, 150
EPP 191
ESP 58, 149
ESP-Hydroaggregat 98, 148
ESP-Reglerfunktionen 72

F
Fahrbahnnässe 82
Fahrdynamik 18
Fahrdynamikregelung 68 f.
Fahrdynamikregler 69 f.
fahrdynamische Größen 60, 62, 64
Fahrempfehlungen 198
Fahrer 116
Fahrerassistenzsysteme 104
Fahrer-Fahrzeug-Interaktion 116
Fahrerinformationsbereich 124, 170
Fahrerinformationssysteme 107
fahrerunterstützende Systeme 107
Fahrerunterstützung 14
Fahrerwarnung 113
Fahrerzustandserkennung 115
Fahrgeschwindigkeit 43
Fahrgeschwindigkeitsregelung 167
Fahrmanöver 15, 17, 60
Fahrphysik 20
Fahrsicherheit 10
Fahrspurwechsel 62
Fahrstabilisierungssysteme 146
Fahrstabilität 46, 58, 83
Fahrtrichtungsbestimmung 195
Fahrtrichtungsstabilität 32
Fahrverhalten 14 f.
Fahrverhalten bei Nutzfahrzeugen 18
Fahrzeugbewegungen 18
Fahrzeug-Fahrer-Interaktion 105
Fahrzeug-Fahrzeug-Kommunikation 114
Fahrzeuggeschwindigkeit 42
Fahrzeug-Infrastruktur-Kommunikation 114
Fahrzeugkommunikationssysteme 107
Fahrzeuglängsdynamik 30
Fahrzeugnavigation 192
Fahrzeugquerdynamik 32
Fahrzeugreaktion 14
Fahrzeugrundumsicht 109, 130
Fahrzeugstabilisierung 146
Fahrzeugverhalten 16
Fahrzeugverzögerung 40
Fern-Infrarot-Systeme (FIR) 210
Feststellbremsvorgang 78
Fliehkraft 33
Floating Car Data 203

FMCW-Modulation 133
FMCW-Radargerät 138
Folgeregelung 168
Fourier-Transformation 163
Frequency Modulated Continuous Wave 133
Frequenzmodulation 133
Frontairbag 179
Führungsgröße 57
Führungsverhalten 12
Funktionsgrenzen 172
Funktionshierarchie 169
Funktionsüberwachung 174
Funkzulassung 140
Fußgängerschutz 191

G
Gasgenerator 180, 185
gebremstes Rad 37
Gegenlenken 60, 64, 65
gegenseitige Kontrolle 174
Gegenverkehrassistent 113
Generatorstufen 181
Gesamtfahrwiderstand 30
Gesamtregelkreis 68
gesperrtes Hinterachsdifferenzial 48
Getriebeeingriff 161
Giergeschwindigkeit 71
Giergeschwindigkeitssensoren 92
Giermoment 25, 46
Giermomentaufbau 45
Giermomentaufbauverzögerung 45, 47
Giersollgeschwindigkeit 71
Gleitreibung 27
Global Positioning System 193
GPS 193
GPS-Empfänger 194
Grafikmodule 124
Graphikdisplay 213
Grenzbereich 13
Grenzsituationen 14
Gurtkraftbegrenzer 178
Gurtstraffer 177, 179
Gyrometer 92

H
Haftreibungszahl 26, 37
Haftreibungszahl-Schlupf-Kurve 39
Hall-Beschleunigungssensoren 90
Hall-Lenkradwinkelsensor 94
Hall-Messelement 88
Hall-Sensoren 94
Haptischer Kanal – Bedienen und Fühlen 123
Hauptunfallursache 13
HBA 78, 150
HDC 80, 151
Head-up Display (HUD) 125, 213
HFC 81, 151
HHC 79, 150
Hierarchische Reglerstruktur 69
Hill Descent Control (HDC) 80, 151
Hill Hold Control (HHC) 79, 150
Hochdruckschaltventil 102
Hochfrequenzteil 135
HRB 82, 151
HUD 125
Hydraulic Brake Assist (HBA) 78
Hydraulic Fading Compensation (HFC) 81, 151
Hydraulic Rear Wheel Boost (HRB) 82, 151
hydraulischer Bremsassistent (HBA) 78, 150
hydraulischer Schaltplan 97
Hydroaggregat 35, 96

I
Imager 143
Impulsräder 88
In-Crash Braking 190
induktiver Drehzahlsensor 86
Informationsangebot 123
Informationsdarstellung 127
informierender Einparkassistent 155
Infrarotstrahlung 141
Innenraumsensierung 186
Insassen-Klassifizierung 186
Insassenschutzsysteme 176
Insassenschutzwirkung 183
Integrationsstufen von Sensoren 84
Intelligente Airbagsysteme 181
Interaktion mit dem Fahrerassistenzsystem 119
Interaktionskanäle 122
Interface 118
internationale Vereinbarungen 121
I-Regler 57

J
„Jackknifing“ 19

K
Kamerasystem 142
Kammstruktur 93
Kardanregler 52 f.
Kartendarstellung 199
Knieairbag 182
Kombiinstrumente 124, 213
Komponentenüberwachung 174
Kontaktzone 22
Koppelortung 195
Kräfte am Fahrzeug 23
Kraftschlussbeiwert 26
Kreuzungsassistent 112
kritische Fahrsituationen 13
Krümmungsbestimmung 166
künftige Fahrzeuge 129

Kursprädiktion 165 f.
Kurvenbremsverhalten 47
Kurvenfahrt 61, 66
Kurvenregelung 168
Kurvensensorik 162
Kurvenvorhersage 166

L
Längsbewegung 22
Längsdifferenzial 54
Längsdynamik 172
Längsschlupf 22
Längssperrenregler 54
Lastwechselreaktionen 17
Lenkbarkeit 36
lenkender Einparkassistent 156
Lenkradwinkelsensoren 94
Lenkrollhalbmesser 25
Lenkverhalten 46
Lidar 141
Lidarsensoren 141, 187
Light Detection and Ranging 141
Long Range Radar 135
Luftwiderstand 30 f.
Luftwiderstandsbeiwert 30

M
magnetoresistiver Lenkradwinkelsensor 95
Magnetventile 35
Map Matching 196
Mechatronik 84
menschliches Verhalten 120
Mensch-Maschine-Interaktion 122
Mensch-Maschine-Interface 123
Mikrobolometerkamera 210
Mikromechanik 85
mikromechanische Drehratesensoren 85, 92
mikromechanischer Beschleunigungssensor 85
Mittendifferenzial 54
Mobilität 104
Modulation 100
Momente 23
Motoreingriff 160
Motorschleppmomentregler 72
Müdigkeitswarnsystem 115
Multipol-Impulsgeber 88
Multipolring 88
„µ-split" 19, 45, 53

N
Nachsicht 210
Nachtsichtinformation 213
Nachtsichtsysteme 210
Nahbereichsradar 24 GHz 139
Nah-Infrarot-Systeme (NIR) 211 f.
Navigationsgeräte 192
Navigationssysteme 192
NIR-Strahlung 212
Normalkraft 24
Notbremsung 189
Nutzertypen 117
Nutzung von Fahrerassistenzsystemen 118

O
Oberflächenmikromechanik 93
Oberflächenmikromechanischer Drehratesensor 93
Objektauswahl 163, 165
Objektdetektion 206
Objekterkennung 164, 208, 213
Objektklassifikation 206, 213
Off-Board-Navigation 203
optische Zielführung 198
Ortung 193
Out-of-Position-Erkennung 186

P
Parkbremse 78
Parklückenvermessung 155
PAS 182
passive Sicherheitssysteme 11
passiver Drehzahlsensor 86
passives Schutzsystem 191
PCW 189
PEB 190
Peripheral Acceleration Sensor 182
periphere Beschleunigungssensoren 182
Pkw-Radialreifen 20
PMD 186
PMD-Prinzip 145
PMD-Sensor 145
Positionsbestimmung 194
prädiktive Fahrerassistenzsysteme 107, 188
prädiktive Krümmungsinformation 175
prädiktive Sicherheitssysteme (PSS) 107, 188
Precrash-Sensierung 187
Predictive Collision Warning 189
Predictive Emergency Braking 190
PrefireESP 187
P-Regler 57
Profiltiefe 21
PSS 188
Puls-Modulation 133
Pulsradar 139
pyrotechnische Treibladungen 185

Q
Querbeschleunigung 71
Querdynamik 58 f., 83, 149
Querschlupf 29
Quersperrenregler 52 f.

R
Radargerät 139
Radar-Signalverarbeitung 137, 163
Radartechnik 133
Radaufstandspunkt 25
Raddrehzahlsensoren 35, 86
Radgeschwindigkeit 26, 43
Radialreifen 20
Radlager 89
Radumfangsbeschleunigung 40
Radumfangsgeschwindigkeit 42
Radumfangsverzögerung 39 f.
Range-Imager 145
Range-Imager-Technik 145
Raumwinkel 194
Reaktionszeit 19
Reaktionszeit des Fahrers 18
Referenzgeschwindigkeit 42
Referenzierung 202
Regelabweichung 57
Regelbereich 36
Regelgrößen 40, 57, 68
Regelgüte 41
Regelkreis 57
Regelstrecke 39
Regelsystem 69
Regelungsstruktur 68
Regelungstechnik 57
Regelzyklen 42, 45
Reglerfunktionen 167
Reibungskräfte 25 f.
Reibungszahl 26
Reifen 20
Reifenaufstandsfläche 22
Reifenaufstandskraft 24
Reifenauswahl 21
Reifenkräfte 24
Reifenlatsch 28
Reifenschlupf 22
Reifenschräglaufwinkel 29
Rollwiderstand 30
Routenberechnung 197
Rundumsichtsensoren 110

S
Satelliten 193
Satellitenortung 195
Satellitenortungssystem GPS 193
Sattelzüge 19
Schlossstraffer 178
„Schlupf“ 22
Schräglaufkurve 29
Schräglaufwinkel 28, 33
Schultergurtstraffer 177
Schutzwirkung 179, 181
Schwimmwinkel 71
Seitenairbag 182
Seitenführungskräfte 32
Seitenkraft 25
Seitenkraftbeiwert 27 f., 37
Seitenwind 32
Seitenwindkraft 32
„Select-low“ 48
Sensordatenfusion 110
Sensoren 84
Sensoren der Fahrerassistenzsysteme 110
Sensorik für ACC 162
Short Range Radar 139
Sicherheit im Straßenverkehr 10
Sicherheitsgurte 177
Sicherheitskonzept 174
Sicherheitssysteme 10, 176
Sichtbereich des Radarsensors 168
Sichtverhältnisse 141
Signalausgangsspannung 87
Signalumwandlung 89
Siliziumfenster 210
Sollzeitlücke 168
Sperrdifferenzialwirkung 53
Sperren 49
„Sport Utility Vehicle“ (SUV) 54
Sprachbedienung 129
Spracheingabesystem 129
Spritzwasser 82
Spurerkennung 206
Spurhalteassistent 206
Spurverlassenswarner 206
Spurverlassenswarnung 206
Spurwahrscheinlichkeit 165
Stabilisierungsverhalten 12
Standardisierung 202
Standardregelkreis 57
Standardregler 57
stationäre Kreisfahrt 17, 71
Staufolgefahren 175
Stausimulation 157
Stauvorhersagen 157
Stehende Objekte 173
Steigungswiderstand 30 f.
Stellgröße 57
Stereo-Video-Innenraumkamera 186
Steuergerät 35
Stillstand 79
Stoppschilderkennung 112
Störgrößen 57
Straßenverkehr 13
subjektive Beurteilung 15
SUV 54
Systemarchitektur 161

Systeme zur Fahrzeugstabilisierung 107
Systemstruktur 68
Szeneninterpretation 206

T
Teilaktive Regelung 102
Thoraxbags 182
Tracking 164
Trockenbremsen 82, 151

U
Übergangsverhalten 17
überlagerter Fahrdynamikregler 69
Überrollschutzsysteme 183
Überrollsensierung 183
Übersteuern 33
übersteuerndes Verhalten 61
Übertragungswege 201
Überwachungskonzept 174
Ultranahbereichssensoren 131
Ultraschallimpuls 131
Ultraschallsensor 131, 152
Ultraschalltechnik 131
Umfangkraft 24
Unfälle 13
Unfallstatistik 106
Unfallursache 13, 106
Unfallverhütung 13
Unfallwahrscheinlichkeit 106
ungleiche Fahrbahnoberfläche 45
Untersteuern 33
untersteuerndes Verhalten 61

V
Ventile 100
Verkehrsnachrichten 200
Verkehrsstau 157
Verkehrstelematik 200 f.
Verkehrszeichenerkennung 207
videobasierte Funktionen 205
videobasierte Systeme 204, 208
Videokamera 144, 211
Videosensoren 145, 203
Videosensorik 210 f.
Videosystem 142
Videotechnik 142
Vierradantrieb 49
Visueller Kanal – Sehen 122
vollaktive Regelung 102
Vollbremsung 62
Vorbereitung der Bremsanlage 189
Vorfahrtassistent 112
vorspannen der Bremsanlage 151

W
„Walkarbeit“ 22
Wärmebildkamera 210
Warnmeldungen 127
Warnungen 127, 189
Wasserfilm 27
Wasserkeil 27
Wechselstromzündung 185
Wiederanfahrstrategie 175
Wunschabstand 171
Wunschgeschwindigkeit 170

Z
Zeitlücke 171
Zeitpunkt einer Warnung 128
Zeitverhalten 36
Zentraldifferenzial 54
Zielauswahl 196
Zielfahrzeug 159
Zielobjektauswahl 165
Zugkombinationen 18
Zündelement 185
Zündkondensator 186
Zündkreis 186
Zündpille 185
Zusatzfunktionen 78
zusätzliche Bremskraftunterstützung 81, 151
Zuverlässigkeit 36

GPSR Compliance

The European Union's (EU) General Product Safety Regulation (GPSR) is a set of rules that requires consumer products to be safe and our obligations to ensure this.

If you have any concerns about our products, you can contact us on ProductSafety@springernature.com

In case Publisher is established outside the EU, the EU authorized representative is:

Springer Nature Customer Service Center GmbH
Europaplatz 3
69115 Heidelberg, Germany

Batch number: 10577946

Printed by Printforce, the Netherlands